“十二五”普通高等教育本科国家级规划教材
高校建筑环境与能源应用工程学科专业指导委员会规划推荐教材

燃气供应
(第二版)
Gas supply

詹淑慧　主编
王民生　主审

中国建筑工业出版社

图书在版编目(CIP)数据

燃气供应/詹淑慧主编. —2 版.—北京：中国建筑工业出版社，2011.9

"十二五"普通高等教育本科国家级规划教材

高校建筑环境与能源应用工程学科专业指导委员会规划推荐教材

ISBN 978-7-112-13478-6

Ⅰ.①燃… Ⅱ.①詹… Ⅲ.①燃料气-供应-高等学校-教材 Ⅳ.①TU996

中国版本图书馆 CIP 数据核字（2011）第 185762 号

责任编辑：姚荣华　张文胜　齐庆梅

责任设计：赵明霞

责任校对：刘梦然　刘　钰

"十二五"普通高等教育本科国家级规划教材

高校建筑环境与能源应用工程学科专业指导委员会规划推荐教材

燃气供应(第二版)

詹淑慧　主编

王民生　主审

*

中国建筑工业出版社出版、发行(北京西郊百万庄)

各地新华书店、建筑书店经销

北京红光制版公司制版

北京盈盛恒通印刷有限公司印刷

*

开本:787×1092 毫米　1/16　印张:19¼　字数:467 千字

2011 年 9 月第二版　2017 年 1 月第十五次印刷

定价:**36.00** 元

ISBN 978-7-112-13478-6

(21245)

第 二 版 前 言

本教材自 2004 年 5 月第一版出版发行后，被各高等学校建筑环境与设备工程、燃气工程及油气储运工程等专业选作教材，被部分燃气企业选作技术培训用书。

编者在自我检查、收集各方对教材内容及使用情况的反馈后，修订完成了第二版：对全书内容进行了梳理、修改，补充编写了关于压缩天然气和液化天然气供应一章，每章后增加了部分思考题。

本教材第二版由北京建筑工程学院环境与能源工程学院教师共同编写，其中：绪论及第一章、第二章、第三章、第八章由詹淑慧编写，第四章、第五章、第六章由杨光编写，第九章、第十章、第十一章由徐鹏编写，第七章由詹淑慧、徐鹏共同编写；由詹淑慧担任主编。

许多前辈及同行对本书的编写给予指导、提出了宝贵意见；研究生徐晓菊、李进、刘鹏、吕凯帮助完成了资料整理等工作，在此一并表示感谢！

对选用本教材的高等学校师生表示衷心的感谢！希望听到你们的反馈意见。请关注、阅读本书的专业技术人员不吝赐教，感谢大家的支持和信任！

由于编者水平所限，书中错误和不妥之处，敬请同行及读者予以批评指正。

2011 年 6 月

第一版前言

本教材结合我国目前燃气事业的发展及应用情况，系统、简要地讲述燃气供应系统的基本理论和基本知识，适当介绍燃气供应系统的新技术、新工艺、新设备和新材料。本教材内容包括城镇燃气供应系统规划的编制、输配系统的设计及运行管理、液化石油气供应、燃气燃烧基本理论、燃烧装置及燃气工程新技术等。

本教材适用于建筑环境与设备、燃气工程及油气储运工程等专业的本科、专科教学用书，也可用于城市规划、工程管理及石油工程等专业学生扩展知识面，可使学生对燃气供应系统有较全面的认识。

随着我国天然气事业的发展，燃气行业的从业人员增加很多，其中一部分人没有系统学习过燃气方面的知识。本教材可供燃气工程设计、施工、运行管理及科研院所的技术人员参考，也可用作成人继续教育及燃气专业技术培训的参考用书。

在教学过程中，应通过课堂教学、实验、参观实习、习题及课程设计等环节，培养学生在城镇燃气供应系统规划设计及运行管理等方面的能力和从事燃气工程施工、管理的基本技能。

本书由北京建筑工程学院燃气教研室教师共同编写，其中，绪论及第一章、第二章、第三章、第七章由詹淑慧编写，第四章、第五章、第六章由杨光编写，第八章、第九章、第十章由徐鹏编写。由詹淑慧担任主编。

本书承王民生教授细心审阅；中国工程院李猷嘉院士对本书的编写提出了许多宝贵意见；傅忠诚教授、李德英教授为本书的准备及编写做了许多工作，在此一并表示感谢。

由于编者水平所限，书中错误和不妥之处，敬请读者批评指正。

2003 年 8 月

目 录

[1] 在授课课时受限时，加※部分可以作为阅读章节。

※绪论　能 源 与 燃 气

能源是人类社会赖以生存和发展的重要物质基础。燃气是指可以作为燃料的气体，它通常是以可燃气体为主要成分的、多组分的混合气体。由于早期的人工煤气是以煤为原料加工生产的，因此，人们习惯将这类混合气体燃料统称为“煤气”。随着社会生产的发展，燃气的来源、生产方式及组分等都有了很大变化，而“煤气”只是众多燃气气源中的一种，“燃气”才具有更广泛的涵义和适用性。

一、能源分类

能源是指能够转换为机械能、热能、电磁能、化学能等各种能量的资源，是人类赖以生存的、重要的物质基础。能源的分类方法有很多种，常用的有：

（一）按能源的存在形式分类

（1）一次能源（即天然能源）　在自然界以天然的形式存在的可直接利用的能量资源，称为一次能源或天然能源。

在一次能源中还可分为再生能源与非再生能源，再生能源是指能重复产生的天然能源，非再生能源是指不能重复再生的天然能源。

（2）二次能源（即人工能源）　由一次能源经过加工、转换，以其他种类或形式存在的能量资源，称为二次能源或人工能源。

（二）按能源的使用性质分类

（1）燃料能源　包括矿物燃料、生物能源和核燃料等三大类。人类在使用这类能源时，主要是靠燃烧它们获取所需要的能量。

（2）非燃料能源　人类在使用这类能源时，一般是直接利用其提供的机械能、热能、光能等，有时也会利用其转化形式。

（三）按利用技术分

按能源的利用技术状况可分为常规能源和新能源两类。

（1）常规能源　指在现有的技术条件下，已经广泛使用，而且技术比较成熟的能源。

（2）新能源　一般是指有待开发和完善其利用技术的能源。

常规能源和新能源是相对而言的，任何一种能源从发现到被广泛利用，都有一个或慢或快的过程。今天已经广泛使用的煤炭、石油、天然气等都有被视为“新能源”的历史。此外，还有一些能源形式虽然开发、利用时间比较长，但其应用的广泛性还不够，使用技术也有待于完善、提高。因此，这些能源也应视为新能源，给予足够的重视，加以研究。表 0-1 为能源分类表。

能源的分类方式还有很多种，比如按照其物理状态分为固体能源、液体能源和气体能源三类；按其利用过程的污染程度划分为清洁能源和非清洁能源等。

二、常规能源的利用评价

当今世界，煤炭、石油、天然气、水力等常规能源在人类的能源消费总量中占有很大比重，因此，对常规能源仍需予以足够的重视。三大常规能源（煤炭、石油和天然气）不可再生，其有限性和稀缺性使得人们在研究解决其勘探、开发、输送、储存及加工等问题的同时，也更加注重能源的合理利用与综合利用。

能 源 分 类 表 表 0-1

<table>
<tr><th rowspan="2">按利用技术状况分类</th><th rowspan="2">按使用性能分类</th><th colspan="2">按形成条件分类</th></tr>
<tr><th>一次能源</th><th>二次能源</th></tr>
<tr><td rowspan="2">常规能源</td><td>燃料能源</td><td>泥煤
褐煤
烟煤
无烟煤
石煤
油页岩
油砂
石油
天然气
植物秸秆</td><td>人工煤气
焦炭
汽油
煤油
柴油
重油
液化石油气
甲醇
酒精
苯胺</td></tr>
<tr><td>非燃料能源</td><td>水能</td><td>电力
蒸气
热水</td></tr>
<tr><td rowspan="2">新能源</td><td>燃料能源</td><td>核燃料</td><td>人工沼气
氢能</td></tr>
<tr><td>非燃料能源</td><td>太阳能
风能
潮汐能
地热能
海洋能</td><td>激光</td></tr>
</table>

（一）石油

石油是以碳氢化合物为主要成分的、有色可燃性油质液体矿物，是古代海洋或湖泊中的生物经过漫长的演化形成的混合物。通过对石油的炼制可得到汽油、煤油、柴油等燃料以及各种机器的润滑剂、气态烃；通过化工过程，可制得合成纤维、合成橡胶、塑料、农药、化肥、医药、油漆、合成洗涤剂等；炼油剩余物如石油焦可以作电极，沥青是重要的建筑材料。因此，石油被广泛运用于交通运输、石化等各行各业，被称为经济乃至整个社会的“黑色黄金”、“工业血液”。迅速增长的世界经济依赖于石油，全球的政治格局和军事活动也受到石油的直接影响，几乎所有国家都把石油置于能源战略的核心位置；石油已经成为一种最为重要和特殊的商品。

石油运输方便、能量密度高，早已被证实为适应性最强的一种矿物燃料，与其他可供选择的燃料相比，石油具有明显的优势。因而，在今后相当长的时间里，石油仍将占据其独有的地位。

（二）煤炭

煤炭是埋藏在地下的植物，经过几千万年乃至几亿年的炭化过程，释放出水分、二氧化碳、甲烷等气体后，含氧量减少而形成的。煤炭中含炭量非常丰富。由于地质条件和炭化程度不同，煤炭中含炭量不同，热值（也称发热值或发热量）也就不同。按热值大小可分为无烟煤、烟煤和褐煤等。

煤炭是世界储量最丰富的化石燃料，作为一种主要能源已经具有很长的开采及使用历史。在矿物燃料中，煤炭是最早在能源消费中起主要作用的燃料。煤炭的消费在1920～1940年间曾达到使用高峰。1940～1975年间，石油、天然气的大量使用使得煤炭的重要性有所下降。然而，随着矿物燃料的短缺和石油价格的上涨，人们已对煤炭的重要性开始重新评价。

煤炭在地球上分布比较广泛，探明储量在能源的总估算量中所占的比例一直在稳步上升。但煤炭产量及使用量的增长受到资金、环保及安全等方面的限制。地下采煤一直被认为是最危险的作业之一，因为它具有起火、爆炸、塌方以及造成呼吸系统疾病等危险。即使在今天，煤炭在开采、加工、运输及使用过程中的污染问题仍然有待解决。

在现有生产力水平下，煤炭用于发电是比较理想的出路：在发电厂，人们可以将煤炭的储存和处理过程在封闭的环境下进行，以减少污染；在大型锅炉中，通过粉煤的燃烧，可以获得较高的热效率；各种除尘设备可以降低排烟中的粉尘量；燃烧后形成的灰分及灰渣，可以集中处理，用于制造建筑及筑路材料或填充物。

（三）天然气

天然气是以甲烷为主的气态化石燃料，主要存在于油田和天然气田，也有少量产于煤层。天然气资源的用途主要在两个方面：一是能源行业，主要用于发电、生活燃料（采暖、热水和炊事）、工业燃料和交通运输燃料；二是作为化工原料，以生产化肥及合成纤维类为主。国际上，天然气主要用于工业、发电、交通运输燃料及商业（包括居民和公共建筑）用气。其中，发电和工业用气是天然气需求的主要方面。将天然气用于城市，可解决城市环境污染问题，提高能源利用效率；与石油和煤炭相比，天然气具有储运压力高，方便远距离输送；容易燃烧，对不同的燃烧器有较强的适应性和机动性；燃烧完全，污染物排放少等优点。

石油、天然气不仅有广泛的工业用途，而且石化产品在人们的日常生活中也大量地使用着：造型各异、不同种类的家用电器、箱包器皿、生活用具乃至储存着丰富信息的光盘等，几乎没有一样能离开石化产品。

部分能源的品质评价见表0-2。

部分能源的品质评价 **表0-2**

能源种类	能源品质评价									
	能流密度	品位	再生性	开发投资	材料用量	应用技术难度	存储性	供应连续性	运输条件	使用过程中的污染程度
水能	较大	较高	可再生	较大	较大	容易	可存	连续	方便	较小
石油	很大	很高	不可再生	小	大	容易	可存	连续	方便	较小
天然气	很大	很高	不可再生	小	大	容易	可存	连续	方便	较小
核能	最大	最高	不可再生	小	大	容易	可存	连续	方便	较小
煤炭	较大	中等	不可再生	大	大	容易	可存	连续	方便	最大
风能	很小	很低	可再生	大	小	容易	不可存	不连续	不方便	无
太阳能	很小	很低	可再生	大	较大	困难	不可存	不连续	不方便	无

续表

能源种类	能源品质评价									
	能流密度	品位	再生性	开发投资	材料用量	应用技术难度	存储性	供应连续性	运输条件	使用过程中的污染程度
地热能	较小	较低	可再生	较大	较大	容易	可存	连续	不方便	较小
沼气	较大	较高	可再生	小	小	容易	可存	连续	不方便	较小
海洋能	较小	较低	可再生	大	大	困难	可存	连续	不方便	无
氢能	最大	最高	可再生	大	小	困难	可存	连续	方便	无

三、能源发展历史

纵观人类社会发展的历史，人类文明的每一次重大进步都伴随着能源的改进和更替。能源的开发利用极大地推进了世界经济和人类社会的发展。由于受到经济发展需求、技术条件、供给因素等多重影响，到目前为止，人类对能源的利用大致经历了三个阶段：

1. 以薪柴为主要能源的时期

在18世纪以前，人类的生产和生活处于低水平发展中，从火把照明到篝火取暖，再到炭火烹饪，薪柴几乎贯穿了日常生活的方方面面；以手工业作坊为主的社会生产活动，对能源的需求量很小。上万年的农业文明时期，柴薪燃烧一直是人类主要的能源利用方式，漫长的以薪柴为主的能源格局制约了社会经济的发展。早期的人类没有认识到额外的能源消耗和经济利益之间的联系，但是随着游牧生活和农业生活向城市生活的过渡，城镇居民不能像游牧民族那样在所到之处找到干柴，薪柴供给减少了；与此同时，能源需求增长了，随着人们炼制陶瓷和铁器等，邻里之间开始争夺柴火，最早的能源紧张就这样出现了。到中世纪，欧洲已经面临严重的能源短缺。正是在这种需求动力下，促使人们寻找替代性的优质能源，煤炭就进入了人类的视野。

2. 以煤炭为主要能源的时期

从17世纪以蒸汽机为主要标志的工业革命开始，煤炭的地位日益上升，煤炭资源开始大规模开发和利用；直到18世纪中后期，世界能源消费结构转到以煤炭为主；在整个19世纪，煤炭成为资本主义工业化的动力基础；20世纪初，世界能源进入了以煤为主的“煤炭时代”。

煤炭的利用带来了世界经济的快速发展和工业化水平的大幅度提高，但煤炭开采与利用带来的问题也日益显现：煤炭开采区部分地表出现塌陷，空洞，露天煤矿开采会破坏地表、破坏植被、影响生态环境；破坏地下水水系，影响地下水水质；煤炭燃烧时除产生大量二氧化碳和二氧化硫外还会产生含氮、含磷的多种有害物质，不充分燃烧时还会产生一氧化碳等有毒气体；燃烧烟气造成环境污染，二氧化碳排放加剧了地球的温室效应，导致气候恶化；燃烧后会产生废渣。

3. 以石油为主要能源的时期

同煤相比，石油具有能量密度大（等重的石油燃烧热比标准煤高50%）、运输储存方便、燃烧后对大气的污染程度较小等优点。随着内燃机的问世，汽车、飞机、船舶制造业的兴起，各工业部门和运输业相继采用石油产品作为燃料，致使石油消费量显著增加。从

20世纪20年代开始，世界能源结构发生了第二次大的转变，即从煤炭转向以石油和天然气为主；石油及天然气的开采与消费大幅度增加，世界能源进入“石油时代”。到1959年，石油和天然气在世界能源结构中的比重首次超过煤炭占据第一位。其后，虽然经历了20世纪70年代两次石油危机，石油价格高涨，但石油的消费量却不见有减少的趋势；天然气燃烧发热量高，对环境污染小，发展前景广阔。

2007年，在世界一次能源消费总量中石油占35.6％、煤炭占28.6％、天然气占25.6％，非化石能源和可再生能源只占约12.0％。

预计在未来几十年内，由于石油生产顶峰的到来，天然气将逐步弥补石油产量下降的缺口，人类将进入天然气时代。根据国际能源研究所的预测，21世纪前五十年，将会进入以天然气为主的时期。

世界能源结构要转变到以可再生能源为主的时代还将是一个漫长的过程，这是当今世界能源发展的趋势。

四、我国能源状况

（一）我国能源资源的特点

（1）能源资源总量比较丰富。我国拥有较为丰富的化石能源资源。其中，煤炭占主导地位，石油、天然气资源储量相对不足，油页岩、煤层气等非常规化石能源储量潜力较大。拥有较为丰富的可再生能源资源：水力资源理论蕴藏量折合年发电量约为6.19万亿kWh，相当于世界水力资源量的12％，列世界首位。

（2）人均能源资源拥有量较低。我国人口众多，人均能源资源拥有量在世界上处于较低水平。煤炭和水力资源人均拥有量相当于世界平均水平的50％，石油、天然气人均资源量仅为世界平均水平的1/15左右，耕地资源不足世界人均水平的30％，制约了生物质能源的开发。

（3）能源资源分布不均衡。我国能源资源分布广泛但不均衡：煤炭资源主要赋存在华北、西北地区，水力资源主要分布在西南地区，石油、天然气资源主要赋存在东、中、西部地区和海域。主要的能源消费地区集中在东南沿海及东部经济发达地区，资源赋存与能源消费地域存在明显差异。大规模、长距离的北煤南运、北油南运、西气东输、西电东送，是我国能源流向的显著特征和能源运输的基本格局。

（4）能源资源开发难度较大。我国煤炭资源地质开采条件较差，大部分储量需要井工开采，极少量可供露天开采；石油天然气资源地质条件复杂、埋藏深，勘探开发技术要求较高；未开发的水力资源多集中在西南部的高山深谷，远离负荷中心，开发难度和成本较大；非常规能源资源勘探程度低，经济性较差，缺乏竞争力。

（二）我国能源状况的改善

经过几十年的努力，我国已经初步形成了以煤炭为主体、电力为中心、石油天然气和可再生能源全面发展的能源供应格局，基本建立了较为完善的能源供应体系。改革开放以来，能源开发利用状况得到改善，主要表现在：

（1）能源供给能力明显提高。建成了一批千万吨级的特大型煤矿；先后建成了大庆、胜利、辽河、塔里木等若干个大型石油生产基地；天然气产量迅速提高；商品化可再生能源量在一次能源结构中的比例逐步提高；电力发展迅速；能源综合运输体系发展较快，运输能力显著增强。

（2）能源节约效果显著。我国能源消费支撑了国民经济的增长，能源加工、转换、贮运和终端利用综合效率提高；单位产品能耗明显下降，产品综合能耗及供电煤耗与国际先进水平的差距不断缩小。

（3）消费结构有所优化。我国能源消费已经位居世界第二。2006 年，一次能源消费总量为 24.6 亿吨标准煤。我国高度重视优化能源消费结构，煤炭在一次能源消费中的比重由 1980 年的 72.2％下降到 2006 年的 69.4％，其他能源比重由 27.8％上升到 30.6％。其中，可再生能源和核电比重由 4.0％提高到 7.2％，石油和天然气消费有所增长。终端能源消费结构优化趋势明显，煤炭能源转化为电能的比重由 20.7％提高到 49.6％，商品能源和清洁能源在居民生活用能中的比重明显提高。

（4）科技水平迅速提高。我国能源科技取得显著成就：石油地质科技理论的发展使石油天然气工业已经形成比较完整的勘探开发技术体系；煤炭工业的煤矿采煤综合机械化程度显著提高；电力工业方面，先进的发电技术和大容量高参数机组得到普遍应用；核电初步具备百万千瓦级压水堆自主设计和工程建设能力，高温气冷堆、快中子增殖堆技术研发取得重大突破；烟气脱硫等污染治理、可再生能源开发利用技术迅速提高。

（5）环境保护取得进展。我国政府高度重视环境保护，加强环境保护已经成为基本国策，社会各界的环保意识普遍提高。我国的能源政策也把减少和有效治理能源开发利用过程中引起的环境破坏、环境污染作为其主要内容。

（6）市场环境逐步完善。我国能源市场环境逐步完善，能源工业改革稳步推进；能源企业重组取得突破，现代企业制度基本建立；投资主体实现多元化，能源投资快速增长，市场规模不断扩大；煤炭工业生产和流通基本实现了市场化；电力工业实现了政企分开、厂网分开，建立了监管机构；石油天然气工业基本实现了上下游、内外贸一体化；能源价格改革不断深化，价格机制不断完善。

随着我国经济的发展和工业化、城镇化进程的加快，能源需求不断增长，构建稳定、经济、清洁、安全的能源供应体系仍然面临着重大挑战。以煤炭为主的能源格局在未来相当长的时期内还难以改变；能源市场体系还有待完善，能源价格机制未能完全反映资源稀缺程度、供求关系和环境成本；能源资源勘探开发秩序也有待进一步规范，能源监管体制尚待健全；煤矿生产安全欠账较多，电网结构不够合理，石油储备能力不足，有效应对能源供应中断和重大突发事件的预警应急体系还有待于进一步完善和加强。

我国一次能源消费结构及预测见表 0-3。

我国一次能源消费结构及预测　　　　表 0-3

年　份	（％）	2006 年	2020 年	2050 年
煤炭	亿 t/a	24.2	26	28
	亿 tec/a	17	18.5	20
	占一次能源比例（％）	70.2	53	41
石油	亿 t/a	3.5	4.0	4.7
	亿 tec/a	5.0	5.7	6.7
	占一次能源比例（％）	18.2	16	14
天然气	亿 bcm/a	7.0	35	50
	亿 tec/a	0.9	4.5	6.7
	占一次能源比例（％）	3.2	13	15

续表

年　份	(%)	2006年	2020年	2050年
其他 （水电、核能、可再生能源等）	亿 tec/a	1.4	6.3	14.4
	占一次能源比例（%）	7.2	18	30
总计	亿 tec/a	24.2	35	48
	一次能源比例（%）	100	100	100

注：1. tec为ton of coal equivalent的缩写，为吨标准煤、吨当量煤单位，通常按1tec=29.3GJ计。
2. bcm是billion cubic meters的缩写，即10亿m^3。

五、能源发展前景

根据统计，1973年世界一次能源消费量仅为57.3亿t油当量，而2007年已达到111.0亿t油当量；在30多年内能源消费总量翻了一番。随着世界经济规模的不断增大，世界能源消费量仍将持续、快速地增长。

英国石油（BP）公司2010年6月10日发布的世界能源年度统计报告（见表0-4）显示，在2009年世界能源消费仍以三大常规能源为主。

2009年世界主要国家能源消费统计，百万吨油当量（%）　　表0-4

国家	石油	天然气	煤炭	核能	水力等	合计
美国	842.9	588.7	498	190.2	62	2182
	38.60%	27.00%	22.80%	8.70%	2.80%	100.00%
加拿大	97	85.2	26.5	20.3	90.2	319.2
	30.40%	26.70%	8.30%	6.40%	28.30%	100.00%
法国	87.5	38.4	10.1	92.9	13.1	241.9
	36.20%	15.90%	4.20%	38.40%	5.40%	100.00%
德国	113.9	70.2	71	30.5	4.2	289.8
	39.30%	24.20%	24.50%	10.50%	1.40%	100.00%
意大利	75.1	64.5	13.4	—	10.5	163.4
	16.00%	39.50%	8.20%	—	6.40%	100.00%
英国	74.4	77.9	29.7	15.7	1.2	198.9
	37.40%	39.20%	14.90%	7.90%	0.60%	100.00%
俄罗斯	124.9	350.7	82.9	37	39.8	635.3
	19.70%	55.20%	13.00%	5.80%	6.30%	100.00%
日本	197.6	78.7	108.8	62.1	16.7	463.9
	42.60%	17.00%	23.40%	13.40%	3.60%	100.00%
韩国	104.3	30.4	68.6	33.4	0.7	237.5
	43.90%	12.80%	28.90%	14.10%	0.30%	100.00%
印度	148.5	46.7	245.8	3.8	24	468.9
	31.70%	10.00%	52.40%	0.80%	5.10%	100.00%
中国	404.6	79.8	1537.4	15.9	139.3	2177
	18.60%	3.70%	70.60%	0.70%	6.40%	100.00%
世界合计	3882.1	2653.1	3278.3	610.5	740.3	11164.3
	34.80%	23.80%	29.40%	5.50%	6.60%	100.00%

BP公司2010年世界能源年度统计报告显示，至2009年底的探明石油储藏量按2009年生产量可开采45.7年，天然气储量可开采62.8年，煤炭为119年。

据BP能源展望，在2010～2030年间可再生能源（太阳能、风能、地热能源和生物燃料）对能源增长的贡献将从5%增大到18%，核能、水电和可再生能源等非化石能源有望首次成为供给增长的主要来源。世界经济合作组织对石油的需求已于2005年达到峰值，预计到2030年将返回到1990年的水平；生物燃料将占全球运输燃料的9%。

专业机构预测：今后几十年内，世界能源结构将进入油、气、煤、可再生能源、核能五方鼎立的格局。水能、太阳能、风能、地热能、潮汐能等可再生能源虽然增长很快，但在能源消费总量中仍保持较低的比例；太阳能的利用涉及能量的均衡产生、能量的存储、可达到的规模、能量的成本和投资等技术问题，其大规模工业化生产也尚需时日；受控核聚变能被称为人类未来能源的希望所在，但至少在21世纪前半期，从技术上还难以大规模实现。石油、煤炭在能源市场份额中将会继续趋于下降，而天然气所占份额将稳步上升，天然气将是增长最快的化石燃料。到2030年，所有三种化石燃料占市场份额将趋于约27%。非常规能源，包括非常规天然气（油砂、油页岩、煤层气）、生物质能源等将受到极大重视；能源成本继续上涨 ，清洁能源开发、降低二氧化碳排放量都将成为关注热点。

我国能源发展坚持立足国内的基本方针和对外开放的基本国策，以国内能源的稳定增长，保证能源的稳定供应，促进世界能源的共同发展。我国能源战略的基本内容是：坚持节约优先、立足国内、多元发展、依靠科技、保护环境、加强国际互利合作，努力构筑稳定、经济、清洁、安全的能源供应体系，以能源的可持续发展支持社会经济的可持续发展。具体包括：节约优先，我国把资源节约作为基本国策，坚持能源开发与节约并举、节约优先，积极转变经济发展方式，调整产业结构，鼓励节能技术研发，普及节能产品，提高能源管理水平，完善节能法规和标准，不断提高能源利用效率。

据预测，2015年我国一次能源生产总量将达到36.3亿tec，能源消费总量为43.1亿tec；预计“十二五”期间，我国单位GDP能耗将会下降17%。同时，能源结构清洁低碳化趋势显著，天然气消费量将会显著增长，非石化能源消费比重将超过11%，2015年将减少排放二氧化碳24亿t。

六、燃气行业的发展历程与现状

在公元前6000年到公元前2000年间，伊朗首先发现了从地表渗出的天然气。许多早期的作家都曾描述过中东有原油从地表渗出的现象，特别是在今日阿塞拜疆的巴库地区。渗出的天然气刚开始可能用作照明，崇拜火的古代波斯人因而有了“永不熄灭的火炬”。

我国对天然气的利用也有十分悠久的历史，特别是通过钻凿油井合并开采石油和天然气的技术，在世界上也是最早的。2000多年以前的秦朝就开始凿井取气煮盐了。在晋朝人常璩写的《华阳国志》里，就有描述秦汉时期应用天然气的一段话：“临邛县有火井，夜时光映上昭。民欲其火，先以家火投之。顷许如雷声，火焰出，通耀数十里。以竹筒盛其火藏之，可拽行终日不灭也……取井火煮之，一斛水得五斗盐。家火煮之，得无几也。”由此可知，早在2000多年前，人们就用竹筒装着天然气，走夜路时当火把；而且用天然气煮盐，火力比普通火力大，出盐也多得多。

西汉杨雄在《蜀都赋》中，已把火井列为四川的重要名迹之一；《天工开物》中还绘有火井煮盐图。

1659年在英国发现了天然气，到1790年，煤气成为欧洲街道和房屋照明的主要燃料。在北美，石油产品的第一次商业应用是1821年纽约弗洛德尼亚地区对天然气的应用：一根小口径导管将天然气输送至用户，用于照明和烹调。世界天然气的开发利用，则以1925年美国铺设第一条天然气长输管道作为现代工业利用的标志。

我国城市燃气工业的发展应从1865年上海建成的人工煤气厂开始。当时的人工煤气主要供上海的外国租界使用。到1949年，全国仅有7个城市有煤气设施，年供气能力为3900万m^3，用气人口约27万。我国燃气事业的快速发展是在改革开放以后，特别是近年有了突破性的进展。

我国现代城市燃气事业的发展大致经历了三个阶段：

第一阶段：20世纪80年代以前，在国家钢铁工业大发展的带动下和国家节能资金的支持下，全国建成了一批利用焦炉余气以及各种煤制气的城市燃气利用工程，许多城市建设了管网等燃气设施。在这一阶段，以发展煤制气为主，取得了普及用户、增加燃气供应量的成绩。

第二阶段：20世纪80年代至90年代前期，液化石油气（Liquefied Petroleum Gas，简称LPG）和天然气得到了很快的发展，形成了煤制气、液化石油气和天然气等多种气源并存的格局。同时出现了国内现有资源难以满足城市发展和经济建设需求的情况。由于国家准许液化石油气进口并逐步取消了配额限制，广东等沿海较发达、但能源缺乏的地区首先使用了进口液化石油气。至此，国内外液化石油气资源得到了较充分的利用，液化石油气成为我国城镇燃气的主要气源之一。

第三阶段：20世纪90年代后期，随着天然气的勘探、开发，以陕甘宁天然气进北京为代表的天然气供应拉开了序幕，我国城镇天然气的应用进入前所未有的发展阶段。特别是“西气东输”工程的实施，标志着我国城镇燃气的天然气时代已经来临。同时，液化石油气小区管道供应方式的广泛应用，也为液化石油气扩展了应用领域。

但是，我国城镇燃气事业的发展进程中，还有许多问题需要解决。比如我国城镇燃气的气化率在发达地区比较高，不发达地区比较低；许多地方的燃气管道及设施才刚刚开始建设；天然气等优质燃料与清洁能源在整个能源消费结构中所占比例还很低。长期以来，由于燃气气源供应的不足，也影响了燃气应用技术的发展：民用小型快速燃气热水器是在20世纪80年代才开始较普遍地在城市居民中使用；商业用户燃气的应用也基本限于炊事。城市燃气应用于发电、建筑物的采暖和制冷，在国外已经相当普遍，而在我国才刚刚起步，其他的应用技术尚未大规模的开始。

七、燃气发展前景

在全球范围内，世界天然气产业将进入“黄金”发展时期：天然气取代石油的步伐加快，成为21世纪消费量增长最快的能源，占一次能源消费中的比重将越来越大。在2010年前后，天然气在全球能源结构中的份额将超过煤炭，2020年前后，将超过石油，成为能源组成中的第一位。

天然气工业的发展得益于多方面的有利条件：首先，储量比较丰富；再者是热能利用率高；加上天然气的污染程度也较低，燃烧过程中排放的二氧化碳比石油低25%，比煤炭低40%，在矿物能源中是最少的；与燃油和燃煤相比，天然气排放的二氧化硫和氮氧化物也要少得多。以天然气为能源不仅有利于缓和大气温室效应，也有助于减少酸雨的形成。

国际能源机构统计的数字显示，全球对天然气的需求量正在以每年2.4%的速度增长，而且这一增长速度有望保持到2030年。经济全球化带动着天然气的全球化，预计到2010年，全球天然气贸易量为7000亿m^3。天然气销售市场不再局限于家庭炊事、商业服务和取暖锅炉，天然气发电、天然气化工、天然气车用燃料和电池燃料、天然气空调及家庭自动化等方面利用潜力十分巨大，高速增长的市场自然带来无限的商机。

国际能源署（IEA）报告称，非常规天然气资源的前景将在2025年后推动全球天然气需求的快速增长，且2035年前后将接近石油需求。从现在起到2035年间，全球天然气产量增长中约40%将来自非常规天然气的开采，比如页岩气或煤层气。

我国天然气消费与世界发达国家或地区相比还有较大差距：全球天然气占总能源消费的24%，而目前我国仅占能源消费结构的6%，尚有很大的发展空间。未来20年在我国的能源消费中，与煤炭、石油、一次电力相比，天然气的消费增长速度最快。天然气市场在全国范围内将得到发展。随着“西气东输”等工程的建设和投入运营，我国对天然气的需求增长将保持在每年15%以上。

“十二五”期间，我国燃气事业将会有很大发展，天然气产量和市场消费量都将大幅提升，国家将按照“稳定东部、加快西部、常规和非常规并举”的思路发展天然气。随着“西气东输”工程的进展，天然气在我国城镇燃气中的比例将会大幅度地增加，天然气长输管线的铺设将初步形成规模。我国天然气工业从启动期进入快速发展期，而终端消费主要集中在城镇燃气、工业燃料、发电及化工四大领域。预计到2015年，我国天然气消费量将达到2600亿m^3，其中，国产天然气将达到1500亿m^3，进口天然气6952t（约合927亿m^3），是2010年的2.43倍；我国规划到2020年天然气的使用量在一次性能源中所占的比例将达到10%。我国还将加大煤层气、页岩气、城市垃圾沼气等非常规天然气的开发力度；加强天然气储备体系建设，发挥价格杠杆调节作用，确保天然气稳定供应；强化天然气、液化天然气进口渠道建设，扩大天然气、液化天然气进口规模；适时调整天然气利用政策，鼓励以气代油，适地、适量建设天然气、液化天然气调峰电站。

我国天然气产业的快速发展仅是一个新阶段的开始，我国天然气产业依然年轻；同时人工煤气、液化石油气等多种气源并存的局面还将延续较长时间。在快速发展的过程中，诸多问题有待解决：比如还没有形成市场导向下合理的燃气定价机制；下游市场爆发式增长使有限的燃气资源捉襟见肘，出现供应紧张的“气荒”现象；燃气发展统筹规划不够，重复建设、随意设置燃气供应站、不配套建设燃气设施等问题比较突出；燃气应急储备和应急调度制度不健全，燃气安全供应能力不足，应急保障能力不强；燃气经营管理制度不完善，经营者责任不清，违法经营，无序竞争，服务行为不规范等现象普遍存在；安全管理制度不健全，安全措施不落实，燃气事故屡屡发生；缺乏必要的燃气安全事故预防与处理机制等等。我国的燃气行业在今后的发展道路上仍然任重而道远。

第一章　燃气气源概论

燃气是指可以作为燃料的气体，即气体燃料。城镇燃气是指从城市、乡镇或居民点的地区性气源点，通过输配系统供给城镇各类用户使用、且符合一定质量要求的气体燃料。

燃气通常为多组分的混合物，具有易燃、易爆的特性。

燃气中的可燃成分包括氢气、一氧化碳、甲烷及碳氢化合物（烃类）等；不可燃成分包括二氧化碳、氮气等惰性气体；部分燃气中还含有氧气、水及少量杂质。

第一节　燃气的种类

城镇燃气供应系统的规划设计、运行维护与管理、燃烧设备的设计和选用等都与燃气的种类有关。

燃气可以按其来源或生产方式进行分类，也可以从应用方面按燃气的热值或燃烧特性进行分类。

燃气按照其来源及生产方式大致可分为四大类：天然气、人工煤气、液化石油气和生物气（人工沼气）等。其中，天然气、人工煤气、液化石油气可以作为城镇燃气气源，生物气由于热值低、二氧化碳含量高而不宜作为城镇气源，但在农村，如果以村或户为单位设置沼气池，产生的沼气作为洁净能源替代秸秆燃烧与利用，有很好的发展前景。

随着城市化进程的加快及对清洁能源的需求，新型替代燃料会不断进入城镇能源系统，城镇燃气的范围也在扩大。近年来，二甲醚、轻烃混空气等燃料已逐渐纳入我国城镇燃气的范畴。

一、天然气

广义的天然气是指埋藏于地层中自然形成的气体，而长期以来通用的“天然气”的定义，是从能量角度出发的狭义定义，是指天然蕴藏于地层中的烃类和非烃类气体的混合物，即以甲烷为主的气态化石燃料。

天然气主要存在于油田和天然气田，也有少量储集在煤层中。

天然气是一种混合气体，其主要成分是低分子量烷烃，还含有少量的二氧化碳、硫化氢和氮气等。

一般认为，天然气是古代动、植物的遗骸在不同的地质条件下，经转化及变质裂解生成的气态碳氢化合物。在一定压力下，天然气经运移，储集在地下适宜的地质构造中，形成矿藏，埋藏在深度不同的地层中。

采集天然气的系统具有基建投资少、建设工期短、见效快的特点。据有关资料介绍，按标准燃料计算，天然气的生产成本是石油的25%，是煤炭的5%～15%。

天然气从地下开采出来时压力很高，有利于远距离输送，到达用户处仍能保持较高压力。天然气热值高，容易燃烧且燃烧效率高，是优质、经济的自然资源。

天然气用途广泛，即可以作为燃料，也可以作为化工原料。综合利用天然气，充分有效地发挥天然气资源的作用，才能取得显著的经济效益。

（一）天然气的分类

通常，天然气是按照其矿藏特点或气体组成进行分类的。采集的天然气成分会随产地、矿藏结构、开采季节等因素而有所不同。

1. 天然气根据矿藏特点的分类

根据矿藏特点，天然气可以分为气田气、凝析气田气和石油伴生气三类。

（1）气田气（纯天然气） 气田是天然气田的简称，是指富含天然气的地域。气田气在地层中呈均一气相，开采出来即为气相天然气，其主要成分为甲烷，含量约为80%～90%，还含有少量的二氧化碳、硫化氢、氮及微量的氦、氖、氩等气体。

我国已有四川、陕甘宁、新疆、青海等多个天然气气田得到开发利用，其甲烷含量一般不少于90%。

（2）凝析气田气 凝析气田气是指含有少量石油轻质馏分（如汽油、煤油成分）的天然气。凝析气田气开采出来以后，一般要进行减压降温，分离为气液两相，分别进行输送、分配及使用。凝析气田气中甲烷含量约为75%。我国东海平湖、华北苏桥等为这类气田。

（3）石油伴生气 石油伴生气是指与石油共生的、伴随石油一起开采出来的天然气。

石油伴生气又分为气顶气和溶解气两类。气顶气是不溶于石油的气体，为保持石油开采过程中必要的井压，这种气体一般不随便采出。溶解气是指溶解在石油中，伴随石油开采而得到的气体。石油伴生气的主要成分是甲烷、乙烷、丙烷、丁烷，还有少量的戊烷和重烃，气油比（气体m^3/原油t）一般在20～500之间。

我国大港地区华北油田的石油伴生气中，甲烷含量约为80%，乙烷、丙烷及丁烷等含量约为15%。石油伴生气的成分和气油比，会因油田的构成和开采季节等条件而有一定差异。

2. 天然气根据组分分类

天然气根据其组分可分为干气、湿气、贫气和富气，也可分为酸性天然气和洁气等。

（1）干气是指每一基方❶井口流出物中，C_5 ❷以上重烃液体含量低于13.5cm^3的天然气；

（2）湿气是指每一基方井口流出物中，C_5以上重烃液体含量超过13.5cm^3的天然气；

（3）富气是指每一基方井口流出物中，C_3以上重烃液体含量超过94cm^3的天然气；

（4）贫气是指每一基方井口流出物中，C_3以上重烃液体含量低于94cm^3的天然气；

（5）酸性天然气是指含有较多的H_2S和CO_2等酸性气体，需要进行净化处理才能达到管道输送要求的天然气；

（6）洁气是指H_2S和CO_2含量很少，不需要进行净化处理的天然气。

---

❶ 本书中气体计量单位用立方米，计量条件有两种：一是在压力为一个大气压（101325Pa），温度为0℃的条件下称标准立方米（Normal Cubic Meter，简写为Nm或m^3），简称标方；另一种是在压力为1kg/cm^2，温度为20℃条件下称基准立方米（Standard Cubic Meter，简写为Sm^3），简称基方。

❷ 对于碳氢化合物，有时可只用其中的碳原子（C）数表示。如丙烷（C_3H_8）、丙烯（C_3H_6）可统称为碳三（C_3），正戊烷（C_5H_{10}）、异戊烷（C_5H_{10}）可统称为碳五（C_5）。

（二）天然气的生成与气藏的形成

天然气是由有机物质生成的。这些有机物质是海洋、湖泊中或陆地上的动、植物遗骸，在特定的地质环境中，经去氧加氢富集碳的过程形成分散的碳氢化合物。天然气生成之后，呈分散状态存在于地下岩石的孔隙、裂缝中或以溶解状态存在于地下水中；经迁移和聚集，在有良好的储集层和盖层的条件下，形成矿藏。能储存天然气并能使天然气在其内部流动的岩层，称为储集岩层，又叫储集层；储集层上面能阻止天然气逸散的不渗透层称为盖层。

要形成具有开采价值的资源性天然气气藏，要有良好的储集层、合适的盖层、气体的迁移和聚集过程等诸多条件。

储集层主要有以下几种：

(1) 碎屑岩类储集层，包括砂岩、砂层、砾石层等。目前，世界上已探明的石油、天然气矿藏有40%以上是储集在这类岩层中。这类岩层的储集空间主要是碎屑颗粒间的孔隙。

(2) 碳酸盐类储集层，包括石灰岩、白云质石灰岩及白云质灰岩等。目前，世界已探明的石油、天然气储量有一半以上是储集在这类岩层中。这类岩层的储集空间，除在成岩过程中形成的原生孔洞和裂缝外，还有次生的孔洞和裂缝。

(3) 其他岩类储集层，包括岩浆岩、变质岩和泥质沉积岩等。它们因风化、剥蚀作用或地质构造运动而形成的次生孔洞和裂缝，成为天然气的储集空间。

常见的盖层有泥岩、页岩、岩盐及致密的石灰岩和白云岩等。

天然气在地壳内的运移，除了天然气本身具有流动性外，还有压力、浮力、水动力、扩散力、毛细管力、细菌作用以及岩石的重结晶作用等。

天然气的聚集是天然气生成和迁移过程的继续。在自然界中，天然气由分散而聚集起来的条件是有多孔隙、多裂缝的储集层；有不渗透盖层所形成的拱形面和在地层中形成的各种圈闭。

天然气在运移过程中受到某一遮挡物而停止移动并聚集起来。储集层中这种遮挡物存在的地段称为圈闭，圈闭是储集层中富集天然气的容器。当一定数量的天然气在圈闭内聚集后，就形成气藏。如果同时聚集了石油和天然气，则称为油气藏。

天然气气田是由一个或几个气藏组成的，可以是单层结构，也可以是多层结构的。

（三）天然气的开采与加工

天然气一般埋藏在地下，在地表不能被发现；要利用各种地质勘探方法寻找天然气气藏，并开采其中具有商业开采价值的气田资源。

1. 天然气的勘探

天然气的勘探不同于其他固体矿藏，需要根据各地区的具体条件、应用多种方法综合勘探，常用的有地质法、地球物理勘探法和钻探法等。

地质法也称地面调查法，即在地面利用自然露头或人工剖面来直接进行地质观察，研究岩石及地层构造等情况，分析有无天然气生成与储存的条件。这种方法一般只能用于寻找地表附近的浅层天然气。

地球物理勘探法是在地面或水面上利用各种仪器对地下地质构造进行勘查，常用的有重力、磁力、电法和地震等四种勘探方法。

钻探法是根据地球物理勘探的结果，在可能的含油气构造上钻探井，钻穿目的层，直接了解岩石性质和含油气情况。

天然气与石油同属流体矿藏，勘探方法上有很多相似之处。天然气与石油的勘探往往是同时进行的。

2. 天然气的开采

在发现了具有开采价值的天然气田后，要根据气田的具体情况制定合理的开采计划，包括天然气集输、回收及净化方案等。

气田开发的总目标是适应国民经济发展需要，充分利用气藏能量，提供优质能源，并在较长时间内保持天然气的稳定、高产，取得较高的最终采收率和较好的经济效益。

天然气的开采一般采用钻井的方法：将井钻到气层的深度，完井后，从气井中将天然气采到地面，进入天然气集输流程，并从天然气中分离出油、水及杂质等；经净化、计量后，将符合要求的天然气外输至用户。

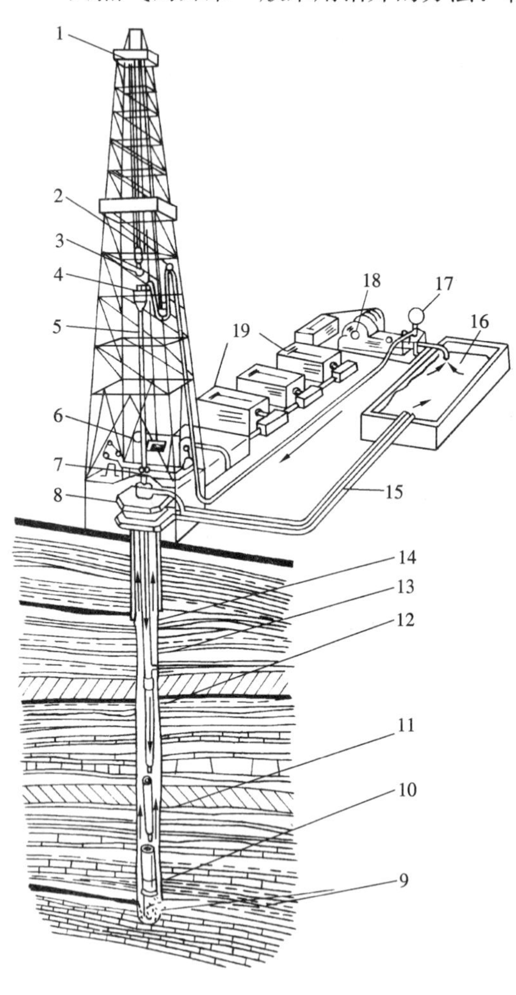

图 1-1 旋转钻井法示意图

1—天车；2—游动滑车；3—吊钩；4—水龙头；5—方钻杆；6—铰车；7—转盘；8—防喷器；9—钻头；10—泥浆；11—钻铤；12—钻柱；13—井眼；14—表层套管；15—泥浆槽；16—泥浆池；17—空气泵；18—泥浆泵；19—动力机

图 1-1 为旋转钻井法示意图，其中地面以上的部分称为钻机。旋转钻井法的操作特点是：地面动力通过传动装置带动井口上面的转盘，转盘再带动井下的钻柱和钻头旋转，钻头破碎岩石，井眼不断加深。

气井装置分为井下与井口两部分。气井钻成后，要在井内下入钢制套管（由无缝合金钢管制成）用水泥将套管的外壁与井眼的内孔牢固地固结在一起。生产前，先将套管内置入特制的射孔枪，下到生产层的深度，点火射孔，射穿套管及其外的水泥环（射孔完井法），将生产层与井底沟通。

生产时为了保护套管和给采气创造良好的条件，一般要在套管内下入比套管小的油管（亦由无缝合金钢管制成），井底油气从油管内流到地面。在气井的井口装有采气树。采气树是由若干高压阀门组成的，用于控制天然气的开采量。图 1-2 为天然气气井井身结构图。

在海上开采石油和天然气，要建固定或移动式钻井平台。平台生产出来的天然气一般通过海底输气管道送回陆地；生产出的油品则采用海底输油管道送回陆地或用油轮外运。

3. 天然气的集输

将天然气从各分散的气井（或油井）集中起来，进行必要的初加工和计量，然后送到天然气净化厂、加工厂或输气干线起点站的过程称为天然气集输。

天然气集输流程的选择取决于气田的储量、面积、构造形状、产气层特性和气井的分布、产气量、井口压力以及天然气组分、有无凝析油或杂质成分、采用的净化工艺等。一般应在技术经济比较后选择合理的集输系统。

天然气集输系统的主要设施有井场装置、集气站、矿场压气站、天然气处理厂和输气干线首站等；主要工艺流程包括油气分离、处理、计量、储存、输送，轻质油回收、污水处理等。图 1-3 为某天然气集输系统流程示意图。

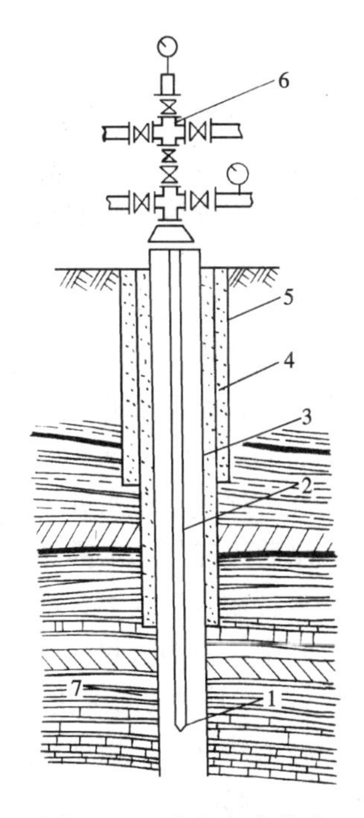

图 1-2　天然气气井井身结构图

1—油管鞋；2—油管；3—油（气）层套管；4—技术套管；5—表层套管；6—采气树；7—生产层

（1）井场装置一般设在气井附近。从气田开采出来的天然气，经过节流，进入油气分离器除去油、游离水和机械杂质等，计量后送入集气管网。

（2）集气站是将各井场装置初步处理后的天然气集中，再一次进行节流、分离、计量。

（3）矿场压气站只在气田开采后期（或低压气田），当地层压力不能满足后续管道的输送要求时设置。在矿场压气站将低压天然气加压后输送到天然气处理厂或输气干线。

（4）天然气处理厂是对外供天然气进行集中分离、净化、脱除物回收处理的地方。

（5）输气干线首站是设置在输气干线起点的压气站。它的任务是接收天然气处理厂的净化天然气，经除尘、计量、加压后送入输气干线。

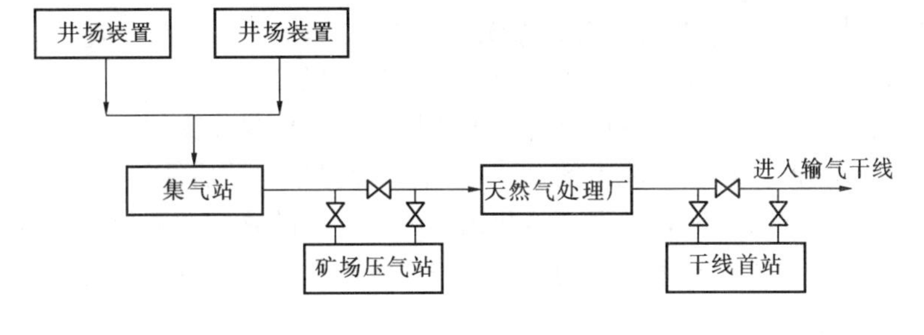

图 1-3　某天然气集输系统流程

4. 天然气的净化

天然气的净化在天然气处理厂进行。当井场天然气中的硫化物、二氧化碳、凝析油及水分超过管道输送标准或不能满足用户的质量要求时，应除去其中的凝析油、水、硫化物及其他杂质。净化过程的脱除物应在回收工艺中分类回收，作为资源加以利用，不得浪费和造成污染。

（1）脱除凝析油：井场天然气中多数都含有一定量的凝析油，其主要成分为 C_4～C_8 组分的各种碳氢化合物。凝析油是很好的化工原料，应将其从天然气中分离出来加以利用。脱除凝析油常用的方法有压缩法、吸收法、吸附法和低温分离法等。其中，低温分离法还兼有脱水功能。

(2) 脱硫：天然气随产地的不同，其含硫量差别很大，应根据天然气中硫的形态及含量的多少，采用不同的脱硫方法。按吸收剂的状态可分为干法和湿法脱硫两类。其中，干法脱硫是用固体作吸附剂，湿法是用液体作反应剂。一般干法脱硫只能处理低压、小流量，且含硫量低的天然气。在天然气矿场和长输管线上目前主要使用的是湿法脱硫。天然气中的硫化物以硫化氢为主，二氧化碳与硫化氢同属于酸性气体，可同时脱除。

(3) 脱水：地层采出的天然气及脱硫后的净化天然气中，一般都含有饱和水蒸气。在一定压力、温度条件下，天然气中的水能与液相和气相的碳氢化合物生成结晶水化物($C_mH_n \cdot XH_2O$)；天然气中的水分还会与酸性成分共同作用，腐蚀管道及设备。因此，天然气必须进行脱水处理，达到规定的含水量指标后，方可进入长距离输气管道。一般要求脱水后天然气的水露点温度比输气管道沿线最低环境温度低5～15℃。某些情况下，可以要求管输天然气不含水。天然气脱水方法可分为溶剂吸收法、固体吸附法和低温分离法等。其中，溶剂吸收法应用最为广泛。

(四) 天然气的液化

将天然气从气田或资源国输送至目标用户时，采用管道输送是一种好的输送方法，但对于远距离越洋输送，目前还没有技术可以建造深海长距离输送管道，因此需要寻找其他的方法。将天然气液化是越洋大量输送天然气的理想的、成熟的商业化技术。

液态天然气的体积为气态时的1/600。将天然气液化，有利于运输和储存；液化过程中还可以更经济地分离、生产出氦气等稀有气体。

天然气液化的过程实质上是通过换热不断取走天然气的热量，使其温度降至临界温度以下而变为液体状态。天然气的液化属于深度制冷。因此，在液化前应对天然气进行净化处理，以脱除深冷过程中可能固化的物质，如水、二氧化碳、硫化氢及丙烷以上的重烃类。用于生产液化天然气的原料气，其净化程度要高于管道输送天然气的净化要求。

天然气液化过程中，C_3以上烃类、乙烷、甲烷会逐级分离出来。商品液化天然气的成分一般以甲烷为主，也可以根据供需双方约定，配比成分。

一个成功的天然气液化项目应该有充足的探明天然气储量作支撑：天然气的资源量一般应为液化天然气生产厂年生产能力的25～35倍，即保证建厂后能够至少运行25年；同时，原料气还应价格相对低廉，以保证液化天然气生产厂的赢利。天然气液化的过程中会产生大量的凝析物，回收和利用相应的副产品可以抵消部分天然气液化的成本，以降低商品液化天然气的价格。

液化天然气生产厂是液化天然气项目中的关键，一般包括天然气液体提取装置、液化石油气生产装置、绝热的液化天然气储槽与液化石油气储槽、深水码头及相关设施等。

二、人工煤气

人工煤气是指以固体或液体可燃物为原料加工生产的气体燃料。一般将以煤或焦炭为原料加工制成的气体燃料称为煤制气，简称煤气；用石油及其副产品（重油等）制取的气体燃料称为油制气。

(一) 人工煤气的种类

根据原料及生产、加工的方法和设备的不同，人工煤气可分为许多类。我国常用的人工煤气主要有以下几种。

1. 干馏煤气

当固体燃料（如煤）隔绝空气受热时，分解产生可燃气体（干馏煤气）、液体（煤焦油）和固体（半焦或焦炭）等产物。固体燃料的这种化学加工过程被称为干馏。以煤为原料的干馏过程中逸出的煤气，叫作干馏煤气。

国内焦炉煤气的煤气产率约为285～420m³/t（干煤），即每吨干煤加工后大约可以得到285～420m³ 煤气；煤气产量主要取决于煤料中挥发分含量的多少。

煤的干馏过程见图1-4，根据加热的最终温度不同，煤的干馏可分为高温干馏（温度约为900～1100℃）、中温干馏（温度约为660～800℃）和低温干馏（温度约为500～580℃）三种。

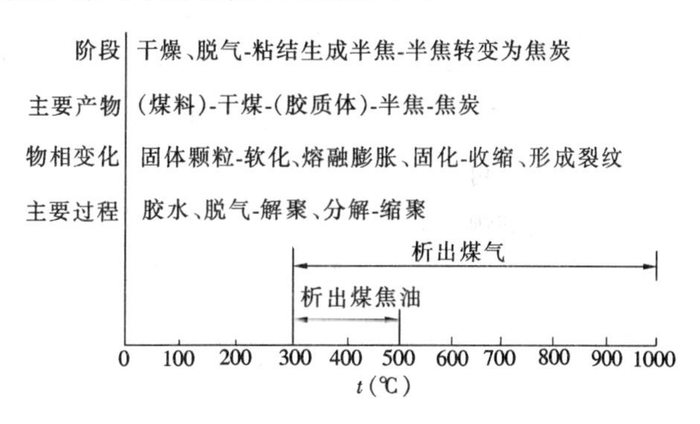

图1-4 煤的干馏过程

利用焦炉、连续式直立炭化炉（又称伍德炉）和立箱炉等对煤进行干馏可以获得干馏煤气。利用焦炉生产的焦炉煤气为高温干馏煤气，它的剩留物为焦炭（是冶金行业的重要燃料）。利用炭化炉、立箱炉可以得到中温干馏煤气，它的剩留物为半焦，也称为熟煤。干馏煤气的主要成分为氢气、甲烷、一氧化碳等。干馏煤气的生产工艺成熟，是最早用于城市的传统燃气气源。

焦炉煤气是我国人工煤气的主要种类之一。以生产焦炉煤气为主的炼焦化学厂也称为炼焦制气厂。在焦化厂，除了产生人工煤气和焦炭以外，还可回收、加工得到许多化工产品。图1-5为炼焦制气厂生产流程示意图。

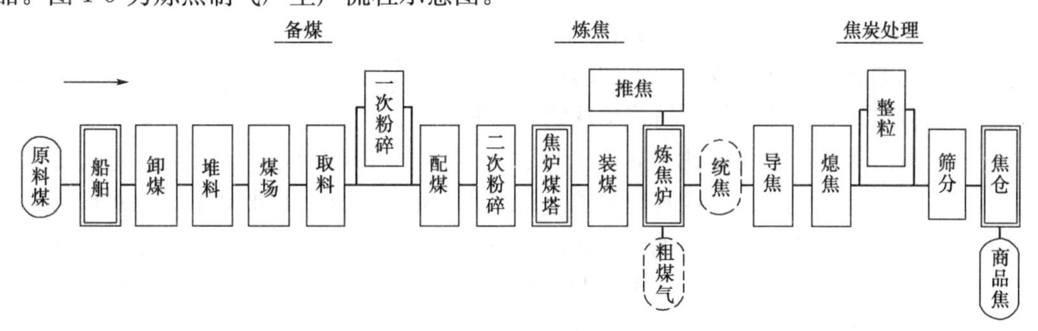

图1-5 炼焦制气厂生产流程示意图

2. 气化煤气

将固体燃料（如煤或焦炭）在高温下与气化剂（如空气、氧、水蒸气等）相互作用，通过化学反应使固体燃料中的可燃物质转变为可燃气体的过程称为固体燃料的气化，得到的气体燃料称为气化煤气。

固体燃料的气化一般在气化炉中进行的。干煤气化率约为3.3～3.5m³/kg煤，即每千克煤可以气化得到约3.3～3.5m³ 煤气。

固体燃料的气化方法很多，根据气化原料、气化剂、气化炉的结构和操作条件的不同，可以制取不同质量的煤气。其中，使用较多的有发生炉煤气、水煤气和压力气化煤气等。

（1）发生炉煤气：以空气和水蒸气作为气化剂，在气化炉内进行固体燃料的连续气化，得到的气体燃料为发生炉煤气。

（2）水煤气：以水蒸气为气化剂制取的气化煤气为水煤气，其生产过程为间歇制气过程，即往水煤气炉内交替吹入空气和水蒸气：吹空气是为了加热燃料层，吹水蒸气以制取水煤气。

（3）压力气化煤气：压力气化又称高压气化，得到的燃气称为压力气化煤气。它是以高压氧和水蒸气作为气化剂，使煤气在高压下进行连续气化的一种制气方法。这种制气方法最初是以制造城市煤气为目的而发展起来的，后来逐渐扩展到生产合成气。由于煤在压力下进行气化，可以促进甲烷的生成。在经净化和脱除二氧化碳后的净煤气组成中，甲烷的含量接近焦炉煤气，作为城镇燃气比较理想。

（4）煤的地下气化技术也是一种对煤进行加工的方法。煤的地下气化是把煤的开采和转化结合起来，对地下煤层就地进行气化的工艺过程。煤的地下气化原理与一般的煤炭气化原理相同，只是它的“气化炉”直接设在地下煤层中，从地面鼓入的空气或富氧空气作为气化剂。地下气化煤气的成分与发生炉煤气接近，主要有 CO、N_2、CO_2，还有少量 CH_4 和 H_2S。地下气化适用煤种广泛，特别是对那些无法开采或开采价值不高的煤层，都可进行地下气化。

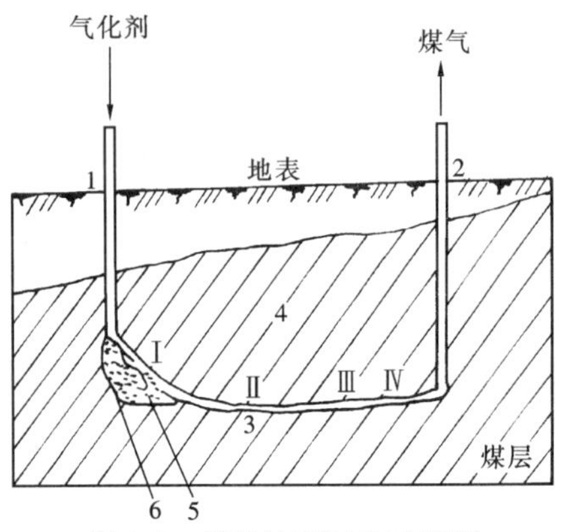

图 1-6　煤的地下气化示意图

1、2—钻孔；3—气化通道；4—拟气化煤层；5—火焰工作面；6—崩落的岩石

Ⅰ—燃烧区；Ⅱ—还原区；Ⅲ—干馏区；Ⅳ—干燥区

图 1-6 为煤的地下气化示意图：从地面向煤层钻一定数量的孔，并设法使两孔底部贯通，建立气化通道。气化剂从一端钻孔鼓入，生成的煤气从另一端的钻孔引出。煤在地下气化后残余灰渣仍留在地下，而能量以清洁的方式输出地面，大大减少了煤的开采和地面制气对环境造成的污染，省却了煤的采掘工作，减少甚至取消了地下作业量。因此，煤的地下气化将成为部分取代煤炭开采的一项技术。煤的地下气化虽然在扩大利用煤炭资源等方面有很大的优势和很好的发展前景，但仍然有一些技术难题需要研究解决：如地下煤层燃烧过程的控制、高温下岩石的性能改变以及煤灰组成对气化过程的影响等。

3. 油制气

油制气是将石油及其副产品（如重油、轻油、石脑油等）进行高温裂解而制成的气体燃料。油制气的产率取决于生产工艺和油品的热值，用气化效率表示为：

$$\text{气化效率}(\%)=\frac{\text{煤气产量}\times\text{煤气热值}}{\text{制气用油量}\times\text{制气油热值}}\times 100\%$$

通常情况下，重油催化裂解制气的气化效率约为 70%，轻油、石脑油的气化效率约为 86%。

我国油制气多以重油为原料，制气方法主要有：

（1）蓄热裂解法：在温度为 800～900℃、有水蒸气存在的条件下使碳氢化合物裂解的过程称为热裂解。生产过程由加热和制气两个阶段交替进行，以间歇制取油制气。水蒸气的存在可以降低炉内分压以促进裂解反应。蓄热裂解法制取的燃气一般含重碳氢化合物比较多，氢的含量较少。

（2）催化裂解法：在蓄热裂解法的生产过程中加入适当催化剂，促进裂解过程中生成的碳氢化合物与水蒸气之间发生反应的生产工艺称为催化裂解法。催化裂解气中氢和一氧化碳的含量较高，其热值及燃烧性能非常接近焦炉煤气，是比较理想的城镇燃气气源。

油制气的主要成分为氢气（约占55%）、烷烃、烯烃等碳氢化合物，以及少量的一氧化碳；裂解后的副产品有苯、萘、焦油、炭黑等。生产油制气基建投资少，自动化程度高，生产机动性强。油制气既可作为城镇燃气的基本气源，又可作为人工煤气系统用气高峰时的调峰气源。

（二）人工煤气的净化

人工煤气特别是煤制气，无论是作为燃料还是化工原料，为了满足用户使用和管道输送的要求，都必须进行净化处理。人工煤气净化的目的主要是：

（1）降低温度。人工煤气生产出来以后，一般温度都比较高，需采取措施，降低其温度，才能进行输送。

（2）脱除水分。人工煤气在生产及降温、冷却过程中，会有水蒸气混入。脱除水分，可以减少燃气在管道输送过程中水及凝析液的产生。

（3）脱除其中的有害杂质。燃气中的有害杂质会对输气管道及用户设备造成危害，应将其脱除。

（4）回收有价值的化工产品。为了实现资源的综合利用、减少环境污染，人工煤气中脱除出的有害杂质均应合理回收并作为资源加以利用。

表1-1是几种人工煤气净化前的杂质含量。

几种人工煤气净化前的杂质含量（g/m³） **表1-1**

杂质名称	干馏煤气	发生炉煤气及水煤气	重油裂解制气	
			催化裂解气	热裂解气
苯	25～40	—	56～80	150～200
萘	10～15	—	0.15～0.24	—
氨	7～12	—	0.03～0.2	—
硫化氢	3～10	1～5	1.4～2.4	2～4
氰化物	1～2	—	—	—
焦油	80～120	10～30	80～120	150～200
氧化氮	0.2～0.7	6～18	—	—

从焦炉炭化室逸出的煤气称为粗煤气，其中含有可燃及不可燃气体、水蒸气及一系列化工产品。煤气的净化就是将粗煤气中的苯族烃、萘、焦油、氨、硫化氢及粉尘和凝析油等脱除，以防止堵塞、腐蚀管道和设备，保证煤气的正常输送和使用。同时粗煤气中的焦油、粗苯等又是化学工业的重要原料。所以，煤气的净化与副产品的回收过程是紧密结合在一起的。图1-7为正压操作下的焦炉煤气净化及化工产品回收系统工艺流程图：虚线上部为净化流程，虚线下部为化工产品回收流程。

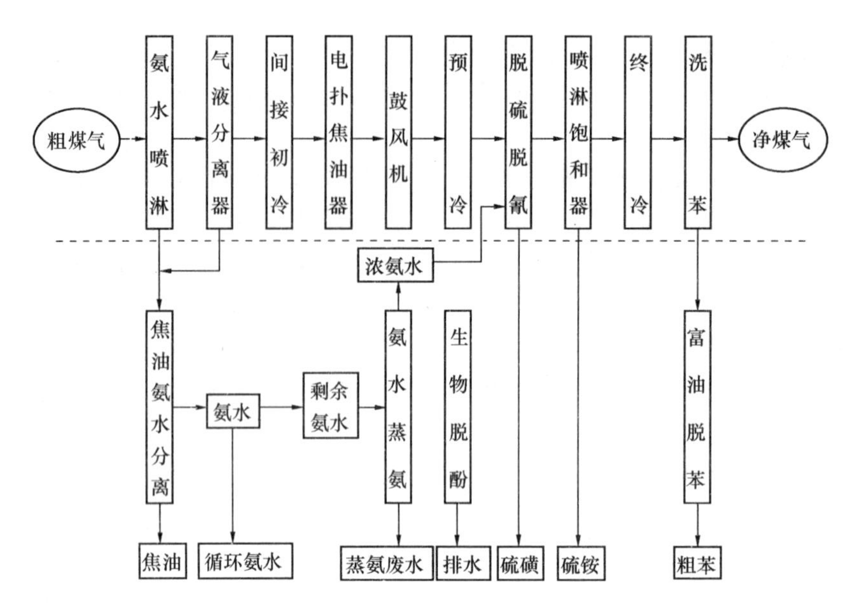

图 1-7　焦炉煤气净化及化工产品回收系统工艺流程

煤气的净化与化工产品的回收工艺，主要由鼓风冷凝、焦油雾的脱除、氨的脱除与回收、萘的脱除与粗苯的回收以及硫化氢的脱除等部分组成。

对于其他人工煤气，一般要根据燃气中含有的杂质种类及含量，选择适当的净化、回收工艺和设备。

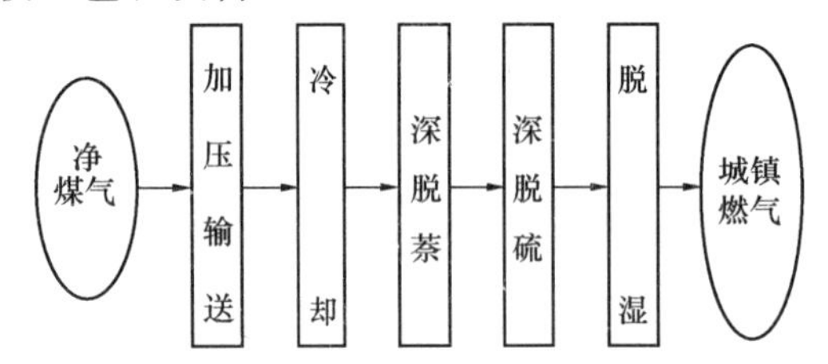

图 1-8　净煤气深度净化工艺流程

净化工艺后得到的煤气为净煤气，在冶金行业等工业领域可直接作为燃料使用。当作为城镇燃气使用时，一般还需要进行深度净化，将杂质脱除到符合城镇燃气质量标准。图 1-8 为净煤气深度净化工艺流程。

三、液化石油气

液化石油气是石油开采、加工过程中的副产品，其主要成分是丙烷、丙烯、丁烷和丁烯，简称 C_3、C_4。

液化石油气作为一种烃类混合物，具有常温加压或常压降温即可变为液态，以进行储存和运输；减压或升温即可气化使用的显著特性，而成为一种广泛使用的气源种类。

（一）液化石油气的来源

液化石油气的来源主要有两种：一种是在油田或气田开采过程中获得的，称为天然石油气；另一种来源于炼油厂，是在石油炼制加工过程中获得的副产品，称为炼厂石油气。

天然石油气中一般不含烯烃，而炼厂石油气中则含有一定数量的烯烃，主要是原油在二次加工时大分子碳氢化合物裂解的产物。

1. 天然石油气

天然石油气可以从石油伴生气和凝析气田气中提取。

石油伴生气是与石油共生的、伴随石油一起开采出来的油田气。一般在油田设置油气分离器，将石油伴生气与原油分离，然后采用不同方法将气体中的各种碳氢化合物分开，并从中提取液化石油气。图 1-9 为从石油伴生气中分离液化石油气的流程简图。

凝析气田气是一种深层的富天然气（$C_1 \sim C_{10}$的烷烃混合物），开采出来后可进行气液分离。凝析出的液态烃为气田凝析油，分离出的气体为凝析气田气。这种气体中约含有$C_3 \sim C_5$烷烃2%～5%，可用于提取液化石油气。

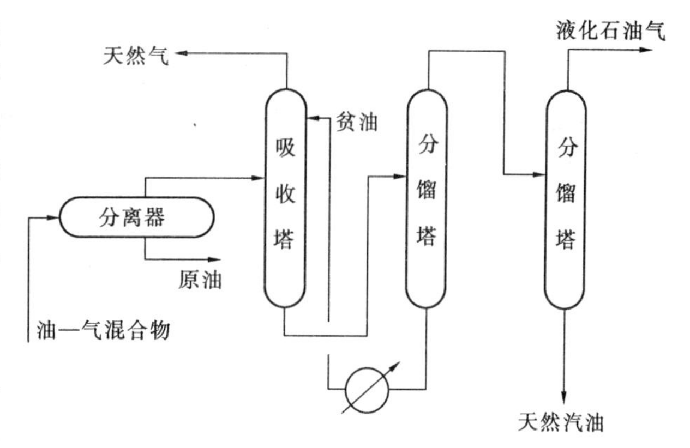

图1-9　从石油伴生气中分离液化石油气的流程

2. 炼厂石油气

炼厂石油气是在石油炼制、加工过程中得到的副产品。由于原油炼制加工有不同的工艺，因此会得到不同种类的炼厂石油气。炼厂石油气的产率一般为原油的4%～5%，即每百吨石油中大约可以得到4～5t液化石油气。

原油的一次加工是常减压蒸馏，蒸馏只是物理过程，而没有化学反应，得到的蒸馏气以烷烃为主。将一次蒸馏得到的重质油品进一步作二次加工，即进行裂化、焦化等处理。按照二次加工的不同工艺相应得到热裂化气、催化裂化气、催化重整气及焦化气等。原油两次加工过程中得到的各种气体中均可分离、提取出液化石油气，这种液化石油气称为炼厂石油气。

（二）液化石油气的净化

在天然石油气和炼厂石油气中除C_3、C_4以外，还有部分甲烷、乙烷、戊烷和重烃等，一般应将它们分离出去。

为生产出无腐蚀性、无毒性的液化石油气以供应民用和工业市场，还应对液化石油气进行净化，脱除硫化物等。

有时，液化石油气还需要进行干燥，以脱除其中的水分。从理论上讲，并不是所有的液化石油气都需要干燥，只有在寒冷气候下销售的才需要干燥，但纯丙烷的液化石油气必须进行干燥；一些城镇民用和工业用液化石油气也要求不含水。

（三）液化石油气的特点

液化石油气在常温常压下呈气态，但升高压力或降低温度就可以转为液态。液化石油气的临界压力较低，为3.53～4.45MPa（绝对压力），临界温度为92～162℃。液态液化石油气的体积为气态的1/250～1/300。液态的液化石油气便于运输、储存和分配。

采用常温加压条件保持液化石油气的液体状态时，运输、储存液化石油气的容器为压力容器；储罐称为全压力式储罐。在常压下用低温来保持液化石油气液体状态时，储罐称为全冷冻式储罐；主要用在船舶运输液化石油气工艺中采用的低温槽船上，部分陆地上的储罐也可选用全冷冻式。介于上述两种工况之间，采取加一定的压力并降低温度保持液化石油气液态状态的储罐称为半冷冻式储罐。

液化石油气的热值高，低热值约为48.1MJ/kg（液态）或87.8～108.7MJ/m^3（气态）。液化石油气在燃烧时，需要大量的空气助燃。为了取得完全燃烧的效果，在使用时一般采用降压法，将液态液化石油气转为气态再燃烧。工业生产中，有时也直接使用液态燃烧。但需采用雾化的方法使液化石油气与空气充分接触，以提高燃烧效率。

气态液化石油气比空气重，约为空气的1.5～2.0倍。液态的液化石油气一旦发生泄漏，就会迅速减压，由液态转变为气态，这一过程要吸收较大的热量，将导致泄漏点及周围环境温度急剧降低，容易造成环境中人员的冻伤和设备的低温破坏；液化石油气还会在低洼、沟槽处积聚，形成蒸气雾。

液化石油气的危险性与其易燃易爆的特性分不开。因液化石油气爆炸下限很低（2%左右)，极易与周围空气混合形成爆炸性气体，遇到明火将引起火灾和爆炸事故，对人员、设备及设施危害极大，波及范围较广；液化石油气还具有麻醉及窒息性，吸入后可使人的生物反应能力降低。

四、其他燃气

随着科学技术的发展，除上述燃气种类以外，还有一些待开发和利用的气体燃料被逐渐纳入城镇燃气气源中得到应用。

（一）煤层气与矿井气

煤层气与矿井气也属于天然气，是煤的生成和变质过程中伴生的气体，主要可燃成分为甲烷。

煤层气也称煤田气，是成煤过程中产生并在一定的地质构造中聚集的可燃气体，除甲烷以外，还含有二氧化碳、氢气及少量的氧气、乙烷、乙烯、一氧化碳、氮气和硫化氢等气体。

矿井气又称矿井瓦斯，是煤层气与空气混合后形成的可燃气体。在煤的开采过程中，当煤层采掘后，在井巷中形成自由空间时，煤层气即由煤层和岩体中逸出并移动到该空间，与其中的空气混合形成矿井气。矿井气的主要成分为甲烷（30%～55%)、氮气(30%～55%)、氧气及二氧化碳等。

在地下井巷中的矿井气必须及时、合理地排除或抽取，否则会造成井巷操作人员的窒息、死亡，还可能引起爆炸，即通常所说的矿井“瓦斯爆炸”。

矿井气是否具有利用价值，需要根据煤层气涌出量或正常条件下单位采煤量的矿井气产量来确定。矿井在一定时间内所涌出的矿井气量叫矿井气绝对涌出量，一般用“m^3/d”或“m^3/min”来表示。

(1) 煤层气的生成。煤在生成过程中，有机物质经过生物化学作用会形成煤层气。通常煤层上面的岩层并不致密，大量的煤层气会逸散，仅有一小部分以游离状态或吸附状态存在于煤层或岩层的孔隙、裂缝、孔洞中。煤层气的多少不仅取决于甲烷的生成量，也与煤层顶板及周围岩层的致密程度有关。如果煤层顶板及周围岩层致密，煤层气难以逸散，则在煤炭开采过程中就会大量涌出。

(2) 煤层气的释放。当煤体被采掘并形成自由空间或出现孔隙时，煤层气会首先向这些压力较低的空间或孔隙移动而释放出。这时煤体内部的气体压力会因游离状态煤层气的散逸而降低，于是吸附状态的煤层气向游离状态转化，并释放出来。

如果这个转化与逸出的过程是均匀而缓慢地进行的，则称之为煤层气的“涌出”。涌出的煤层气一般可通过煤层气采集系统或井巷排风系统集中导出。

在某些局部区域，特别是地质断层和皱褶地带附近，煤体中往往存积有丰富的、聚集的煤层气，同时其中还存在着相互沟通的裂缝。当采掘接近这些区域时，有可能出现大量煤层气集中释放的现象，这种现象称为煤层气的“突出”。煤层气“突出”并与空气混合往往造成短时间内井巷中瓦斯浓度急速上升，处置不当将引发爆炸。

(3) 矿井气的采集。按抽取前气体存在的状况，可分为原生矿井气和次生矿井气两类。

从原来存在的煤层或岩层中直接抽出的是原生矿井气，即煤层气。如果矿井气只存在于单一开采的煤层中，可以直接从开采煤层的煤体中抽出；如果矿井气主要存在于开采煤层顶部的邻近层中，可以利用开在顶板岩层中的巷道或开在含矿井气的不可开采薄煤层中的巷道，将矿井气收集并抽出，也可以利用开采煤层的某些巷道，由顶板向上打一些穿至邻近层的钻孔，以抽取邻近层的煤层气。一般抽取原生矿井气需要较大的负压，所得到的矿井气中甲烷含量较高。

次生矿井气主要指聚集在采空区或废弃巷道中的矿井气。一般次生矿井气中由于混入了空气而甲烷含量较低。抽取次生矿井气不需要大的负压，如果负压过大，会把过多的空气抽入，降低矿井气中的甲烷含量，从而降低其热值、影响其质量。

矿井气抽取系统包括钻场、集气支管、集气干管、瓦斯泵和储气罐部分等。抽出的矿井气以甲烷含量的多少作为质量指标。将矿井气抽取出来，既减少了矿井气对煤矿井下生产的威胁，又使地面得到价格低廉的气体燃料。

只有当甲烷含量达到 30%以上时，矿井气才能作为燃料利用；当抽出的矿井气中甲烷含量达到 35%～40%，低热值不低于 12.5MJ/m^3 时，可将其作为城镇燃气气源。矿井气除了可作为燃料外，还可以作为工业企业生产炭黑、甲醛等化工产品的原料。

我国的矿井气资源相当丰富，矿井气的开发已具有一定规模，其中一些已作为城镇燃气气源。但是，目前我国矿井气的抽取量只占矿井气涌出量的很小一部分。对煤层气流动的规律、煤层透气性和矿井气抽取工艺的研究一直在进行，以进一步扩大矿井气的产量。

(二) 二甲醚

二甲醚又称甲醚，简称 DME。二甲醚在常温常压下是一种无色气体或压缩液体，具有轻微醚香味。二甲醚作为一种基本化工原料，由于其良好的易压缩、冷凝、气化的特性，在制药、农药等化学工业中有许多独特的用途。由于二甲醚的性质与液化石油气相近，因而可以替代 LPG、柴油等燃料使用。二甲醚热值约为 64.68MJ/m^3，其本身含氧量约为 34.8%，能够充分燃烧，属清洁燃料；而且，可以便宜而大量地生产；同等温度下，二甲醚的饱和蒸气压低于液化石油气，在空气中爆炸下限比液化石油气高 1 倍；气体比空气重，能在较低处扩散，吸入二甲醚可以使人麻醉或窒息；易燃，燃烧时火焰略带光亮。

二甲醚作为燃料时可以单独储存、运输和使用，需采用专用储罐、钢瓶及燃具。当二甲醚以较小比例掺混在液化石油气中，使用液化石油气燃具可以正常燃烧。如果掺混二甲醚过多，并使用液化石油气钢瓶储运时，可能引起液化石油气钢瓶及减压阀橡胶密封垫的硬化，导致漏气，引发事故。因为二甲醚与某些橡胶制品接触时会使橡胶件硬化，失去弹性。

(三) 轻烃混空气

轻烃是指 C_4～C_6 的烷烃和烯烃等液态烃类，可作为化工原料；将这种液态烃气化后按一定比例与空气掺混可以配置成气体燃料，供给城镇居民、商业和工业企业作为燃料使用；工艺过程与液化石油气混空气类似。轻烃在混合燃气中的体积成分应大于 16.6%，混合气应符合我国《城镇燃气分类与基本性质》(GB/T 13611—2006) 中 6T 的相关要求。近年，已经有小城镇或居民小区使用轻烃混空气作为燃气气源。

（四）天然气水合物（Natural Gas Hydrate，简称 Gas Hydrate）

非常规天然气的开发和利用越来越引起人们的重视，天然气水合物即是其中之一。

天然气水合物又称笼形包合物（Clathrate），俗称“可燃冰”，是天然气与水在一定条件（合适的温度、压力、气体饱和度、水的盐度、pH 值等）下形成的类似冰的、笼形结晶化合物，遇火即可燃烧。它可用 $M \cdot nH_2O$ 来表示，M 代表水合物中的气体分子，n 为水合指数（也就是水分子数）。CH_4、C_2H_6、C_3H_8、C_4H_{10}等烃类以及 CO_2、N_2、H_2S 等可形成单种或多种天然气水合物。形成可燃冰的主要气体为甲烷，对甲烷含量超过 99% 的可燃冰通常称为甲烷水合物（Methane Hydrate）。每立方米天然气水合物可分解、释放出 160～180m^3 气态天然气。

天然气水合物在自然界广泛分布在大陆、岛屿的斜坡地带、活动和被动大陆边缘的隆起处、极地大陆架以及海洋和一些内陆湖的深水环境中。在地球上大约有 27%的陆地是可以形成天然气水合物的潜在地区，而在世界大洋水域中约有 90%的面积也属这样的潜在区域。已发现的天然气水合物主要存在于北极地区的永久冻土区和世界范围内的海底、陆坡、陆基及海沟中。据国外资料报道，现已探明的天然气水合物储量已相当于全球非再生能源（煤、石油、天然气、油页岩等）总储量的 2.84 倍。由于天然气水合物具有非渗透性，它常常可以作为其下层游离天然气的封盖层。因此，加上天然气水合物层下的游离气体量，估计这种非常规天然气的储量可能还会大些。自然界中天然气水合物的稳定性取决于温度、压力及气-水组分之间的相互关系，这些因素制约着天然气水合物仅分布于岩石圈的浅部、地表以下不超过 2000m 的范围内。

如果能证明这些预计属实的话，天然气水合物将成为一种丰富而重要的未来能源。大规模开采天然气水合物中的甲烷，在未来的某个时候将成为现实。天然气水合物作为一种诱人的未来能源已经引起了许多国家的重视。

我国石油、天然气部门已经开展了对天然气水合物勘探、开发技术的研究。对可燃冰的勘探与科学研究将纳入我国“十二五”能源发展规划之中。我国作为第三大冻土大国，具备良好的天然气水合物赋存条件和资源前景。虽然开发利用前景广阔，但短期内可燃冰的开采瓶颈还难以突破。我国已在南海海底探测到大量天然气水合物；2008 年后在青海省境内也多次成功钻获可燃冰实物样品，成为继加拿大、美国之后第三个在陆域钻获“可燃冰”的国家。天然气水合物将成为天然气能源中又一支重要的力量。

同时，科学家还发现，在许多天体中也存在天然气水合物。天文学家和行星学家已经认识到在巨大的外层天体（土星和天王星）及其卫星中存在着天然气水合物。另外，天然气水合物还可能存在于包括哈雷彗星在内的彗星头部。

（五）生物气

自然界的生物气是在低温条件下通过厌氧微生物分解有机物而生成的，以甲烷为主，含有部分二氧化碳及少量氮气和其他微量气体组分。实际应用中以模拟自然条件制造的生物气为主，即“人工沼气”，其主要可燃成分为甲烷，还含有二氧化碳、氨气、氮气等。

我国的生物资源比较丰富，合理利用这些资源有利于环境保护和生态平衡。生物能包括薪柴、秸秆及野生植物、水生植物等。将生物能气化或液化，可以提高生物能的能源品位和利用效率。

在农村，利用沼气池将薪柴、秸秆及人畜粪便等原料发酵，产生人工沼气，可提供农户炊事所需燃料，偏远地区还可使用沼气灯照明。沼气池的渣液则是很好的有机肥料。将人工沼气的生产与农村的饲养或养殖业联合，不仅可以解决农村的燃料问题，还可改善农村的生态环境。图 1-10 为农村沼气利用示意图。

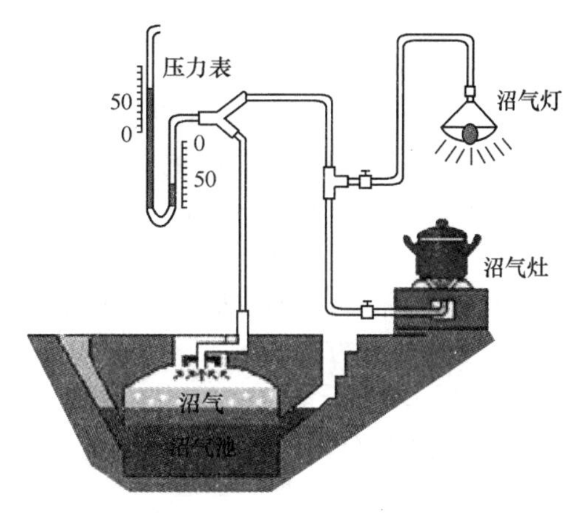

图 1-10　农村沼气利用

将城镇垃圾、工业有机废液、人畜粪便及污水等，通过厌氧发酵，产生沼气，是对城镇垃圾进行无害化处理、保护环境、提高经济效益的有效手段。工业化生产的人工沼气，可在小范围内供应城镇居民及工业用户使用，但其中还有许多问题需要研究和解决，如气化原料来源的稳定、发酵过程的控制等，一些发酵工艺及装置尚处于研究中。

第二节　燃气的基本性质

燃气一般为多组分混合物，其中可燃成分有：碳氢化合物（烃类如甲烷、乙烷、乙烯、丙烷、丙烯、丁烷、丁烯等）、氢气、一氧化碳等；不可燃成分有：二氧化碳、氮气、氧气等。

氢气是无色无味、很轻的气体，可燃、易爆；在空气中燃烧，实际上是与空气里的氧气发生反应，燃烧产物为水。一氧化碳是无色无味、有剧毒的气体，比空气轻，可燃；燃烧产物为二氧化碳。甲烷是天然气的主要成分，常温下为气体，无色无味，比空气轻，可燃、易爆；燃烧产物为二氧化碳和水。烷烃和烯烃在空气中完全燃烧时，燃烧产物为二氧化碳和水。

单一气体的特性是计算燃气特性的基础数据。燃气中各单一气体在标准状态下的主要特性值列于附录一中。

一、燃气的物理化学性质

（一）燃气的组成

（1）混合气体的组分有三种表示方法：容积成分 y_i、质量成分 g_i 和分子成分 m_i。

1）容积成分是指混合气体中各组分的分容积与混合气体的总容积之比，即 $y_i=\frac{v_i}{v}$

混合气体的总容积等于各组分的分容积之和，即 $V=V_1+V_2+\cdots+V_n$

2）质量成分是指混合气体中各组分的质量与混合气体的总质量之比，即 $g_i=\frac{G_i}{G}$

混合气体的总质量等于各组分的质量之和，即 $G=G_1+G_2+\cdots+G_n$

3）分子成分是指混合气体中各组分的摩尔数与混合气体的摩尔数之比。由于在同温同压下，1mol 任何气体的容积大致相等，因此，气体的分子成分在数值上近似等于其容积成分。

混合气体的总摩尔数等于各组分的摩尔数之和，即

$$V_m = \frac{1}{100} \times (y_1 V_{m_1} + y_2 V_{m_2} + \cdots\cdots + y_n V_{m_n}) \tag{1-1}$$

式中 V_m——混合气体平均摩尔容积，$m^3/kmol$；

y_1、y_2、……y_n——各单一气体容积成分，(%)；

V_{m_1}、V_{m_2}……V_{m_n}——各单一气体摩尔容积，($m^3/kmol$)。

(2) 混合液体组分的表示方法与混合气体相同，也可用容积成分 k_i、质量成分 g_i 和分子成分 x_i 三种方法表示。

(二) 平均分子量

燃气是多组分的混合物，不能用一个分子式来表达其组成和性质。通常按混合法则计算其平均参数作为参考。

燃气的总质量与燃气的摩尔数之比称为燃气的平均分子量。

(1) 混合气体的平均分子量可按下式计算：

$$M = \frac{1}{100} \times (y_1 M_1 + y_2 M_2 + \cdots\cdots + y_n M_n) \tag{1-2}$$

式中 M——混合气体平均分子量；

y_1、y_2、……y_n——各单一气体容积成分，%；

M_1、M_2、……M_n——各单一气体分子量。

(2) 混合液体的平均分子量可按下式计算：

$$M = \frac{1}{100} \times (x_1 M_1 + x_2 M_2 + \cdots\cdots + x_n M_n) \tag{1-3}$$

式中 M——混合液体平均分子量；

x_1、x_2、……x_n——各单一液体分子成分，%；

M_1、M_2、……M_n——各单一液体分子量。

(三) 燃气的平均密度和相对密度

单位体积的物质所具有的质量，叫作这种物质的密度。单位体积的燃气所具有的质量称为燃气的平均密度，单位为 kg/m^3。

(1) 混合气体的平均密度为：

$$\rho = \frac{1}{100} \Sigma y_i \rho_i \tag{1-4}$$

式中 ρ——干燃气的平均密度，kg/m^3；

ρ_i——燃气中各组分在标准状态时的密度，kg/m^3。

$$湿燃气的密度\ \rho_w = (\rho + d) \times \frac{0.833}{0.833 + d}$$

式中 ρ_w——湿燃气的密度，kg/m^3；

d——燃气的含湿量，kg/m^3 干燃气。

气体的密度随温度和压力的变化而改变：压力升高，体积减小；温度升高，体积增大。

(2) 混合气体的相对密度可按下式计算：

$$s = \frac{\rho}{1.293} \tag{1-5}$$

式中　s——混合气体相对密度（空气为1）；
1.293——标准状态下空气的密度，(kg/m^3)。

相对密度也称为比重，气体的相对密度是指气体的密度与相同状态的空气密度的比值。

（3）混合液体的平均密度为：

$$\rho = \frac{1}{100}\Sigma k_i \rho_i \tag{1-6}$$

式中　ρ——混合液体的平均密度，kg/L；
k_i——各单一液体容积成分，%；
ρ_i——混合液体各组分的密度，kg/L。

（4）液体的相对密度是指液体的密度与水密度的比值。由于4℃时水的密度为1kg/L，所以，液体的平均密度与相对密度在数值上相等。

几种燃气的平均密度和相对密度　　**表1-2**

燃气种类	平均密度（kg/m^3）	相对密度
天然气	0.75～0.85	0.58～0.65
焦炉煤气	0.4～0.5	0.3～0.4
液化石油气（气态）	1.95～2.5	1.5～2.0
液化石油气（液态，常温）	0.5～0.6	0.5～0.6

（四）临界参数与气体状态方程

1. 气体的临界参数

当温度不超过某一数值时，对气体进行加压可以使气体液化；而在该温度以上，无论加多大的压力也不能使气体液化，这一温度就称为该气体的临界温度。在临界温度下，使气体液化所需要的压力称为临界压力；此时气体的各项参数称为临界参数。

（1）混合气体的平均临界温度可按下式计算：

$$T_{mc} = \frac{1}{100} \times (y_1 T_{c_1} + y_2 T_{c_2} + \cdots\cdots + y_n T_{c_n}) \tag{1-7}$$

式中　T_{mc}——混合气体平均临界温度，K；
T_{c_1}、T_{c_2}……T_{c_n}—各单一气体临界温度，K。

（2）混合气体的平均临界压力可按下式计算：

$$P_{m_c} = \frac{1}{100} \times (y_1 P_{c_1} + y_2 P_{c_2} + \cdots\cdots + y_n P_{c_n}) \tag{1-8}$$

式中　P_{m_c}——混合气体平均临界压力，MPa；
P_{c_1}、P_{c_2}……P_{c_n}——各单一气体临界压力，MPa。

（3）混合气体的平均临界密度可按下式计算：

$$\rho_{m_c} = \frac{1}{100} \times (y_1 \rho_{c_1} + y_2 \rho_{c_2} + \cdots\cdots + y_n \rho_{c_n}) \tag{1-9}$$

式中　ρ_{m_c}——混合气体平均临界密度，kg/m^3；
ρ_{c_1}、ρ_{c_2}……ρ_{c_n}——各单一气体临界密度，kg/m^3。

临界参数是气体的重要物性指标：气体的临界温度越高，越容易液化。如液化石油气中的丙烷、丙烯的临界温度较高，所以只需在常温下加压即可使其液化；而天然气的主要成分甲烷的临界温度低，所以，天然气很难液化，在常压下，需将温度降至－163.15℃以下，才能使其液化。

2. 实际气体状态方程

当气体的压力较高或温度较低时，如果仍然用理想气体（标准状态时）的状态方程进行计算，会引起较大误差。此时，应考虑气体分子本身占有的容积和分子之间的引力，对理想气体状态方程进行修正。实际气体状态方程可表示为：

$$p\nu = ZRT \tag{1-10}$$

式中 p——气体的绝对压力，Pa；

ν——气体的比容，m^3/kg；

Z——压缩因子；

R——气体常数，J/(kg·K)；

T——气体的热力学温度，(也称绝对温度)，K。

压缩因子是随气体的温度和压力而变化的。

在工程上，当燃气压力（表压）≤1.0MPa、温度在10～20℃之间时，可以近似地当作理想气体进行计算。

（五）黏度

物质的黏滞性用黏度来表示。黏度可用动力黏度和运动黏度表示。一般情况下，气体的黏度随温度的升高而增加，混合气体的动力黏度随压力的升高而增大，而运动黏度随压力的升高而减小；液体的黏度随温度的升高而降低，压力对液体黏度影响不大。

（1）混合气体的动力黏度可按下式近似计算：

$$\mu = \frac{100}{\Sigma\left(\frac{g_i}{\mu_i}\right)} \tag{1-11}$$

式中 μ——混合气体的动力黏度；

g_i——混合气体中各组分的质量成分，%；

μ_i——混合气体中各组分的动力黏度，Pa·s。

（2）混合液体的动力黏度可按下式近似计算：

$$\mu = \frac{100}{\Sigma\left(\frac{x_i}{\mu_i}\right)} \tag{1-12}$$

式中 μ——混合液体的动力黏度，Pa·s；

μ_i——混合液体中各组分的动力黏度，Pa·s；

x_i——各单一液体的分子成分，%。

（3）混合气体和混合液态的运动黏度为：

$$\upsilon = \frac{\mu}{\rho} \tag{1-13}$$

式中 υ——流体的运动黏度，m^2/s；

μ——相应流体的动力黏度，Pa·s；

ρ——流体的密度，kg/m³。

【例 1-1】 已知天然气的容积成分为：甲烷 96.2%，乙烷 0.2%，氮 1.5%，二氧化碳 2.1%。试计算该天然气在标准状态下的平均分子量、平均密度和相对密度、运动黏度等参数。

解：1. 天然气的平均分子量

首先由附录 1 查得甲烷在标准状态下的分子量为 16.043；乙烷在标准状态下的分子量为 30.070；氮在标准状态下的分子量为 28.013；二氧化碳在标准状态下的分子量为 44.010。

由混合气体平均分子量的计算公式 $M=\frac{1}{100}\times(y_1M_1+y_2M_2+\cdots\cdots+y_nM_n)$，得该燃气的平均分子量 $M=\frac{1}{100}\times(96.2\times16.043+0.2\times30.070+1.5\times28.013+2.1\times44.010)=16.844$

2. 天然气的平均密度

首先由附录 1 查得甲烷在标准状态下的密度为 0.7174kg/m³；乙烷在标准状态下的密度为 1.3553kg/m³；氮在标准状态下的密度为 1.2504kg/m³；二氧化碳在标准状态下的密度为 1.9771kg/m³。

由混合气体平均密度的计算公式 $\rho=\frac{1}{100}\Sigma y_i\rho_i$，得该燃气的平均密度 $\rho=\frac{1}{100}\times(96.2\times0.7174+0.2\times1.3553+1.5\times1.2504+2.1\times1.9771)=0.753\text{kg/m}^3$

3. 天然气的相对密度

由混合气体的相对密度计算公式 $s=\frac{\rho}{1.293}$，得该燃气的相对密度为 $s=\frac{0.753}{1.293}=0.582$。

4. 天然气的运动黏度

首先，计算该燃气的动力黏度。

由混合气体的动力黏度计算公式 $\mu=\frac{100}{\Sigma\left(\frac{g_i}{\mu_i}\right)}$ 得该燃气的动力黏度为：

$$\mu=\frac{100}{\Sigma\left(\frac{g_i}{\mu_i}\right)}=\frac{100}{\frac{96.2\times0.7174}{10.60\times0.753}+\frac{0.2\times1.3553}{8.77\times0.753}+\frac{1.5\times1.2504}{17.00\times0.753}+\frac{2.1\times1.9771}{14.30\times0.753}}$$

$$=10.847\times10^{-6}\text{Pa}\cdot\text{s}$$

再由混合气体的运动黏度公式 $\upsilon=\frac{\mu}{\rho}$

得该燃气的运动黏度为：

$$\upsilon=\frac{\mu}{\rho}=\frac{10.847\times10^{-6}}{0.753}=14.405\times10^{-6}\text{m}^2/\text{s}$$

（六）饱和蒸气压和相平衡常数

1. 饱和蒸气压

（1）单一液体的蒸气压

液态烃的饱和蒸气压，简称为蒸气压，是指在一定温度下、密闭容器中的液体及其蒸气处于动态平衡时，蒸气所呈现的绝对压力。

同种液体的蒸气压与容器的大小及其中的液量多少无关，仅取决于温度。

液态烃的饱和蒸气压随温度的升高而增大。一些低碳烃在不同温度下的蒸气压列于表1-3中。

某些低碳烃的蒸气压与温度的关系 **表 1-3**

温度（℃）	蒸气压（10^5Pa）							
	乙烷	乙烯	丙烷	丙烯	异丁烷	正丁烷	丁烯－1	正戊烷
−45	6.55	12.28	0.88	1.23	—	—	—	—
−40	7.71	14.32	1.09	1.50	—	—	—	—
−35	9.02	16.60	1.34	1.80	—	—	—	—
−30	10.50	19.12	1.64	2.16	—	—	—	—
−25	12.15	21.92	1.97	2.59	—	—	—	—
−20	14.00	24.98	2.36	3.08	—	—	—	—
−15	16.04	28.33	2.85	3.62	0.88	0.56	0.70	—
−10	18.31	31.99	3.38	4.23	1.07	0.68	0.86	—
−5	20.81	35.96	3.99	4.97	1.28	0.84	1.05	—
0	23.55	40.25	4.66	5.75	1.53	1.02	1.27	0.24
5	25.55	44.88	5.43	6.65	1.82	1.23	1.52	0.30
10	29.82	50.00	6.29	7.65	2.15	1.46	1.82	0.37
15	33.36	—	7.25	8.74	2.52	1.74	2.15	0.46
20	37.21	—	8.33	9.92	2.94	2.05	2.52	0.58
25	41.37	—	9.51	11.32	3.41	2.40	2.95	0.67
30	45.85	—	10.80	12.80	3.94	2.80	3.43	0.81
35	48.89	—	12.26	14.44	4.52	3.24	3.96	0.96
40	—	—	13.82	16.23	5.13	3.74	4.56	1.14
45	—	—	15.52	18.17	5.90	4.29	5.22	1.34

（2）混合液体的蒸气压

在一定温度下，当密闭容器中的混合液体及其蒸气处于动态平衡时，根据道尔顿定律，混合液体的蒸气压等于各组分蒸气分压之和；根据拉乌尔定律，各组分蒸气分压等于此纯组分在该温度下的蒸气压乘以其在混合液体中的分子成分。混合液体的蒸气压可由下式计算：

$$P = \Sigma P_i = \Sigma x_i P'_i \qquad (1\text{-}14)$$

式中 P——混合液体的蒸气压，Pa；

P_i——混合液体中某一组分的蒸气分压，Pa；

x_i——混合液体中该组分的分子成分，%；

P'_i——该组分在同温度下的蒸气压，Pa。

根据混合气体分压定律，各组分的蒸气分压为：

$$P_i = y_i P \tag{1-15}$$

式中　y_i——该组分在气相中的分子成分（等于其容积成分），%。

2. 相平衡常数

在一定温度下，一定组成的气液平衡系统中，某一组分在该温度下的蒸气压 P_i' 与混合液体蒸气压 P 的比值是一个常数 k_i；该组分在气相中的分子成分 y_i 与其在液相中的分子成分 x_i 的比值，同样是这一常数 k_i，该常数称为相平衡常数。即

$$\frac{P_i'}{P} = \frac{y_i}{x_i} = k_i \tag{1-16}$$

式中　k_i——相平衡常数。

（七）沸点和露点

1. 沸点

当液体温度升高至沸腾时的温度称为沸点。在沸腾过程中，液体吸收热量，不断气化，但温度保持在沸点温度，并不升高。

不同物质的沸点是不同的，同一物质的沸点随压力的改变而改变：压力升高时，其沸点也升高；压力降低时，其沸点也降低。

通常所说的沸点是指一个大气压下液体沸腾时的温度。

显然，液体的沸点越低，越容易沸腾和气化；沸点越高，越难沸腾和气化。比如，在一个大气压下，甲烷的沸点为－162℃。所以，在常压下，甲烷是气态的；要使甲烷液化，需要将温度降至－162℃以下。而常压下丙烷的沸点为－42℃，所以，液态丙烷即使在寒冷的天气里，也可以气化。

2. 露点

饱和蒸汽经冷却或加压，立即处于过饱和状态，当遇到接触面或冷凝核便液化成露，这时的温度称为露点。露点与碳氢化合物的性质及其压力有关。

在输送气态碳氢化合物的管道中，应避免出现工作温度低于其露点温度的情况，以免产生凝析液。凝析液聚积在管道低洼处会使管道流通面积减小，甚至堵塞管道。

（八）体积膨胀

大多数物质都具有热胀冷缩的性质。液体由于温度上升而引起的体积增大称为体积膨胀或容积膨胀。

通常将温度每升高1℃，液体体积增加的倍数称为体积膨胀系数。部分液态烃在不同温度范围的体积膨胀系数列于表1-4中。

1. 对于单一液体

利用体积膨胀系数可用下式计算出单一液体温度变化时的体积变化值。

$$V_2 = V_1 [1 + \beta (t_2 - t_1)] \tag{1-17}$$

式中　V_1——单一液体温度为 t_1 时的体积，m^3；

V_2——单一液体温度为 t_2 时的体积，m^3；

β——该液体在 t_1 至 t_2 温度范围内的体积膨胀系数平均值。

2. 对于混合液体

混合液体在温度变化后，其体积可按下式计算：

$$V_2 = V_1 \Sigma k_i [1 + \beta_i (t_2 - t_1)] \tag{1-18}$$

式中　V_1——混合液体温度为 t_1 时的体积，m^3；

V_2——混合液体温度为 t_2 时的体积，m^3；

β_i——混合液体各组分在 t_1 至 t_2 温度范围内的容积膨胀系数平均值；

k_i——温度为 t_1 时，混合液体各组分的容积成分，%。

部分液态碳氢化合物和水的体积膨胀系数　　**表 1-4**

名称 \ 温度、范围（℃）	−20～0	0～10	10～20	20～30	30～40
乙烷	0.00436	0.00495	0.01063	0.03309	—
乙烯	0.00454	0.00674	0.00879	0.01357	—
丙烷	0.00246	0.00265	0.00258	0.00352	0.00340
丙烯	0.00254	0.00283	0.00313	0.00329	0.00354
水	—	0.0000299	0.00014	0.00026	0.00035

由表 1-4 可以看出，液化石油气的体积膨胀系数很大，大约比水大 16 倍。因此，在液化石油气储罐及钢瓶的灌装时，必须考虑温度升高时液体体积的增大，容器中要留有一定的膨胀空间。

【例 1-2】 某地液化石油气成分为丙烷，试问：10kg 液化石油气，10℃时体积是多少升？当温度从 10℃升至 40℃时，体积增大到多少升？

解： 查丙烷状态图，得 10℃时液态丙烷的比容为 $0.0019m^3/kg$，

即 10kg 的液化石油气在 10℃时的体积为 $V_1=0.0019\times10=0.019m^3$。

查丙烷状态图，得 40℃时液态丙烷的比容为 $0.0021m^3/kg$，

即 10kg 的液化石油气在 40℃时的体积为 $V_2=0.0021\times10=0.021m^3$。

体积膨胀了 $V_2-V_1=0.021-0.019=0.002m^3$。

体积膨胀的倍率为 $\dfrac{V_2-V_1}{V_1}=\dfrac{0.002}{0.019}\times100\%=10.5\%$

校核体积膨胀系数：由 $V_2=V_1[1+\beta(t_2-t_1)]$，求得体积膨胀系数 $\beta=0.00351$。

查表 1-4 知，10～40℃间丙烷的体积膨胀系数为 0.00317，与计算结果基本吻合。

（九）含湿量

干燃气中所含有水分的质量称为燃气的含湿量。一般用每立方米干燃气中含有多少克水来表示。人工煤气含湿量通常在 $0.003kg/m^3$ 左右。

（十）水化物（也称水合物）

如果碳氢化合物中的水分超过一定的含量，在一定的温度和压力条件下，水能与液相或气相的碳氢化合物生成结晶的水化物（$C_mH_n\cdot xH_2O$），对于甲烷 $x=6$～7，乙烷 $x=6$，丙烷和异丁烷 $x=17$。水化物聚集状态下为类似于冰或致密的雪的结晶体，颜色多为白色或带铁锈色。水化物是不稳定的结合物，当压力降低或温度升高时，可自动分解。

在输送湿燃气的管道中如果形成水化物，会造成管道流通面减小、阻塞，俗称“冰堵”。如果不能及时处理，可能引发事故。因此，管道输送燃气时应采取措施，防止水化物的形成。

在湿燃气中形成水化物的主要原因是：燃气处于高压力或低温状态；次要原因是：燃气中含有杂质，燃气流动状态为高速、紊流、脉动等。

防止燃气管道中形成水化物的措施有：对燃气中的水分加以控制，降低燃气的含湿量；适当降低输送压力、提高输气温度；还可以在燃气中加入防冻剂。

二、燃气的热力与燃烧特性

（一）气化潜热

单位数量的物质由液态变成与之处于平衡状态的蒸气时所吸收的热量称为该物质的气化潜热。反之，由蒸气变成与之处于平衡状态液体时所放出的热量为该物质的凝结热。同一物质，在同一状态时气化潜热与凝结热是同一数值，其实质为饱和蒸气与饱和液体的焓差。

（二）燃气的热值

燃气的热值是指单位数量的燃气完全燃烧时所放出的全部热量。

燃气的热值分为高热值和低热值。高热值是指单位数量的燃气完全燃烧后，其燃烧产物与周围环境恢复到燃烧前的原始温度，烟气中的水蒸气凝结成同温度的水后所放出的全部热量。低热值则是指在上述条件下，烟气中的水蒸气仍以蒸气状态存在时，所获得的全部热量。

干燃气的热值为：

$$H_{\mathrm{h}}=\frac{1}{100}\times(y_1H_{\mathrm{h}_1}+y_2H_{\mathrm{h}_2}+\cdots\cdots+y_nH_{\mathrm{h}_n}) \tag{1-19}$$

$$H_l=\frac{1}{100}\times(y_1H_{l_1}+y_2H_{l_2}+\cdots\cdots+y_nH_{l_n}) \tag{1-20}$$

式中 H_{h}——干燃气的高热值，$\mathrm{MJ/m^3}$ 干燃气；

H_l——干燃气的低热值，$\mathrm{MJ/m^3}$ 干燃气；

y_1、$y_2\cdots\cdots y_n$——各单一气体容积成分，%；

H_{h_1}、$H_{\mathrm{h}_2}\cdots\cdots H_{\mathrm{h}_n}$——各单一气体的高热值，$\mathrm{MJ/m^3}$；

H_{l_1}、$H_{l_2}\cdots\cdots H_{l_n}$——各单一气体的低热值，$\mathrm{MJ/m^3}$。

湿燃气与干燃气的热值换算关系为：

$$H_{\mathrm{h}}^{\mathrm{w}}=(H_{\mathrm{h}}+2352d_{\mathrm{g}})\frac{0.833}{0.833+d_{\mathrm{g}}} \tag{1-21}$$

$$H_l^{\mathrm{w}}=H_l\frac{0.833}{0.833+\mathrm{d_g}} \tag{1-22}$$

式中 $H_{\mathrm{h}}^{\mathrm{w}}$——湿燃气的高热值，$\mathrm{MJ/m^3}$ 湿燃气；

H_l^{w}——湿燃气的低热值，$\mathrm{MJ/m^3}$ 湿燃气；

d_{g}——燃气的含湿量，$\mathrm{kg/m^3}$ 干燃气。

在实际工程中，因为烟气中的水蒸气通常是以气体状态排出的，可利用的只是燃气的低热值。因此，在工程实际中一般以燃气的低热值作为计算依据。

【例 1-3】 试计算【例 1-1】中天然气和【例 1-2】中液化石油气的高热值和低热值。

解：

【例 1-1】中天然气的热值计算公式为：

$$H_{\mathrm{h}}=\frac{1}{100}\times(y_1H_{\mathrm{h}_1}+y_2H_{\mathrm{h}_2}+\cdots\cdots+y_nH_{\mathrm{h}_n})$$

$$H_l=\frac{1}{100}\times(y_1H_{l_1}+y_2H_{l_2}+\cdots\cdots+y_nH_{l_n})$$

由附录 1 查得在标准状态下甲烷的高热值为 39.842MJ/m³，低热值为 35.902MJ/m³；乙烷的高热值为 70.351MJ/m³，低热值为 64.397MJ/m³；

得该天然气的高热值为：$H_h = \frac{1}{100} \times (96.2 \times 39.842 + 0.2 \times 70.351) = 38.47 MJ/m^3$ 干燃气

该天然气的低热值为：$H_l = \frac{1}{100} \times (96.2 \times 35.902 + 0.2 \times 64.397) = 34.67 MJ/m^3$ 干燃气

同理，计算例 1-2 中液化石油气的高热值和低热值。

由附录 1 查得在标准状态下丙烷的高热值为 101.266MJ/m³，低热值为 93.240MJ/m³；丁烷的高热值为 133.886MJ/m³，低热值为 123.649MJ/m³；

得该液化石油气的高热值为：

$$H_h = \frac{1}{100} \times (50 \times 101.266 + 50 \times 133.886) = 117.576 MJ/m^3$$

该液化石油气的低热值为：

$$H_l = \frac{1}{100} \times (50 \times 93.24 + 50 \times 123.649) = 108.44 MJ/m^3$$

（三）着火温度

燃气开始燃烧时的温度称为着火温度，不同气体的着火温度是不同的。一般可燃气体在空气中的着火温度比在纯氧中的着火温度高 50～100℃。实际上，着火温度不是一个固定的数值，它与可燃气体在空气中的浓度、与空气的混合程度、燃气压力、燃烧空间的形状及大小等许多因素有关。在工程上，实际的着火温度应由实验确定。

（四）爆炸极限

燃气与空气或氧气混合后，当燃气达到一定浓度时，就会形成有爆炸危险的混合气体。这种气体一旦遇到明火即会发生爆炸。在可燃气体和空气的混合物中，可燃气体的含量少到使燃烧不能进行，即不能形成爆炸性混合物时，可燃气体的含量称为该可燃气体的爆炸下限；当可燃气体的含量增加、由于缺氧而无法燃烧，以至不能形成爆炸性混合物时，可燃气体的含量称为其爆炸上限。可燃气体的爆炸上下限统称为爆炸极限。

（1）对于不含氧及惰性气体的燃气，其爆炸极限可按下式估算：

$$L = \frac{100}{\Sigma \frac{y_i}{L_i}} \tag{1-23}$$

式中 L_i——燃气中各组分的燃气爆炸上（下）限，%；

L——不含氧及惰性气体的燃气爆炸上（下）限，%；

y_i——燃气中各组分的容积成分，%。

（2）含有惰性气体的燃气，其爆炸极限可按下式估算：

$$L_d = L \frac{\left(1 + \frac{B_i}{1 - B_i}\right) \times 100}{100 + L\left(\frac{B_i}{1 - B_i}\right)} \times 100\% \tag{1-24}$$

式中 L_d——含有惰性气体的燃气爆炸上（下）限，%；

L——不含惰性气体的燃气爆炸上（下）限，%；

B_i——燃气中惰性气体的容积成分，%。

【例 1-4】 试计算例 1-1 中天然气和例 1-2 中液化石油气的爆炸极限。

解：

先求例 1-1 中天然气的爆炸极限。

由于该天然气中含有惰性气体，故爆炸极限按下式估算：

$$L_{\mathrm{d}} = L\frac{\left(1+\frac{B_i}{1-B_i}\right)\times 100}{100+L\left(\frac{B_i}{1-B_i}\right)}\times 100\%$$

需先求得不含氧及惰性气体的燃气爆炸极限 L。

由附录 1 查得在标准状态下甲烷的爆炸下限为 5.0%，爆炸上限为 15.0%；乙烷的爆炸下限为 2.9%，爆炸上限为 13.0%。

对不含氧及惰性气体的燃气爆炸极限：

爆炸下限：$L_l = \dfrac{100}{\Sigma\dfrac{y_i}{L_i}} = \dfrac{100}{\dfrac{96.2}{5.0}+\dfrac{0.2}{2.9}}\times 100\% = \dfrac{100}{19.24+0.069}\times 100\% = 5.2\%$

爆炸上限：$L_{\mathrm{h}} = \dfrac{100}{\Sigma\dfrac{y_i}{L_i}} = \dfrac{100}{\dfrac{96.2}{15.0}+\dfrac{0.2}{13.0}}\times 100\% = \dfrac{100}{6.413+0.015}\times 100\% = 15.6\%$

故含有惰性气体的燃气爆炸极限为：

爆炸下限：

$$L_{\mathrm{d}l} = L_l\times\frac{\left(1+\frac{B_i}{1-B_i}\right)\times 100}{100+L\left(\frac{B_i}{1-B_i}\right)}\times 100\%$$

$$= 5.2\times\frac{\left(1+\frac{0.01\times 3.6}{1-0.01\times 3.6}\right)\times 100}{100+5.2\left(\frac{0.01\times 3.6}{1-0.01\times 3.6}\right)}\times 100\% = 5.4\%$$

爆炸上限：

$$L_{\mathrm{dh}} = L_{\mathrm{h}}\times\frac{\left(1+\frac{B_i}{1-B_i}\right)\times 100}{100+L\left(\frac{B_i}{1-B_i}\right)}\times 100\%$$

$$= 15.6\times\frac{\left(1+\frac{0.01\times 3.6}{1-0.01\times 3.6}\right)\times 100}{100+15.6\left(\frac{0.01\times 3.6}{1-0.01\times 3.6}\right)}\times 100\% = 16.0\%$$

例 1-2 中液化石油气的爆炸极限为：

爆炸下限：

$$L_l = \frac{100}{\Sigma\frac{y_i}{L_i}}\times 100\% = \frac{100}{\frac{50}{2.1}+\frac{50}{1.5}}\times 100\% = 2.8\%$$

爆炸上限：

$$L_h = \frac{100}{\Sigma \frac{y_i}{L_i}} \times 100\% = \frac{100}{\frac{50}{9.5} + \frac{50}{8.5}} \times 100\% = 9.0\%$$

（五）液化石油气状态图

在进行热力计算时，一般需要使用饱和蒸气压 P、比容 υ、温度 T、焓值 h 和熵值 s 等五种状态参数。为了使用方便，将这些参数值绘制成曲线图，称之为状态图。当已知上述五个参数中的任意两个参数时，即可在状态图上确定其状态点，并可在图上直接查得该状态下的其他参数。

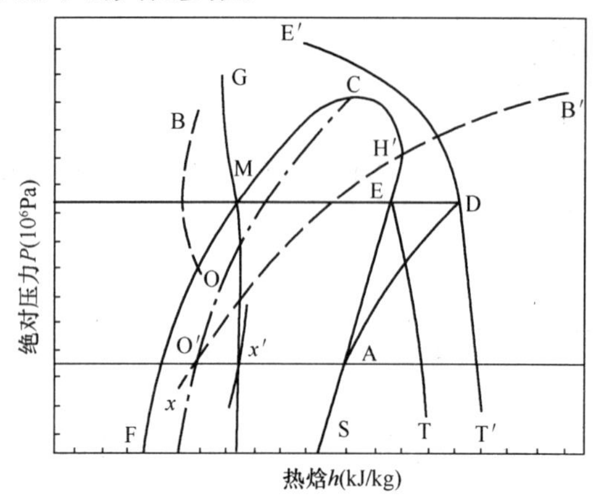

图 1-11　状态图的示意图

图 1-11 为状态图的示意图。

图 1-11 中 C 点为临界状态点，CF 线为饱和液体线，CS 线为饱和蒸气线。整个状态图分为三个区域：CF 线的左侧为液相区，CF 线与 CS 线之间为气液体共存区，CS 线右侧为气相区。水平线为等压线 P（$10^5 P_a$），垂直线为等焓线 h（kJ/kg）。液相区的 OB 线表示液体的比容 ν_l（m^3/kg），曲线 O′H′B′ 表示气体（蒸气）的比容 ν_V（m^3/kg），折线 TEMG 表示低于临界温度时的等温线，T′E′ 曲线表示高于临界温度时的等温线。曲线 AD 为等熵线。由临界状态点 C 引出的 CX 线为蒸气的等干度线。

干度是指每 kg 饱和液体和饱和蒸气的混合物中饱和蒸气的含量，常用符号 x 表示。

$$x = \frac{\text{饱和蒸气质量}}{\text{饱和液体质量} + \text{饱和蒸气质量}}$$

式中　x——干度，kg/kg。

显然，饱和液体线 CF 上任一点的干度 $x=0$，饱和蒸气线 CS 上任一点的干度 $x=1$。

液化石油气中主要成分丙烷和正丁烷的状态图如图 1-12 和图 1-13 所示。

表 1-5 为部分城镇燃气的容积成分。

部分燃气的容积成分　　　　**表 1-5**

燃气类别	燃气组分（容积 %）								
	CH_4	C_3H_8	C_4H_{10}	C_mH_n	CO	H_2	CO_2	O_2	N_2
天然气									
纯天然气	98	0.3	0.3	0.4					1.0
凝析气田气	74.3	6.8	1.9	14.9			1.5		0.6
石油伴生气	81.7	6.2	4.9	4.9			0.3	0.2	1.8
人工煤气									
焦炉气	27			2	6	56	3	1	5
油制气	16.5			5	17.3	46.5	7	1	6.7
液化石油气（概略值）		50	50						
生物气（人工沼气）	60				少量	少量	35	少量	

注：由于生产工艺和产地的不同，各类燃气组分会有一定的差别。表中所列油制气为重油蓄热催化裂解气之参数；液化石油气的组分则为概略值。

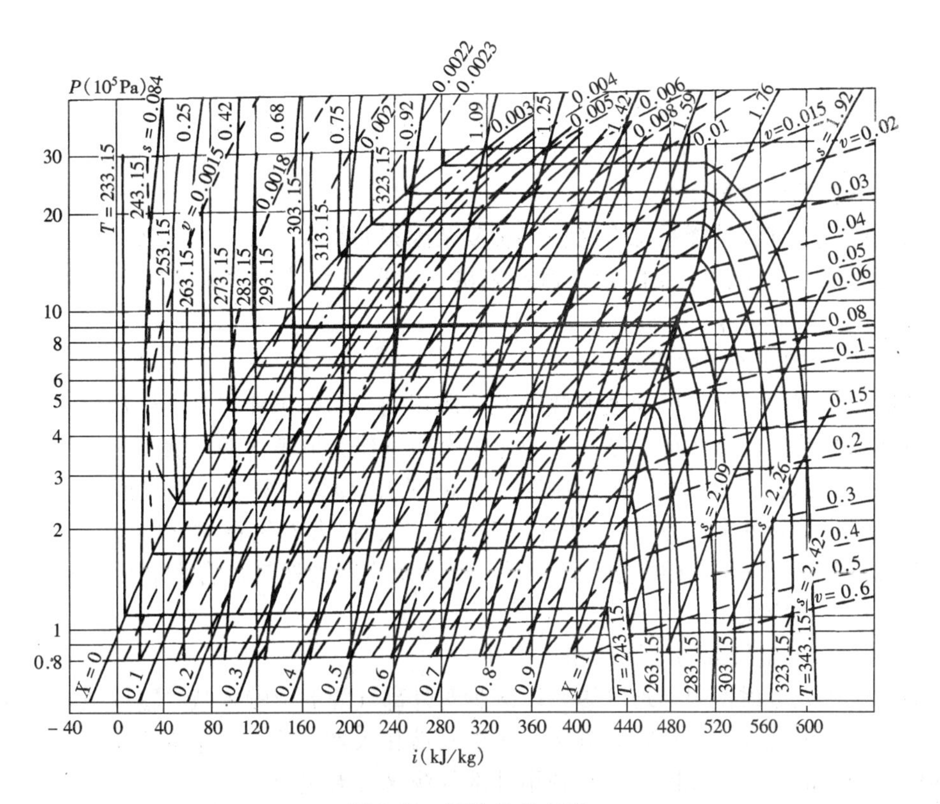

图 1-12　丙烷的状态图

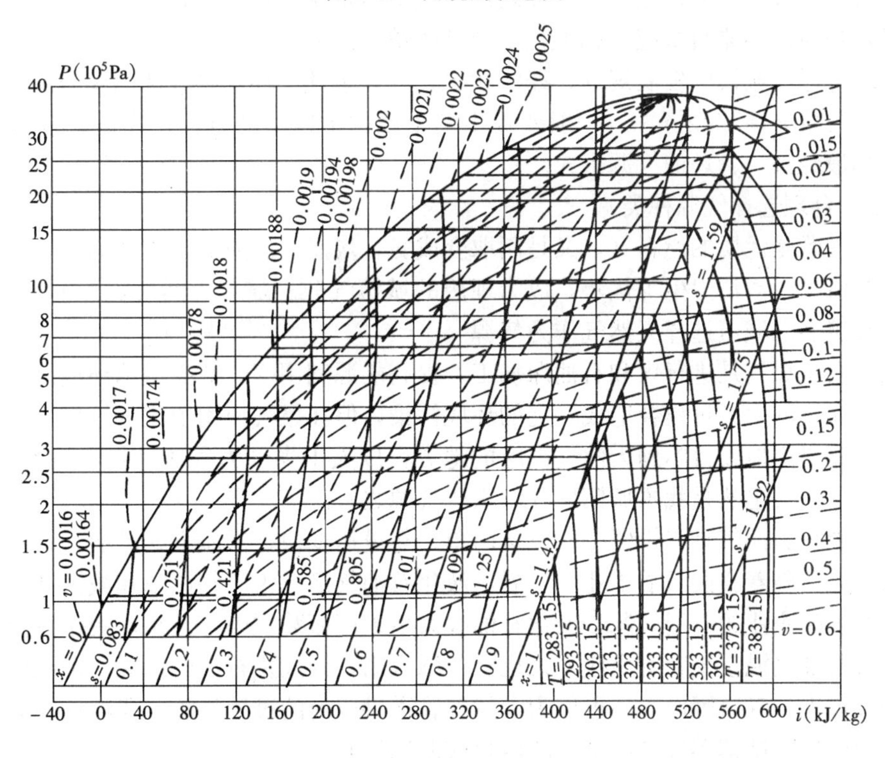

图 1-13　正丁烷的状态图

第三节　城镇燃气气源的要求

一、气源选择依据

城镇燃气的气源选择是综合考虑各种复杂因素的结果。其中，气源资源和城镇条件是选择气源时需要考虑的主要因素。概括来讲，应根据城镇的“需要”和气源供应的“可能”综合确定气源方案。

（一）符合国家能源政策

选取城镇气源应遵循国家能源政策及能源规划，结合可能得到的资源供应情况，一般要尽量选取高热值、低污染、洁净、卫生的燃料气作为城镇气源。我国早期燃气发展的方针是“多种气源、多种途径、因地制宜、合理利用能源”。随着天然气的勘探、开发，有关部门又提出了新的发展方针：“优先发展天然气、扩大液化石油气供应、慎重发展人工煤气”。根据这一方针，在可能的情况下，应优先使用天然气，合理利用液化石油气，优质燃气应优先供应城镇。

（二）综合考量气源的地域性和经济性

通常应优先考虑使用本地气源，以减少对外部气源的依赖，减少输气成本，保障供气安全。但是，随着天然气长距离输送、压缩及液化天然气和液化石油气储运技术的应用，一些资源匮乏的国家和地区，也在利用外部气源来发展城镇燃气。

在选择气源时，应通过合同等形式落实气源质量及供应量等；当自建人工煤气气源生产厂时，则应落实原料供应和相关化工产品的销售。

应综合考虑城镇的发展规划、经济状况、气候条件、环保要求及燃气需用量等，探讨取得气源的可能性和经济性。一般要提出两个或两个以上的方案，在进行技术经济比较后，选择最经济、合理的气源形式。

（三）合理选择气源种类

天然气既是优质的燃料气，又是制取合成氨、炭黑、乙炔等化工产品的原料气。天然气以其热值高、清洁卫生等优势，成为理想的城镇气源。随着天然气资源的开发、利用，已有越来越多的城镇选择天然气作为气源。

生产人工煤气是进行煤和石油深加工，提高能源利用率，减少城镇环境污染的有效措施。人工煤气的生产过程会造成一定的环境污染，但在燃气使用中比直接燃煤或燃油清洁得多。在煤炭产地或得不到天然气供应的地方，以人工煤气为气体燃料，是不错的选择。目前，人工煤气仍然是我国城镇燃气的重要气源之一。

发展液化石油气具有投资少、设备简单、建设速度快、供应方式灵活（管道或瓶装供应）等特点。随着我国石油工业的发展，液化石油气已成为一些城镇和城镇郊区、独立居民小区及工矿企业的应用气源。液化石油气大多采用瓶装供应。近年，液化石油气强制气化和液化石油气混空气管道供应方式也有广泛应用。因液化石油气掺混一定比例的空气后其性能接近天然气，因而，还可作为天然气管道供应前的过渡气源。我国一些城市还采用液化石油气作为城镇燃气供应系统的增热或调峰气源。

液化石油气、压缩天然气、液化天然气作为车用能源也正在许多地区得到应用。

（四）应急及备用气源

为保证城镇燃气供应系统的可靠性，应结合城镇燃气输配系统中的调峰手段和储存设施等情况，考虑应急及备用气源的制取或来源。根据国务院颁布的《城镇燃气管理条例》规定：在城镇燃气发展规划编制中即应制定供应（气源）保障措施。当城镇有多种类型的气源联合运行时，还应考虑气源的协调工作和互换性。

对于大中城市，应根据气源来源、气源规模、用气负荷分布等情况，在可能的情况下，力争安排两个以上的气源，并应保证气源符合规范规定的城镇燃气质量要求。

确定气源时，既要考虑燃气事业的社会效益和环境效益，也要运用价值规律。只有这样，才能保证燃气事业的稳定和可持续发展。

二、城镇燃气的质量要求

（一）城镇燃气的基本要求

作为城镇燃气气源，应尽量满足以下要求：

1. 热值高

城镇燃气应尽量选择热值较高的气源。燃气热值过低，输配系统的投资和金属耗量就会增加。只有在特殊情况下，经技术经济比较认为合理时，才容许使用热值较低的燃气作为城镇气源。燃气低热值一般应大于 $14.7MJ/m^3$。

2. 毒性小

为防止燃气泄漏引起中毒，确保用气安全，城镇燃气中的一氧化碳等有毒成分的含量必须控制。

3. 杂质少

城镇燃气系统中，常常由于燃气中的杂质及有害成分影响燃气的安全供应。杂质可引起燃气系统的设备故障、仪表失灵、管道阻塞、燃具不能正常使用，甚至造成事故。

（二）燃气中杂质及有害物的影响

（1）焦油与灰尘　干馏煤气中焦油与灰分的含量较高时，常积聚在阀门及设备中，造成阀门关闭不严、管道和用气设备阻塞等。

（2）硫化物　燃气中的硫化物主要是硫化氢，此外，还有少量的硫醇（CH_3SH、C_2H_5SH）二硫化碳（CS_2）。硫化氢是无色、有臭鸡蛋味的气体，燃烧后生成二氧化硫。硫化氢和二氧化硫都是有害气体。

（3）萘　人工煤气中萘含量比较高。在温度低时，气态萘会以结晶状态析出，附着于管壁，使管道流通截面变小，甚至堵死；温度升高时，萘会变为气态随燃气流动。

（4）氨　氨对燃气管道、设备及燃具都有腐蚀作用，燃烧时会生成氮氧化物（NO、NO_2）等有害气体。但氨对硫化物产生的酸性物质有中和作用。因此，燃气中含有微量的氨有利于保护金属管道及设备。

（5）一氧化碳　一氧化碳是无色、无味、有剧毒的气体。一般要求城镇燃气中一氧化碳含量小于10%（容积成分）。

（6）氧化氮　氧化氮易与双键的烃类聚合成气态胶质，附着于输气设备及燃具上，引起故障。燃气燃烧产物中的氧化氮对人体也是有害的：空气中氧化氮的浓度达到0.01%时，可刺激人的呼吸器官，长时间呼吸则会危及生命。

（7）水　在天然气进入长距离输送管道前必须脱除其中的水分。因为在高压状态下，天然气中的水很容易与其中的烃类生成水化物。水与其他杂质在局部的积聚还会降低管道的输送能力；水的存在还会加剧硫化氢和二氧化碳等酸性气体对金属管道及设备的腐蚀；如果输送含水的燃气，输配系统还需要增加排水设施和管道的维护工作。

（三）城镇燃气的质量要求

1. 天然气与人工煤气

城镇天然气的质量标准应符合表 1-6 中一类气或二类气的规定，人工煤气则应符合表 1-7 的规定。

天然气的技术指标 GB 17820　　**表 1-6**

项　目	一类	二类	三类	试验方法
高热值（MJ/m^3）	>31.4			GB/T 11062
总硫（以硫计）（mg/m^3）	≤100	≤200	≤460	GB/T 11061
硫化氢（mg/m^3）	≤6	≤20	≤460	GB/T 11060.1
二氧化碳（%）	≤3.0			GB/T 13610
水露点（℃）	在天然气交接点的压力和温度条件下，天然气的水露点应比环境温度低 5℃			GB/T 17283

注：1. 标准中气体体积的标准参比条件是 101.325kP_a，20℃。
2. 取样方法按 GB/T 13609。

人工煤气的质量标准　　**表 1-7**

项　目	杂质限量	项目	杂质限量
焦油和灰尘（mg/m^3）	<10	萘（mg/m^3）	$<50/P\times10^5$（冬季）， $<100/P\times10^5$（夏季）
硫化氢（mg/m^3）	<20	含氧量（体积%）	<1
氨（mg/m^3）	<50	一氧化碳（体积%）	<10

注：1. 标准中气体体积的标准参比条件是 101.325kPa，0℃。
2. 对气化燃气或掺有气化燃气的人工煤气，其一氧化碳含量应小于 20%（容积成分）。

2. 液化石油气

液化石油气应限制其中的硫分、水分、乙烷、乙烯的含量；并应控制残液（C_5 和 C_6 以上成分）量，因为 C_5 和 C_5 以上成分在常温下不能自然气化。

作为民用及工业用燃料的液化石油气与汽车用液化石油气的质量标准有所不同，应符合国家标准规定。表 1-8 为油田液化石油气的质量标准。

（四）燃气的加臭

燃气属易燃、易爆的危险品。因此，要求燃气必须具有独特的、可以使人察觉的气味。使用中当燃气发生泄露时，应能通过气味使人发现；在重要场合，还应设置燃气浓度检测仪器。对无臭或臭味不足的燃气应在到达用户之前进行加臭。经长输管线输送的天然气，一般在城镇的天然气门站进行加臭。

液化石油气质量标准 **表 1-8**

项目	质量标准					试验方法
	商品丙烷	商品丁烷	商品丙-丁烷混合物			
			通用	冬用	夏用	
组分（mol%）						SY 2081
C_2 及 C_2 以下不高于				5.0	3.0	
C_4 及 C_4 以上不高于	2.5					
C_5 及 C_5 以上不高于		2.0	2.0	3.0	5.0	
37.8℃时蒸气压（表压）不高于（kPa）	1430	480	1430	1360	1360	GB 6602
残留物，蒸发 100mL 的最大残留物量（mL）	0.05	—	—	—	—	SY 7509
腐蚀，铜片腐蚀等级不高于	1	1	1	1	1	SY 2083
硫分（mg/m^3），不高于	340	340	340	340	340	SY 7508
游离水	—	无	无	无	无	目测（注）

注：应用耐压透明器皿观察。

1. 燃气中含臭剂量的标准

（1）对于有毒燃气（指含有一氧化碳、氰化氢等有毒成分的燃气），如果泄漏到空气中，要求在达到对人体有害的浓度之前，一般人应能察觉；

（2）对于无毒燃气（指不含有一氧化碳、氰化氢等有毒成分的燃气，如天然气、液化石油气等），如果泄漏到空气中，在达到其爆炸下限的 20%浓度时，一般人应能察觉；

（3）当短期利用加臭剂寻找地下管道的漏气点时，加臭剂的加入剂量可以增加至正常使用量的 10 倍；

（4）新管线投入使用的最初阶段，加臭剂的加入剂量应比正常使用量高 2～3 倍，直到管壁铁锈和沉积物等被加臭剂饱和。

2. 加臭剂应具有的特性

（1）在正常使用浓度范围内，加臭剂不应对人体、管道或与其接触的材料有害；

（2）应具有持久、难闻且与一般气体气味有明显区别的特殊臭味；

（3）有适当的挥发性；

（4）能完全燃烧，燃烧产物不应对人体呼吸系统有害，并不应腐蚀或伤害与燃烧产物经常接触的材料；

（5）不与燃气的组分发生化学反应；

（6）加臭剂溶解于水的程度不应大于 2.5%（质量成分）；

（7）价格低廉。

我国目前常用的加臭剂主要有四氢塞吩（THT）和乙硫醇（EM）等。

几种常见无毒燃气的加臭剂用量参考见表 1-9，加臭剂为四氢塞吩。

几种常见无毒燃气的加臭剂用量参考（以四氢噻吩为加臭剂）　表 1-9

燃气种类	加臭剂用量（mg/m^3）
天然气（天然气在空气中的爆炸下限按 5%计）	20
液化石油气（C_3、C_4 各占 50%）	50
液化石油气混空气（液化石油气中 C_3、C_4 各占 50%；液化石油气：空气＝1：1）	25

3. 加臭方式和设备

（1）直接滴入式加臭法。使用滴入式加臭装置是将液态加臭剂的液滴或细液流直接加入燃气管道，加臭剂蒸发后与燃气气流混合。这种装置体积小、结构简单、操作方便，适用于小型供气站、高峰时采用。一般可在室外露天或遮阳棚内放置（见图 1-14）。

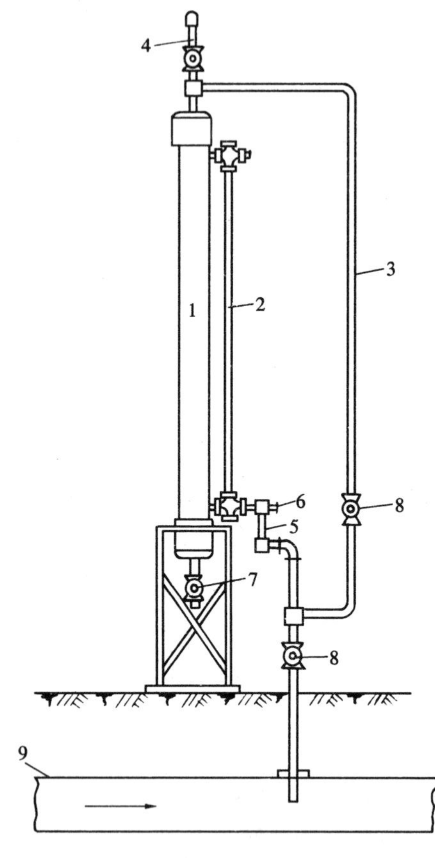

图 1-14　直接滴入式加臭装置

1—加臭剂储槽；2—液位计；3—压力平衡管；4—加臭剂充填管；5—观察管；6—针形阀；7—泄压管；8—阀门；9—燃气管道

（2）吸收式加臭法。吸收式加臭方式是将液态加臭剂在加臭装置中蒸发，然后将部分燃气引至加臭装置中，使燃气被加臭剂蒸气所饱和。加臭后的燃气再返回主管道与主流燃气混合。

（3）泵式加臭法。泵式加臭系统是从加臭剂罐的底部引出加臭剂，经过滤后由泵送到加臭点，通过喷嘴进入燃气管道，实现加臭（见图 1-15）。这种方法可以精准控制加臭剂的量，设备使用方便、投资不高，是比较实用的加臭系统。

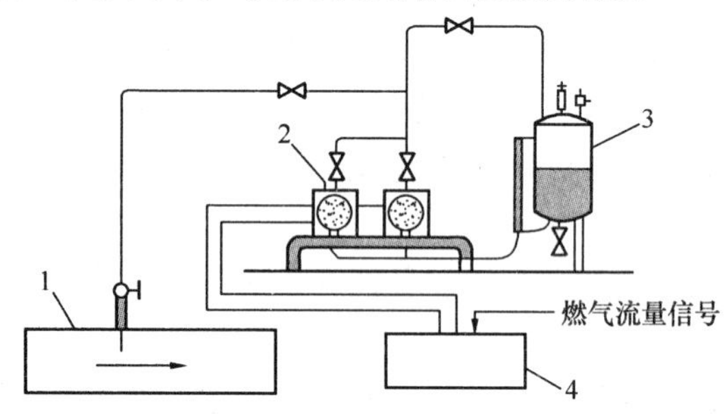

图 1-15　泵式加臭装置

1—燃气管道；2—加臭剂计量泵；3—加臭剂；4—加臭控制器

三、气源转换与混配

一个城镇或地区，在使用气体燃料初期，往往只有单一气源，而随着燃气需求量的不断增长和供气规模的发展或气源资源的改变，常常会遇到这样两种情况：一种是原来使用的燃气要由其他性质不同的燃气所代替，即发生气源转换；另一种是在多气源共存的情况下，需要将不同的燃气进行混配供应。

（一）气源转换（置换）

一般情况下，当需要进行气源转换时，特别是新的气源与原来的气源性质有较大的差异时，燃气供应系统的设施与用户燃烧设备都要进行相应的改变。例如，在用天然气置换人工煤气作气源时，输配系统应做全面的改造，用户的燃具也要更换。

气源转换是有计划的、较长期的工作，需要制定气源置换工作的详细计划，主要包括：分析新老气源的性质、调研输配系统情况（包括管网压力级制、管材、连接方式、附属设施的设置等）、制定改造方案和实施计划等。

（二）气源混配

当城镇采用多种气源时，在基本气源发生紧急事故或用气高峰时，为满足用户需求，有时要在供气系统中掺混其他燃气，进行混配；这种混配一般是临时性的。但也有一些城镇，在扩大供气规模、引进新的气源时，为了使用户继续使用原有燃具，就要对各种燃气进行混配，以得到一种与原有气源性质接近的适用燃气。这种混配则是长期、稳定的。

不管哪种混配，为使管网及燃具正常工作，都要求新的燃气（置换气）与原有燃气符合互换性条件。

当需要进行气源转换与混配时，除要进行理论分析及计算以外，还应进行大量的实验研究。一般要求燃气的华白数和燃烧势控制在允许的波动范围之内。

思 考 题

1. 燃气主要分为几大类？燃气中的可燃成分有哪些？
2. 天然气的主要成分是什么？天然气为什么要进行净化处理？
3. 人工煤气主要制气的原料有哪些？净化的目的是什么？
4. 液化石油气与天然气和人工煤气相比，有哪些特殊性质？
5. 城镇燃气的基本要求是什么？
6. 气源转换或混配时应考虑哪些问题？

第二章　燃气发展规划的编制

第一节　燃气发展规划的任务及要求

根据国务院2010年颁布的《城镇燃气管理条例》，原城镇燃气专项规划、专业规划名称统一为“城镇燃气发展规划”。

城镇燃气发展规划应包括燃气气源、燃气种类、燃气供应方式和规模、燃气设施布局和建设时序、燃气设施建设用地、燃气设施保护范围、燃气供应保障措施和安全保障措施等内容。

全国燃气发展规划要由相关部门依据国民经济和社会发展规划、土地利用总体规划、城乡规划及能源规划，结合全国燃气资源总量平衡情况组织编制与实施；地方应在上级燃气发展规划的基础上编制本区域的发展规划并组织实施。

城镇燃气发展规划还应与城镇的能源规划、环保规划、消防规划等相结合，要贯彻统筹兼顾、保障安全、确保供应、以近期为主、综合考虑远近期城镇发展计划的原则。规划方案应本着安全可靠、经济合理、技术先进、符合环境保护要求的原则制定；并应能够分期、分步实施。一般应制定多个规划方案，在进行技术经济比较和论证后，选择切实可行的最佳方案。规划年限一般为五年、十年或更长时间，规划方案根据规划年限分为近、远期规划两类。

城镇燃气供应系统是城镇建设的重要组成部分。编制合理的城镇燃气发展规划是燃气供应系统进行设计、工程施工、运行管理及维护维修的前提条件。

一般城镇燃气供应系统的工程项目在具体实施时要经过以下几个阶段：

（1）编制合理的城镇燃气发展规划，在规划的指导下，编制可行性研究报告，并报主管部门批准。城镇燃气的新建、扩建工程，余气利用的节能工程和大型技术改造工程等，都必须进行可行性研究。

（2）由具有燃气工程设计资格的设计单位按扩大初步设计和施工图设计两阶段进行设计；对重大或特殊的工程、技术复杂而又缺乏设计经验的项目，要进行初步设计、技术设计和施工图设计三阶段。

（3）根据设计要求，安排工程项目的建设、组织工程施工。

一、燃气发展规划的主要任务

城镇燃气发展规划的主要任务是：

（1）根据国家能源政策、资源情况和燃气发展方针选择和确定燃气气源及规划方案；

（2）根据需要与可能，选择燃气种类、确定供气规模、供气原则、主要供气对象，调查用户类型及用气规律，预测各类用户的用气量；

（3）选择合理的燃气供应方式，输送、分配系统、调峰方式，确定储配设施容量；

（4）根据城镇道路及其他地下管线与设施的规划、燃气用户分布等情况规划、布置燃气设施及管线，进行燃气管网水力计算；布置燃气设施，规划建设用地；

（5）根据设备材料的供应情况与可能的投资到位资金量，选择燃气供应系统的材料、设备；

（6）提出规划和建设时序，实施期限及分期、分步实施的计划；

（7）估算各阶段的建设投资及主要材料、设备的数量；

（8）确定燃气设施建设用地面积及保护范围等；

（9）制定燃气气源供应保障措施和安全保障措施；

（10）提出采用新技术、新工艺、新设备和新材料的建议与意见；

（11）分析规划实现后的效益，对规划方案做技术经济分析与评价；

（12）对规划中存在的主要问题提出解决意见。

二、燃气发展规划的基础资料

为正确编制城镇燃气发展规划，一般需要收集下列基础资料：

（1）国家及地方关于能源发展及燃气事业的方针、政策，技术规范和规定等。

（2）城镇现状及近期、远景总体发展规划资料，包括：

1）城镇总体规划及图纸；

2）城镇人口、住宅的密度及分布；

3）公共建筑设施标准及规模，大型公共建筑的数量及分布；

4）计划使用燃气的工业企业的规模、类别、数量及分布；

5）城镇道路的现状及规划情况：道路等级、红线位置及宽度等；

6）地下管道、建筑物、构筑物以及桥梁、铁路等设施的分布；

7）对外交通及城镇运输条件等。

（3）燃料资源和城镇能源供应情况的有关资料，包括：

1）地区能源供应情况及规划；

2）城镇各类燃气用户的用能情况、能源消耗量及发展趋势；

3）城镇可能得到的燃气气源种类及数量、规划发展资料；

4）已有燃气供应的城镇，应掌握现有燃气供应系统的设施及规模、有关图纸资料，主要技术设备性能及运行管理情况等。

（4）城镇的自然条件资料，包括：

1）城镇的气象资料，如极端气温、地温、风向、地表最大冻土深度等；

2）城镇的水文地质资料，如水源、水质、地下水位、主要河流的数量、流速、水位等；

3）城镇的工程地质资料，如地质构造与特征、地震基本烈度、土壤的物理化学性质（地耐力、腐蚀性、冻胀类别等）；

4）可能用作地下储气库的地质构造资料。

（5）其他资料，包括：

1）发展城镇燃气所需要的原材料、设备的供应能力；

2）建设燃气工程的施工能力与设备加工条件及其水平等；

3）如建设人工煤气气源厂，应明确其他产品的产销情况；

4）环境保护的要求及“三废”处理的可行性。

在编制小城镇或区域性燃气发展规划时，可参照上述基础资料收集相关资料。

三、燃气发展规划的主要成果

城镇燃气发展规划成果一般应包括规划说明书、规划图纸及附件等三部分。

1. 规划说明书

规划说明书主要包括：

（1）制定城镇燃气发展规划的依据（包括指令性文件、委托编制规划的协议等）、指导思想及原则；

（2）气源选择论证：可能得到的气源种类及数量，在技术经济比较后，提出建议使用的气源及依据；

（3）供气规模、供气方针、供气对象及范围（现状及发展规模、分期实施建议等）；

（4）燃气供应方式的选择：输配系统形式、管网压力级制的选择，管道布线，管材选择等；

（5）储气方式与用气不均衡的调节手段；

（6）站、室规划：储配站、调压装置的规划原则及布置方案、设备选型、建设用地等；

（7）气源供应保障措施及系统安全保障措施；

（8）城镇燃气管道与其他地下管道、设施的关系；

（9）主要燃气管道穿（跨）越重要河流、铁路等特殊地段的技术方案；

（10）城镇燃气系统的维护维修、设备加工等配套工程项目；

（11）“三废”治理措施和环境影响报告；

（12）规划分期实施的年限及其相应的投资、主要设备数量、原材料消耗、运行管理人员定额等；

（13）在经济技术比较分析后，提出建议实施方案及主要技术经济指标，规划期内的经济效益等，采用新技术、新工艺、新设备、新材料的建议、依据及评价等；

（14）对于已有燃气供应系统的城镇，还应对原有系统进行分析、评价，提出改造、利用方案。

2. 规划图纸

规划图纸一般包括：

（1）城镇燃气系统现状图：主要反映城镇燃气输配设施和干线管网的现状布局；

（2）城镇燃气发展规划总图：含远、近期燃气气源或天然气门站、城镇燃气管网规划图及储配站、调压装置等燃气设施的平面位置及供气区域等；

（3）管网不同规划方案的水力计算图；

（4）站、室平面布置及工艺流程图；

（5）必要的附图，如燃气用气负荷图等。

3. 附件

附件一般有以下几项内容：

（1）规划原始资料和依据；

（2）设计计算说明；

1）燃气用气负荷的计算书；
2）用气不均衡气量和调峰储气容积的计算书；
3）各级管网水力计算书；
4）方案经济技术比较的图纸与计算书；
5）主要场站选址及建设用地情况；
6）投资概算、主要设备数量及原材料消耗统计表；
7）经济效益计算书。

第二节　方案的技术经济分析

随着科学技术的发展，在城镇燃气供应系统中，为了达到相同的目的、满足相同的需要，往往可以采用多个不同的技术方案。在多个不同的方案中，为了选取技术最先进、经济最合理的方案，即最佳方案，必须采取严肃、认真的态度，对各种方案进行全面分析，综合衡量，然后作出合理的评价。评价方案优劣的标准一般考虑技术和经济等方面因素。即方案在技术上要做到满足需要、安全可靠，并力求技术先进；在经济上要做到投资少、运行成本低、建设周期短、收益好；同时，要注意环境保护、劳动条件的改善等。

在制定方案时所考虑的因素很多，其中有些可以用数字来表示，有些仅用数字不能全面反映情况，有些则难以用数字来表示。在某些情况下，那些不能完全用数字来表达的因素在确定技术方案时往往起着很大的作用。因此，评价技术方案的优劣，以至决定方案的取舍，仅仅依靠数字是不全面的。正确的方法应当是对技术、经济等几方面的要求进行综合分析，全面考虑，经科学论证及严格审查，才能做出符合当时、当地客观条件的合理抉择。

一、技术经济分析的基本任务

（一）技术经济分析的任务

技术经济分析是研究如何应用技术选择、经济分析、效益评价等手段，为制定正确的技术政策、科学的技术规划、合理的技术措施及可行的技术方案等提供依据或对具体项目的实施作出经济综合评价，以促进技术与经济的最佳结合及技术进步与经济发展的协调统一，提高技术实践活动的经济效益。

技术经济分析的任务就是对各个技术方案进行经济评价，选取技术先进、经济合理的方案，即最佳方案。主要有：

（1）通过技术经济分析，预先分析、比较各种技术方案的可行性及其优劣，进行方案评价选优，为项目决策提供依据；

（2）通过技术经济分析，揭示技术方案实施中的各种矛盾或薄弱环节，提出改进措施，以保证先进技术的成功应用，充分实现其经济效益；

（3）通过技术经济分析，正确评价技术方案的实施效果，反馈技术应用、改进及新需求方面的信息，推动技术创新。

（二）技术经济分析的类型

技术经济分析一般有三种类型：

1. 事前分析（又称预分析）

事前分析是对技术经济系统或项目的发展方向与前景进行技术经济预测及论证，为制定政策、规划，确立目标提供科学依据；或对投资项目进行技术经济可行性研究，为项目决策提供重要依据。事前分析是技术经济分析的重点。

2. 期中分析

期中分析是对实施中的技术方案进行技术经济分析，包括对厂址选择、企业规模、生产组织、工艺方案、销售市场、经营效益等进行全面考察分析，肯定成效、发现问题、提出改进或解决问题的措施，以保证方案的顺利实施。

3. 事后评价

事后评价是对实施方案的实施后果进行技术经济分析与评价，总结经验，以利推广、提高和发展。

以上各阶段是相互联系的：选定方案阶段的技术经济预分析与评价，是项目投资前不可缺少的重要环节，实践过程及其结果的技术经济分析，则是对先期技术经济分析的检验、校正和总结。

二、技术经济分析的基本原则

技术经济分析一般要遵循效益最佳原则、方案可比原则和系统分析原则。

（一）效益最佳原则

由于技术经济活动的时间、空间及效益主体不同，使经济效益评价的视角也不同，有时效益主体之间还会存在矛盾。因此，在以经济效益为中心进行技术经济分析时，要按照效益最佳化原则，正确处理以下各种关系：

1. 宏观与微观的关系

宏观经济系统一般通过经济手段、法律手段和行政干预等办法，引导微观经济与整个国民经济活动的衔接和协调。各微观经济部门（其主体为企业）也应该树立全局观念，自觉接受国家的宏观调控和监管，在努力提高本部门经济效益的同时，关心全社会的经济效益，使本单位的技术经济活动有利于宏观经济效益的提高。

2. 当前与长远的关系

经济效益的获得在时效上表现为当前和长远两个方面，当前效益的获得有利于满足人们的现实需求，调动劳动者的积极性；长远利益有利于事业持续稳定的发展，并为劳动者日益增长的物质文化生活需求提供条件。

在资源开发与保护环境方面，我们也应看到，在一定的科学技术水平条件下，人类能够利用的物质资源总量是有限的。绝不能为了眼前的利益，浪费资源，破坏环境。这也是十分重要的长远经济效益问题。

因此，在技术经济活动中，既要重视当前的经济效益，也要重视长远的经济效益。

3. 直接经济效益与间接经济效益的关系

国民经济是一个有机的统一整体，各部门、各企业之间是相互联系、相互制约的。因此，在评价某一技术方案的经济效益时，既要考察其直接效益，也要考察其间接效益及对其他部门的影响，这样才能得出正确的结论。例如煤的炼焦过程中，在得到焦炭的同时，还会产出人工煤气及其他副产品。因此，焦炭的销售收入为直接经济效益，其他产品的销售收入则为间接经济效益。

4. 经济效益与社会效益的关系

在评价投资项目的经济效益时，一般还需考虑其社会效益等因素。特别是燃气行业，企业的经济效益与项目的社会效益、环境效益紧密相关。因此，在进行不同方案的比较分析时，要把经济效益与社会效益、环境效益恰当地结合起来，按照目的性的要求，选择优化方案。

（二）方案的可比原则

进行各个技术方案比较时，必须把方案建立在共同可比的基础上，即各个方案之间应具有可比性。不同方案只有符合可比条件，比较的结果才有意义。一般情况下，各个不同的技术方案应具有以下四个可比条件：

1. 满足需要上的可比性

要求参与比较的各个不同的技术方案，在客观上能满足社会某种相同的需要，否则它们就不可能相互替代，更不能进行比较。例如，城镇燃气化建设方案中，在选择气源时，可以使用天然气，也可以使用人工煤气。虽然天然气与人工煤气在来源及性能等方面有很大差异，但它们都能作为民用及工业燃料使用。在这方面是相同的，因此具有可比性。

2. 具有消耗费用的可比性

方案比较是要比较不同技术方案能满足相同需要时的经济效果。经济效果包括满足需要和消耗费用两个方面。因此，使比较的方案除了满足需要的可比条件外，还必须具备消耗费用的可比条件。例如，城镇燃气管网系统建设方案，不论气源为天然气，还是人工煤气，都需要消耗设备材料费和人工费等。这样的方案在消耗费用方面是具有可比性的。

3. 具有价格指标的可比性

技术方案的实现要消耗各种社会劳动，同时要创造价值。消耗的劳动和创造的价值都应按产品的价值来计算。在价值难以精确计算时，一般要按价格指数来衡量。而且，对不同方案进行比较时，应采用同一时点的价格及同一的价格指数。当使用不同货币时，应按统一的汇率核算计价。例如，某城镇，在选择燃气气源方案时，可以使用当地的液化石油气，也可以得到进口的液化石油气，而进口液化石油气需要使用外币购买。此时，应将外币及其关税等费用折算为人民币，才能进行方案比较。

4. 具有时间上的可比性

时间的可比性对于不同技术方案的经济分析具有重要意义。不同技术方案应按照相等的计算期作为比较的基础。实际上，由于各种条件的限制，不同的技术方案在建设期限、资金投入的时间、发挥效益的迟早、项目服务年限等方面，往往是各不相同的。因此，在对这类方案进行比较时，更应考虑时间因素对比较结果的影响。

动态评价方法中的净现值法就是将不同方案的资金投入与收益等全部折算为现在时刻的价值，使其具有时间上的可比性。

（三）系统分析原则

系统分析是指对方案的各个方面进行全面的分析评价，以求得方案总体优化的方法。在技术经济分析中，要注重研究方案的总体性、综合性、定量化和最优化。力争做到定性分析与定量分析、静态分析与动态分析、总体分析与层次分析、宏观效益分析与微观效益分析、预测分析与统计分析相结合。

三、技术经济分析的一般程序

技术经济分析一般包括以下过程，如图 2-1 所示。

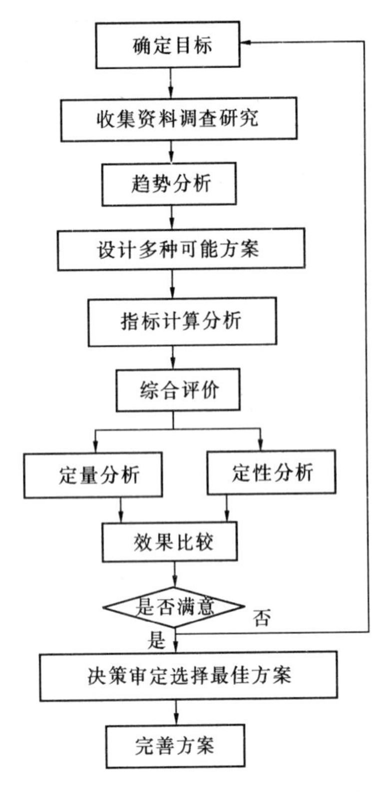

图 2-1 技术经济分析的一般程序

1. 确定分析目标

确定分析目标是技术经济分析的第一步。目标一般包括社会目标和具体目标两大类。社会目标是从国家和社会需要来考虑的，应遵循国家的整体战略和科技经济发展的基本方针；具体目标是指部门、地区、企业所要达到的目标。一般具体目标要符合社会总体目标，作为社会总体目标的一部分。根据技术实践的内容，确定具体目标是最重要的问题之一。

2. 趋势分析

趋势分析是指对技术经济分析的对象和相关因素进行调查研究、总结过去、分析现状、预测未来。一般需要掌握前 10 年的历史资料，分析今后 10 年的动向，以确定合理的技术经济参数、指标和投入产出期。

3. 设计各种可能的技术方案

为实现同一目标，往往有多种可能的方案。应根据掌握的国内外技术经济信息，依据相应的法规、规范及设计者的实践经验，参考类似的工程设计方案，建立能完成规定任务的各种可能的技术方案。

4. 拟定相应的经济效益指标体系

为衡量各种可能的技术方案经济效益的大小，对其功能作出评价，需要拟定一套技术经济指标，建立一套指标评价体系，并规定这些指标的计算方法，同时要处理好指标的可比性问题。根据具体条件，明确对选择方案有决定意义的因素和指标，并分析确定哪些因素可以通过数字来表示，哪些不能用数字来衡量。

5. 指标计算分析

输入各种原始数据，运用科学的分析计算方法，对指标进行计算分析。将不同方案规整到具有可比条件；研究和核实方案比较时所要采用的各种指标和相关原始数据的可靠程度。

6. 综合评价及方案选优

选择某种技术经济比较方法对各个方案进行技术经济上的比较与评价；通过定量及定性分析，找出各种技术方案在技术经济方面的利弊得失，然后进行综合分析评价和方案选优。

7. 完善方案

在可能的条件下，进一步对选定的方案进行优化，采取完善的措施，使方案更利于实现并具有更大的经济效益。

在进行方案比较时，注重的一般是不同方案之间的差别。所以，有时为了减少计算量，可以只计算各个方案的不同部分。但是，在这种情况下得出的结果只表示各个方案的相对差别，并不能表述这些方案的全部费用及效益情况。

※第三节　技术经济分析的基本方法

技术经济分析的方法很多，不同的经济衡量标准就是相应的技术经济分析计算方法。

一、静态评价方法

在技术经济分析中，不考虑资金的时间因素的评价方法，称为静态评价方法。这类方法应用广泛，计算简便、直观，常用于技术方案的初选阶段，对方案进行粗略评价，如进行投资项目的机会鉴别或初步可行性研究。其缺点是不能直观反映项目的总体盈利能力，特别是对运行时间长的项目，不宜使用这种方法进行评价。

常用的静态评价方法有投资回收期法、投资效果系数法、追加投资回收期法、年计算费用法等。

（一）投资回收期法

所谓投资回收期是指项目投产后，以每年取得的净收益抵偿全部投资（总投资）所需要的时间，这是反映项目财务上投资回收能力的重要指标。

年净收益是指销售收入与经营成本的差值，即：

$$R = S - C \tag{2-1}$$

式中　R——项目投产后每年的净收益，万元；

S——项目投产后每年的销售收入，万元；

C——项目投产后每年的运行费用，万元。

方案的全部投资应包括固定资产（指厂房、设备等）投资和流动资金（指工资基金、动力及原材料费用等）之和，即：

$$K = K_g + K_l \tag{2-2}$$

式中　K——方案的总投资，万元；

K_g——方案的固定资产，万元；

K_l——方案的流动资金，万元，当流动资金在总投资中的比例不大时，为了简化计算可以将其忽略。

因此，方案的投资回收期为：

$$t = \frac{K}{R} \text{ (a)}$$

对于城镇燃气供应系统，固定资产一般由建筑费用、气源与输配系统的设备费用和其他费用三部分组成。方案的其他费用包括土地征用、旧建筑拆迁、青苗补偿、生产人员培训、施工队伍调遣、勘测设计及不可预见等项费用。在规划决策时，这些费用如不作详细计算，也可按总投资的10%进行估计。气源厂和输配系统的年运行费用一般包括：原材料费用（应包括原材料运输费用、装卸费用及合理损耗）；燃料和动力的消耗费用；生产人员工资；固定资产折旧费及设备大、小修费用；间接费用（包括管理人员工资、办公费用）等。

一般来说，不同的投资方案，运行成本是不一样的。投资少的方案有可能掩盖劳动生产率低、原材料消耗多、运行成本高等缺点。而机械化、自动化程度高的方案，年运行费用（运行成本）往往比较低，但一次投资则比较多。

投资回收期法能够反映初始投资得到抵偿的速度。用投资回收期法评价方案时，一般是把方案的投资回收期 t 与国家或行业部门规定的标准投资回收期 T 相比较，来决定方案的取舍：当 t 小于标准偿还年限 T 时，认为方案可取；在评价多方案时，把投资回收期最短的方案作为最优方案。这里提到了标准投资回收期 T 的概念。标准投资回收期是指国家根据对国民经济的综合分析，提出的各行业投资回收期限。

（二）偿还年限法

偿还年限有两个概念：一为总投资偿还年限，即投资回收期；二为附加投资偿还年限。

在进行方案比较时，主要是比较两个方案之间的差异。

附加投资偿还年限法是在进行两个方案比较时，计算节省的年运行费用回收方案投资的差额，即附加投资所需的年限。即当两方案的投资分别为 K_1、K_2，年运行费用分别为 C_1、C_2。当 $K_1<K_2$，$C_1<C_2$ 时，则方案一明显优于方案二，反之亦然。但当 $K_1<K_2$，$C_1>C_2$ 时，则很难立即判断方案的优劣。此时，可计算方案二比方案一多投资的部分资金 $\Delta K=K_2-K_1$，如果靠节省年运行费用 $\Delta C=C_1-C_2$，需要几年得到回收。附加投资偿还年限计算公式为：

$$t=\frac{\Delta K}{\Delta C}=\frac{K_2-K_1}{C_1-C_2} \tag{2-3}$$

式中 ΔK——附加投资额，万元；

ΔC——年运行费用节约额，万元；

t——附加投资偿还年限，a。

一般，当 t 小于标准偿还年限 T 时，认为投资大的方案（方案二）是经济合理的，否则，应选择投资小的方案。

附加投资偿还年限法计算简单方便，概念清楚。但也有一些缺点：只有在两个方案进行比较时才较方便，多方案比较时比较麻烦、容易出错。而且，当两个方案的投资和年运行费用之间差别很小时，应用该方法可能出现假象，而实际上两个方案的经济性差不多。同时，要注意用这种方法只能说明两个方案之间的相对经济性，而不能表明方案的实际经济效果。

（三）年计算费用法

为了全面衡量方案的经济性，应综合考虑投资和年运行费用两个因素，即用年计算费用（Z）作为方案比较的依据。

年计算费用可以用下式表示：

$$Z=\frac{K}{T}+C \tag{2-4}$$

式中 Z——方案的年计算费用，万元；

K——方案的总投资，万元；

T——标准偿还年限，a；

C——方案的年运行费用，万元。

显然，不同方案中，年计算费用最小的方案为最经济。年计算费用法避免了附加投资偿还年限法的不足，方便进行多方案的比较。因此，在工程实际中，年计算费用法应用比较广泛。

二、动态评价方法

动态法是指对方案的经济效果进行分析计算时，考虑资金的时间价值的技术经济评价方法。

资金的价值不仅表现在数量上，而且表现在时间上。对于工程技术项目，一般属于长期投资，所投入的资金是现在支付的，而收益是未来的货币收入。因此，在分析评价技术方案的经济效益时，应当考虑资金的时间价值。动态法的主要优点是考虑了方案在其寿命期限内投资、运行费用和收益随时间而发展变化的真实情况，能够体现资金的时间性。

常用的动态评价方法有净现值法、净现值率法、内部收益率法等。

（一）净现值法（Net Present Value Method）

一个工程项目在某一时间内支出的费用称为现金流出，取得的收益称为现金流入。现金流出和现金流入统称为现金流量。现金流量一般按年计算。

$$NCF_t = CI_t - CO_t \tag{2-5}$$

式中 NCF_t——第 t 年的现金流量（Net Cash Flow），万元；

CI_t——第 t 年的现金流入（Cash Inflow，简称 CI）量，一般为销售收入，万元；

CO_t——第 t 年的现金流出（Cash Outflow，简称 CO）量，万元。

将未来一定时间内的收益或应支付的费用，折算成现在时刻的资金价值（即现值）称为“折现”或“贴现”，它所采用的利率称为贴现率。

净现值的定义是：将项目全部存在期内每年所发生的现金流量，按预先确定的固定利率（贴现率）折合为现在时刻的价值。即：将项目存在期内各年的净现值贴现到项目开始进行的时间点上，并进行累加，求得净现值之和。

净现值 NPV=逐年收益现值的总和—逐年开支现值的总和。

$$NPV = \sum_{t=0}^{n} \frac{NCF_t}{(1+i_0)^t} \tag{2-6}$$

式中 NPV——净现值（Net Present Value，简称 NPV），万元；

i_0 ——标准贴现率，一般是以行业的平均收益率为基础，根据国民经济发展情况及银行存、贷款利率、投资风险、物价变动因素等预先确定的，%；

t—附加投资偿还年限，年；

n——工程项目的寿命（即项目的全部存在期或约定的方案计算期），年。

显然，当净现值 $NPV=0$ 时，收益=开支，项目没有收益，方案不可取；

当净现值 $NPV<0$ 时，收益<开支，项目亏损，方案不可取；

当净现值 $NPV>0$ 时，收益>开支，项目有收益，方案可取。

如果在多个方案中挑选，应选择净现值 NPV 较大的方案。

（二）净现值率法

净现值仅仅是一个方案的净资金正流量或净利润的一个标志，没有反映出投资大小对利润的影响。如果两个方案的净现值相同，而投资费用不同，显然，投资费用较小的方案为佳。因此，在进行分析时，一般还应计算方案的净现值率（Net Present Value Rate，简称 $NPVR$）。

$$净现值率(NPVR) = \frac{净现值\ NPV}{全部投资现值\ K} \tag{2-7}$$

显然，净现值率越大，在相同投资的情况下，收益较大，方案越优。

（三）内部收益率法（Internal Rate of Return，简称 *IRR*）

内部收益率（*IRR*）又称内部报酬率。一个项目（方案）的净现值与所选择的贴现率具有某种函数关系：净现值随贴现率的增加而减小。内部收益率法是利用净现值理论，假设项目在寿命期内的净现值 $NPV=0$ 时，反算出贴现率 i 。此时，i 称为项目的内部收益率。以内部收益率作为评价和选择方案的指标，这种方法称做内部收益率（*IRR*）法。

显然，当项目的内部收益率 i 高于现行标准贴现率或银行贷款利率，说明项目在现状情况下是有收益的；否则，如果内部收益率 i 小于现行标准贴现率或银行贷款利率，则项目在经济上不可行。如果多个方案选优，则应优先选择内部收益率高的方案，以取得更大的经济效益。

※第四节　不确定性分析

用动态法对方案进行技术经济分析时，其评价所依据的主要数据，如投资额、贷款利率、投资收益率等，大部分来自于对未来的预测及估算。尽管预测及估算过程使用了科学的分析方法，但由于项目所处的环境条件和分析人员主观预测能力的局限性，在项目实施过程中及项目存在期内，项目的实际效果与评价的结论不可避免地会出现偏差，使实际发生的情况与预计的有较大出入，从而产生分析结果的不确定性。因此，对重大项目，在进行技术经济比较后，还应进行不确定性分析。特别是对于投资额巨大、建设周期长的项目，进行不确定性分析尤为重要。

所谓不确定性分析，就是针对项目技术经济分析中存在的不确定因素，分析其发生变化的幅度，以及这些不确定因素的变化对项目经济效益的影响程度。通过不确定性分析，找出各种因素对投资效果的影响程度，对确保项目取得预期的经济效益具有十分重要的意义。通过不确定性分析，可以看出各种因素对投资效果的影响，使决策者能在关键因素向不利方向变化发生之前，采取一定的防范措施，从而提高投资项目的生存能力。

不确定性分析一般包括敏感性分析、盈亏平衡分析和概率分析等。

一、敏感性分析

敏感性分析又称灵敏度分析，是项目评价中最常见的一种不确定性分析方法。所谓敏感性是指参数变化对项目经济效益的影响程度。若参数的小幅度变化能导致经济效益的较大变化，则把这些不确定因素称为敏感因素，反之称为不敏感因素。敏感性分析的目的就是通过研究不确定因素的变化大小对项目经济效益的影响程度，找出敏感性因素，对项目提出合理的控制与改善措施，充分利用有利因素，尽量避免不利因素，以达到最佳经济效益。

进行敏感性分析时，一般可按下列步骤进行：

1. 确定分析指标，即找出投资者关心的目标

由于投资效果可用多种指标来表示，在进行敏感性分析时，首先应确定分析指标。当投资者关心的目标不同时，所侧重的经济指标往往也不尽相同。对于注重短期收益的项目，投资回收期是一个重要的指标；而对于注重长期收益的项目，净现值和内部收益率则能更好地反映投资效果。通常情况下，敏感性分析的指标与方案的经济评价指标一致。

2. 选定需要分析的不确定性因素，并探讨这些因素的变化范围

从理论上讲，任何一个因素的变化都会对投资效果产生影响，但在实际分析中，没有必要对所有可能变化的因素都进行敏感性分析。一般只对变化可能性较大、对投资效果影响较大的因素进行敏感性分析。例如：经营成本、产品价格、项目建设期、标准贴现率等。

3. 计算各因素变化导致经济指标变动的数量结果

在计算某一因素变化所产生的影响时，可假定其他因素固定不变，对每一个因素的变化情况进行计算，将因素变化及相应的经济指标变动结果列表或绘图表示。一般需要假定各因素的变化范围和每次变化的幅度。

4. 确定敏感因素

敏感因素是指能引起经济指标产生较大变化的因素。通过观察变动的因素对方案经济效果的影响程度，可以确定该因素的敏感程度，挑选其中的敏感因素。

总之，敏感性分析在一定程度上描述了不确定因素的变化对项目投资效果的影响，有助于决策者对影响投资效果关键因素（即敏感因素）的了解。但这些因素在未来发生变化的可能性究竟有多大，还应对其进行概率分析。

二、盈亏平衡分析

盈亏平衡分析是根据建设项目正常生产年份的产量、固定成本、变动成本及税金等，研究项目的产量、成本、售价、利润之间变化与平衡关系的方法。当项目的收益与成本相等时，即为赢利与亏损的转折点，称之为赢亏平衡点。盈亏平衡分析就是要找出项目的赢亏状态转变的临界点，据此判断投资项目的风险大小及对风险的承受能力，为投资决策提供依据。显然，赢亏平衡点越低，项目赢利的可能性越大，亏损的可能性越小，项目具有较大的抗风险能力。

三、概率分析

在实际中，许多影响投资项目经济效果的参数，其变化规律往往可以用概率分布来描述，因此，投资项目的经济效果函数即成为一个随机变量。概率分析也称风险分析，它是在对不确定性因素进行概率估计的基础上，对项目评价指标的期望值、累计概率、标准差、离散系数等进行定量分析的一种方法，可为项目的风险分析提供可靠依据。例如，方案的净现值大于或等于零的累计概率越大，表明方案的风险越小，盈利的可能性越大。

概率分析方法的关键是寻找足够的信息来确定敏感因素的变化范围及其概率发布。

燃气供应系统涉及的项目一般都具有投资额较大、项目建设周期及存在期长等特点。因此，对项目方案进行不确定性分析非常重要。

※第五节　燃气化综合效益分析

对于燃气供应系统，不仅要考虑方案中能够用货币形式体现的直接经济效益，还要考虑项目实施后带来的社会效益和环境效益等。由于各种燃料的燃烧效率不同，使用气体燃料不仅可以减少燃料消耗，而且可以减少污染物排放。

一般来说，一个城镇实现燃气化的效益是多方面的，许多内容是难以用具体数字来表现的。而且，有些燃气项目还属于综合利用的技术方案，如人工煤气的气源项目等。这些

项目在生产燃气的同时，还有其他方面的不同产品供应社会，它的效益需要综合分析。但是，和气化前的状况相比，有些效益是应当而且可以用数量指标来衡量的，比如替煤量、二氧化硫排放量减少等。

为了便于比较，各种燃料都应按热值折算为标准煤来表示。

一、年替煤量的计算

替煤量应按实际调查进行统计和计算，也可按典型用户的用煤指标进行计算。

$$M = \Sigma G$$

式中 M——年替煤量（标准煤），万 t/a；

ΣG——各类燃气用户气化前实际耗煤量的总和，万 t/a。

二、年减少二氧化硫排放量的计算

由于燃气中硫含量很少，可以根据替煤量来计算因燃气化而减少的二氧化硫排放量，计算公式为：

$$E = 2 \times 80\% ML = 1.6ML$$

式中 E——年减少二氧化硫的排放量，万 t/a；

2——二氧化硫分子量为单体硫的倍数；

80%——考虑煤燃烧后，有一部分硫分存在于灰渣中，二氧化硫的排放量按全部硫分的 80%计算；

M——年替煤量（标准煤），万 t/a；

L——煤的平均含硫量百分比，%。

三、年减少飞灰量的计算

年减少飞灰量可由下式计算：

$$H_f = M \times h$$

式中 H_f——年减少飞灰量，万 t/a；

M——年替煤量（标准煤），万 t/a；

h——飞灰的百分比，%。

由于炉型不同、燃烧方式不同，飞灰的百分比变化范围很大。一些大型用户可根据实际情况计算，民用炉的飞灰量可按替煤量的 11%计算，一般工业窑炉可按 5.5%计算。

四、年减少炉灰量的计算

由于燃气燃烧过程不产生固形物灰渣，因此，燃气化后减少炉灰量可由下式计算：

$$H_l = M(b - h)$$

对于一般燃烧蜂窝煤或煤球的民用户：

$$H_l = l \times M$$

式中 H_l——年减少炉灰量，万 t/a；

M——年替煤量（标准煤），万 t/a；

b——煤的平均灰分，%；

h——飞灰的百分比，%；

l——煤燃烧后灰量（包括掺入黄土和白灰的灰量）的百分数，%。

五、年减少城镇运输量的计算

长途运输量的减少，应根据不同气源、不同燃料、不同运距及不同运输方式进行计算。

市内运输量的减少可由下式计算：

$$Z = k(M + H_l)$$

式中　Z——年减少市内运输量，万 t·km/a；

k——市内平均运输距离，km；

M——年替煤量（标准煤），万 t/a；

H_l——年减少炉灰量，万 t/a。

六、减少城镇汽车数量的计算

由于市内运输量的减少而减少的汽车辆数可由下式计算

$$C = Z/Y$$

式中　C——减少汽车数量，辆；

Z——年减少市内运输量，万 t·km/a；

Y——每辆汽车每年可完成的运输量，万 t·km/(辆·a)。

思　考　题

1. 编制城镇燃气发展规划应包括哪些内容？
2. 常用技术经济分析的方法有哪些？
3. 什么是不确定性分析？哪类项目应进行不确定性分析？
4. 使用燃气可以取得哪些方面的效益？

第三章　燃气供应与需求

第一节　燃气的用户类型

早期的城镇燃气主要是用于照明，以后逐渐发展为用于炊事及生活用热水的加热，然后扩展到工业领域：用作工业燃料（热加工）和化工生产用原料。随着燃气事业的发展，特别是天然气的大量开采与远距离的输送，燃气已成为能源消耗的重要支柱。在国际上，天然气主要用于发电、以化工为主的工业、一般工业和商业（包括居民生活）用气。

我国城镇燃气主要用于居民生活、采暖用气、工业燃料、燃气汽车、天然气发电及化工原料等。

一、用户类型及用气特点

城镇燃气的用户类型及其用气特点是：

（一）城镇居民用户生活用气

城镇居民主要使用燃气进行炊事和生活热水的加热。我国目前居民使用的燃具多为民用燃气灶具（双眼灶或烤箱灶）及燃气快速热水器。

居民用户的用气特点是：单户用气量不大，用气随机性较强；用气量受季节、气候等多种因素的影响，但人均年用气量在连续的年份中相对稳定。

（二）商业用户

商业用户包括居民社区配套的公共建筑设施（如宾馆、旅馆、饭店、学校、医院等）、机关、科研机构等的用气。燃气主要用于食品加工及热水加热、试验研究用气等。商业用户的燃具根据其需要可以选择燃气大锅灶、燃气烤箱、燃气开水炉等设备。

商业用户的用气特点是：单个用户用气量不很大，用气比较有规律。由于各种类型商业用户有其自身的运营规模和规律，用气时间和用气量也有一定的规律。

（三）工业用户

目前我国城镇的工业用户主要是将燃气作为燃料用于生产工艺的热加工。

工业生产的用气特点是：用气比较有规律，用气量大且均衡。由于工矿企业一般具有相对固定的生产时间，因此，用气时间和用气量也与生产作息时间和制度有关。在燃气供应不能完全满足需要时，某些工业用户还可以根据燃气调度部门的安排，在规定的时间内停气或用气，以缓解燃气系统供需矛盾。

（四）燃气采暖与空调

根据地域特点，我国大部分地区都有不同时间长短的采暖期。随着人民生活水平的提高和城镇环保压力的增加，燃气采暖发展很快。

燃气采暖与空调用气属于典型的季节性负荷。在我国北方地区采暖季节中，燃气采暖总用气量很大，每天的用气量相对稳定，随气温高低有一定变化。

燃气采暖主要有两种形式：

1. 集中采暖

利用原有的燃煤或燃油集中采暖系统，只将其中的燃煤或燃油锅炉改造或更换为燃气锅炉。通常为区域用户设置独立燃气锅炉房进行供暖。

由燃气热电厂直接供热亦属于燃气集中采暖，但因燃气热电厂常常为热电联供或冷热电三联供，所以，通常将燃气热电厂与燃气电厂归于燃气发电用户一类，而不是作为单纯的燃气采暖用户。

2. 单户独立采暖

根据我国目前的情况，单户独立采暖以使用燃气或电作为能源的比较多。但用电采暖，需要电网等设备的配套和电价的调整；而燃气采暖则不需要：只要燃气能送到的地方均可以实现单户独立采暖。用户只需要有一台燃气热水器，即可同时解决生活热水和采暖问题。

在采暖用热逐步实行按热量进行计量和收费后，燃气单户独立采暖越来越受到重视。

燃气空调和以燃气为能源的热、电、冷三联供的用能系统已经引起广泛关注，它对缓解夏季用电高峰、减少环境污染（噪声、制冷剂泄漏）、提高燃气管网利用率、保持用气的季节平衡、降低燃气输送成本等都有很大帮助。

（五）燃气汽车

目前，燃气汽车的主要燃料有液化石油气、压缩天然气和液化天然气等；燃气汽车以公交车、出租车为主，建筑工程车辆等还有待发展。

燃气汽车用气量取决于城镇燃气汽车的数量、车型及运营总里程等；用气量随季节等外界因素变化比较小，可以忽略不计。

燃气汽车的制造、发动机的生产及改装技术、燃气灌装技术都已经成熟。部分燃气汽车属于油气两用车（既可以使用汽油，也可以使用燃气）。从投资方面看，由于这些汽车需要配置双燃料系统，购车时的一次性投资略大于普通燃油汽车。但燃气汽车与燃油汽车相比，燃料价格具有一定的优势，即使用燃气汽车可以通过节省的运行费用抵偿购车初投资的增加。

从目前国内燃气汽车的使用情况看，压缩天然气汽车主要用于公交车，液化石油气汽车主要用于出租车及其他公务用车。

（六）燃气发电

将直接使用低污染燃烧的燃气转换为无污染物排放的电能来使用，这也是今后燃气，特别是天然气应用的发展方向。

天然气发电在天然气消耗总量中所占份额较大，主要是因为燃气电厂单位时间耗气量大。天然气发电燃气消耗量与电厂规模、电厂年运行时间等因素有关。

（七）其他用途

在化工生产中：天然气还可以主要用作原料气，以生产化肥及甲醇等化工产品。

在农业生产中：燃气可用于鲜花和蔬菜的暖棚种植、粮食烘干与储藏、农副产品的深加工等。

此外，燃气燃料电池等也在研究和开发之中。总之，燃气用途及用户发展随着气源供应的增加会不断扩大。

二、供气原则

供气原则不仅涉及国家及地方的能源与环保政策，而且和当地气源条件等具体条件有关。因此，应该从提高燃气利用率和节约能源、保护环境等方面综合考虑。一般要根据燃气气源供应情况、输配系统设备利用率、燃气供应企业经济效益、燃气用户利益等方面的情况，分析、制定合理的供气原则。

对于城镇燃气供应系统，科学合理地发展用户，使各类用户的数量和用气量具有适当的比例，将有利于平衡城镇燃气的供需矛盾，减少储气设施的设置。

国家发展和改革委员会在2007年颁布实施了"天然气利用政策"，将天然气用户分为优先类、限制类、允许类、禁止类共四大类，引导、规范天然气用户的发展。

（一）城镇居民及商业用户

这两类用户是城镇燃气供应的基本用户，在气源不够充足的情况下，一般应考虑优先供应这两类用户用气。解决了这两类用户的用气问题，不但可以提高居民生活水平、减少环境污染、提高能源利用率，还可减少城市交通运输量、取得良好的社会效益。各类用户使用燃气和燃煤、燃油的热效率比较见表3-1。

各类用户使用燃气和燃煤、燃油的热效率比较（%）　　表3-1

序号	燃料用途	燃料种类		
		煤	油	城镇燃气
1	城镇居民	15～20	30	55～60
2	公共建筑	25～30	40	55～60
3	一般锅炉	50～60	＞70	60～80
4	电厂锅炉	80～90	85～90	90

（二）工业用户

（1）当采用天然气为城镇燃气气源、且气源充足时，应大力发展工业用户。但对远离城镇燃气管网的工业企业用户，是否供气应做技术经济比较。

由于工业用户用气稳定，且燃烧过程易于实现自动控制，是理想的燃气用户。当配用适合的多燃料燃烧器时，工业用户还可以作为燃气供应系统的调峰用户。因此，在可能的情况下，城镇燃气用户中应尽量包含一定量的工业用户，以提高燃气供应系统的设备利用率，降低燃气输配成本，缓解供、用气矛盾，取得较好的经济效益。

（2）当采用人工煤气为城镇燃气气源时，一般按两种情况分别处理：

1）靠近城镇燃气管网的工业用户：用气量不很大，但使用燃气后产品的产量及质量都会有很大提高的工业企业，可考虑由城镇管网供应燃气；应合理发展高精尖工业和生产工艺必须使用燃气，且节能显著的中小型工业企业等。远离燃气管网的小型工业用户，一般不考虑管网供气。

2）用气量很大的工业用户（如钢铁企业等）应考虑建焦化厂或气化煤气厂自行产气。

（三）燃气采暖与空调用气

我国有几十万台中小型燃煤锅炉分布在各大城镇，担负采暖或供应蒸汽及热水的任务。这些锅炉是规模较大的城镇污染源。

在制定城镇燃气发展规划时，如果气源为人工煤气，一般不考虑发展采暖与空调用气；当气源为天然气且气源充足、城镇有环保压力时，允许发展燃气采暖与空调、制冷用户，但应采取有效的调节季节性不均匀用气的措施；在保障供气的同时，兼顾管网系统运行的经济性和可靠性。

（四）燃气汽车

发展燃气汽车不仅有利于减轻城镇大气污染，还可减少对石油及产品的依赖。在规划发展燃气用户时，燃气汽车属优先发展对象。但在实际应用中，燃气汽车的发展受到多方面因素的影响。比如，汽车所有者的资金及车辆发展计划、燃气加气站的配套建设情况、国家政策的扶持等。

一般燃气汽车替代燃油汽车是在购置环节完成。不主张旧有燃油车改造为燃气汽车，主要是改造成本高，在改造车的剩余寿命中很难通过节省燃料费用收回车辆改造费用。

除燃气汽车外，燃气火车等交通工具也是未来的研究、发展方向。

（五）燃气发电

对于燃气发电应根据气源供应情况、燃气的合理利用、环境保护与经济效益、电力需求等多方面综合考虑确定。

人工煤气一般不考虑供应电厂使用。

在我国，目前天然气资源量还不能满足市场需求的情况下，天然气用于发电应该满足以下条件：

（1）当地天然气供应充足，可以保证电厂用气的需求；

（2）天然气发电厂建设在城镇的重要用电负荷中心；

（3）天然气电厂为调峰发电厂：只在用电高峰期发电以补充电力供应的不足。

对于以天然气为能源的基础负荷发电厂，特别是在煤炭生产基地应限制和禁止发展，以保证优质天然气资源的合理利用。

（六）其他用户

在我国优质能源紧缺的情况下，化工原料用天然气将逐渐减少其市场份额，但天然气在生物、医药、农药等方面的新应用将有所发展。

我国是农业大国，提高农业生产总体水平将有利于发展国民经济。在可能的情况下，应考虑、研究燃气，特别是天然气在农业生产和农副产品加工过程中的应用。

三、用气指标

用气指标又称为耗气定额，是进行城镇燃气规划、设计，估算用户燃气用量的主要依据。因为各类燃气的热值不同，所以，常用热量指标来表示用气指标。

（一）居民生活用气指标

居民生活用气指标是指城镇居民每人每年平均燃气消耗量。

居民生活用气实质上是个随机事件，其影响因素错综复杂、相互制约，无法归纳成理论系统导出。一般情况下需统计 5～20 年的实际运行数据作为基本依据，用数学方法处理统计数据，并建立适用的数学模型，从中求出可行解；并预测未来发展趋势，然后提出可靠的用气指标推荐值。影响居民生活用气指标的因素很多，主要是气候条件、居民生活水平以及居民的饮食及生活习惯等。

居民生活用气量的大小与许多因素有关，其中有些因素会造成用气量的自然增长即正影响；有些因素会造成用气量的减少即负影响。从目前我国居民生活用气情况分析，影响居民生活用气指标的因素主要有以下五个方面：

1. 户内燃气设备的类型

通常燃具额定功率（MJ/h）越大，居民年用气量越多。当设置燃具额定总功率达到一定程度时，居民年用气量将不再随这一因素增长。

居民有无集中热水供应也直接影响到居民年用气量的大小。目前居民用户一般只考虑集中采暖，不考虑集中热水供应；所以居民用户用气的目的应包括炊事和热水（洗涤和沐浴），而用不同燃具（灶具或热水器）制取热水，其燃气耗量是有差异的。

2. 能源多样化

其他能源的使用对居民燃气年消耗量也有一定影响，如电饭煲、微波炉、电热水器、太阳能热水器和饮水机等设备使用比例增加时，燃气用量必然减少。

3. 户内人口数

居民每户人口数可认为是使用同一燃具的人口数。户均人口较多时，人均年用气量略偏低，反之亦然。由于社会综合因素的作用，我国居民家庭向小型化发展，随之，人均年用气量将略有增加。

4. 社区配套设施的完善程度

居民社区内公共福利设施完备时，居民通常会选择省时、省力和较经济的用餐与消费主、副食品的途径。随着我国市场经济的发展，服务性设施的完善，家庭用热日趋社会化，户内节能效益不断提高，这无疑将对居民燃气年消耗量产生负影响。

5. 其他因素

社会生活总体水平、国民人均年收入的提高是激励消费的因素之一；生活习惯、作息及节假日制度、气候条件等也会对居民年用气量产生影响。燃气售价也是影响因素之一，但在市场经济还未发育成熟和燃气价格未到位的情况下，燃气售价对居民生活年用气量的影响似乎不明显。

我国部分地区城镇居民生活年用气指标列于表 3-2。

城镇居民生活年用气指标[MJ/(人·a)] **表 3-2**

城镇地区	有集中采暖的用户	无集中采暖的用户
华北地区	2303～2721	1884～2303
华东、中南地区	—	2093～2303
北京	2721～3140	2512～2931
成都	—	2512～2931

注：燃气热值按低热值计算。

（二）商业用户用气指标

影响公共建筑用气量的因素主要有：城镇燃气供应状况，燃气管网布置与公共建筑的分布情况；居民使用公共服务设施的普及程度，设施标准；用气设施的性能、效率、运行管理水平和使用均衡程度；地区的气候条件等。

商业用户用气指标与用气设备的性能、热效率、地区气候条件等因素有关。我国几种公共建筑用气指标列于表 3-3。

公共建筑用气指标　　**表 3-3**

类　　别		用气指标	单　　位
职工食堂		1884～2303	MJ/（人·a）
饮食业		7955～9211	MJ/（座·a）
幼儿园 托儿所	全托	1884～2512	MJ/（人·a）
	日托	1256～1675	MJ/（人·a）
医院		2931～4187	MJ/（床位·a）
旅馆 招待所	有餐厅	3350～5024	MJ/（床位·a）
	无餐厅	670～1047	MJ/（床位·a）
宾馆		8374～10467	MJ/（床位·a）

注：燃气热值按低热值计算。

（三）工业企业用气量指标

工业企业用气量指标的确定：在有条件时，可由各种工业产品的用气定额及产品数量推算用气量指标或用燃气锅炉炉底热强度折算燃气用气量；缺乏资料时，可以用其他燃料的消耗量进行折算，也可按同行业、类似企业的用气指标分析确定。

（四）建筑物采暖及空调用气指标

采暖及空调用气指标可按国家现行的采暖、空调设计规范或当地建筑物耗热量指标确定，考虑采暖系统的热效率，按燃气低热值折算为单位建筑面积或建筑体积的燃气消耗量。

（五）燃气汽车用气指标

燃气汽车用气指标应根据燃气汽车的种类、车型等统计分析确定。单台燃气汽车的用气量可以根据厂家提供的行车能耗标准按燃气低热值折算为单位行驶里程的燃气消耗量。

第二节　燃气需用工况

一、年用气量计算

在进行城镇燃气供应系统的规划设计时，首先要确定城镇的年用气量。年用气量是进行燃气供应系统设计和运行管理，以及确定气源、管网和设备通过能力的重要依据。

年用气量应根据燃气发展规划和燃气的用户类型、数量及各类用户的用气指标确定。由于各类用户的用气指标单位不同，因此，城镇燃气年用气量一般按用户类型分别计算后汇总。

（一）居民生活的年用气量

居民生活的年用气量与许多因素有关：居民生活习惯、作息及节假日制度、气候条件、户内燃气设备的类型 、住宅内有无集中采暖及热水供应、城镇居民气化率等。

城镇居民气化率是指城镇用气人口数占城镇居民总人数的百分比。

$$气化率=\frac{用气人口数}{总人口数}\times 100\%$$

通常情况下，由于城镇中存在着新建住宅、采用其他能源形式的现代化建筑以及不适于管道供气的旧房屋、临时建筑等情况，城镇居民的管道燃气气化率很难达到 100%。

居民生活的年用气量可根据居民生活用气指标、居民总数、气化率和燃气的低热值按下列公式计算。

$$Q_a = \frac{Nkq}{H_l} \tag{3-1}$$

式中 Q_a——居民生活年用气量，m^3/a；

N——居民人数，人；

k——城镇居民气化率，%；

q——居民生活用气指标，MJ/(人·a)；

H_l——燃气低热值，MJ/m^3。

（二）商业用户年用气量

商业用户用气量的计算：一是按商业用户拥有的各类用气设备数量和用气设备的额定热负荷进行计算；二是按商业用户用气性质、用途、用气指标及服务人数等进行计算。商业用户年用气量与城镇人口数、公共建筑的设施标准、用气指标等因素有关。在规划设计阶段，商业用户的年用气量可由下式确定：

$$Q_{ya} = \frac{MNq}{H_l} \tag{3-2}$$

式中 Q_{ya}——商业用户的年用气量，m^3/a；

N——居民人口数，人；

M——各类用户用气人数占总人口的比例数，%；

q——各类商业用户的用气指标，MJ/人·a；

H_l——燃气的低热值，MJ/m^3。

当商业用户的用气量不能准确计算时，还可在考虑公共建筑设施建设标准的前提下，按城镇居民生活年用气量的某一比例进行估算。例如，在计算出城镇居民生活的年用气量后，可按居民生活年用气量的10%～30%估算城镇公共建筑的年用气量。

（三）工业企业年用气量

工业企业年用气量与其生产规模、用气工艺特点和年工作小时数等因素有关。在规划设计阶段，一般可按以下三种方法计算工业用户的年用气量：

（1）参照已使用燃气、生产规模相近的同类企业燃气年消耗量估算；

（2）按工业产品的耗气定额和企业的年产量确定；

（3）在缺乏产品的耗气定额资料的情况下，可按企业消耗其他燃料的热量及设备热效率，在考虑自然增长后，折算出燃气耗量。折算公式为：

$$Q_a = \frac{1000 G_y H'_i \eta'}{H_l \eta} \tag{3-3}$$

式中 Q_a——工业用户的年用气量，m^3/a；

G_y——其他燃料年用量，t/a；

H'_i——其他燃料的低热值，MJ/kg；

η'——其他燃料燃烧设备的热效率，%；

η——燃气燃烧设备的热效率，%；

H_l——燃气低热值，MJ/m^3。

（四）建筑物采暖年用气量

建筑物采暖年用气量与使用燃气采暖的建筑物面积、年采暖期长短、采暖耗热指标等因素有关，可由下式确定：

$$Q_a = \frac{Fq_H n}{H_l \eta} \quad (3\text{-}4)$$

式中 Q_a——采暖的年用气量，m^3/a；

F——使用燃气采暖的建筑面积，m^2；

q_H——建筑物的耗热指标，$MJ/(m^2 \cdot h)$；

n——采暖负荷最大利用小时数，h/a；

η——燃气采暖系统的热效率，%；

H_l——燃气低热值，MJ/m^3。

其中，采暖负荷最大利用小时数一般可按下式计算：

$$n = n_1 \cdot \frac{t_1 - t_2}{t_1 - t_3}$$

式中 n——采暖负荷最大利用小时数，h；

n_1——采暖期，h；

t_1——采暖室内计算温度，℃；

t_2——采暖期室外平均温度，℃；

t_3——采暖室外计算温度，℃。

由于各地的气候条件不同，冬季采暖计算温度及建筑物耗热指标均有差异，应根据当地的各项采暖指标进行计算。

（五）其他用户年用气量

其他用户年用气量可根据其用气设备及耗气量等进行推算。

（六）未预见量

城镇燃气年用气量计算中应考虑未预见量。未预见量主要是指燃气管网漏损量和规划发展过程中的未预见供气量，一般按年总用气量的5%估算。

规划设计中应将未来的燃气用户尽可能地考虑进去，在规划范围内未建成、暂不供气的用户不算未预见供气。

城镇燃气年用气量应为各类用户年用气量总和的1.05倍，即：

$$Q'_a = 1.05 \Sigma Q_a \quad (3\text{-}5)$$

式中 Q'_a——城镇燃气年用气量总和，m^3/a；

Q_a——城镇各类用户的年用气量，m^3/a。

二、用气不均匀情况描述

城镇燃气供应的特点是供气基本均匀，用户的用气是不均匀的。用户用气不均匀性与许多因素有关，如各类用户的用气工况及其在总用气量中所占的比例、当地的气候条件、居民生活作息制度、工业企业和机关的工作制度、建筑物和工厂车间用气设备的特点等。显然，这些因素对用气不均匀性的影响不能用理论计算方法确定。最可靠的办法是在相当长的时间内收集和系统地整理实际数据，才能得到用气工况的可靠资料。

用气不均匀性对燃气供应系统的经济性有很大影响。用气量较小时，气源的生产能力和长输管线的输气能力不能充分发挥和利用，从而提高了燃气的成本。

用气不均匀情况可用季节或月不均匀性、日不均匀性、小时不均匀性描述。

（一）月用气工况

影响月用气工况的主要因素是气候条件，一般冬季各类用户的用气量都会增加。居民生活及商业用户加工食物、生活热水的用热会随着气温降低而增加；而工业用户即使生产工艺及产量不变化，由于冬季炉温及材料温度降低，生产用热也会有一定程度的增加。采暖与空调用气属于季节性负荷，在冬季采暖和夏季使用空调的时候才会用气。显然，季节性负荷对城镇燃气的季节或月不均匀性影响最大。北京地区已出现采暖期日用气负荷为夏季日用气负荷近10倍的情况。

一年中各月的用气不均匀情况可用月不均匀系数表示，K_1 是各月的用气量与全年平均月用气量的比值，但这不确切，因为每个月的天数在28～31d的范围内变化。因此月不均匀系数 K_1 值应按下式确定：

$$K_1=\frac{\text{该月平均日用气量}}{\text{全年平均日用气量}}$$

12个月中平均日用气量最大的月，也即月不均匀系数值最大的月，称为计算月；月最大不均匀系数 K_m 称为月高峰系数。

（二）日用气工况

一个月或一周中日用气的波动主要由以下因素决定：居民生活习惯、工业企业的工作和休息制度、室外气温变化等。

居民生活的炊事和热水日用气量具有很大的随机性，用气工况主要取决于居民生活习惯，平日和节假日用气规律各不相同。即使居民的日常生活有严格的规律，日用气量仍然会随室外温度等因素发生变化。工业企业的工作和休息制度，也比较有规律。而室外气温在一周中的变化却没有一定的规律性，气温低的日子里，用气量大。采暖用气的日用气量在采暖期内随室外温度变化有一些波动，但相对来讲是比较稳定的。

用日不均匀系数表示一个月（或一周）中日用气量的变化情况，日不均匀系数 K_2 可按下式计算：

$$K_2=\frac{\text{该月中某日用气量}}{\text{该月平均日用气量}}$$

该月中日不均匀系数最大值 K_d 称为该月的日高峰系数。

（三）小时用气工况

城镇中各类用户在一昼夜中各小时的用气量有很大变化，特别是居民和商业用户。居民用户的小时不均匀性与居民的生活习惯、供气规模和所用燃具等因素有关。一般会有早、中、晚三个用气高峰。商业用户的用气与其用气目的、用气方式、用气规模等有关。工业企业用气主要取决于工作班制、工作时数等。一般三班制工作的工业用户，用气工况基本是均匀的。其他班制的工业用户在其工作时间内，用气也是相对稳定的。在采暖期，大型采暖设备的日用气工况相对稳定，单户独立采暖的小型采暖炉，多为间歇式工作。

城镇燃气管网系统的管径及设备，均按计算月小时最大流量计算。通常用小时不均匀系数表示一日中小时用气量的变化情况，小时不均匀系数 K_3 可按下式计算：

$$K_3=\frac{\text{该日某小时用气量}}{\text{该日平均小时用气量}}$$

该日小时不均匀系数的最大值 K_h 称为该日的小时高峰系数。

三、小时计算流量的确定

燃气供应系统管道及设备的通过能力不能直接用燃气的年用气量确定，而应按小时计算流量来选择。小时计算流量的确定，关系着燃气供应系统的经济性和可靠性：小时计算流量定得过高，将会增加输配系统的基建投资和金属耗量；定得偏低，又会影响对用户的正常供气。

（一）城镇燃气管道小时计算流量

根据《城镇燃气设计规范》（GB 50028—2006）中的规定，城镇燃气管道的计算流量应按计算月的小时最大用气量确定，即将各类用户燃气小时用气量进行叠加后确定。

（二）居民及商业用户燃气小时计算流量

（1）对于城镇燃气管道，居民及商业用户燃气小时计算流量（按 0℃，101.325kPa 计）宜用不均匀系数法确定，即小时计算流量按计算月的高峰小时最大用气量计，计算公式为：

$$Q_h = \frac{1}{n} Q_a \tag{3-6}$$

式中 Q_h——燃气小时计算流量，m^3/h；

n——年最大负荷利用小时数，h/a，相当于假设一年中的用气是均匀的，每个小时的用气量都等于小时最大用气量（即管网满负荷运行）的条件下，全年用气量会在 n 小时内用完，即：

$$n = \frac{365 \times 24}{K_m K_d K_h} \tag{3-7}$$

K_m——月高峰系数，即计算月的日平均用气量和全年的日平均用气量之比；

K_d——日高峰系数，即计算月的日最大用气量和该月的日平均用气量之比；

K_h——小时高峰系数，即计算月中最大用气量日的小时最大用气量和该日的小时平均用气量之比；

Q_a——年燃气用量，m^3/a。

城镇居民生活及商业用户用气的高峰系数应根据城镇用气的实际统计资料，分析研究确定。当缺乏实际统计资料，或给未用气的城镇编制燃气发展规划、进行设计时，可结合当地的具体情况，参照类似城镇的不均匀系数值选取，也可按下列推荐值选取：

$$K_m = 1.1 \sim 1.3,\ K_d = 1.05 \sim 1.2,\ K_h = 2.2 \sim 3.2$$

当供气户数多时，小时高峰系数应选取低限值；当总户数少于 1500 户时，小时高峰系数可取 3.3～4.0。所以，年最大负荷利用小时数 n 可在 3447～1755h/a 之间取值。

年最大负荷利用小时数 n 随着连接在管网上的居民户数和用气工况等因素的变化而变化。显然，户数越多用气高峰系数越小；燃气的用途越多样（炊事和热水洗涤、沐浴、采暖等）用气高峰系数越小，而年最大负荷利用小时数 n 越大。用气人口数与最大负荷利用小时数 n 的关系见表 3-4。

不均匀系数法的出发点是考虑居民用户的用气目的（用于炊事，还是用于炊事及供热水等）、用气人数、人均年用气量（即用气指标）和用气规律，而没有考虑每户的人口数（可认为是使用同一燃具的人数）和户内燃具额定负荷的大小等因素。

用气人口数与最大负荷利用小时数 n 的关系　　　　表 3-4

名称	用气人口数（万人）						
	0.1	0.2	0.3	0.5	1	2	3
n（h/a）	1800	2000	2050	2100	2200	2300	2400
名称	用气人口数（万人）						
	4	5	10	30	50	75	≥100
n（h/a）	2500	2600	2800	3000	3300	3500	3700

（2）对于独立小区、庭院及室内燃气管道的小时计算流量宜按同时工作系数法确定。

1）居民生活用气：在独立小区、庭院及建筑物内燃气系统设计中，居民生活用燃气计算流量应根据燃具的额定流量和同时工作的概率来确定，其计算公式为：

$$Q_h = \Sigma kNQ_n \tag{3-8}$$

式中　Q_h——燃气管道的计算流量，m^3/h；

k——燃具同时工作系数，见表 3-5；

N——同种燃具或成组燃具的数目；

Q_n——燃具的额定流量，m^3/h。

同时工作系数反映了燃具集中使用的程度，它与燃气用户的用气规律、燃具的种类、数量等因素有关。

居民生活用燃具的同时工作系数 k　　　　表 3-5

同类型燃具数目 N	燃气双眼灶	燃气双眼灶和快速热水器	同类型燃具数目 N	燃气双眼灶	燃气双眼灶和快速热水器
1	1.00	1.00	40	0.39	0.18
2	1.00	0.56	50	0.38	0.178
3	0.85	0.44	60	0.37	0.176
4	0.75	0.38	70	0.36	0.174
5	0.68	0.35	80	0.35	0.172
6	0.64	0.31	90	0.345	0.171
7	0.60	0.29	100	0.34	0.17
8	0.58	0.27	200	0.31	0.16
9	0.56	0.26	300	0.30	0.15
10	0.54	0.25	400	0.29	0.14
15	0.48	0.22	500	0.28	0.138
20	0.45	0.21	700	0.26	0.134
25	0.43	0.20	1000	0.25	0.13
30	0.40	0.19	2000	0.24	0.12

注：1. 表中“燃气双眼灶”是指每户居民安装一台双眼灶的同时工作系数；当一户居民装两台单眼灶时，也可参照本表计算。

2. 表中“燃气双眼灶和快速热水器”是指每户居民安装一台双眼灶和一台快速热水器的同时工作系数。

居民用户的用气工况本质上是随机的，它不仅受用户类型和燃具类型的影响，还与居民户内用气人口、高峰时燃具的开启程度以及能源结构等不确定因素有关。也就是说 k 值不可能理论导出，只有在对用气对象进行实际观测后用数理统计及概率分析的方法加以确定。

同时工作系数法是考虑一定数量的燃具同时工作的概率和用户燃具的设置情况，确定燃气小时计算流量的方法。显然，这一方法并没有考虑使用同一燃具的人数差异。

2）商业和工业企业室内及车间燃气管道小时计算流量应按实际用气设备的额定流量和设备使用情况确定。

3）采暖和通风所需燃气小时计算流量，可以按照采暖、通风热负荷变化，考虑燃气采暖和通风空调系统热效率折算。

4）工业企业用户小时计算流量，宜按每个独立用户的生产特点和燃气消耗量（或燃料用量）的变化情况，编制成月、日、小时用气负荷资料确定。使用其他燃料的加热设备改用燃气时，可以根据原燃料实际消耗量折算燃气耗量。

第三节　燃 气 的 调 峰

一、调峰手段

为解决燃气系统供气基本均匀、用气不均匀之间的矛盾，保证不间断地向用户供应正常压力和流量的燃气，需要采取一定的措施使系统供需平衡。一般要综合考虑燃气气源供应、用户及输配系统的具体情况，提出合理的调峰手段。通常，城镇燃气供应系统会在技术经济比较的基础上采用几种调峰手段的组合方式。调峰手段还应与燃气系统应急机制统筹考虑，协调工作。

常用的调峰手段有：

（1）调整气源的生产能力：根据燃气需用情况调整气源的供应量。

对于人工煤气供应系统，可以考虑调整气源的生产能力以适应用户用气情况的变化。但必须考虑气源运转、停止生产的难易程度、气源生产负荷变化的可能性和变化的幅度等，同时还应考虑技术经济的合理性。

天然气供应系统中，一般只在用气城镇距离天然气产地不远时，采用调节气井产量的方法平衡部分月不均匀用气。

调整气源生产能力要考虑气源生产与开采的工艺特点、技术可行性和经济合理性等诸多因素。

（2）设置机动气源：在用气高峰是启动机动气源供气，是平衡季节或其他高峰用气的有效方法之一。

对于城镇燃气供应系统，在设置机动气源时，应根据需要，考虑可能取得的机动气源种类及数量。从技术可行性角度看，压缩天然气和液化天然气、液化石油气混空气都可以作为管输天然气的机动气源；油制气可以作为焦炉气的机动气源。在实际应用中应根据需求及供应情况，进行技术经济比较，选择机动气源的种类及规模。

（3）设立调峰用户（缓冲用户），发挥调度作用。

设立调峰用户主要是缓解季节性负荷的矛盾，少部分调峰用户也可以通过调整其每天的工作时间来调节小时负荷不均匀工况。

适宜作为调峰用户的应为大型工矿企业，小时用气量小的用户不具备调峰作用。大型工业企业及锅炉房等可作为城镇燃气供应系统的调峰用户：在夏季，燃气用气低峰时，供给它们燃气；冬季燃气用气高峰时，这些用户改用固体或液体燃料。这类调峰用户由于需要设置两套燃料燃烧系统，生产投资费用会增加，而燃气供应系统则可降低投资及运行费用，提高管网的设备利用率。

对这类用户投资费用的增加，燃气供应单位可以通过燃气的季节性差价予以补偿，即在城镇用气低峰期给这些用户优惠的燃气价格，鼓励其用气；用气高峰时，中断向这类用户供气，以保证其他用户的用气。

对于中小城镇，为平衡小时用气的不均匀性，可以与工业企业协调，安排其与居民和商业用户错峰用气，以缓解供需矛盾，减少储气设施的建设。

设置缓冲用户，对于燃气供应系统，可以在不增加投资的情况下，解决供需矛盾；对于缓冲用户，可以在燃气用气低峰期得到价格低廉的优质气体燃料，不失为双赢的策略，应尽可能充分利用。

此外，燃气供应单位发挥调度作用，科学、合理地调配供气与用气，也是解决供用气矛盾的重要手段。

(4) 建设储气设施。

一般来讲，燃气供应系统完全靠气源和用户的调度与调节是不能解决供气和用气之间矛盾的。所以，为保证供气的可靠性，通常需要设置种类不同、容量不等的储气设施。根据不同的气源和用户情况，储气方式与设施有很大差别。

储气设施主要分为两大类：解决季节性负荷矛盾的大型储气设施、解决小时不均匀性的储气设备。

不论建设哪种储气设施，均要增加系统投资和运行管理的费用及人员。

二、燃气的储存方式

(一) 地下储气

地下储气库储气量大，造价及运行费用低，一般用于储存天然气，也可储存液态液化石油气。天然气地下储气库的建造是从根本上解决城镇燃气季节不均匀性，平抑用气峰值波动的最合理、有效的途径，社会效益和经济效益非常显著，但利用地下储气库调节日或小时不均匀性是不经济的。地下储气主要用于调节季节性负荷。

地下储气库一般是挑选合适的地质结构建成的。要利用地层储气，需要准确地掌握地层的有关参数，如构造形状、大小、油气岩层厚度、孔隙度、渗透率等。已经开采而现在枯竭了的油气藏显然是最好、最可靠的地下储气库库址。

(1) 利用枯竭油气田地层穴储气，把燃气压入枯竭的油田或天然气田的地层穴进行储气，是地下储气方法中最简单而且较为安全可靠的一种，也是使用最多的一种。

(2) 利用多孔含水地层储气。多孔含水地层的地质构造的特点是具有多孔质浸透性地层，其上面是不浸透的冠岩层，下面是多孔含水砂层，形成完全密封结构，燃气的压入及排出是通过从地面至浸透层的井孔。由于浸透性多孔砂层内水的流动比较容易，因此燃气压入时水被排出，燃气充满空隙，达到储气的目的。地下水位高度随储气量而改变，所以必须保持一定的储气压力，使井孔的底端在最高地下水位以上，不接触水面。多孔含水砂层地下储气库示意图见图 3-1。

(3) 利用岩盐地穴储气。利用岩盐矿床里除去岩盐后的孔穴或打井注入温水使盐层的一部分被溶解为孔洞，压入燃气进行储气。

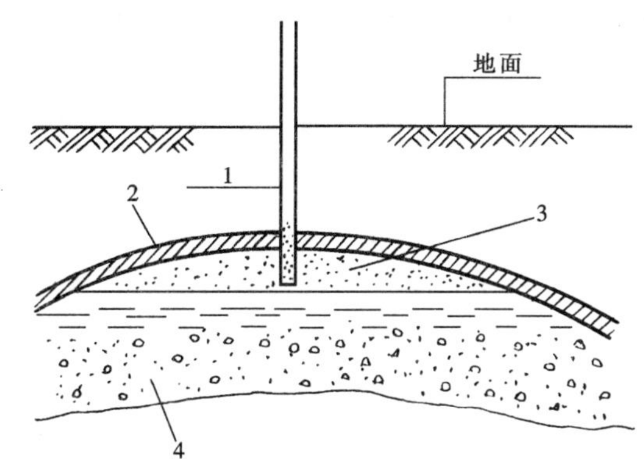

图 3-1　地下多孔含水层储气库示意图

1—井孔；2—不渗透层；3—燃气；4—储气层（多孔含水砂层）

世界上第一座地下储气库于 1915 年在加拿大韦林特县利用枯竭气藏建成。天然气地下储气库库址中枯竭气藏、枯竭油藏最多，约占总数的 77%，其他为枯竭凝析油气藏、含水层构造、盐穴及废弃矿坑等。地下储气库主要分布在美国、加拿大、法国等地。我国已建成运行两座地下储气库，第一座地下储气库是在大庆油田利用枯竭气田建设的；第二座是天津大港大张坨地下储气库，该储气库是利用枯竭油气田、为解决京津地区季节性负荷而建的。

广东汕头市建成了我国第一座储存液化石油气的地下岩洞储库。该储库建在两个地下岩洞中，利用地下天然的花岗岩凿洞而建。由于地下岩洞储库不需要建地面冷冻库，节省了大量制冷电力。

(4) 建地下储气库除储存燃气以外，还有以下用途：

1) 优化供气系统，减少天然气输气干线和压气站的投资，一般可节约总投资的20%～30 %；

2) 调节季节性供需不均衡，平抑天然气价格；

3) 作为各类事故应急和国家能源战略储备；

4) 在枯竭油气田上建设地下储气库还能增加油田的最终采收率。

(二) 液态储存

以液态方式储存的主要有天然气和液化石油气。天然气和液化石油气在常温、常压下均为气态，而加压或降温可液化，体积可缩小。

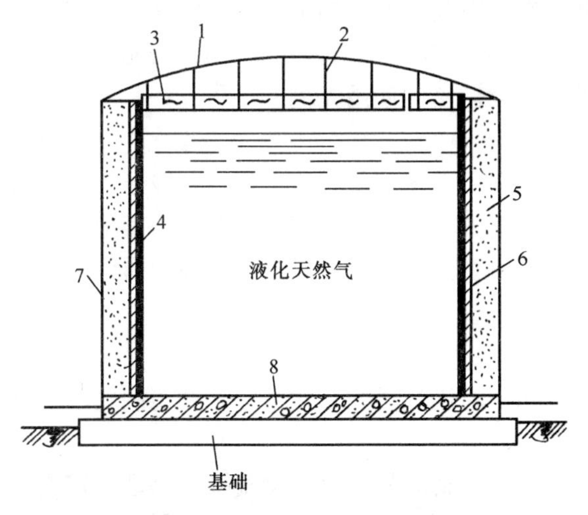

图 3-2　地上双层壁金属储罐示意图

1—顶部结构；2—吊杆；3—绝热层；4—不锈钢内壁；5—珍珠岩；6—玻璃棉；7—碳钢外壁；8—绝热混凝土层

天然气液化储存常采用低温常压的储存方法，将天然气冷冻至其沸点温度（−162℃）以下，在其饱和蒸气压接近常压的情况下进行储存。天然气由气态变为液态体积会缩小 600 倍，采用天然气液化储存可以大大提高天然气的储存量。建设天然气液化储存设施的费用较高，一般是建造地下储气库的 4～10 倍，而且其日常的运行管理及维修费用也比较高。

天然气液化储存方式有冻土地穴储存、预应力钢筋混凝土储罐、地上金属储罐等。

图 3-2 为地上金属储罐示意图。其

内壁用耐低温的不锈钢（9%镍钢或铝合金钢）制成，外壁由一般碳钢制成，以保护填在内外壁之间的绝热材料。底部的绝热材料必须有足够的强度和稳定性，以承受内壁和液化天然气的自重，一般用绝热混凝土。内外壁之间的绝热材料采用珍珠岩、玻璃棉等，或充装惰性气体，例如干氮气等。

液化天然气还可作为城镇机动气源、设备大修或事故处理过程中的供气来源，在有天然气规划的城镇，还可作为管道天然气暂时未达到时的过渡气源。

（三）管道储气

利用高压长输管线（或管束）储气是平衡城镇燃气小时不均匀用气的有效办法。

在稳定工况下，利用长输管线末端储气是在夜间用气低峰时，将燃气储存在管道内，这时管道内压力升高；白天用气高峰时，再将管道内储存的燃气送出。输气管线末端是指长距离输气管线最后一级压气站的出口到管线末端门站为止的管段。自压气机站输至末端的气量是稳定的，而自门站供给城市的气量是不均匀的。当门站所供应的气量小于压气机站输入的气量，管内的储气量开始增加，管道的平均压力相应增高。当门站所供应的气量大于压气机站输入的气量，管内的储气量开始减少，管道的平均压力相应降低。因而末段的流量、压力降、储气量及平均压力都处在周期性变化的不稳定状态。利用末段的管段容积及其压力变化储存燃气，是调节供气系统产销平衡的一种手段。

近年，城市高压外环储气方式也引起了人们的重视。城市高压外环储气就是利用敷设在城市边缘的高压燃气管线进行储气的方式。它充分利用长输管线末端较高的燃气压力和城市中中压管网的压力差进行储气调峰。城市高压外环储气一般应用于城市规模及人口密度较大的特大型城市。它既满足了城市建立多级输配管网压力级制的要求，又兼顾了储气的需要。

高压管束储气是将一组或几组直径较小（目前一般为0.1～0.15m）、长度较长（几十米或几百米）的钢管按一定的间距排列，埋在地下或架在地上，对管内燃气加压，利用气体的可压缩性进行储气。管束储气的最大特点是由于管径小，其储气压力可以比圆筒形和球型高压储罐的储气压力更高。当管束埋入地下时几乎不占用土地。管束储气在国外应用较早，美国在20世纪60年代初就建成了5.28km，操作压力为6.26MPa的储气管束；英国也有两处储气管束。目前，在我国还没有管束储气的使用先例。

（四）储气罐储气

为保障城镇燃气供应系统的稳定供气，除采用上述储气方式以外，一般还需要设置规模不等的储气罐，以平衡城镇燃气日及小时用气的不均匀性。储气罐储气与其他储气方式比较，金属耗量和投资都比较大。储气罐储气主要是为解决小时不均匀性矛盾建造的金属储罐。

储气罐除储存燃气以外，还可有以下用途：

（1）对于人工煤气供应系统，储气罐可随小时用气量的变化情况，补充制气设备不能及时供应的部分燃气量。

（2）当停电、管道维修、制气或输配设备发生暂时故障时，储气罐可保证一定程度的供气，即可以在一定程度上保证重点用户及不便停气的用户用气。

（3）可用于掺混不同组分的燃气，使燃气的性质（成分、热值等）稳定均匀。

（4）合理确定储气设施在供气系统的位置，使输配管网的供气点分布均匀合理，可以改善管网的运行工况，优化输配管网的技术经济指标。

三、调峰储气容积的计算

确定调峰储气总容量，应根据气源生产的可调能力、供气与用气不均匀情况和运行管理经验等因素综合确定。一般应由供气方与城镇燃气管理部门共同研究、分析确定。

通常，城镇燃气供应系统要建立数量不等的金属储气罐，用以调节小时用气不均匀情况。此时，可以按计算月燃气的日或周供需平衡要求来计算调峰储气容积。

【例 3-1】 某城市计算月最大日用气量为 32.5 万 m^3，假设气源在一日内连续均匀供气。城镇小时用气量占日用气量的比例见表 3-6，试确定该燃气供应系统调节小时不均匀性所需的调峰储气容积，并绘制供、用气及储气曲线。

某城市小时用气量占日用气量的比例　　**表 3-6**

小时	0～1	1～2	2～3	3～4	4～5	5～6	6～7	7～8
%	2.31	1.81	2.88	2.96	3.22	4.56	5.88	4.65
小时	8～9	9～10	10～11	11～12	12～13	13～14	14～15	15～16
%	4.72	4.70	5.89	5.95	4.42	3.33	3.48	3.95
小时	16～17	17～18	18～19	19～20	20～21	21～22	22～23	23～24
%	4.83	7.48	6.55	4.84	3.92	2.48	2.58	2.58

解：(1) 气源在一日内连续均匀供气，每小时供气量为 $\frac{100}{24}\times100\%\approx4.17\%$。

(2) 列表计算调峰储气容积：燃气供气量的累计值与燃气用气量的累计值之差，即为该小时末燃气的储存量，见表 3-7。

调峰储气容积计算表　　**表 3-7**

小　时	燃气供应量的累计值(%)	用气量(%)		燃气的储存量(%)
		小时内	累计值	
0～1	4.17	2.31	2.31	1.86
1～2	8.34	1.81	4.12	4.22
2～3	12.50	2.88	7.00	5.50
3～4	16.67	2.96	9.96	6.71
4～5	20.84	3.22	13.18	7.66
5～6	25.00	4.56	17.74	7.26
6～7	29.17	5.88	23.62	5.55
7～8	33.34	4.65	28.27	5.07
8～9	37.50	4.72	32.99	4.51
9～10	41.67	4.7	37.69	3.98
10～11	45.84	5.89	43.58	2.26
11～12	50.00	5.98	49.56	0.44
12～13	54.17	4.42	53.98	0.19

续表

小　时	燃气供应量的累计值（%）	用气量（%）		燃气的储存量（%）
		小时内	累计值	
13～14	58.34	3.33	57.31	1.03
14～15	62.50	3.48	60.79	1.71
15～16	66.67	3.95	64.74	1.93
16～17	70.84	4.83	69.57	1.27
17～18	75.00	7.48	77.05	−2.05
18～19	79.17	6.55	83.60	−4.43
19～20	83.34	4.84	88.44	−5.10
20～21	87.50	3.92	92.36	−4.86
21～22	91.67	2.48	94.84	−3.17
22～23	95.84	2.58	97.42	−1.58
23～24	100.00	2.58	100.00	0.00

（3）绘制城镇燃气供气曲线、用气负荷及储气曲线，如图 3-3 所示。

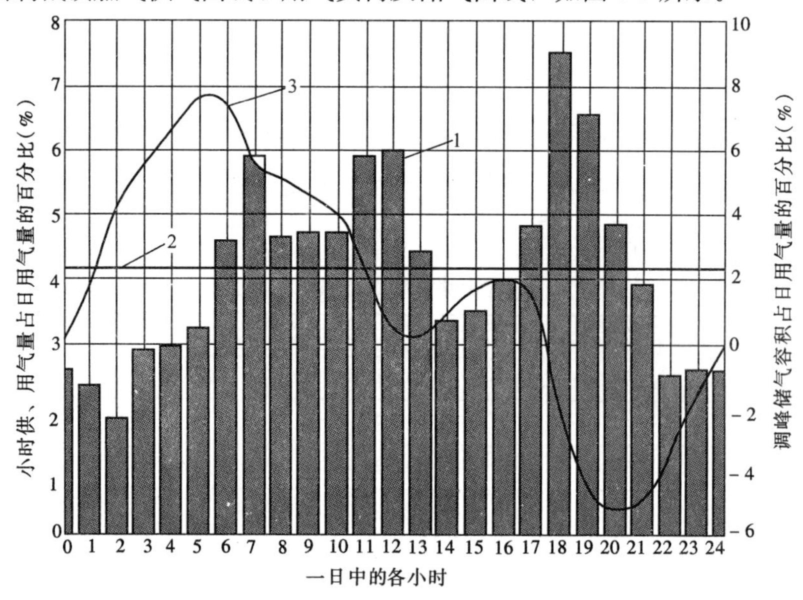

图 3-3　供、用气量变化和储气曲线

1—用气负荷；2—供气曲线；3—储气曲线

（4）根据计算，最高储存量与最低储存量绝对值之和即为所需调峰储气容积，即：(7.66＋4.86)%×325000 万 m^3＝12.52%×325000 万 m^3＝40690 万 m^3

该城市为平衡高峰日的小时不均匀用气至少需要储存 40690 万 m^3 燃气，调峰储气容积占日用气量的 12.52%。

依据调峰储气容积选取储气方式与储气设施时，应考虑气源的调节能力：当气源的生产或供应能力可以随着用气的不均匀性进行调节，即在用气高峰时，可以多供应燃气；用气低峰时，可以减少供气，则储罐的储气容积可减小。此外，城镇燃气用户用气不均匀性也影响理论储气容积的大小：当用气负荷比较均匀时，调峰储气容积可减小。可见，在气源供气情况明确以后，调查用户的用气规律，准确描述其用气不均匀性，对确定调峰储气容积、选取储气罐是至关重要的。

在规划设计阶段，当缺乏用气工况统计资料时，也可参照类似的城镇燃气供应系统，按计算月最大日用气量的 20%～40%来估算调峰储气容积。

思 考 题

1. 根据国家政策，城镇燃气用户的发展原则是什么？
2. 各类用户的燃气计算流量是如何确定的？
3. 燃气供应系统解决供需矛盾的方法有哪些？
4. 各种储气方法有什么特点？各适用于哪些情况？

第四章 燃 气 输 配 系 统

第一节 燃气输配系统的构成及管网分类与选择

城镇燃气输配系统一般由门站、燃气管网、储气设施、调压设施、管理设施、监控系统等组成。

一、燃气输配管网的分类

输配管网是将门站（接收站）的燃气输送至各储气站、调压设施、燃气用户，并保证沿途输气安全可靠。燃气管网可按输气压力、敷设方式、管网形状、用途等加以分类。

（一）按输气压力分类

燃气管道与其他管道相比，有特别严格的要求，因为管道漏气可能导致火灾、爆炸、中毒等事故。燃气管道中的压力越高，管道接头脱开、管道本身出现裂缝的可能性越大。管道内燃气压力不同时，对管材、安装质量、检验标准及运行管理等要求亦不相同。我国城镇燃气管道按燃气设计压力 P（MPa）分为七级，见表 4-1。

城镇燃气管道设计压力（表压）分级 **表 4-1**

名　　称		压力 P（MPa）
高压燃气管道	A	$2.5<P\leqslant 4.0$
	B	$1.6<P\leqslant 2.5$
次高压燃气管道	A	$0.8<P\leqslant 1.6$
	B	$0.4<P\leqslant 0.8$
中压燃气管道	A	$0.2<P\leqslant 0.4$
	B	$0.01\leqslant P\leqslant 0.2$
低压燃气管道		$P<0.01$

（二）按敷设方式分类

1. 埋地管道

输气管道一般埋设于土壤中，当管段需要穿越铁路、公路等障碍时，有时需加设套管或管沟，因此有直接埋设及间接埋设两种。

2. 架空管道

工厂厂区内、管道跨越障碍物以及建筑物内的燃气管道，常采用架空敷设方式。

（三）按用途分类

1. 长距离输气管线

其干管及支管的末端连接城镇或大型工业企业，作为该供气区的气源点。

2. 城镇燃气管道

(1) 分配管道 在供气地区将燃气分配给工业企业用户、商业用户和居民用户。分配管道包括街区和庭院的分配管道。

(2) 用户引入管 将燃气从分配管道引到用户室内管道引入口处的总阀门。

(3) 室内燃气管道 通过用户管道引入口的总阀门将燃气引向室内，并分配到每个燃气用具。

3. 工业企业燃气管道

(1) 工厂引入管和厂区燃气管道 将燃气从城镇燃气管道引入工厂，分送到各用气车间。

(2) 车间燃气管道 从车间的管道引入口将燃气送到车间内各个用气设备（如窑炉）。车间燃气管道包括干管和支管。

(3) 炉前燃气管道 从支管将燃气分送给炉上各个燃烧设备。

（四）按管网形状分类

为了便于工程设计中进行管网水力计算，通常将管网分为：

1. 环状管网

管道联成封闭的环状，它是城镇输配管网的基本形式，在同一环中，输气压力处于同一级制。

2. 枝状管网

以干管为主管，呈放射状由主管引出分配管而不成环状。在城镇管网中一般不单独使用。

3. 环枝状管网

环状与枝状混合使用的一种管网形式，是工程设计中常用的管网形式。

（五）按管网压力级制分类

城镇燃气输配系统的主要部分是管网，根据所采用的管网压力级制不同可分为：

(1) 单级系统 仅有低压或中压一种压力级制的管网输配系统。

(2) 二级管网系统 具有两种压力等级组成的管网系统，如中压 A-低压或中压 B-低压等。

(3) 三级管网系统 由次高压－中压－低压三种压力级别组成的管网系统。

(4) 多级管网系统 由高压－次高压－中压－低压等多种压力级别组成的管网系统。

二、城镇燃气管网系统及示例

（一）单级管网系统

1. 低压单级管网系统

燃气气源以低压一级管网系统供给燃气的输配方式，一般只适用于小城镇。

根据燃气气源（燃气制造厂或储配站）压力的大小和城镇的用气范围，低压供应方式分利用低压储气罐的压力进行供应和由低压压缩机供应两种。低压供应原则上应充分利用储气罐的压力，只有当储气罐的压力不足，以致低压管道的管径过大而不合理时，才采用低压压缩机供应。

低压单级管网系统的特点是：

(1) 输配管网为单一的低压管网，系统简单，维护管理方便；

(2) 无需压缩费用或只需少量的压缩费用。当停电或压缩机故障时，基本上不影响供气，系统可靠性好；

（3）对于供应区域大或供应量多的城镇，需敷设较大管径的管道而经济性较差。

因此，低压供应单级系统一般只适用于供气范围在2～3km的小城镇居民生活用气供应。

低压单级管网系统如图4-1所示，从气源送出的燃气先进入储气罐，最后进入低压管网。该系统随储气罐钟罩及塔节的升降，会产生0.5～1.0kPa的燃气压力波动，因而供气压力不稳且压力低。

2. 中压单级管网系统

中压单级管网系统如图4-2所示，燃气自气源厂（或天然气长输管线）送入城镇燃气储配站（或天然气门站），经加压（或调压）送入中压输气干管，再由输气干管送入配气管网。最后经箱式调压器或用户调压器供给用户。

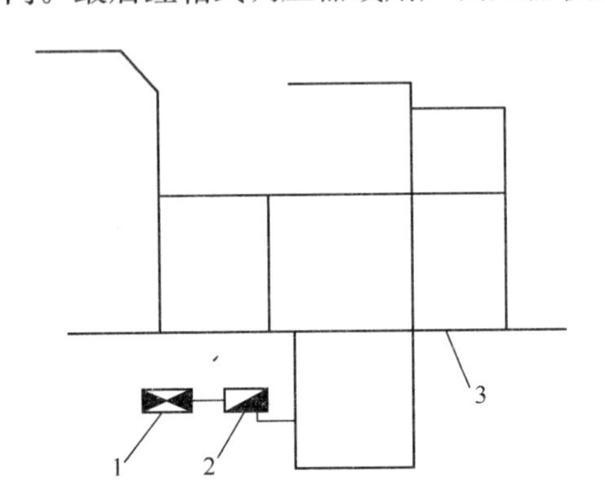

图4-1　低压单级管网系统示意图

1—气源厂；2—低压湿式储气罐；3—低压管网

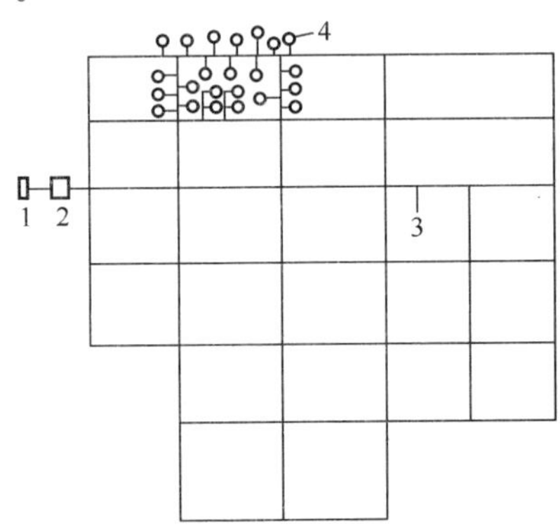

图4-2　中压A或中压B单级管网系统

1—气源厂；2—储配站；3—中压A或中压B输气管网；4—中-低压调压箱

这种系统由于输气压力为中压，比低压单级系统管径可减小，节省管材和投资。由于采用了箱式调压器或用户调压器供气，可保证所有用户燃具在额定压力下工作，从而提高了燃烧效率。但该系统调压箱、调压器个数多，运行管理复杂。

（二）两级管网系统

1. 中-低压两级管网系统的特点

低压气源厂和储气罐供应的燃气经压缩机加至中压，由中压管网输气，并向中压用户供气；通过区域调压器调至低压，由低压管道供给居民等燃气用户用气。在系统中设置储配站以调节小时用气不均匀性。

中-低压两级管网系统的特点是：

（1）因输气压力为中压，可用较小的管径输送较多数量的燃气，以减小管网的投资费用；

（2）两级系统可以满足不同类型用户的压力需求：一般工业及商业用户燃气用气设备需要中压供气，居民用户燃气燃烧器具需要低压供气；合理设置中－低压调压器，能维持稳定的供应压力；

（3）输配管网系统有中压和低压两种压力级别，而且设有压缩机和调压器，因而维护管理复杂，运行费用较高；

（4）由于压缩机运转需要动力，一旦储配站停电或其他事故，将会影响正常供应。

因此，两级压力级制的管网系统适用于供应区域较大的中型城镇。

2. 中压B-低压两级管网人工煤气系统

中压B-低压两级管网系统如图4-3所示。从气源厂生产的低压燃气，经加压后送入中压管网，再经区域调压站调压后送入低压管网。设置在储配站的低压储气罐在用气低峰时储存燃气；高峰时，储气罐内的燃气经压缩机加压输送至中压管网。该系统特点是：庭院管道采用低压配气，运行比较安全，但投资要比中压单级系统大。

3. 中压A—低压两级管网天然气系统

该系统气源为天然气，用长输管线末端储气，如图4-4所示。

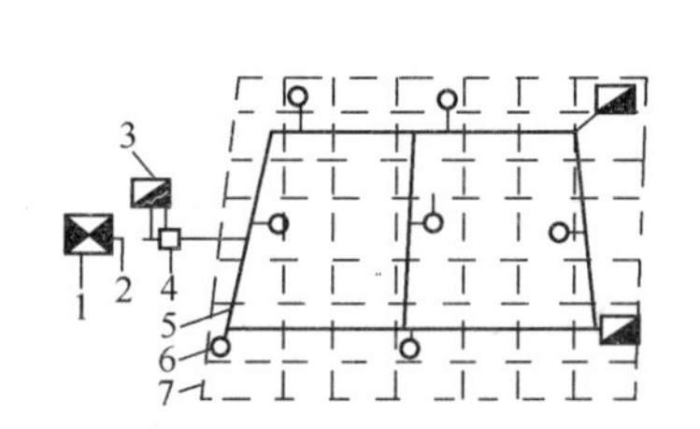

图4-3 人工煤气中压B-低压两级管网系统

1—气源厂；2—低压管网；3—压缩机站；4—低压贮气罐站；5—中压管网；6—区域调压站；7—低压管网

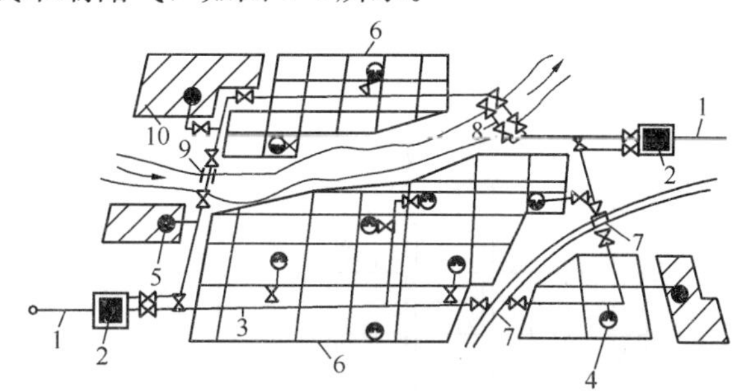

图4-4 中压A-低压两级管网天然气系统

1—长输管线；2—门站；3—中压A管网；4—区域调压站；5—工业企业专用调压站；6—低压管网；7—穿越铁路套管敷设；8—穿越河底的过河管；9—沿桥敷设的过河管；10—工业企业

天然气由长输管线经门站送入该市，中压A管道连成环网，通过区域调压站向低压管网供气，通过专用调压站向工业企业供气。低压管网根据地理条件可分成几个互不连通的区域管网。该系统特点是输气干管直径较小，比中压B-低压两级系统节省投资。

（三）三级管网系统

高压燃气从气源厂或城镇的天然气门站输出，由高压管网输气，经区域高－中压调压器调至中压，输入中压管网，再经区域中－低调压器调成低压，由低压管网供应燃气用户。

三级管网系统的特点是：

（1）高压管道的输送能力较中压管道更大，需用管径更小；如果有高压气源，管网系统的投资和运行费用均较经济；

（2）因采用管道或高压储气罐储气，可保证在短期停电等事故时保证一定量的燃气供应；

（3）因三级管网系统配置了多级管道和调压器，增加了系统运行维护的难度；如无高压气源，还需设置高压压缩机，投资及运行费用增加。

因此，三级管网系统适用于供应范围大，供应量大，并需要较远距离输送燃气的场合；可节省管网系统的建设投资；当气源为高压来气时更为经济。

图4-5所示为次高、中、低压三级管网系统示例：来自长输管线的天然气先进入门站

经调压、计量后进入城镇次高压管网，然后经次高一中压调压站后，进入中压管网，最后经中一低压调压站调压后送入低压管网。

该系统的特点是较高压力的管道一般布置在郊区人口稀少地区，供气安全可靠；但系统复杂，维护管理不便，在同一条道路上往往要敷设两条不同压力等级的管道。

（四）多级管网系统

图 4-6 所示为多级管网系统：气源是天然气，采用地下储气库、高压储气罐站及长输管线储气；城市管网系统的压力为五级，即低压（图中低压管网和给低压管网供气的区域调压站未画出）、中压 B、中压 A、次高压 B 和高压 B。各级管网主干线分别成环。天然气由较高压力等级的管网经过调压站降压后进入较低压力等级的管网。工业企业用户和大型商业用户与中压 B 或中压 A 管网相连，居民用户和小型商业用户则与低压管网相连。

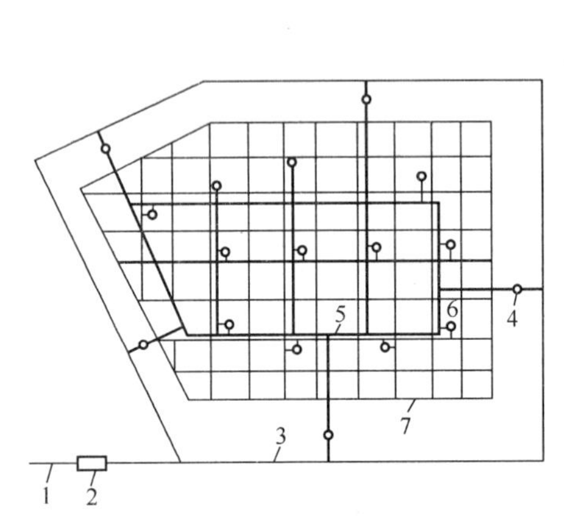

图 4-5 次高、中、低压三级管网系统

1—长输管线；2—门站；3—次高压管网；4—次高一中压调压站；5—中压管网；6—中一低压调压站；7—低压管网

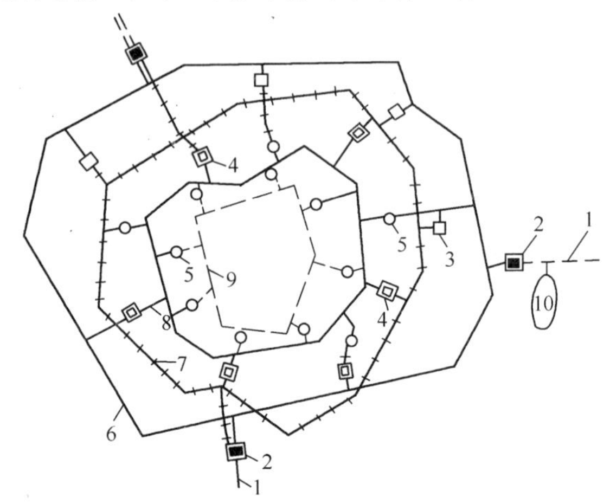

图 4-6 多级管网系统

1—长输管线；2—门站；3—调压计量站；4—储气站；5—调压站；6—高压 B 环网；7—次高压 B 环网；8—中压 A 环网；9—中压 B 环网；10—地下储气库

该系统气源来自多个方向，主要管道均连成环网，保证了管网运行的安全可靠；用户用气不均匀情况可以由缓冲用户、地下储气库、高压储气罐以及长输管线末端储气协调解决。

第二节 城镇燃气管道的布线

所谓城镇燃气管道的布线，是指城镇管网系统在原则上选定之后，决定各管段的具体位置。城镇燃气管道一般采用地下敷设，当遇到河流或厂区敷设等情况时，也可采用架空敷设。

一、布线原则

城镇燃气干管的布置，应根据用户用气量及其分布，全面规划，并宜按逐步形成环状管网供气进行设计。地下燃气管道宜沿城镇道路敷设，可以敷设在人行道、绿化带内、慢车道及快车道下。在决定不同压力燃气管道的布线问题时，必须考虑以下基本情况：

（1）输气管道中燃气的压力；

（2）街道地下其他管道设施、构筑物的密集程度与布置情况等；

（3）街道交通量和路面结构情况、运输干线的分布情况；

（4）输送燃气的含湿量：输送湿燃气要考虑必要的管道坡度，而输送干燃气则不必考虑管道坡度；同时，地下燃气管道的埋深应考虑街道地形变化情况；

（5）与该管道相连接的用户数量及用气量情况，该管道是主要管道还是次要管道；

（6）线路上所遇到的障碍物情况；

（7）土壤性质、腐蚀性能、地下水位及冰冻线深度；

（8）该管道在施工、运行和发生故障时，对城镇交通和居民生活的影响。

燃气管道的布线，主要是确定燃气管道沿城镇街道的平面位置、在地表下的纵断位置（包括敷设坡度等）。

由于输配系统各级管网的输气压力不同，其设施和防火安全的要求也不同，故应按各自的特点考虑布线。

二、城镇燃气管道地区等级的划分

城镇燃气管道通过的地区，应按沿线建筑物的密集程度，划分为四个地区等级，并依据地区等级做出相应的管道设计。

城镇燃气管道地区等级的划分应符合下列规定：

（1）沿管道中心线两侧各200m范围内，任意划分为1.6km长并能包括最多供人居住的独立建筑物数量的地段，作为地区分级单元。在多单元住宅建筑物内，每个独立住宅单元按一个供人居住的独立建筑物计算。

（2）地区等级的划分：

1）一级地区：有12个或12个以下供人居住的独立建筑物。

2）二级地区：有12个以上，80个以下供人居住的独立建筑物。

3）三级地区：介于二级和四级之间的中间地区。有80个或80个以上供人居住的独立建筑物但不够四级地区条件的地区、工业区或距人员聚集的室外场所90m内铺设管线的区域。

4）四级地区：4层或4层以上建筑物（不计地下室数）普遍且占多数、交通频繁、地下设施多的城市中心城区（或镇的中心区域等）。

（3）二、三、四级地区的长度应按下列规定调整：

1）四级地区垂直于管道的边界线距最近地上4层或4层以上建筑物不应小于200m。

2）二、三级地区垂直于管道的边界线距该级地区最近建筑物不应小于200m。

（4）确定城镇燃气管道所处地区等级，宜按城市规划并考虑今后的发展确定。

三、燃气管道的平面布置

次高压管道的主要功能是输气，其管道应采用钢管，管材和附件应符合规范的要求；中压管道的功能则是输气并兼有向低压管网配气的作用；低压管道的主要功能是直接向各类用户配气，是城镇供气系统中最基本的管道。中压和低压燃气管道管材宜采用聚乙烯管、球墨铸铁管、钢管、钢骨架聚乙烯塑料复合管等。

（一）低压管道的平面布置

低压管网平面布置应考虑下列几点：

（1）低压管道的输气压力低，沿程压力降的允许值也较低，故低压干管成环时边长一般控制在300～600m之间；

（2）为保证和提高低压管网的供气可靠性，给低压管网供气的相邻调压站之间的管道应成环布置；

（3）有条件时低压管道应尽可能布置在街坊内兼作庭院管道，以节省投资；

（4）低压管道可以沿街道的一侧敷设，也可以双侧敷设。在有轨电车通行的街道上，当街道宽度大于20m、横穿街道的支管过多或输配气量较大、限于条件不允许敷设大口径管道时，低压管道可采用双侧敷设；

（5）低压管道应按规划道路布线，并应与道路轴线或建筑物的前沿相平行，尽可能避免在高级路面下敷设；

（6）地下燃气管道不得从建筑物（包括临时建筑物）下面穿过，不得在堆积易燃、易爆材料和具有腐蚀性液体的场地下面穿越；并不能与其他管线或电缆同沟敷设。当需要同沟敷设时，必须采取防护措施。

为了保证在施工和检修时互不影响，也为了避免由于燃气泄漏影响相邻管道的正常运行，甚至逸入建筑物内，地下燃气管道与建筑物、构筑物以及其他各种管道之间应保持必要的水平净距，要求见表4-2。

地下燃气管道与建筑物、构筑物或相邻管道之间的水平净距（m）　　表4-2

项目		地下燃气管道压力（MPa）				
		低压	中压		次高压	
		<0.01	B ≤0.2	A ≤0.4	B 0.8	A 1.6
建筑物	基础	0.7	1.0	1.5	—	—
	外墙面（出地面处）	—	—	—	5.0	13.5
给水管		0.5	0.5	0.5	1.0	1.5
污水、雨水排水管		1.0	1.2	1.2	1.5	2.0
电力电缆（含电车电缆）	直埋	0.5	0.5	0.5	1.0	1.5
	在导管内	1.0	1.0	1.0	1.0	1.5
通讯电缆	直埋	0.5	0.5	0.5	1.0	1.5
	在导管内	1.0	1.0	1.0	1.0	1.5
其他燃气管道	DN≤300mm	0.4	0.4	0.4	0.4	0.4
	DN>300mm	0.5	0.5	0.5	0.5	0.5
热力管	直埋	1.0	1.0	1.0	1.5	2.0
	在管沟内（至外壁）	1.0	1.5	1.5	2.0	4.0
电杆（塔）的基础	≤35kV	1.0	1.0	1.0	1.0	1.0
	>35kV	2.0	2.0	2.0	5.0	5.0
通讯照明电杆（至电杆中心）		1.0	1.0	1.0	1.0	1.0
铁路路堤坡脚		5.0	5.0	5.0	5.0	5.0
有轨电车钢轨		2.0	2.0	2.0	2.0	2.0
街树（至树中心）		0.75	0.75	0.75	1.2	1.2

注：1. 当次高压燃气管道压力与表中数不同时，可采用直线方程内插法确定水平净距。

2. 如受地形限制无法满足表4-2时，经与有关部门协商，采取行之有效的防护措施后，表4-2规定的净距，均可适当缩小，但低压管道应不影响建（构）筑物和相邻管道基础的稳固性，中压管道距建筑物基础不应小于0.5m且距建筑物外墙面不应小于1m，次高压燃气管道距建筑物外墙面不应小于3.0m。其中当对次高压A燃气管道采取有效的安全防护措施或当管道壁厚不小于9.5mm时，管道距建筑物外墙面不应小于6.5m；当管道壁厚不小于11.9mm时，管道距建筑物外墙面不应小于3.0m。

3. 表4-2规定除地下室燃气管道与热力管的净距不适于聚乙烯燃气管道和钢骨架聚乙烯塑料复合管外，其他规定也均适用于聚乙烯燃气管道和钢骨架聚乙烯塑料复合管道。聚乙烯燃气管道与热力管道的净距应按国家现行标准执行。

4. 地下燃气管道与电杆（塔）基础之间的水平净距，还应满足地下燃气管道与交流电力线接地体的净距规定。

（二）次高压、中压管道的平面布置

一般按以下原则布置：

（1）次高压管道宜布置在城镇边缘或城镇内有足够埋管安全距离的地带，并应连接成环，以提高供气的可靠性。

（2）中压管道应布置在城镇用气区便于与低压环网连接的规划道路上，但应尽量避免沿车辆来往频繁或闹市区的主要交通干线敷设，否则会对管道施工和管理维修造成困难。

（3）中压管网应布置成环网，以提高其输气和配气的可靠性。

（4）次高压、中压管道的布置，应考虑对大型用户直接供气的可能性，并应使管道通过这些地区时尽量靠近这类用户，以利于缩短连接支管的长度。

（5）次高压、中压管道的布置应考虑调压站的布点位置，尽量使管道靠近各调压站，以缩短连接支管的长度。

（6）从气源厂连接次高压或中压管网的管道应尽量采用双管敷设。

（7）由次高压、中压管道直接供气的大型用户，其用户支管末端必须考虑设置专用调压站。

（8）为了便于管道管理、维修或接新管时切断气源，次高压、中压管道在下列地点需装设阀门：

1）气源厂的出口；

2）储配站、调压站的进出口；

3）分支管的起点；

4）重要的河流、铁路两侧（单支线在气流来向的一侧）；

5）管线应设置分段阀门，一般每公里设一个阀门。

（9）次高压、中压管道应尽量避免穿越铁路或河流等大型障碍物，以减少工程量和投资。

（10）次高压、中压管道是城镇输配系统的输气和配气主要干线，必须综合考虑近期建设与长期规划的关系，以延长已经敷设的管道的有效使用年限，尽量减少建成后改线、扩大管径或增设双线的工程量。

（11）当次高压、中压管网初期建设的实际条件只允许布置成半环形或枝状管网时，应根据发展规划使之与规划环网有机联系，防止以后出现不合理的管网布局。

（三）高压燃气管道的平面布置

（1）高压燃气管道不宜进入城市四级地区；不宜从县城、卫星城、镇或居民居住区中间通过。当受条件限制需要进入或通过本款所列区域时，应遵守下列规定：

1）高压A地下燃气管道与建筑物外墙面之间的水平净距不应小于30m（当管道厚度$\delta \geqslant 9.5$或对燃气管道采有效的保护措施时，不应小于15m）；

2）高压B地下燃气管道与建筑物外墙面之间的水平净距不应小于16m（当管道厚度$\delta \geqslant 9.5$或对燃气管道采取有效的保护措施时，不应小于10m）；

3）管道分段阀门应采用遥控或自动控制。

（2）高压燃气管道不应通过军事设施、易燃易爆仓库、国家重点文物保护单位的安全保护区、飞机场、火车站、海（河）、港码头等。当受条件限制管道必须在本款所列区域通过时，必须采用安全防护措施。

（3）高压燃气管道宜采用埋地敷设，当个别地段需要采用架空敷设时，必须采取安全防护措施。

（4）一级或二级地区地下高压燃气管道与建筑物之间的水平净距不应小于表4-3的规定。

一级或二级地区地下高压燃气管道与建筑物之间的水平净距（m）　　表4-3

燃气管道公称直径 *DN*（mm）	地下燃气管道压力（MPa）		
	1.61	2.50	4.00
900<*DN*≤1050	53	60	70
750<*DN*≤900	40	47	57
600<*DN*≤750	31	37	45
450<*DN*≤600	24	28	35
300<*DN*≤450	19	23	28
150<*DN*≤300	14	18	22
DN≤150	11	13	15

注：1. 如果燃气管道强度设计系数不大于0.4时，一级或二级地区地下燃气管道与建筑之间的水平净距可按表4-4确定。
2. 水平净距是指管道外壁到建筑物出地面处外墙面的距离。建筑物是指平常有人的建筑物。
3. 当燃气管道压力与表中数不相同时，可采用直线方程内插法确定水平净距。

（5）三级地区地下高压燃气管道与建筑物之间的水平净距不应小于表4-4的规定。

三级地区地下高压燃气管道与建筑物之间的水平净距（m）　　表4-4

燃气管道公称直径和壁厚 δ（mm）	地下燃气管道压力（MPa）		
	1.61	2.50	4.00
A. 所有管径 δ<9.5	13.5	15.0	17.0
B. 所有管径 9.5≤δ<11.9	6.5	7.5	9.0
C. 所有管径 δ≥11.9	3.0	3.0	3.0

注：1. 当对燃气管道采取行之有效的保护措施时，δ<9.5mm的燃气管道也可采用表中B行的水平净距。
2. 水平净距是指管道外壁到建筑物出地面处外墙面的距离。建筑物是指平常有人的建筑物。
3. 当燃气管道压力表中数不相同时，可采用直线方程内插法确定水平距离。

（6）高压地下燃气管道与构筑物或相邻管道之间的水平净距，不应小于表4-2次高压A的规定。但高压A和高压B地下燃气管道与铁路路堤坡脚的水平净距分别不应小于8m和6m；与有轨电车钢轨的水平净距分别不应小于4m和3m。当达不到本条净距要求时，采取行之有效的防护措施后，净距可适当缩小。

（7）高压燃气管道阀门的设计应符合下列要求：

1）在高压燃气干管上，应设置分段阀门；分段阀门的最大间距：以四级地区为主的管段不应大于8km，以三级地区为主的管段不应大于13km，以二级地区为主的管段不应大于24km，以一级地区为主的管段不应大于32km；

2）在高压燃气支管的起点处，应设置阀门；

3）燃气管道阀门的选用应符合有关国家现行标准，并应选择适用于燃气介质的阀门；

4）在防火区内关键部位使用的阀门，应具有耐火性能。需要通过清管器或电子检管的阀门，应选用全通径球阀。

（8）长输管线不得与单个用户连接。

（9）高压燃气管道其他要求：

1）高压燃气管道所用钢管、管道附件材料的选择，应根据管道的使用条件（设计压力、温度、介质、特性、使用地区等）、材料的焊接性能等因素，经技术经济比较后确定，并应符合现行的国家标准。

2）高压燃气管道及管件设计应考虑日后清理管道或电子检管的需要，并宜预留安装电子检管器收发装置的位置。

3）埋地管线的锚固件应符合下列要求：

①埋地管线上弯管或迂回管处产生的纵向力，必须由弯管处的锚固件、土壤摩阻或由管子中的纵向应力加以抵消；

②若弯管处不用锚固件，则靠近推力起源点处的管子接头处应设计成能承受纵向接力；若接头没采取此种措施，则应加装适用的拉杆或拉条。

（10）高压燃气管道的地基、埋设地最小覆土厚度、穿越铁路和电车轨道、穿越高速公路和城镇主要干道、通过河流的形式和要求等应符合相关规范的规定。

（11）市区外地下高压燃气管道沿线应设置里程桩、转角桩、交叉和警示牌等永久性标志；市区内地下高压燃气管道应设立管位警示标志；在距管顶不小于500m处应埋设警示带。

四、管道的纵断面布置

（一）管道的埋深

地下燃气管道的埋深主要考虑地面动荷载，特别是车辆重荷载的影响以及冰冻线对管内输送燃气中可凝物的影响。因此管道埋设的最小覆土厚度（路面至管顶）应符合下列要求：

（1）埋设在车行道下时，不得小于0.9m；

（2）埋设在非车行道（含人行道）下时，不得小于0.6m；

（3）埋设在庭院（指绿化地及载货汽车不能进入之地）内时，不得小于0.3m；

（4）埋设在水田下时，不得小于0.8m。

注：当采取行之有效的防护措施后，上述规定均可适当降低。

输送湿燃气的管道，应埋设在土壤冰冻线以下。

（二）管道的坡度及排水器的设置

在输送湿燃气的管道中，不可避免有冷凝水或轻质油，为了排除出现的液体，需在管道低处设置排水器，各排水器之间距一般不大于500m。燃气管道应有不小于0.003的坡度，且坡向排水器。

（三）燃气管道穿越其他管道

在一般情况下，燃气管道不得穿越其他管道本身，如因特殊情况需要穿过其他大断面管道（污水干管、雨水干管、热力管沟等）时，需征得有关方面同意，同时燃气管道必须安装在钢套管内。

（四）与其他管道式构筑物间距

地下燃气管道与其他管道或构筑物之间的最小垂直间距见表4-5。

地下燃气管道与构筑物或相邻管道之间的垂直净距离（m）　　表4-5

项目		地下燃气管道（当有套管时，以套管计）
给水管、排水管或其他燃气管道		0.15
热力管、热力管的管沟底（或顶）		0.15
电缆	直埋	0.50
	在导管内	0.15
铁路（轨底）		1.20
有轨电车（轨底）		1.00

五、燃气管道穿越铁路、高速公路、电车轨道、城镇主要干道和河流

（一）燃气管道穿越铁路、高速公路、电车轨道、城镇主要干道

城镇燃气管道穿越铁路、高速公路、电车轨道和城镇交通干道一般采用地下垂直穿越，而在矿区和工厂区，一般采用地上跨越（即架空敷设）。

（1）穿越铁路和高速公路的燃气管道，应加套管，穿越道路的套管和管沟见图4-7和图4-8。当燃气管道采用定向钻穿越并取得铁路或高速公路部门同意时，可不加套管。

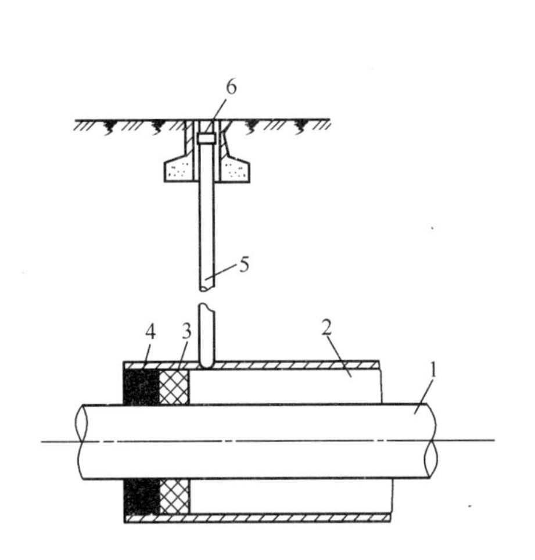

图4-7　套管内的燃气管道

1—输气管道；2—套管；3—油麻填料；4—沥青密封层；5—检漏管；6—防护罩

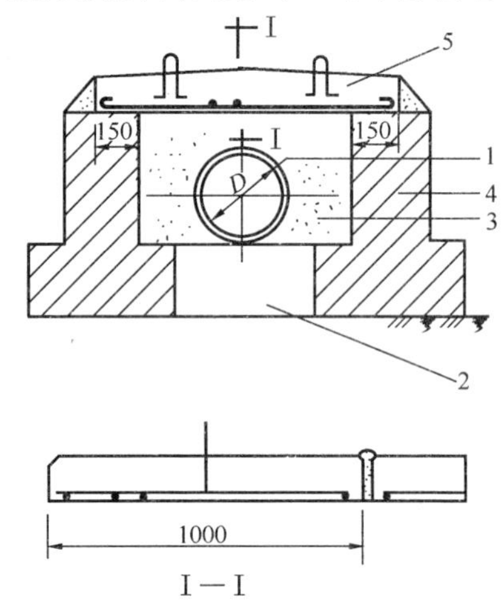

图4-8　燃气管道的单管过街沟

1—输气管道；2—原土夯实；3—填砂；4—砖墙沟壁；5—盖板

（2）穿越铁路的燃气管道的套管（见图4-9），应符合下列要求：

1）套管埋设的深度：铁路轨底至套管顶不应小于1.20m，并应符合铁路管理部门的要求；

2）套管宜采用钢管或钢筋混凝土管；

3）套管内径比燃气管道外径大100mm以上；

4）套管两端与燃气管的间隙应采用柔性的防腐、防水材料密封，其一端应装设检漏管；

5）套管端部距路堤坡脚外距离不应小于 2.0m。

（3）燃气管道穿越电车轨道和城镇主要干道时宜敷设在套管或地沟内；穿越高速公路的燃气管道的套管、穿越电轨道和城镇主要干道的燃气管道的套管或地沟，应符合下列要求：

1）套管内径应比燃气管道外径大 100mm 以上，套管或地沟两端应密封，在重要地段的套管或地沟端部宜安装检漏管；

2）套管端部距电车道边轨不应小于2.0m；距道路边缘不应小于 1.0m。

（4）燃气管道宜垂直穿越铁路、高速公路、电车轨道和城镇主要干道。

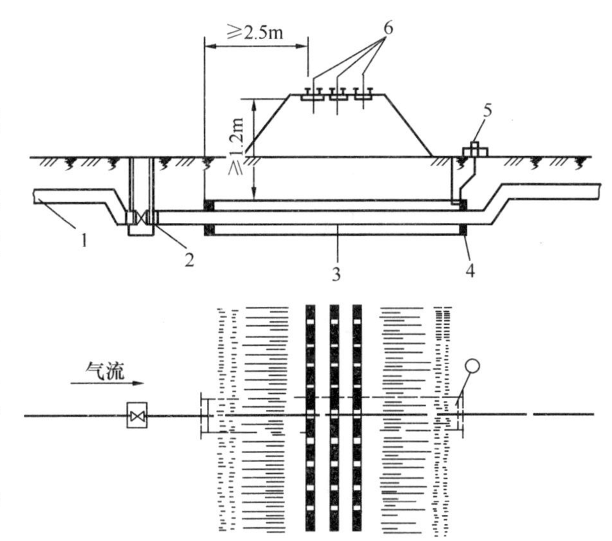

图 4-9 燃气管道穿越铁路
1— 输气管道；2—阀门井；3—套管；4—密封层；5—检漏管；6—铁道

（二）燃气管道穿（跨）越河流

燃气管道通过河流时，可采用穿越河底或采用管桥跨越的形式。当条件许可时也可利用道路桥梁跨越河流。

1. 燃气管道水下穿越河流

燃气管道水下穿越河流时要选择河流两岸地形平缓、河床稳定且河底平坦的河段。燃气管道宜采用钢管；管道至规划河底的覆土厚度，应根据水流冲刷条件确定：对不通航河流不应小于 0.5m，对通航河流不应小于 1.0m；还应考虑疏浚和投锚深度。在埋设燃气管道位置的河流两岸上、下游应设置标志。水下穿越的敷设方法有：

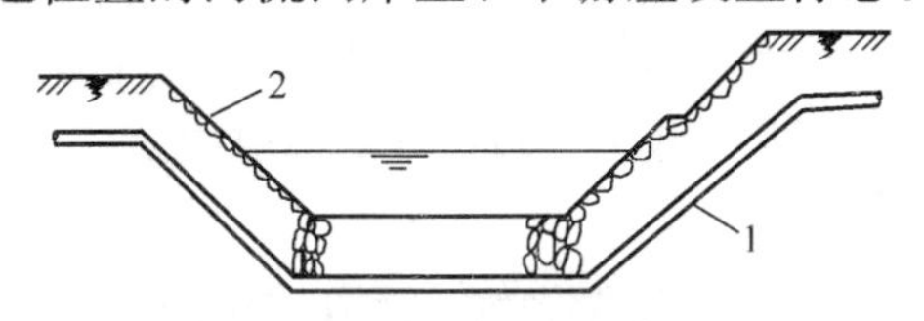

图 4-10 水下沟埋式敷设示意图
1—管道；2—水泥砂浆

（1）沟埋敷设 如图 4-10 所示。采用该法敷设，管道不易损坏，安全性好，一般采用这种方法敷设。

（2）裸管敷设 将管线敷设在河床平面上称为裸管敷设。若河床不易挖沟或挖沟不经济且河床稳定，水流平稳，管道敷设后不易被船锚破坏和不影响通航时，可采用裸管敷设。

（3）顶管敷设 顶管施工是一种不开挖沟槽而敷设管道的工艺，它运用液压传动产生强大的推力，使管道克服土壤摩擦阻力顶进。此法穿越河流不受水流情况、气候条件限制，可随意决定管线埋深，保证管线埋设于冲刷层下。

为防止水下穿越管道产生浮管现象，必须采用稳管措施。稳管形式有混凝土平衡重块、管外壁用水泥灌注连续覆盖层、修筑抛石坝、管线下游打挡桩、复壁环形空间灌注水泥砂浆等方法。应按河流河床地质构成、燃气管道管径、施工力量等选择，并经计算确定。

2. 沿桥架设

将管道架设在已有的桥梁上，如图 4-11 所示，此法简便、投资省，但应论证其安全

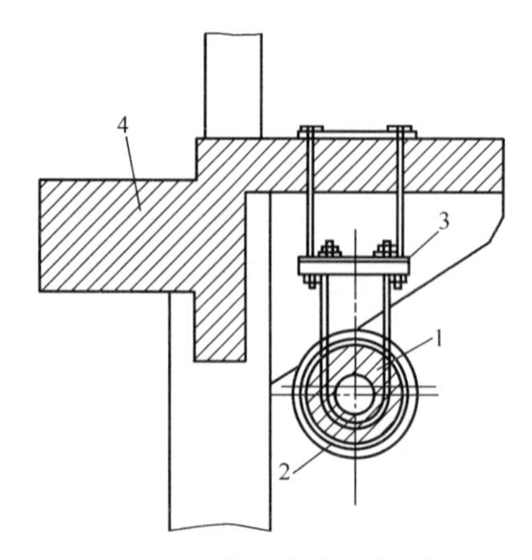

图 4-11　燃气管道沿墙架设
1—燃气管道；2—隔热层；
3—吊卡；4—钢筋混凝土

性并征得相关部门的同意。利用道路桥梁跨越河流的燃气管道，其管道的输送压力不应大于 0.4MPa，且应采取必要的安全防护措施，如：燃气管道采用加厚的无缝钢管或焊接钢管，尽量减少焊缝，对焊缝进行100%无损探伤；管架外侧设置护桩，管道管底标高符合河流通航净空的要求；燃气管道采用较高等级的防腐保护并设置必要的温度补偿和减震措施，在确定管道位置时，应与随桥敷设的其他管道保持一定的距离。

3. 管桥跨越

当不允许沿桥敷设、河流情况复杂或河道狭窄时，燃气管道也可以采用管桥跨越。管桥法是将燃气管道搁置在河床上自建的管道支架上，如图 4-12 所示。管桥跨越时，管道支架应采用难燃或不燃材料制成，并在任何可能的荷载情况下，能保证管道稳定和不受破坏。

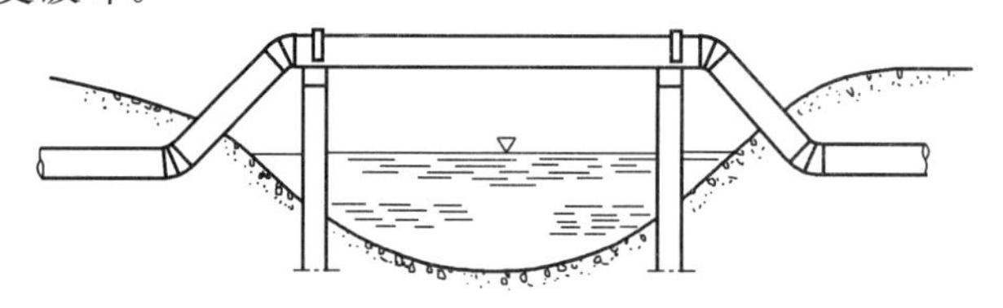

图 4-12　燃气管桥

六、沿建筑物外墙或支柱敷设的室外架空燃气管道

室外架空的燃气管道，可沿建筑物外墙或支柱敷设，并应符合下列要求：

（1）中压和低压燃气管道，可沿建筑耐火等级不低于二级的住宅或公共建筑的外墙敷设；次高压 B、中压和低压燃气管道，可沿建筑耐火等级不低于二级的丁、戊类生产厂房的外墙敷设；

（2）沿建筑物外墙的燃气管道距住宅或公共建筑物中不应敷设燃气管道的房间门、窗洞口的净距：中压管道不应小于 0.5m，低压管道不应小于 0.3m。燃气管道距生产厂房建筑物门、窗洞口的净距不限；

（3）架空燃气管道与铁路、道路、其他管线交叉时的垂直净距不应小于表 4-6 的规定。

架空燃气管道与铁路、道路、其他管线交叉时的垂直净距　　表 4-6

建筑物和管线名称	最小垂直净距（m）	
	燃气管道下	燃气管道上
铁路轨顶	6.0	—
城市道路路面	5.5	—
厂区道路路面	5.0	—
人行道路路面	2.2	—

续表

建筑物和管线名称		最小垂直净距（m）	
		燃气管道下	燃气管道上
架空电力线，电压	3kV 以下	—	1.5
	3～10kV	—	3.0
	35～66kV	—	4.0
其他管道，管径	≤300mm	同管道直径，但不小于 0.10	同左
	＞300mm	0.30	0.30

注：1. 厂区内部的燃气管道，在保证安全的情况下，管底至道路路面的垂直净距可取 4.5m；管底至铁路轨顶的垂直净距，可取 5.5m。在车辆和人行道以外的地区，可在从地面到管底高度不小于 0.35m 的低支柱上敷设燃气管道。
2. 电气机车铁路除外。
3. 架空电力线与燃气管道的交叉垂直净距尚应考虑导线的最大垂度。

七、其他要求

（1）地下燃气管道的地基宜为原土层。凡可能引起管道不均匀沉降的地段，其地基应进行处理。

（2）在次高压、中压燃气干管上，应设置分段阀门，并应在阀门两侧设置放散管。在燃气支管的起点处，应设置阀门。

（3）地下燃气管道上的检测管、凝水缸的排水管、水封阀和阀门，均应设置护罩或护井。

第三节　燃气管道材料、附属设备及防腐

一、燃气管道材料

用于输送燃气的管道材料有钢管、铸铁管、塑料管和复合管材等，一般应根据燃气的性质、系统压力、施工要求以及材料供应情况等来选用，并满足机械强度、抗腐蚀、抗震及气密性等各项基本要求。

（一）钢管

钢管具有强度高、耐压能力强、韧性好、抗冲击性和严密性好、焊接加工方便等优点，但其耐腐蚀性能较差，使用寿命约为 30 年。用作输送燃气的钢管一般应采用低碳钢或低合金钢，焊接后的接口部位应与母材具有同等强度。

1. 钢管的分类

按制造工艺，钢管分为无缝钢管和焊接钢管（有缝管）两大类。焊接钢管按焊缝的形式又分为直缝焊管和螺旋焊管。较小口径的焊管大都采用直缝焊接，大口径焊管则多采用螺旋焊接（卷焊）。

镀锌焊接钢管多用于建筑物内燃气管道；无缝钢管多用于输送较高压力的燃气管道。

2. 钢管的连接方式

（1）焊接连接　管径较大的卷焊钢管以及无缝钢管多采用焊接连接。根据不同的壁厚及使用要求，其接口形式可分为对接焊和贴角焊。

(2) 法兰连接　法兰连接常用于架空管道或需拆卸检修的部位以及管道与带有法兰的附属设备（如阀门、补偿器等）之间的连接。

钢制法兰有焊接法兰和螺纹连接法兰两类，接合面有凸面与平面两种。

(3) 螺纹（丝扣）连接　镀锌钢管大多采用螺纹连接。燃气管用的螺纹应为圆锥螺纹，接口由内螺纹及外螺纹组成，因具有一定的锥度，在螺纹部涂敷或缠绕填料后，拧紧螺纹接口可以完全封合，保证管道连接的严密性。

（二）铸铁管

用于燃气输配管道的铸铁管，一般采用铸模浇铸或离心浇铸方式制造出来。铸铁管生产工艺简单、价格便宜，钻孔、切割方便，耐腐蚀，使用寿命可达 50 年以上，但承压能力差、流体流动阻力大。

1. 铸铁管的分类

铸铁管主要有灰铸铁管和球墨铸铁管两大类。灰铸铁管重量大、质脆、易断裂；球墨铸铁管（球墨铸铁里的碳元素呈球墨结晶状）具有很高的抗拉、抗压强度及良好的耐腐蚀性。

2. 铸铁管的连接方式

低压燃气铸铁管道的连接，广泛采用机械接口的形式。

（三）聚乙烯（Polyethylene，PE）管

聚乙烯管是用聚乙烯混配料通过挤出成型工艺生产的管材；聚乙烯管件是用聚乙烯混配料通过注塑成型等工艺生产的管件。

聚乙烯管具有耐腐蚀、质轻、流体流动阻力小、施工简便、抗拉强度大、小管径可盘卷、价格低廉以及管网运行管理简单等一系列优点，使用寿命不少于 50 年；但其钢性比钢管低，抗外力破坏能力差，具有高分子聚合材料裂缝增长等不足。

聚乙烯管道通常采用的连接方式如图 4-13 所示。

1. 电熔连接

采用内埋电阻丝的专用管件，通过专用设备，控制内埋于管件中电阻丝的电压、电流及通电时间，使其达到熔接目的的连接方法。电熔连接方式有电熔承插连接、电熔鞍形连接。

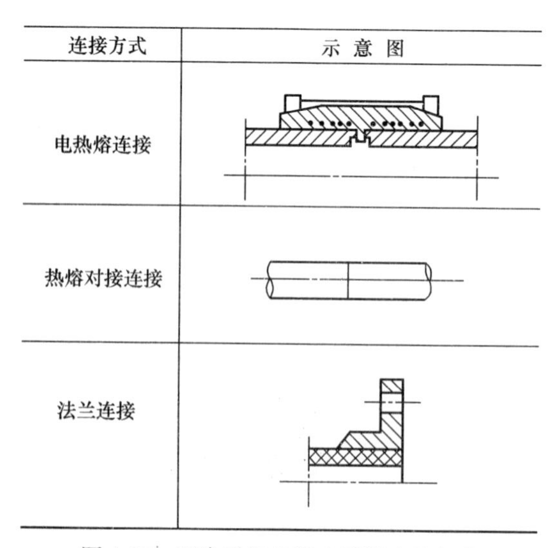

图 4-13　通常采用的聚乙烯管连接方式

电熔连接具有操作简便、接口强度高、气密性好、熔接性能稳定、接头质量受人为因素影响少等优点；其缺点是管件加工工艺复杂、成本较高。

电熔管件包括直通、三通、异径管、鞍型、法兰、弯头、冷凝水缸、钢塑接头等。

2. 热熔连接

用专用加热工具加热连接部位，使其熔融后，施压连接成一体的连接方式。热熔连接方式有热熔承插连接、热熔对接连

接、热熔鞍形连接等。

热熔连接工艺简单，适合于野外操作。其接口强度满足管道运行要求，抗拔力较强，施工成本较低，但对接部位由于受到加热挤压，有外凸的翻边产生，造成管径局部减小。因此，热熔连接一般适用于管道口径不小于90mm的相同材质的管材与管件、管材与管材的连接上。

3. 法兰连接

法兰连接操作简便，拆卸方便，但成本较高。

目前聚乙烯管道的连接方式主要采用电熔连接和热熔对接连接。

（四）钢骨架聚乙烯复合（PESI）管

钢骨架聚乙烯复合管由钢骨架聚乙烯复合管和管件组成（见图4-14）。钢骨架聚乙烯复合管包括：钢丝网（焊接）骨架聚乙烯复合管、钢丝网（缠绕）骨架聚乙烯复合管、孔网钢带聚乙烯复合管。

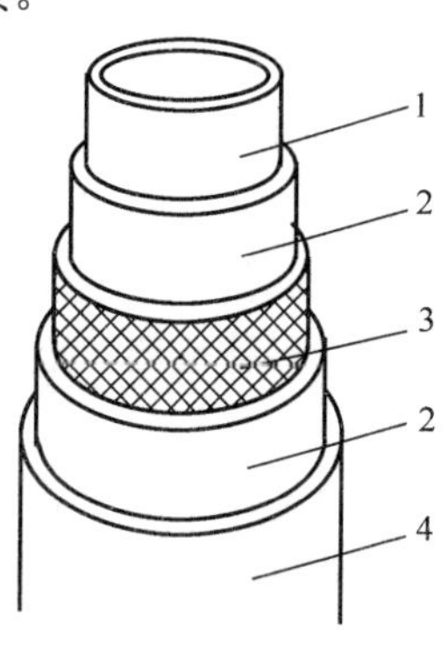

图4-14 钢骨架聚乙烯复合管

1—塑胶内层；2—胶合层；3—钢管；4—塑胶外层

钢丝网（焊接）骨架聚乙烯复合管是以聚乙烯混配料为主要原料，经纬线以一定螺旋角焊接成管状的钢丝网为增强骨架，经挤出复合成型工艺生产的管材。

钢丝网（缠绕）骨架聚乙烯复合管是以聚乙烯混配料为主要原料，斜向交叉螺旋式缠绕钢丝为增强层，经挤出复合成型工艺生产的管材。

孔网钢带聚乙烯复合管是以聚乙烯混配料为主要原料，焊接成管状的孔网钢带为增强骨架，经挤出复合成型工艺生产的管材。

1. 优点

由于多孔薄壁钢管增强体被包覆在连续热塑性塑料之中，因此它既具有钢管的刚度，又具有塑料管耐腐蚀的特性，可应用于燃气地下管网，是一种新型复合管材。

2. 不足

（1）管材在现场裁截时，截口需用手工塑料堆焊将钢带遮盖，可能造成钢带受腐蚀及管材内外分层，从而影响管道的使用寿命；

（2）管材既不便采用金属切割方法，也不便于采用塑料切割方法，今后管道的开口、维护、抢修将是一个较为繁琐的过程；

（3）管材及管件从生产到使用之间的存放期不宜超过两年，给今后的维护和抢修备料带来诸多不便。

（五）铝塑复合管

铝塑复合管是一种五层结构的复合材料管道，以高密度聚乙烯、交联聚乙烯或增强耐高温中密度聚乙烯通过挤出成型方法复合为一体作为内层，用铝带作为中间层，外层包覆高密度聚乙烯、交联聚乙烯或增强耐高温中密度聚乙烯；内层与中间层之间、中间层与外层之间采用热熔胶粘接成复合压力管道。铝塑复合管的特点是耐腐蚀性好，使用寿命长；重量轻，搬运方便；外型美观，内外壁光滑，内壁阻力小；管道系统的安装方式简单、快速可靠，维修方便，安装费用较低。铝塑复合管可用于室内燃气管道的安装。

（六）铜管

铜管因具备易弯曲、安装方便、牢固、密封性好、流体流动阻力小、同一公称直径具有最小外径等诸多优点，一直是建筑物内理想的暗敷管材。由于铜管连接可以采用技术成熟的锡焊和铜焊，操作简便，质量可靠，为铜管应用于室内燃气管道提供了技术保障。与镀锌钢管等钢材比较，铜管具有一定的优势。

（七）不锈钢波纹（CSST）管

不锈钢波纹管可用于室内燃气管道的安装。它柔韧性、严密性好，用手就可以弯曲；在安装工程中，可以省掉很多辅助管件，减少漏气点；重量轻，可以暗设于橱柜、吊顶内。与其他管材相比，不锈钢波纹管在安装上更能显示出它的优越性。

二、附属设备

为了保证管网的安全运行，并考虑到检修、接线的需要，在管道的适当地点应设置必要的附属设备。这些设备包括阀门、补偿器、排水器、放散管等。此外，为在地下管网中安装阀门和补偿器，还要修建闸井。

（一）阀门

阀门是用来启闭管道通路或调节管道内介质流量的设备。一般要求阀体的机械强度要高，转动部件灵活，密封部件严密耐用，对输送介质的抗腐蚀性强；同时，零部件的通用性要好。

燃气阀门必须进行定期检查和维修，以便掌握其腐蚀、堵塞、润滑、气密性等情况以及部件的损坏程度，避免不应有的事故发生。阀门的设置以维持系统正常运行为准，应尽量少设置，以减少漏气的可能性和增加额外的投资。

阀门的种类很多，燃气管道上常用的有闸阀、旋塞阀、截止阀、球阀和蝶阀等。

（二）补偿器

补偿器是作为调节管段胀缩量的设备，常用于架空管道和需要进行蒸气吹扫的管道上。埋地敷设的燃气管道工作温度一般变化不大，不需要考虑温度补偿。补偿器应安装在阀门的下侧（按气流方向），利用其伸缩性能，方便阀门的拆卸和检修。

在埋地燃气管道上，多用钢制波形补偿器（见图 4-15），其涨缩量约为 10mm。补偿器的安装长度，应是螺杆不受力时的补偿器的实际长度，否则不但不能发挥其补偿作用，

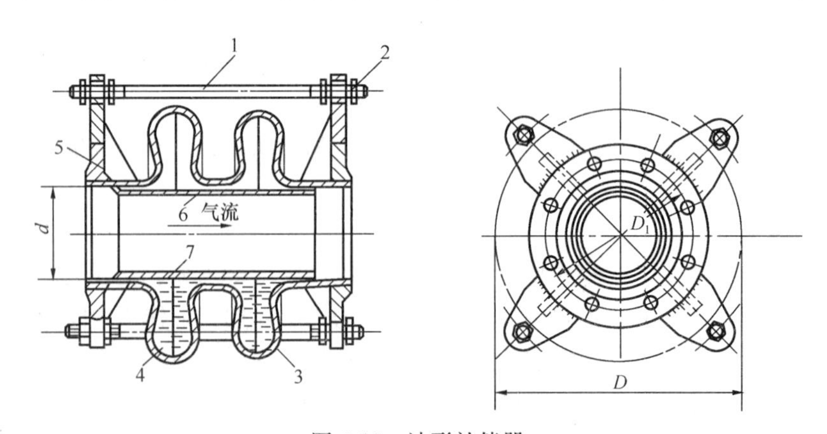

图 4-15　波形补偿器

1—螺杆；2—螺母；3—波节；4—石油沥青；5—法兰盘；6—套管；7—注入孔

反使管道或管件受到额外的应力，引起破坏。

图 4-16 为橡胶-卡普隆补偿器：主要部分为带法兰的、用卡普隆布作夹层的螺旋皱纹胶管，胶管外层则用粗卡普隆绳加强。其补偿能力在拉伸时为150mm，压缩时为100mm。这种补偿器的优点是纵横方向均可变形，多用于通过山区、坑道和多地震地区的中、低压燃气管道上。

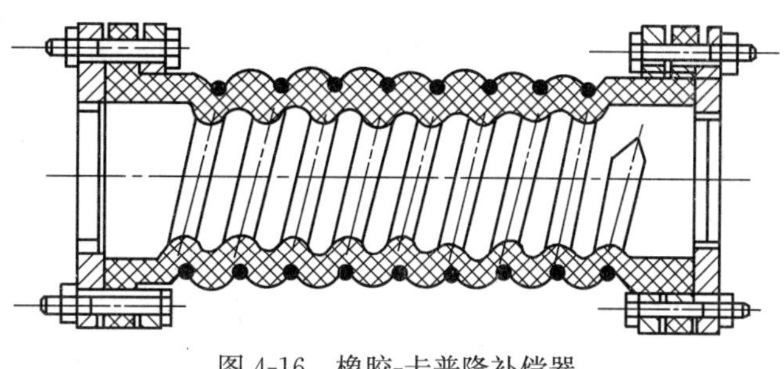

图 4-16　橡胶-卡普隆补偿器

（三）排水器

由于管道中燃气的压力不同，排水器有不能自喷和能自喷的两种。如管道内压力较低，水或油就要依靠手动唧筒等抽水设备来排出（见图 4-17）。安装在高、中压管道上的排水器（见图 4-18），由于管道内气体压力较高，冷凝物在排水管阀门打开以后就能自行喷出，为防止剩余在排水管内的水在冬季冻结，另设有循环管，利用燃气的压力将排水管中的水压回到下部的集水器中。为避免燃气中焦油及萘等杂质堵塞，排水管与循环管的直径应适当加大。通过排水器排水量等还可对管道运行状况进行观测。

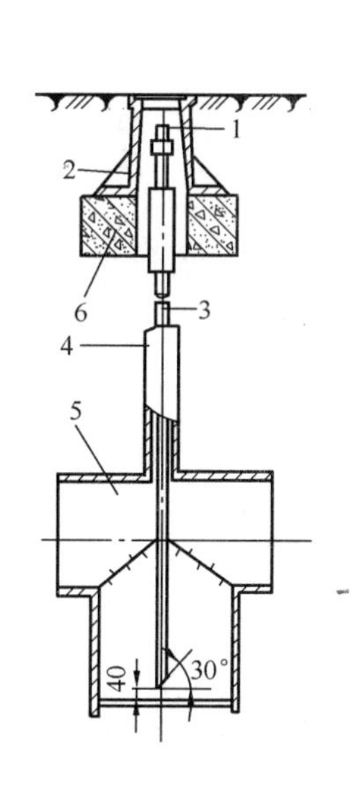

图 4-17　低压排水器

1—丝堵；2—防护罩；3—提水管；4—套管；5—集水器；6—底座

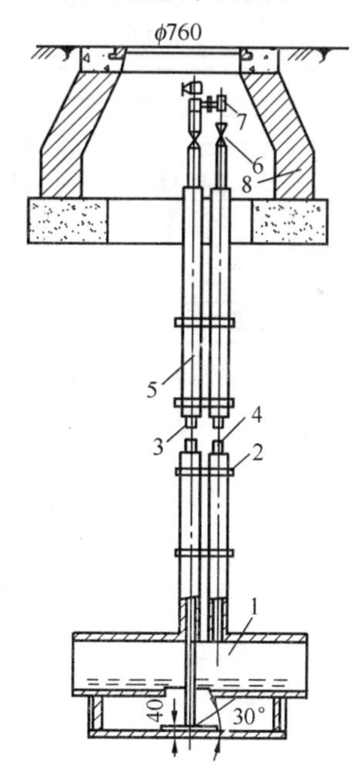

图 4-18　高、中压排水器

1—集水器；2—管卡；3—排水管；4—循环管；5—套管；6—旋塞；7—丝堵；8—井圈

（四）放散管

放散管是专门用来排放管道中的空气或燃气的装置：在管道投入运行时利用放散管排空管道内的空气，防止在管道内形成爆炸性的混合气体；在管道或设备检修时，可利用放散管排空管道内的燃气。放散管控制部分一般设在闸井中，放散操作时将临时管道接至合适的放散地点。在管网中放散管可以安装在阀门的前后；在单向供气的管道上则安装在阀门之前。

（五）闸井

为保证管网的安全与操作方便，地下燃气管道上的阀门等一般都设置在闸井中（聚乙烯管可不设阀井）。闸井应坚固耐久，有良好的防水性能，并保证检修操作时有必要的空间。考虑到人员的安全，井筒不宜过深。闸井的构造如图 4-19 所示。

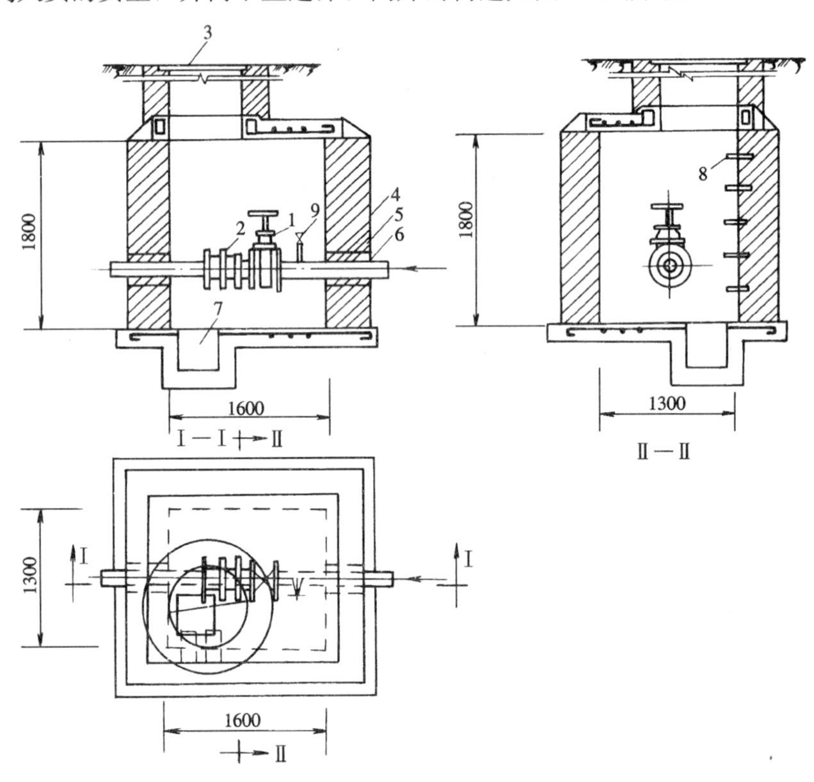

图 4-19　100mm 单管闸井构造图

1—阀门；2—补偿器；3—井盖；4—放水层；5—浸沥青麻；6—沥青砂浆；7—集水坑；8—爬梯；9—放散管

三、钢制燃气管道的防腐

（一）钢制燃气管道腐蚀原因

腐蚀是金属在周围介质的化学、电化学作用下引起的一种破坏。金属腐蚀按其性质可分为化学腐蚀和电化学腐蚀。

1. 化学腐蚀

化学腐蚀是指单纯由化学作用引起的金属破坏。当金属直接和周围介质如氧、硫化氢、二氧化硫等接触发生化学反应，在金属表面上生成相应的化合物（如氧化物、硫化物等）。燃气管道的化学腐蚀，主要是燃气中的腐蚀性成分（硫化物、二氧化硫）与金属管道发生化学反应造成的；以内壁腐蚀为主，会造成管壁的均匀减薄。燃气管道外壁处于有氧环境中时（包括埋地管道和架空管道），外壁也会有一定的化学腐蚀。

2. 电化学腐蚀

埋地管道各部位的金属组织结构不同，表面粗糙度不同以及作为电解质的土壤，其物理化学性质不均匀。例如含氧量、pH 值不同等原因，使部分区域的金属容易电离形成阳极区，而另一部分金属不容易电离，相对来说电位较正的部分成为阴极区，电子由电位较低的阳极区，沿管道流向电位较高的阴极区，再经电介质（土壤）流向阳极区，而腐蚀电流从高电位流向低电位，即从阴极区沿钢管流向阳极区，再经电解质（土壤）流向阴极区。

在阴极区，电子被电解质（土壤）中能吸收电子的物质（离子或分子）所接受。其电化学反应式如下：

$$Fe \longrightarrow Fe^{2+} + 2e^-$$

$$\frac{1}{2}O_2 + H_2O + 2e^- \longrightarrow 2OH^- \text{（中性、碱性介质）}$$

$$\text{或 } 2H^+ + 2e^- \longrightarrow H_2\uparrow \text{（酸性介质）}$$

$$Fe^{2+} + 2OH^- \longrightarrow Fe(OH)_2$$

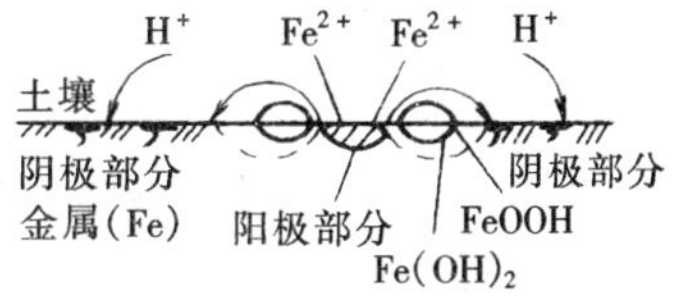

图 4-20　燃气管道电化学腐蚀过程示意图

以上三个环节是相互联系的，如果其中一个环节停止进行，则整个腐蚀过程就停止了。当阳极与阴极反应等速进行时，腐蚀电流就不断地从阳极区通过土壤流入阴极区，腐蚀就不断地进行，直至管道穿孔。

3. 杂散电流腐蚀

由于外界各种电气设备的漏电与接地，在土壤中会形成杂散电流，其中对管道危害最大的是直流电。泄漏直流电的设备有电气化铁路和有轨电车的钢轨、直流电焊机、整流器外壳接地和阴极保护站的接地阳极等。杂散电流对钢管的腐蚀如图 4-21 所示。

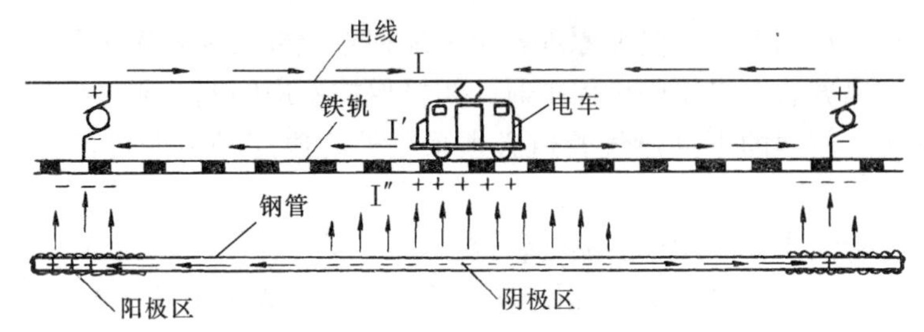

图 4-21　杂散电流对钢管腐蚀示意图

4. 细菌腐蚀

根据对微生物参与腐蚀过程的研究发现，不同种类细菌的腐蚀行为，其条件也不相同。在潮湿、通风与排水不良的缺氧土壤中存在厌氧硫酸盐还原菌，它能将可溶的硫酸盐转化为硫化氢，使埋地钢管阴极表面氢离子浓度增加，加速了管道的腐蚀过程。硫酸盐还原菌的活动与土壤的 pH 值有关：pH 值在 5.5～8.5 时细菌即能繁殖；而好氧细菌在土壤 pH 值≤2 时，繁殖十分旺盛，它的代谢产物是酸性物质，从而形成了使金属管道表面易于腐蚀的环境。

（二）钢制燃气管道的防腐方法

燃气管道的防腐方法应根据管道的重要性和腐蚀特性综合确定，分别考虑防止内壁腐蚀和外壁腐蚀的发生。

1. 净化燃气

尽量减少燃气中的杂质含量，尤其是硫化物以及二氧化碳等酸性物质的含量，以防止钢制燃气管道的内壁腐蚀。

2. 管道加内衬

钢管出厂前在内壁上附加塑料、树脂等材料的内衬以阻止燃气对钢管内壁的腐蚀。

3. 采用耐腐蚀管材

针对土壤腐蚀性的特点，目前许多城市在中、低压燃气管道上采用耐腐蚀的铸铁管或聚乙烯管。

4. 绝缘层防腐

钢管最大弱点是耐腐蚀性差，尤其是埋地管道外壁腐蚀最为严重，需要外加绝缘防腐层，以加大管道电阻，减缓腐蚀过程。从防腐原理上讲，绝缘层防腐为消极防腐方法。绝缘材料应符合以下要求：

(1) 与钢管的粘结性好，沿钢管长度方向应保持连续完整性；

(2) 具有良好的电绝缘性能，有足够的耐压强度和电阻率；

(3) 具有良好的防水性和化学稳定性；

(4) 具有抗生物细菌侵蚀的性能，有足够的机械强度、韧性及塑性；

(5) 材料来源较充足、价格低廉，便于机械化施工。

目前国内外埋地钢管所采用的防腐绝缘材料种类很多，可根据工程的具体情况，选用环氧煤沥青防腐涂层、聚乙烯胶粘带、熔结环氧粉末防腐层、聚乙烯防腐涂层、塑化石油沥青包覆带等。防腐材料及施工方法在不断改进中。

5. 阴极保护法

阴极保护法是根据电化学腐蚀原理，使埋地钢管全部成为阴极区而不被腐蚀，是一种积极、主动的防腐方法。采用阴极保护时，阴极保护不应间断。阴极保护法通常是与绝缘层防腐联合使用。新建的下列燃气管道必须采用外防腐层辅以阴极保护系统的腐蚀控制措施：

(1) 设计压力大于 0.4MPa 的燃气管道；

(2) 公称直径大于或等于 100mm，且设计压力大于或等于 0.01MPa 的燃气管道。

阴极保护法可以分为牺牲阳极保护法和外加电源阴极保护法。

(1) 牺牲阳极保护法

1) 牺牲阳极保护法原理。利用电极电位较钢管材料负的金属与被保护钢管相连。在作为电解质的土壤中形成原电池。电极电位较高的钢管成为阴极，电流不断地从电极电位较低的阳极，通过电解质（土壤）流向阴极，从而使管道得到保护，如图 4-22 所示。

2) 牺牲阳极的材料。通常选用电极电位比钢材负的金属，如镁、铝、锌及其合金作为牺牲阳极材料。

为使阳极保护性电流的输出达到足够的强度，必须使牺牲阳极和土壤（电解质）之间的接触电阻减到最小。例如，在有些土壤中，锌阳极表面能形成薄膜，这种薄膜能把锌阳极和周围的电解质隔开；在饱和碳酸盐的土壤中，这种情况特别严重。此时，阳极和它周围介质间的接触电阻将无限增大，而使保护作用几乎停止。为了避免这类现象，必须把阳极放置在特殊的人工环境里，即装在填料包里，以减小阳极和介质（土壤）的接触电阻，使阳极使用耐久，提高保护性能。

3）牺牲阳极电保护法适用条件。使用牺牲阳极保护时，被保护的金属管道应有良好的防腐绝缘层，管道与其他不需保护的管线之间无通电性。土壤的电阻率过高、输气管线通过水域时不宜采用这种保护方法。

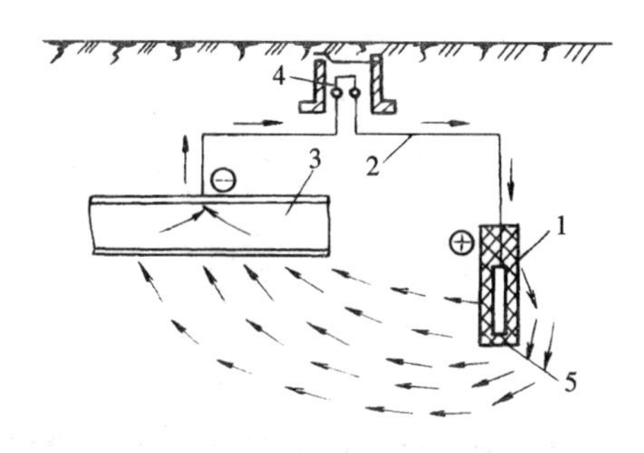

图 4-22　牺牲阳极保护原理图

1—牺牲阳极；2—导线；3—管道；4—检测桩；5—填包料

（2）外加电源阴极保护

1）外加电源阴极保护原理。利用阴极保护站产生的直流电源，其负极与管道连接，使金属管道对土壤造成负电位成为阴极，见图 4-23，阴极保护站的正极与接地阳极相连。接地阳极可以采用废钢材、石墨、高硅铁等。电流从正极通过导线流入接地阳极，再经过土壤流入被保护管道，然后由管道经导线流回负极。这样使整个管道成为阴极，而与接地阳极构成腐蚀电池，接地阳极的正离子流入土壤，不断受到腐蚀，管道则受到保护。

2）保护标准。地下金属管道达到阴极保护的最低电位称为最小保护电位，在此电位下土壤腐蚀电池被抑制。当阴极保护通电点处金属管道的电位过高时，可使涂于管道上的沥青绝缘层剥落而引起严重腐蚀的后果，因此必须将通电点最高电位控制在安全数值之内，此电位称作最大保护电位。

工程上，燃气钢管的最小保护电位通常小于或等于－0.85V，而最大保护电位一般为－1.5～－1.2V（均以硫酸铜半电池为参比电极）。

3）保护范围。为了使阴极保护站充分发挥作用，阴极保护站最好设置在被保护管道的中点，如图 4-24 所示。

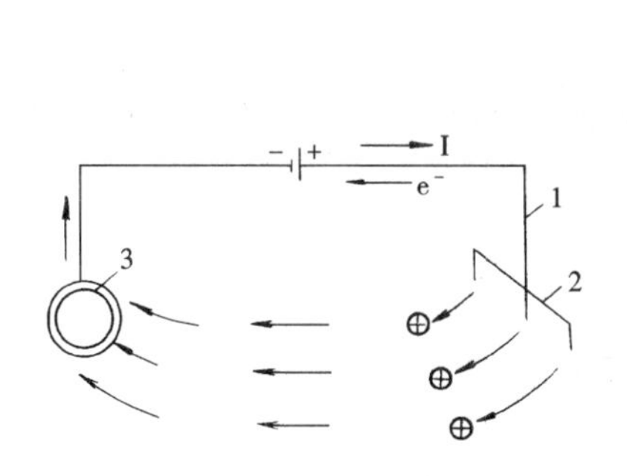

图 4-23　外加电源阴极保护原理

1—导线；2—辅助阳极；3—被保护管道

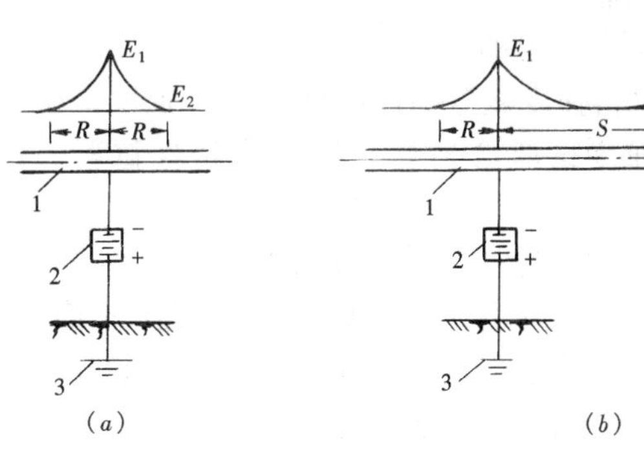

图 4-24　阴极保护站的保护范围

（*a*）阴极保护站的保护范围；（*b*）两个阴极保护站的保护范围

1—管道；2—阴极保护站；3—接地阴极

图中 E_1 为阴极保护通电点处金属管道的最高电位，E_2 为埋地管道达到阴极保护的最低电位：E_1 值越负，则阴极保护站的保护半径 R 就越大。为了达到最大的保护半径，接地阳极和通电点的连接应与管道垂直，连线两端点的距离约为 300～500m。

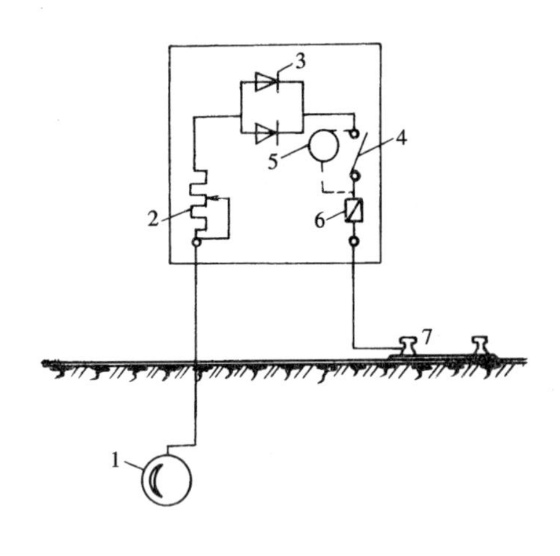

图 4-25 极性排流法系统示意图
1—管道；2—电阻；3—整流器；4—开关；
5—电流表；6—保险丝；7—钢轨

一个阴极保护站的保护半径 $R=30\sim40$km。两个保护站同时运行时，由于阴极保护电位的迭加性，两个保护站之间的保护距离$S=40\sim60$km。

（3）排流保护法

排流保护法用于防止杂散电流腐蚀。用排流导线将管道的排流点与钢轨连接，使管道上的杂散电流不经土壤而经过导线单向流回电源的负极，从而保证管道不受腐蚀，这种方法称为排流保护法；分为直接排流和极性排流两种方式。

直接排流法就是把管道连接到产生杂散电流的直流的电源负极上。当回流点的电位相对稳定，管道与电源负极的电位差大于管道与土壤间的电位差时，直流排流才是有效的。

当回流点的电位不稳定，其数值与方向经常变化时，就需要采用极性排流法来防止杂散电流的腐蚀，极性排流法的系统示意图如图 4-25 所示。排流系统设有整流器，保证电流只能循一个方向流动，以防止产生反向电流。

※第四节 燃气管道的运行管理及维护修复

一、城镇燃气管道的运行管理

管道系统在投入运行前需完成试压、吹扫等工序，投入运行后进行日常维护保养、定期检漏、清洗等。

（一）燃气管道的试压

试压包括强度试验和严密性试验。强度试验的目的是检查管材、焊缝和接头的明显缺陷。强度试验合格后，进行严密性试验。严密性试验的目的是检验系统的严密性。

（1）强度试验前应具备下列条件：

1）试验用的压力计及温度记录仪应在校验有效期内。

2）试验方案已经批准，有可靠的通信系统和安全保障措施，已进行了技术交底。

3）管道焊接检验、清扫合格。

4）埋地管道回填土宜回填至管道上方 0.5m 以上，并留出焊接口。

（2）强度试验压力和介质应符合表 4-7 的规定。

（3）进行强度试验时，管道压力应逐步缓升，首先升至试验压力的 50%，应进行初检，如无泄漏、异常，继续升压至试验压力，然后宜稳压 lh 后，观察压力计不应少于 30min，无压力降为合格。

（4）严密性试验应在强度试验合格、管线全线回填后进行。严密性试验介质宜采用空气，试验压力应满足下列要求：

强度试验压力和介质　　表 4-7

管道类型	设计压力 PN (MPa)	试验介质	试验压力 (MPa)
钢　管	$PN>0.8$	清洁水	$1.5PN$
	$PN\leqslant 0.8$	压缩空气	$1.5PN$ 且≮0.4
球墨铸铁管	PN		$1.5PN$ 且≮0.4
钢骨架聚乙烯复合管	PN		$1.5PN$ 且≮0.4
聚乙烯管	PN（SDR11）		$1.5PN$ 且≮0.4
	PN（SDR17.6）		$1.5PN$ 且≮0.2

1）设计压力小于 5kPa 时，试验压力应为 20kPa。

2）设计压力大于或等于 5kPa 时，试验压力应为设计压力的 1.15 倍，且不得小于 0.1MPa。

（5）试压时的升压速度不宜过快。对设计压力大于 0.8MPa 的管道试压，压力缓慢上升至 30%和 60%试验压力时，应分别停止升压，稳压 30min，并检查系统有无异常情况，如无异常情况继续升压。管内压力升至严密性试验压力后，待温度、压力稳定后开始记录。

（6）严密性试验稳压的持续时间应为 24h，每小时记录不应少于 1 次，当修正压力降小于 133Pa 为合格。修正压力降应按下式确定：

$$\Delta P' = (H_1 + B_1) - (H_2 + B_2)\frac{273 + t_1}{273 + t_2} \tag{4-1}$$

式中　$\Delta P'$——修正压力降，Pa；

H_1——试验开始时压力计读数，Pa；

H_2——试验结束时压力计读数，Pa；

B_1——试验开始时的气压计读数，Pa；

B_2——试验结束时的气压计读数，Pa；

t_1——试验开始时的管内介质温度，℃；

t_2——试验结束时的管内介质温度，℃。

（7）所有未参加严密性试验的设备、仪表、管件，应在严密性试验合格后进行复位，然后按设计压力对系统升压，应采用发泡剂检查设备、仪表、管件及其与管道的连接处，不漏为合格。

（二）燃气管道的吹扫

（1）管道吹扫应按下列要求选择气体吹扫或清管球清扫：

1）球墨铸铁管道、聚乙烯管道、钢骨架聚乙烯塑料复合管道和公称直径小于 100mm 或长度小于 100m 的钢质管道，可采用气体吹扫；

2）公称直径大于或等于 100mm 的钢质管道，宜采用清管球进行清扫。

（2）管道吹扫应符合下列要求：

1）吹扫范围内的管道安装工程除补口、涂漆外，已按设计图纸全部完成；

2）管道安装检验合格后，应由施工单位负责组织吹扫工作，并应在吹扫前编制吹扫方案；

3）应按主管、支管、庭院管的顺序进行吹扫，吹扫出的脏物不得进入已验收合格的管道；

4）吹扫管段内的调压器、阀门、孔板、过滤网、燃气表等设备不应参与吹扫，待吹扫合格后再安装复位；

5）吹扫口应设在开阔地段并加固，吹扫时应设安全区域，吹扫出口前严禁站人；

6）吹扫压力不得大于管道的设计压力，且不应大于0.3MPa；

7）吹扫介质宜采用压缩空气，严禁采用氧气和可燃性气体；

8）吹扫合格设备复位后，不得再进行影响管内清洁的其他作业。

（3）气体吹扫应符合下列要求：

1）吹扫气体流速不宜小于20m/s；

2）吹扫口与地面的夹角应在30°～45°之间，吹扫口管段与被吹扫管段必须采取平缓过渡对焊，吹扫口直径应符合表4-8的规定；

吹扫口直径（mm） **表4-8**

末端管道公称直径 DN	$DN<150$	$150 \leqslant DN \leqslant 300$	$DN \geqslant 350$
吹扫口公称直径	与管道同径	150	250

3）每次吹扫管道的长度不宜超过500m；当管道长度超过500m时，宜分段吹扫；

4）当管道长度在200m以上，且无其他管段或储气容器可利用时，应在适当部位安装吹扫阀，采取分段储气，轮换吹扫；当管道长度不足200m，可采用管道自身储气放散的方式吹扫，打压点与放散点应分别设在管道的两端；

5）当目测排气无烟尘时，应在排气口设置白布或涂白漆木靶板检验，5min内靶上无铁锈、尘土等其他杂物为合格。

（4）清管球清扫（见图4-26）应符合下列要求：

1）管道直径必须是同一规格，不同管径的管道应断开分别进行清扫；

2）对影响清管球通过的管件、设施，在清管前应采取必要措施；

3）清管球清扫完成后，应进行检验；如不合格可采用气体再清扫至合格。

二、燃气管道的投产置换

新建燃气管道的投产置换是指用燃气将管道内的空气置换掉的工作程序，要求管道和附属设备必须处于完好及指定的工作状态。由于往新建管道内输入燃气的过程中可能形成可燃、可爆的混合气体，所以投产置换必须在严密的安全技术措施保证下进行。

（一）投产置换前的准备

投产置换前各项工作的准备（特别是现场的落实情况）将直接关系到投产置换的成败。准备工作分技术（安全）准备和组织准备，其内容汇集形成“投产置换方案”，明确分工，分别落实。

（1）了解投产置换管道的口径、长度、材料、输气压力，附属设备规格和数量，按照测绘图纸至现场逐一核对。

（2）置换方式的选择：

1）间接置换法：用惰性气体（一般用氮气）先将管内空气置换，然后再输入燃气置

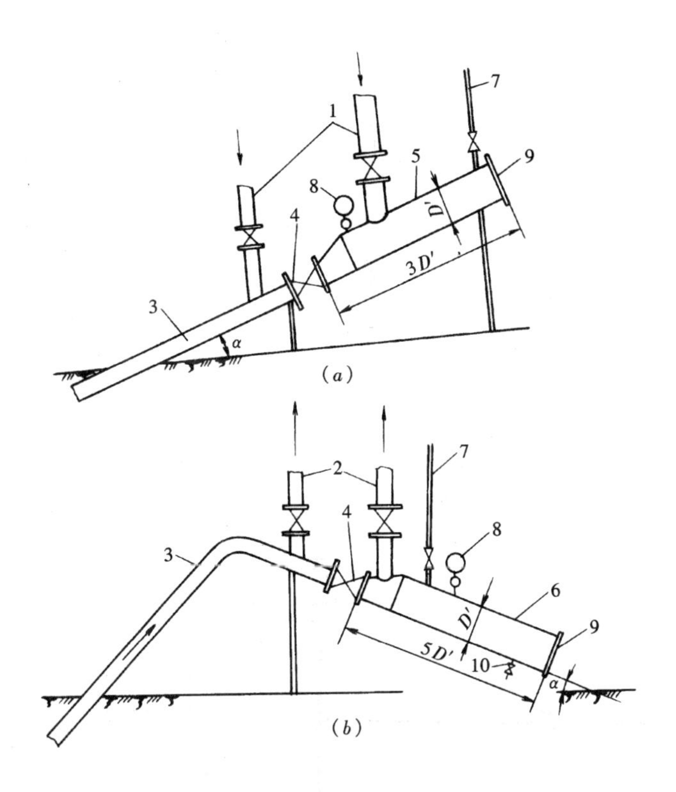

图 4-26　清管球的发球筒和接受筒示意图

(a) 发球筒；(b) 接受筒

1—天然气入口；2—天然气出口；3—埋地管道；4—球阀；

5—发球筒；6—接收筒；7—泄压管；8—压力表；9—堵板；10—排污管

换惰性气体。这种工艺在置换过程中安全可靠；缺点是费用高昂、程序繁多，一般很少采用。

2）直接置换法：用相连老管道的燃气输入新建管道直接置换管内空气。这种工艺操作简便、迅速，在新建管道与老管道连通后，即可利用燃气的工作压力直接排放管内空气，当置换到管道中燃气含量达到合格标准（取样合格）后便可正式投产使用。

由于在用燃气直接置换管道内空气的过程中，燃气与空气的混合气体随着燃气输入量的增加其浓度可达到爆炸极限，此时遇到火种就会爆炸。所以从安全角度上讲，新建燃气管道（特别是大口径管道）用燃气直接置换空气的方法是不够安全的。但是鉴于施工现场条件限制和节约的原则，如果采取相应的安全措施，用燃气直接置换法是一种经济快速的置换工艺，目前在新建燃气管道的置换操作上被广泛采用。燃气置换现场布置见图 4-27。

（3）置换压力的确定。置换时选用输入燃气的工作压力过低会增加置换时间，但压力过高则燃气在管道内流速增加，管壁产生静电；同时，残留在管内的碎石等硬块会随着高速气流在管道内滚动，产生火花带来危险。

用燃气置换空气其最高压力不能超过 0.49MPa。一般情况下，中压管道采用 0.098～0.196MPa 的压力置换，低压燃气管可直接用原有低压管道的燃气工作压力置换。

（4）放散管的数量、口径和放散点位置的确定：

1）放散管的数量根据置换管道长度和现场条件而确定，但是在管道的末端均需设放

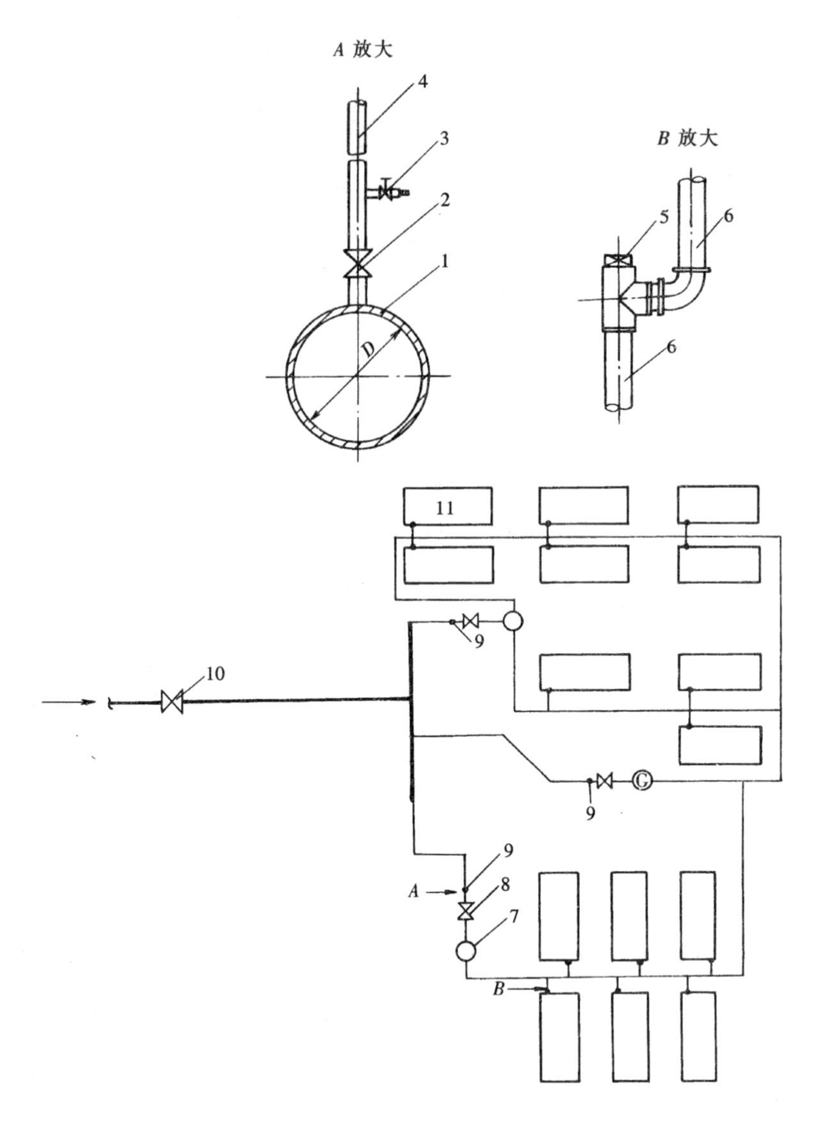

图 4-27 燃气置换现场布置图

1—置换管道；2—放散阀门；3—取样旋塞；4—放散管；5—管塞；6—立管；
7—调压器；8—末端阀门；9—放散管；10—进气阀门；11—工房

散点，严防“盲肠”管道内空气无法排放。

2）放散管安装于远离居民住宅及明火的位置；放散管必须从地下管上接至离地坪2.5m以上的高度，放散管下端接装三通并安装取样阀门。

如果放散点无法避开居民住宅，则在放散管顶端装90°可转动的弯管，根据放散时的风向旋转至安全方向放散。并在放散前通知邻近住宅的居民将门窗关闭和杜绝火种。

3）放散孔口径的确定：放散孔的口径太小会增加置换时间，口径太大给安装放散管带来困难。一般在DN500以上管道采用75～100mm的放散孔，管径在DN300以下则根据其最大允许孔径钻孔（孔径应小于1/3管径）。

（5）现场通信器材准备：新建管道置换操作现场分散，而阀门开启、放散点的控制及现场安全措施落实均需协调进行，各岗位操作有先后顺序和时间要求，因此在置换前应配备无线通讯设备。

(6) 现场安全措施的落实：对邻近放散点的居民、工厂单位逐一宣传并现场检查，清除火种隐患；张贴告示，在置换时间内杜绝火种，相关建筑关闭门窗，放散点周围设置直径大于 20m 的安全范围。

放散点上空遇有架空电缆时，应预先将放散管延伸避让；组织消防队伍，确定消防器材现场设置点。

(7) 置换现场组织：由于投产置换中各项工作需同步协调进行，所以对较大的工程则应建立现场置换指挥班子，由建设单位、施工单位和安全消防等部门参加，处理和协调置换过程中各类问题，投产置换是管道工程竣工拨交的“交换点”，在置换前后暴露的各类工程问题，需要施工和建设单位现场协调解决。

(8) 管内“稳压”测试：投产置换的管道虽然已进行过严密性试验，但是到置换通气时已相隔一段时间。在此期间因各种因素可能造成已竣工管道损坏（如土层沉陷或其他地下工程造成已敷设管道断裂或接口松动等）；或者管道上管塞被拆除（管道气密性试验完成后往往容易遗忘安装管塞）。由于管道分散，有些情况在管道通气之前无法了解，而在投产置换时再发现则相当被动。因此，在投产置换前必须采取以下两项技术措施：

1) 系统试压：往管道内输入压缩空气，压力一般为 3kPa，作短时间稳压试验（一般为 30min 左右），如压力表指针下跌，则说明管道已存在泄漏点，应找到并修复，直至压力稳定为止。

严密性试验合格，但至通气时间超过半年的管道必须重新按照规定进行严密性试验，合格后方可投产置换。

2) 管内压力“监察”：为防止投产置换准备过程中管道被破坏或发生意外，在管道上安装“低压自动记录仪”监察管内压力。如管道被损坏，记录仪上立即得到显示。

监察时间一般为置换前 24h，并由专人值班。

（二）投产置换的实施

(1) 根据方案规定的时间，置换工作人员和指挥人员提前进入施工现场，逐一检查放散管接装、放散区的安全措施，阀门和排水器井梗阀门的启闭以及通信、消防器材的配备等，它们必须符合“方案”规定；各岗位人员就位。

(2) 由现场指挥部下达通气指令：开启气源阀门，同时开启放散管阀门，即进入置换放散阶段（管内压缩空气同时放散）。

(3) 逐一开启排水器井梗阀门（低压则拆除井梗管盖），待排清井内积水、燃气溢出后即关闭井梗阀门（安装管塞）。

(4) 各放散点进入放散阶段：各放散点人员及时与指挥部联系，注意现场安全，当嗅到燃气臭味即可用橡皮袋取气样。

(5)“试样”及判断方法：“试样”即判断管道内经过燃气置换后是否达到合格标准。合格标准指管内混合气体中燃气含量（容积）已大于爆炸上限。“试样”方法常采用以下两种：

1) 点火试样：将放散管上取到的燃气气样袋，移至远离现场安全距离外，点火燃烧袋内的燃气，如火焰为扩散式燃烧（呈桔黄色），则说明管道内已基本置换干净，达到合格标准。该方法简便，得到广泛应用。

2）测定气样中含氧量：预先计算输入燃气的爆炸极限，根据计算所得输入燃气的爆炸上限计算出此时最小含氧量，计算公式为：

$$Z = Z_1 Q_1 + Z_2 Q_2 \tag{4-2}$$

式中 Z——混合气体中含氧量极限，%；

Z_1——燃气爆炸上限（即混合气体中燃气的含量），%；

Z_2——混合气体中空气的含量，%；

Q_1——燃气中氧气的含量，%；

Q_2——空气中氧气的含量，%。

当对气样袋中的燃气用测氧仪（快速）测定得到的读数小于规定含氧量，则说明取样合格，反之将继续放散，直至合格。该方法适应于较大的管道工程投产置换。

（6）投产置换的结尾工作：

1）当各放散管“取样”全部合格后，即拆除放散管，放散口用管塞旋紧，并检查不得有漏气；

2）检查每只排水器，井梗阀门应均处于关阀状态；

3）对通气管道全线仔细检查，是否有燃气泄漏的迹象，特别要重点检查距离居民住宅较近的管道。

（三）管道置换时间的估算

$$T = \frac{KV}{3600 fW} \tag{4-3}$$

式中 T——达到合格标准所需置换时间，h；

V——需要置换的管道容积，m^3；

f——放散孔的截面积，m^3；

K——置换系数，取 $K=2\sim3$；

W——通过放散孔的气体流速，m/s。

$$W = n\sqrt{\frac{2p}{\rho}} \tag{4-4}$$

式中 p——管内气体压力，Pa；

ρ——管内气体密度，kg/m^3；

n——孔口系数（取 $n=0.5\sim0.7$）。

（四）投产置换注意事项

（1）投产置换前，施工部门应提供完整的管线测绘图，阀门、排水器和特殊施工的设备保养单及有关技术资料；投产置换后应及时办理交接手续。

（2）置换工作不宜选择在晚间和阴天进行。因阴雨天气压较低，置换过程中放散的燃气不易扩散，故一般选择在天气晴朗的上午为好。风量大的天气虽然能加速气体扩散，但应注意下风向处的安全措施。

（3）在置换开始时，燃气的压力不能快速升高。特别对于大口径的中压管道，在开启阀门时应逐渐进行，边开启边观察变化情况。因为阀门快速开启容易在置换管道内产生涡流，出现燃气抢先至放散（取样）孔排出，会产生取样“合格”的假象。施工现场阀门启闭应由专人控制并听从指挥。

三、燃气管道的停气降压施工

在进行干管延伸、接装新用户、管道大修更新等施工时需要暂时切断气源或降低燃气压力。

（一）中压管道停气降压

中压管道因管内压力高，使用阻气袋（见图 4-28）无法阻气，故一般采用关闭阀门停气的方法进行管道施工。停气时必须注意以下几点：

（1）查清中压管道阀门关闭范围内影响的调压器数量及调压器所供应的地区，其低压干管是否与停气范围以外的低压干管连通。如果低压干管连通而停气影响范围又较大时，则应考虑安装临时中压管供气或安装临时调压器使施工管段改成低压供应（此时必须保证施工管段两端阀门关闭严密）。

（2）对于需停气的专用调压器，需事先与用气单位商定停气时间，以便用户安排生产。中压管道只有采取降压措施方可带气进行焊割。降压后管内的压力必须超过大气压力，以免造成回火事故。

（二）低压管道停气降压

低压管道在根据不同情况采取停气或降压措施时，必须先查清所施工部位管道的供气情况。一般有以下几种情况：

（1）施工部位的管道为双向供气，而管内的供气压力又不高，一般情况下阻气袋能够阻断气流，则可不必停气或降压。

（2）施工部位的两侧管道为双向气源，但因距调压器较近，管内供气压力较高，阻气袋不能阻断气流，则应采取降压措施，即将调压器的出口压力调低到阻气袋能阻止气流为止，以保证用户的最低燃烧压力要求。

（3）当在枝状管上施工时，则必须对施工部位以后的管道进行停气。如枝状管距离调压器较近，管内供应压力较高，则施工部位后面的管道实行停气，前面的管道采取降压措施。当被停气的管段上有重要用户，或有不能中断燃气供应的用户时，则应安装临时旁通管供气。为了保证用户用气安全，当停气影响用户范围较大时，不但要安装临时旁通管和维持管道内有一定压力的燃气，同时对施工范围内所影响的用户要通知停气的时间和配合安全施工的措施。

（三）停气降压中应注意的有关事项

（1）中压管和低压管在施工中，凡需要采取降压措施时均应事先会同有关部门商讨，确定影响用户的范围、停气降压允许的时间。应在施工前通知相关用户作好停气准备。

（2）停气降压的时间一般应避开高峰负荷时间。如需在出厂管、出站管上停气，应由调度中心与制气厂、储配站商定停气措施。

（3）中压管上停气时，为防止阀门关闭不严密，造成施工管段内压力增加，引起阻气袋位移，使燃气大量外泄，应在阀门旁靠近停气管段的一侧钻孔两个，作为放散管及安装测压仪表用。放散管的安装见图 4-28 所示。

（4）施工结束后，在通气前应将停气管段内的空气进行置换。置换的方法一般采用燃气直接驱赶：燃气由一端进入，空气由另一端的放散管逸出，待管内燃气取样试烧合格后方可通气。

（5）恢复通气前，必须通知所有停气的用户将燃具开关关闭；通气后再逐一通知用户

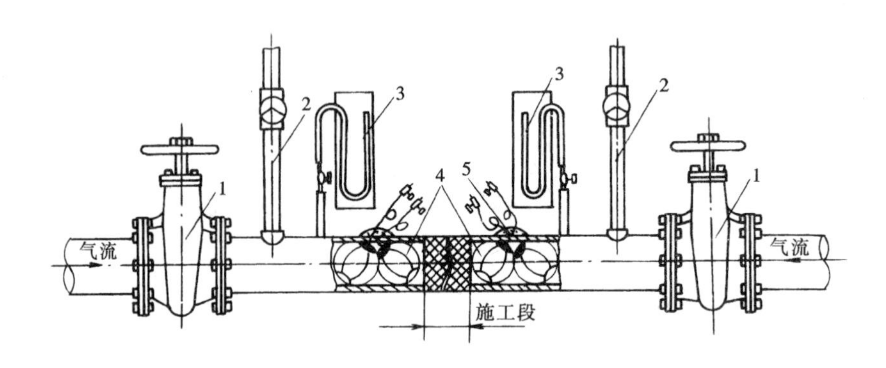

图 4-28 中压管道停气降压操作示意图

1—阀门；2—放散管；3—测压仪表；4—阻气袋；5—湿泥封口

放尽管内混合气再行点火。

(6) 大型工程以及出厂管、出站管的停气降压，因影响范围大，必须成立停气降压指挥部（组)，统一指挥、协调停气施工及用户安全供气等工作。

(7) 停气降压时间经各方商定后，一般情况下不得更改。要做好各项施工工作，准时完工不准延迟。

四、燃气管网运行中的安全技术

在进行燃气作业时，由于周围介质中存在燃气，有可能突发意外的情况。这与燃气的毒性以及所形成燃气空气爆炸性混合气体有关。城镇燃气运行管理中的绝大多数工作与燃气危险性有关。带气接线、修补漏气、管道吹扫、燃气管道部件和设备的修理等，所有在井内和调压室内进行的工作也都是处于有一定危险性的环境中。

燃气危险作业至少应由两人来完成，责任重大的作业应在工程技术人员的指导下进行。工人和技术人员都应经过专门的培训和实习。进行燃气危险作业的地点应设围挡和守护人员，明确禁止吸烟和点燃明火。意外漏气时应戴防毒面具；在作业坑和井内作业的工人应系安全带，其连接绳索的一段应握在地面上监视人员手中。接口和管件的严密性试验只准使用肥皂液检漏，绝对禁止用明火检漏。复杂的燃气危险作业应按照专门的作业计划进行。

从根本上讲，建立健全安全管理制度，落实安全岗位责任制，严格履行操作规程是保证燃气管网安全运行的保障。

五、燃气管道的维护修复

经常对城镇燃气管网及其附属设备进行检查、维护保养，迅速消除城镇燃气管网的漏气及故障，以保证城镇燃气设施的完好，是燃气管道日常维护管理的主要工作之一。

（一）燃气管道漏泄检查

由于地下燃气管道处于隐蔽状态，如果发生漏气，气体会沿地下土层孔隙扩散，使查漏工作十分困难。但可以根据土壤中燃气浓度的大小，确定大致的漏气范围。一般用下列方法查找泄漏点：

(1) 钻孔查漏。定期在沿燃气管线走向的道路上，在地面上隔一定距离（如铸铁管一般按管长 6m，选在接口部位)，用尖头铁棒打洞，用一根与铁棒直径差不多的塑料管置于洞口，凭嗅觉或检漏仪进行检查。发现有漏气时，可加密钻孔，根据燃气浓度判断漏气点位置，然后破土查找。

（2）地下管线的井、室检查。地下燃气管道漏气时，燃气往往会从土层的孔隙渗透至各类地下管线的闸井内。在查漏时，可将检查管插入各类闸井内，凭嗅觉或检漏仪检测有无燃气泄漏。

（3）挖掘探坑。必要时在管道接头或需要的位置挖坑，露出管道或接头，用皂液检查是否漏气。探坑挖出后，如果没有找到漏气点，至少也可从坑内燃气浓淡程度，判断漏气点的大致方位。

（4）植物生态观察。对邻近燃气管的植物进行观察，也是查漏的一种有效方法。如有泄漏燃气扩散到土壤中，将引起花草树木的枝叶变黄，甚至枯死。

（5）利用排水器的排水量判断检查。燃气管道的排水器须定期进行排水。若发现水量骤增，情况异常时，应考虑有可能是地下水渗入排水器，由此推测燃气管道可能破损，应进一步开挖检查。

（6）检漏仪器。各种类型的燃气检漏仪是根据不同燃气的物理、化学性质设计制造的。使用比较广泛的有：

1）半导体检漏仪（也称嗅敏检漏仪）。利用金属氧化物（如二氧化锡、氧化锌、氧化铁等）半导体作为检测元件（也称嗅敏半导体元件），在预热到一定温度后，如果与燃气接触，就会在半导体表面产生接触燃烧的生成物，从而使其电阻发生显著的变化，经过放大、显示或报警电路，就会将检测气体的浓度转换成电讯号指示出来（见图 4-29）。

2）热触媒检漏仪。利用铂螺旋丝作为触媒，遇泄漏的燃气，会在其表面发生氧化作用，氧化时所产生的能量会使铂丝温度上升，引起惠斯顿电桥四个桥臂之一的铂丝电阻变化，使电桥各臂电阻值的比例关系失去平衡，电流计指针产生偏移，根据燃气的不同浓度，指示出不同的电流值（见图 4-30）。

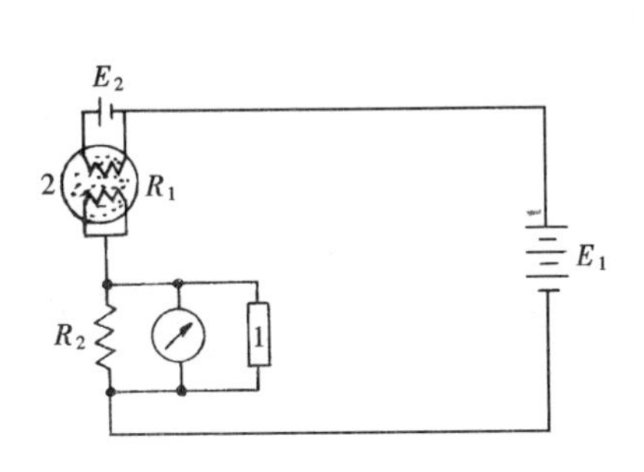

图 4-29　半导体检漏仪电路图

1—报警装置；2—半导体元件

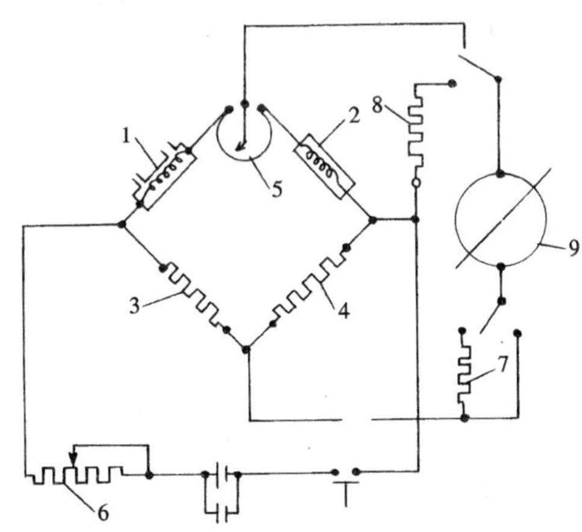

图 4-30　热触媒检漏仪电路图

1—测量电桥臂；2—比较电桥臂；3、4、7、8—线圈；5—零电阻器；6—可变电阻；9—指示器

（二）燃气管道泄漏修复

1. 铸铁管机械接口处理

挖出漏气接口后，可将压兰上的螺母拧紧，使压兰后的填料与管壁压紧密实。如果漏气严重，对有两道胶圈（密封圈与隔离圈）的接口，可松开压兰螺栓，将压兰后移，拉出旧密封圈，换入新密封圈（将新胶圈沿管面呈30°切开，套在管上，用胶粘剂粘牢），然后将压兰推入，重新拧紧压兰螺栓即可。

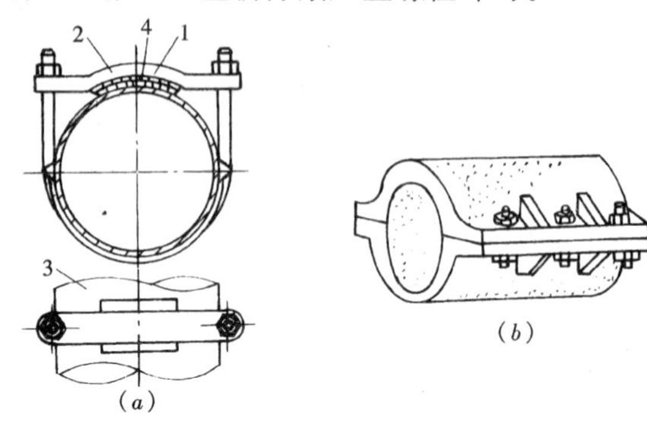

图4-31　夹子套筒

(a) 钢制夹子套筒；(b) 铸铁夹子套筒

1—盖板；2—纤维垫片；3—燃气管道；4—破坏点

2. 铸铁管砂眼修理

可采用钻孔、加装管塞的方法进行修理。

3. 燃气管裂缝修理

可采用夹子套筒修理，如图4-31所示。夹子套筒由两个半圆形管件组成，其长度应比裂缝长50cm以上。将它套在管身裂缝处，在夹子套筒与管子外壁之间用密封填料填实，用螺栓连接，拧紧即可。

4. 腐烂管段更换

当腐烂或损坏的管段较长时，应予以切除，更换新管。更换长度应大于腐烂或损坏管段的50cm以上。

5. 钢管泄漏修理

(1) 管内气流衬里法（见图4-32）

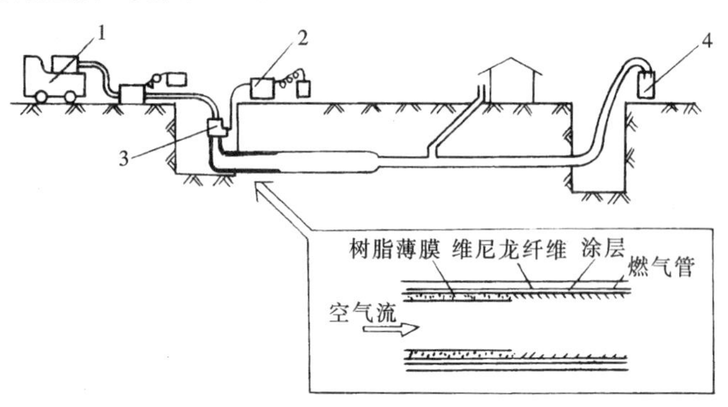

图4-32　管内气流衬里法

1—空压机；2—树脂注入机；3—流量控制器；4—集尘器

将快干性的环氧树脂用压缩空气送入管内，在其尚未固化前，送入维尼龙纤维粘附于环氧树脂表面，再用压缩空气连续地将高粘度的液状树脂送入管内，沿管壁流动，形成均匀的、厚约1.0～1.5mm的薄膜而止漏。

这种方法不论管径是否变化或是否有弯头、丁字管等均可修理，适用于低压钢管的接口、腐烂漏气修理，修理工作段长度约50m。

(2) 管内液流衬里法（见图4-33）

将常温下能固化的环氧树脂送入管内，再用0.07MPa压力的空气流推入两个工作球，在管内即可形成一层均匀的树脂薄膜而止漏。

这种方法适用于*DN*25～80低压钢管的漏气修理，修理工作段长度在40m左右。管

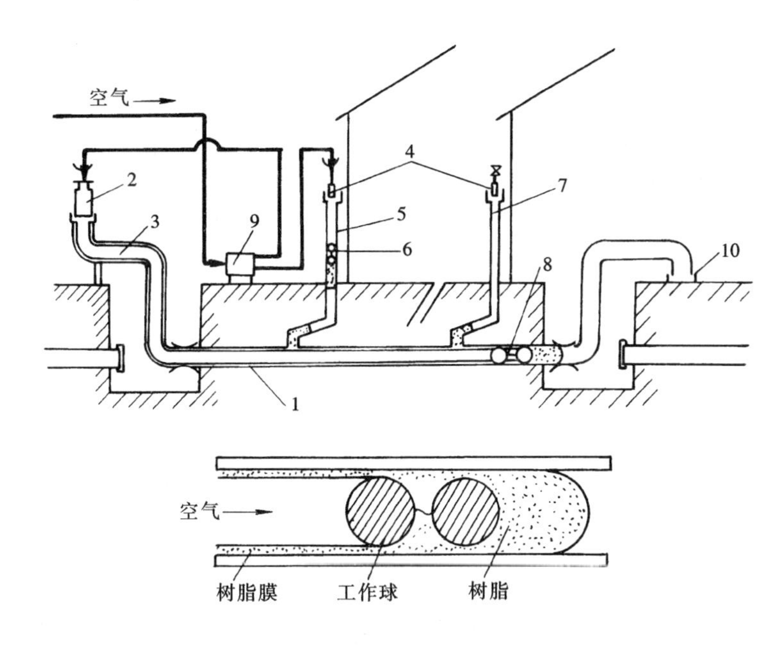

图 4-33　管内液流衬里法

1—支管；2—支管用加压短管；3—工作球引入管；4—供气管用加压短管；5—供气管；6—供气管用工作球；7—未衬里供气管；8—支管用工作球；9—操作台；10—接受器

内若有积水或铁屑等杂质，不可用这种方法修理。

(3) 管内翻转衬里法

1) 支管内翻转衬里法（见图 4-34）

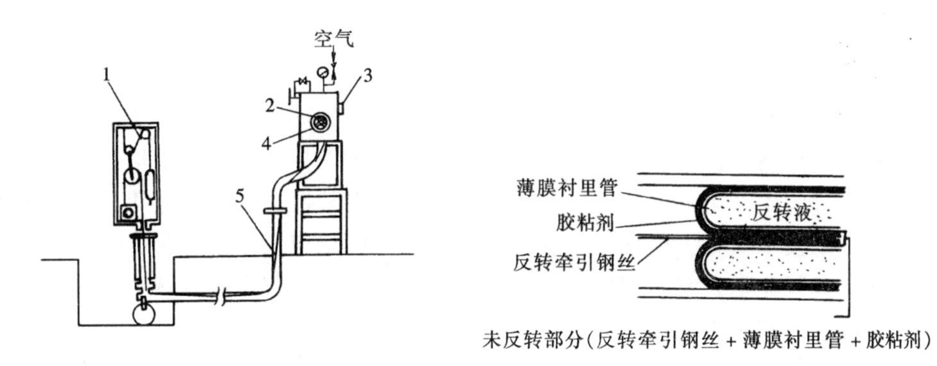

图 4-34　支管内翻转衬里法

1— 卷扬机（牵引侧）；2—薄膜衬里管；3—翻转器；4—皂液面；5—三角接头

先用压缩空气将引导钢丝送入待修管内，在塑料薄膜衬里管内注入适量的胶粘剂。一方面转动卷扬机，牵拉引导钢丝，同时送入具有 0.1～0.2MPa 压力的翻转液（皂液），即可将塑料薄膜衬里管顺利翻转，靠胶粘剂把塑料薄膜衬里管紧密地粘贴在待修内壁，达到更新管道的目的。

这种方法适用于同一管径且无分支管的 *DN*25～50 低压钢管，其一次修理长度约 25m。

2) 干管内翻转衬里法（见图 4-35）

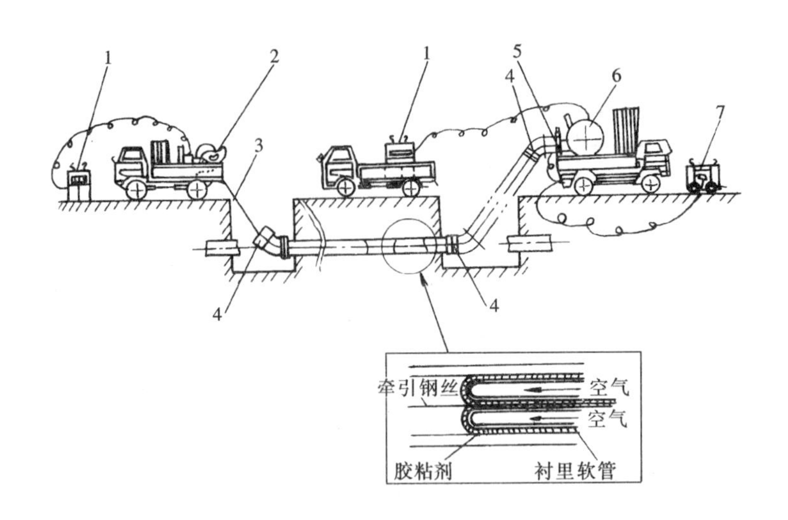

图 4-35　干管内翻转衬里法

1—发电机；2—牵引机；3—牵引钢丝；4—弯管；5—压紧连接件；6—翻转机；7—空压机

埋设在车行道路下的燃气管道需修理时，为减少开挖道路、降低修理费用，可采用大口径管内翻转衬里法，即只需开挖修理管段两端工作坑，切断燃气管道，用压缩空气将引导钢丝送入待修管内，在聚酯衬里软管内注入粘胶剂，一面从前端牵拉引导钢丝，同时从后端送入压缩空气，衬里软管就会在待修管内顺利翻转并粘贴在管道内壁，由于衬里软管具有伸缩性，故在管道弯曲部位也可粘贴完好。

这种方法适用于同一管径且无分支管的低压钢管、铸铁管，一次修理长度可达 100m。

※第五节　燃气行业信息化系统的建设

随着信息技术的发展和普及，信息系统在企业经营管理和社会经济生活中所起的作用越来越重要，信息技术已被认为是支持企业发展的关键性技术，掌握了信息资源也就意味着掌握了最先进的生产工具，从而也就在激烈的竞争中掌握了主动。近年来，随着计算机技术、自动控制技术等相关应用技术在各行各业中的广泛应用，信息化、数字化的概念也不断深入到燃气行业中。它不但体现在具体的业务应用、过程控制领域，同时也体现在一个企业的管理领域和决策领域。

燃气行业同其他行业一样，要不断推进信息化系统在燃气行业的应用与发展，以信息化的技术来促进生产管理效率的提高和生产管理手段的变革，从而推进企业运作模式的变化，对人力、设备、材料以及各项资源进行计划和控制，使生产管理、采购计划和材料管理等得以优化。

燃气行业信息化系统的内容包括：

一、生产调度自动化系统

(一) 数据采集与监视控制系统 (Supervisory Control and Data Acquisition，简称 SCADA)

SCADA 系统是以计算机为基础的生产过程控制与调度自动化系统。它可以对现场的运行设备进行监视和控制，监控及数据采集系统是指对现场的生产状况进行监控，并将采集的数据通过远传的方式集中到调度中心进行处理，并根据一定的策略进行远程的自动控制，以实现数据采集、设备控制、测量、参数调节以及各类信号报警等各项功能，即实现基本的四遥功能：遥信、遥测、遥控、遥调。

SCADA系统自诞生之日起就与计算机技术的发展紧密相关。SCADA系统发展到今天已经经历了三代，正向第四代发展。第一代是基于专用计算机和专用操作系统的SCADA系统，这一阶段是从计算机运用到SCADA系统时开始到20世纪70年代。第二代是20世纪80年代基于通用计算机的SCADA系统，在第二代中，广泛采用VAX等其他计算机以及其他通用工作站，操作系统一般是通用的UNIX操作系统。第一代与第二代SCADA系统的共同特点是基于集中式计算机系统，系统不具有开放性，系统维护、升级及其联网有很大困难。20世纪90年代按照开放的原则，基于分布式计算机网络以及关系数据库技术的能够实现大范围联网的SCADA系统称为第三代。这一阶段是我国SCADA系统发展最快的阶段，各种最新的计算机技术都汇集进SCADA系统中。第四代SCADA系统的基础条件已经具备，该系统的主要特征是采用Internet技术、面向对象技术、神经网络技术以及JAVA技术等，继续扩大SCADA系统与其他系统的集成。

（二）地理信息系统（Geographic Information System，简称GIS）

地理信息系统是采集、存储、管理、分析和显示有关地理现象信息的计算机综合系统。地理信息系统以地理空间信息数据库为基础，提供多种动态的地理信息，利用各种地理信息分析方法，为地理研究提供所必需的地理数据和决策支持。与其他传统意义上的信息系统相比，地理信息系统的特点在于：不仅能够存储、分析和表达现实世界中各种对象的属性信息，而且能够处理其空间定位特征；能将其空间和属性信息有机地结合起来，从空间和属性两个方面对现实对象进行查询、检索和分析，并将结果以各种形式，形象而不失精确地表达出来。因此，从对现实世界对象表达和分析手段的丰富性和有效性来看，GIS是较传统意义上的信息系统更为高级的系统。

地理信息系统作为一项新技术在20世纪80年代中期进入我国的城市规划应用领域。随着我国城市建设的步幅加大，为GIS技术在城市规划方面的发展提供了广阔的应用空间。城镇燃气管网GIS的主要功能是将管网信息在基本地形基础上图形化、数字化，并定义一定的管线拓扑关系，实现一定的分析、优化处理功能。

（三）用户管理系统

作为服务性行业，在生产调度中很重要的一项任务就是如何为用户提供规范化服务。对用户资料的管理是基础性工作，建立健全燃气用户管理系统是建立其他业务及管理系统的基础数据平台。

（四）生产调度辅助决策系统

这一系统将动态的SCADA系统数据及静态的GIS及用户基础数据相结合，提供部分固定的优化策略，为生产调度提供灵活多样的辅助决策。

二、营业收费自动化系统

（一）远程抄表系统

通过无线或有线的通信方式，将用气量数据通过远传的方式集中到数据中心进行处理，同时也能对燃气表的维护管理提供一定的帮助。

（二）与银行联网，实现代理收费系统

将收费功能交于银行管理，在方便用户的同时减少企业在收费上投入的人力和物力，使企业将更多的精力集中到主要的生产管理工作上。

三、决策支持系统（Decision Support System，简称 DSS）

决策支持系统往往和专家系统相结合，根据企业基本生产数据，经营管理基础数据综合统计与分析，为领导层的人工决策提供一定的职能决策支持与帮助。它作为另一类信息系统，涉及范围较广，已经构成了一个相对独立的研究领域。

四、其他业务系统

（1）计算机辅助设计系统；

（2）工程管理系统；

（3）财务、审计、劳资管理系统；

（4）办公自动化系统（Office Automation，简称 OA）。

思 考 题

1. 城镇燃气管网分为哪些类型？
2. 城镇燃气设计压力分为哪几级？为什么要设定不同的压力级制？
3. 城镇燃气管道布置时要考虑哪些问题？
4. 燃气管材常用什么管材？各有什么特点？
5. 燃气管道的附属设备有哪些？
6. 钢制燃气管道的腐蚀原因和防腐方法？

第五章 燃 气 设 施

第一节 燃 气 储 罐

燃气储罐是燃气输配系统中经常采用的储气设施之一。合理确定储罐在输配系统的位置，使输配管网的供气点分布合理，可以改善管网的运行工况，优化输配管网的技术经济指标，解决气源供气均匀性与用户用气不均匀性之间的矛盾。

燃气储罐按照工作压力可分为：

(1) 低压储罐：储罐的工作压力一般在5kPa以下，储气压力基本稳定，储气量的变化使储罐容积相应变化。

(2) 高压储罐：高压储罐的几何容积是固定的，储气量变化时，储罐储气压力相应变化。

一、低压储罐

(一) 低压湿式罐

低压湿式罐的储气罐的容积是变化的。图5-1所示为螺旋导轨式储罐，简称螺旋罐。其罐体靠导轨（安装在内节钟罩上）与导轮（安装在外节钟罩上的水槽平台上）相对滑动而螺旋升降。螺旋罐的缺点是不能承受强烈的风压，故在风速太大的地区不宜设置。此外，其施工允许误差较小，基础的允许倾斜或沉陷值也较小；导轮与轮轴往往产生剧烈磨损。螺旋罐在北方冬季要采取防冻措施，因此管理较复杂，维护费用较高。此外，由于塔节经常浸入、升出水槽水面，因此必须定期进行涂漆防腐。

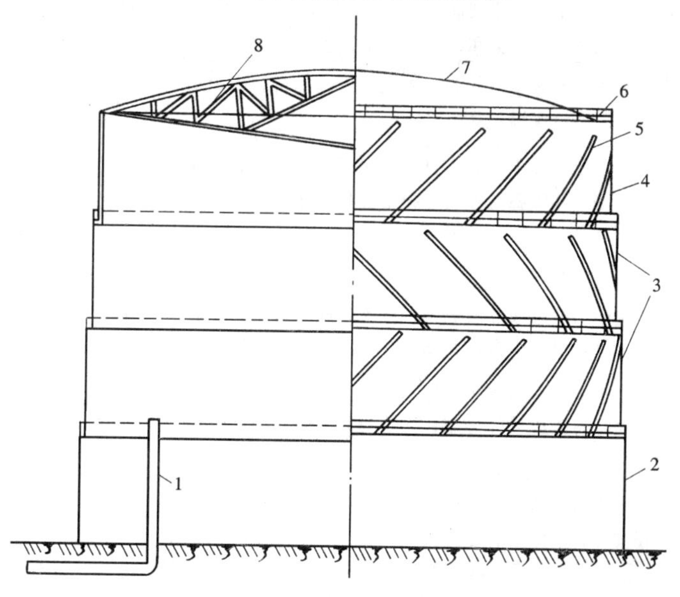

图5-1 螺旋罐示意图

1—进（出）气管；2—水槽；3—塔节；4—钟罩；5—导轨；6—平台；7—顶板；8—顶架

（二）干式储罐

干式储罐主要由外壳、沿壳壁上下运动的活塞、底板及顶板组成。

燃气储存在活塞以下部分，随活塞上下移动而增减其储气量。它不像湿式罐那样设有水封槽，故可大大减少罐的基础荷载，这对于大容积储罐的建造是非常有利的。干式储罐的最大问题是密封，也就是如何防止固定的外壳与上下活动的活塞之间发生漏气。

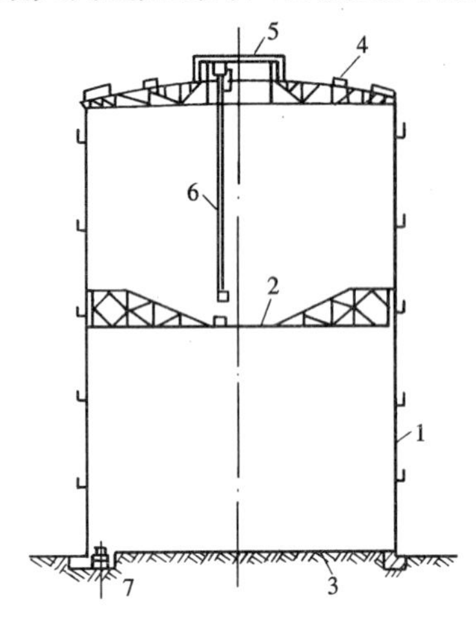

图 5-2　曼型干式罐的构造

1—外筒；2—活塞；3—底板；4—顶板；5—天窗；6—梯子；7—燃气入口

根据密封方式不同，目前使用较多有三种类型的干式罐：曼型储罐、可隆型储罐和威金斯型储罐。其中，曼型储罐采用稀油密封方式、可隆型储罐采用油脂密封方式、威金斯型储罐采用密封帘进行密封。

曼型储罐由钢制正多边形外壳、活塞、密封机构、底板、罐顶（包括通风换气装置）、密封油循环系统、进出口燃气管道、安全放散管、外部电梯、内部吊笼等组成，见图5-2。活塞随燃气的进入与排出在壳体内上升或下降。支承在活塞外缘的密封机构紧贴壳体侧板内壁同时上升或下降，其中的密封油借助于自动控制系统始终保持一定的液位，形成油封，使燃气不会逸出。燃气储气压力由活塞自重与在活塞上面增加的配重所决定。

（三）湿式储罐与干式储罐比较

低压湿式螺旋储罐与曼型干式储罐比较见表 5-1。

低压湿式螺旋罐和曼型干式罐比较　　表 5-1

项　目	低压湿式螺旋罐	曼型干式罐
罐内燃气压力	随储罐塔节的增减而改变，燃气压力有一定波动	储气压力稳定
罐内燃气湿度	罐内燃气吸水饱和，出口燃气湿度大，含水量高	储存气体干燥
保温蒸汽用量	寒冷地区冬季时水封需防冻，水封部位要有引射器喷射蒸汽保温，蒸汽用量大	冬季气温低于 5℃时，罐底部循环密封油油槽需蒸汽加热，但耗热量少
占地	高径比一般小于1，占地面积较大；钟罩顶落在水槽上部，其中燃气为不可利用容积，储罐容积利用率约 85%	高径比一般为 1.2～1.7，占地面积小；活塞落下与底板间距为 60mm 左右，储罐容积利用率高
使用寿命	一般≥30 年	一般≥50 年
抗腐蚀性	由于水槽底部细菌繁殖，使水中硫酸盐生化还原成 H_2S，燃气中含有 H_2S，易使罐体内壁腐蚀	由于内壁的表面经常保持一层厚 0.5mm 的油膜，保护钢板不被腐蚀
抗震等性能	由于水槽上部塔节为浮动结构，在发生强地震和强风时易造成塔体倾斜，产生导轮错动、脱轨、卡住等现象	活塞不受强风和冰雪影响
基础	水槽内水容量大，对地基要求高；在软土地基上建罐时需进行基础处理	自重轻，地基处理简单
罐体耗钢量	低	高（干/湿＝1.35～1.5）
罐体造价	低	高（干/湿＝1.5～2.0）
安装精度要求	低（安装不需要高空作业，操作高度为水槽高度）	高

从表 5-1 中可以看出，低压干式罐与低压湿式罐相比有很多优点，所以干式罐是低压储气的发展方向。目前国内应用较多的低压干式罐是曼型干式储罐，常用的公称容积有 $1\times10^4m^3$、$5\times10^4m^3$ 和 $1\times10^5m^3$ 等。

二、高压储罐

高压储罐有固定的容积，依靠改变其中的燃气压力储气。按其形状可分圆筒形和球形罐两种形式。

（一）圆筒形储罐

圆筒形储罐是两端为碟形、半球型或椭圆形封头的圆筒型容器。按安装方式可分为立式和卧式两种，前者几何容积较小，占地面积小；对防止罐体倾倒的支柱及基础要求较高。卧式罐的支座及基础作法较简单。圆筒形储罐制作方便，耗钢量比球罐大，一般用作小规模的高压储气设备。其附属装置有鞍型钢支座、进出气管道、压力表、安全阀、底部冷凝液排出管等。圆筒形储罐见图 5-3。

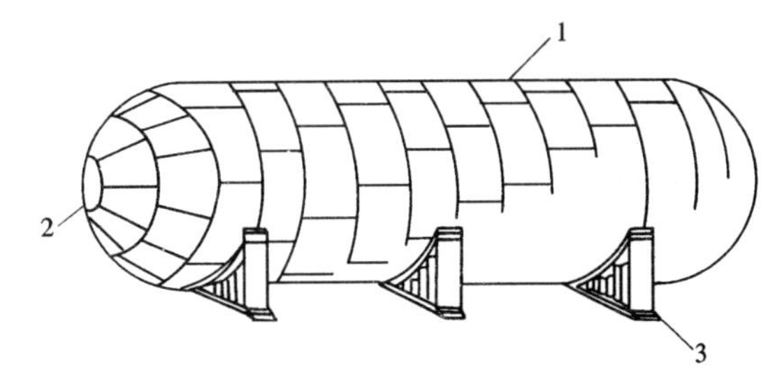

图 5-3　圆筒形储罐

1—筒体；2—封头；3—鞍式支座

（二）球形储罐

球形储罐通常由分瓣压制成型的球片拼焊组装而成。罐的球片分布似地球仪或足球：地球仪式的罐分为极板、南北极带、南北温带、赤道带等。储罐附属装置有：进出气管道、底部冷凝液排出管、就地压力表、远传指示仪、防雷防静电接地装置、安全阀、人孔、扶梯及走廊平台等。球型罐的支座一般采用赤道正切支座，见图 5-4。

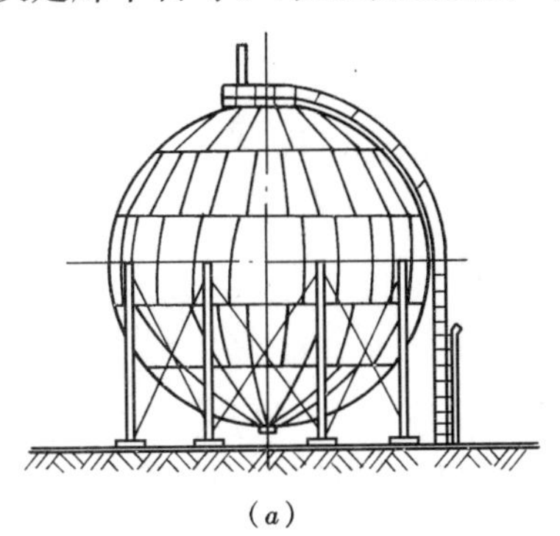
(a)

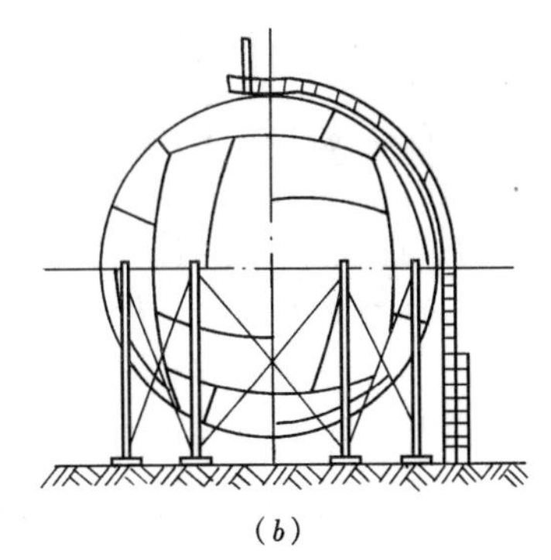
(b)

图 5-4　球形储罐

球形储罐在相同的工作压力下所承受的一次薄膜应力仅为圆筒形容器环向应力的一半，并且在板面积相同的条件下，容积大于一般的圆筒形罐。球形罐受力好，省钢材，在城镇燃气系统中应用广泛。

（三）高压储罐储气量计算

高压储罐的有效储气容积可按下式计算：

$$V = V_C \frac{P - P_C}{P_0} \tag{5-1}$$

式中　V——储气罐的有效储气容积，m^3；

V_C——储气罐的几何容积，m^3；

P——最高工作压力，10^5Pa；

P_C——储气罐最低允许压力，10^5Pa，其值取决于罐出口处连接的调压器最低允许进口压力；

P_0——大气压，10^5Pa。

储罐的容积利用系数，可用下式表示：

$$\varphi=\frac{VP_0}{V_CP}=\frac{V_C(P-P_C)}{V_CP}=\frac{P-P_C}{P} \tag{5-2}$$

在储罐几何容积已经确定的情况下，要提高储罐的容积利用系数，可以采取以下办法：

（1）提高储罐的最高工作压力，但考虑到不同材质、不同厚度钢材的承压能力，储罐的最高工作压力通常在设计时已经确定，不能随意改变；

（2）降低储罐的剩余压力，但储罐最低允许压力受到调压器进口压力的限制：当罐内压力接近调压器最低进口压力时，调压器将不能正常启动；而调压器的压力又受到后续燃气管网运行压力的制约；

（3）在高压储罐站内安装引射器：当储罐内燃气压力接近管网压力时，启动引射器，利用进入储罐站的高压燃气把燃气从压力较低的储罐中引射出来，这样相当于降低了储罐的最低压力，从而提高了容积利用系数。但是利用引射器时，要安设自动开闭装置，否则操作不当，会破坏储配站系统的正常工作。

【例 5-1】　某高压燃气储罐在最低压力为 P_{C1} 时其容积利用系数 $\varphi_1=0.8$，若将 φ_1 提高至 0.85，则与该储罐出口连接的调压器最低允许进口压力值应为多少？

解：由 $\varphi=\frac{P-P_C}{P}$ 得，$P_C=P(1-\varphi)$

故 $\frac{P_{C1}}{P_{C2}}=\frac{P(1-\varphi_1)}{P(1-\varphi_2)}$

则 $P_{C2}=\frac{P_{C1}(1-\varphi_2)}{(1-\varphi_1)}=\frac{P_{C1}(1-0.85)}{(1-0.8)}=0.75P_{C1}$

结论：

（1）该储罐出口连接的调压器最低允许进口压力值应为 $0.75P_{C1}$；

（2）若储罐的容积利用系数提高 5%，调压器的最低进口压力则降低 25%；即后续燃气管网进口压力将降低 25%；

（3）提高储罐容积利用系数，使储罐的经济性得到改善，但管网进口压力降低，在同等输气量时，可能使管网管径增大，经济性变差。

三、燃气储罐的置换

当储罐竣工验收合格后，在投入运行前或在储罐停运待修时，均需对罐内的气体进行置换。置换的目的在于排除在储罐内形成爆炸混合物的可能性。

储罐的置换原理就是用一种性质上截然不同的气体，替换或稀释容器中的空气或燃气，最终将容器内气体的性质完全改变过来。在实际操作中，置换气量要比被置换气量大得多，一般为被置换空间体积的 3 倍，并且必须取样分析验证置换效果。为了提高置换的效率，必须加强容器内气体的扰动，以促进替换作用，减少稀释作用，一般充入容器内的气体流速以 0.6～0.9m/s 为宜。应该指出的是，充气流速不能过快，尤其容器内存在可燃气体时，往往由于容器内机械杂质扰动与金属器壁发生摩擦引起过量静电，导致爆炸事故。

燃气储罐的置换介质可用惰性气体、水蒸气、烟气和水等。惰性气体既不可燃又不助燃，如氮气、二氧化碳气等，它们性质稳定，方便购买，但费用高；水蒸气是一般工厂必备的动力，对于允许在高温场合下操作的储罐，可以用水蒸气作为置换介质。另外，烟气的组分主要是氮和二氧化碳，而且可以从设备的排烟中取得，是比较经济的置换介质，但主要问题是其组成和发生量不稳定、杂质含量多、含有氧气，所以使用前应加以处理。选用上述介质有困难时，对于固定容积的高压储罐，也可以用水作置换介质，但必须保证水温在任何时候都不能低于 5℃。当置换量很大时，宜用固、液、气体燃料在发生装置内制取烟气来作为置换介质。

取样化验是置换过程中必不可少的环节。取样点必须在储罐的最高处，取样要准确而具有代表性并及时化验。在化验结果未经证实储罐内已不存在可爆气体前，置换过程不得终止。化验合格标准应遵照有关技术规定执行。

第二节　燃气的压力调节与计量

一、调压器工作原理及构造

调压器是燃气输配系统的重要设备，其作用是将较高的入口压力调至较低的出口压力，并随着燃气需用量的变化自动地保持其出口压力的稳定。

调压器一般均由感应装置和调节机构组成。感应装置的主要部分是敏感元件（薄膜、导压管等），出口压力的任何变化通过薄膜使节流阀移动。调节机构是各种形式的节流阀。敏感元件和调节机构之间由执行机构相连。图 5-5 所示为调压器工作原理图。图中 p_1 为调压器进口压力，p_2 为调压器设定的出口压力，则

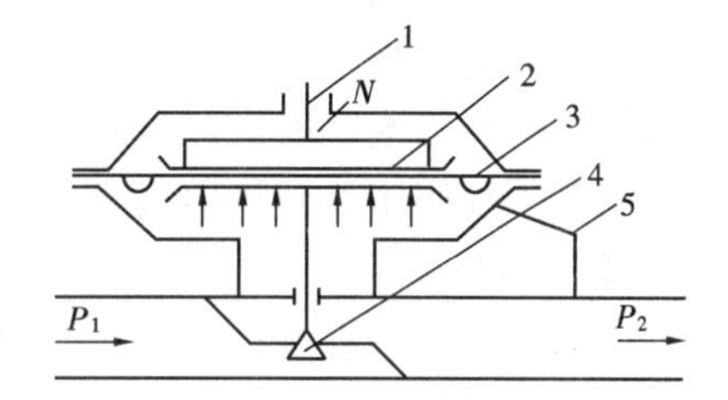

图 5-5　调压器工作原理图
1—气孔；2—重块；3—薄膜；4—阀；5—导压管

$$N = p_2 F_a \quad (5\text{-}3)$$

式中　N——燃气作用在薄膜上的力，N；

F_a——薄膜有效表面积，m^2。

燃气作用在薄膜上的力与薄膜上方重块（或弹簧）向下的重力相等时，阀门开启度不变。

当出口处的用气量增加或进口压力降低时，燃气出口压力下降，造成薄膜上下受力不平衡，此时薄膜下降，阀门开大，燃气流量增加，使出口压力恢复至设定值，薄膜恢复平衡状态。反之，当出口处用气量减少或入口压力增大时，燃气出口压力升高，此时薄膜上升，使阀门关小，燃气流量减少，又逐渐使出口压力恢复至设定值。可见，无论用气量或入口压力如何变化，调压器总能自动保持稳定的出口压力。

二、调压器的种类

通常调压器分为直接作用式和间接作用式两种。

（一）直接作用式调压器

直接作用式调压器只依靠敏感元件（薄膜）所感受的出口压力的变化移动阀门进行调节，不需要消耗外部能源，敏感元件就是传动装置的受力元件。

常用的直接作用式调压器有：液化石油气调压器、用户调压器及各类低压调压器。

1. 液化石油气调压器

目前采用的液化石油气调压器连接在液化石油气钢瓶的角阀上，流量为 0～0.6m^3/h，其构造见图 5-6。

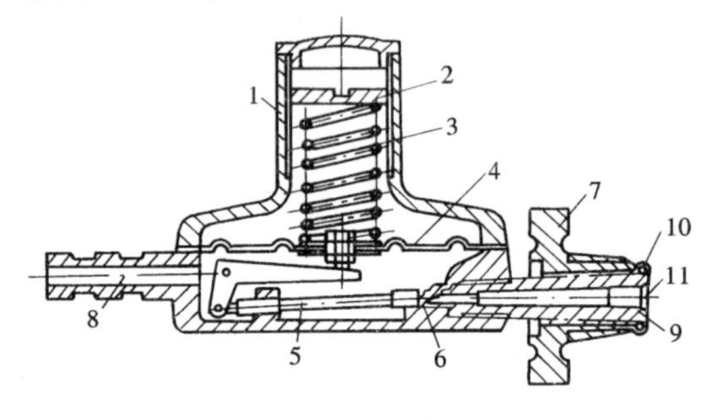

图 5-6　液化石油气调压器

1—壳体；2—调节螺钉；3—调节弹簧；4—薄膜；5—横轴；6—阀口；7—手轮；8—出口；9—进口；10—胶圈；11—滤网

调压器的进口接头由手轮旋入角阀，压紧于钢瓶出口上，出口用胶管与燃具连接。

当用户用气量增加时，调压器出口压力降低，作用在薄膜上的压力也就相应降低，横轴在弹簧与薄膜作用下开大阀口，使进气量增加，经过一定时间，出口压力重新稳定在给定值。当用气量减少时，调压器薄膜及调节阀门反向动作。当需要改变出口压力设定值时，可调节调压器上部的调节螺栓。

这种弹簧薄膜结构的调压器，随着流量增加、弹簧增长、弹簧力减弱，给定值降低；同时，随着流量增加，薄膜挠度减小，有效面积增加。气流直接冲击在薄膜上，将抵消一部分弹簧力。所以这些因素都会使调压器随着流量的增加而出口压力降低。

液化石油气调压器是将中压至次高压的液化石油气调节至低压供用户使用。

2. 用户调压器

用户调压器可以直接与中压管道相连，燃气减至低压后供给用气设备，可用于集体食堂、小型工业用户等，其构造如图 5-7 所示。

该调压器具有体积小、重量轻、性能可靠、安装方便等优点。由于通过调节阀门的气流不直接冲击到薄膜上，因此改善了由此引起的出口压力低于设计理论值的缺点。另外，由于增加了薄膜上托盘的重量，则减少了弹簧力变化对出口压力的影响。导压管引入点置于调压器出口管流速最大处。当出口流量增加时，该处动压头增大而静压头减小，使阀门有进一步开大的趋势，能够抵消由于流量增大、弹簧推力降低和薄膜有效面积增大而造成的出口压力降低的现象。

（二）间接作用式调压器

间接作用式调压器的敏感元件和传动装置的受力元件是分开的。当敏感元件感受到出口压力的变化后，使操纵机构（如指挥器）动作，接通外部能源或被调介质（压缩空气或燃气），使调压阀门动作。由于多数指挥器能将所受力放大，故出口压力微小变化，也可导致主调压器的调节阀门动作，因此间接作用式调压器的灵敏度比直接作用式高。下面以轴流式调压器为例介绍间接作用式调压器的工作原理。

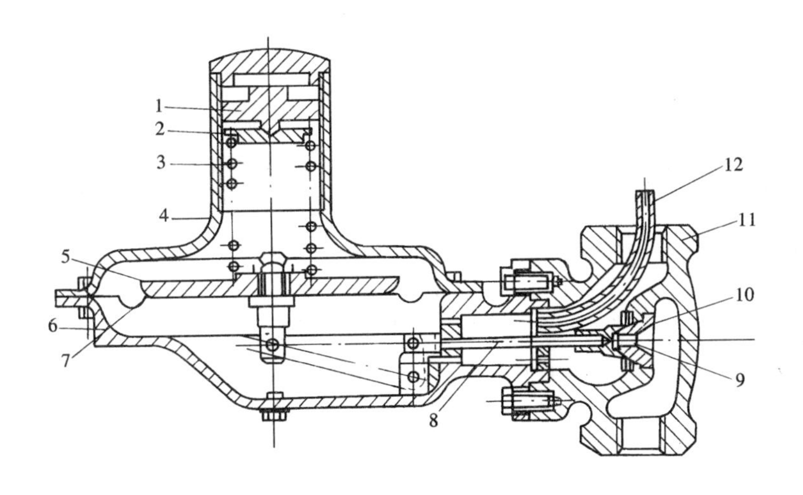

图 5-7　用户调压器

1—调节螺钉；2　定位压板；3—弹簧；4—上体；5—托盘；6—下体；
7—薄膜；8—横轴；9—阀垫；10—阀座；11—阀体；12—导压管

该调压器结构如图 5-8 所示。进口压力为 P_1，出口压力为 P_2，进出口流线是直线，故称为轴流式。轴流式的优点为燃气通过阀口阻力损失小，所以可以使调压器在进出口压力差较低的情况下通过较大的流量。调压器的出口压力 P_2 是由指挥器的调节螺丝 8 给定。稳压器 13 的作用是消除进口压力变化对调压的影响，使 P_4 始终保持在一个变化较

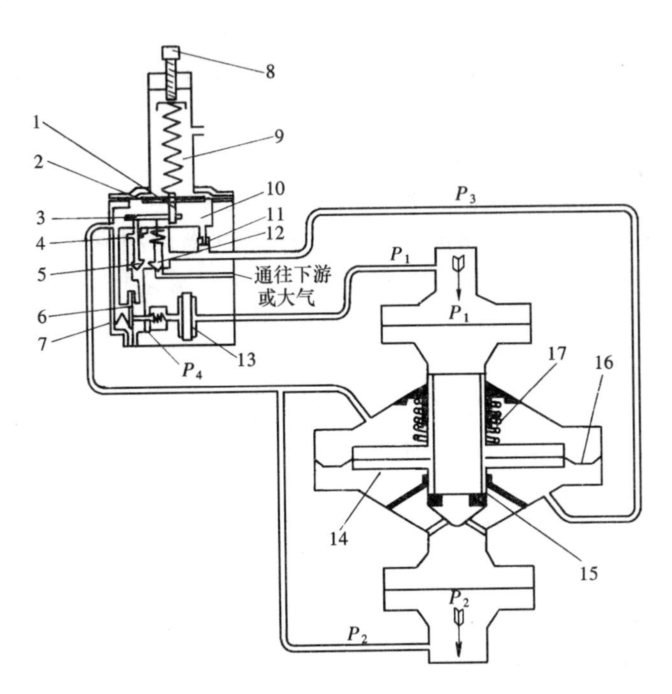

图 5-8　轴流式间接作用调压器

1—阀柱；2—指挥器薄膜；3—阀杆；4、5—指挥器阀；6—皮膜；7—弹簧；8—调节螺丝；
9—指挥器弹簧；10　指挥器阀室；11—校准孔；12—排气阀；13—带过滤器的稳压器；
14—主调压器阀室；15—主调压器阀；16—主调压器薄膜；17—主调压器弹簧

小的范围。P_4 的大小取决于弹簧 7 和出口压力 P_2，通常比 P_2 大 0.05MPa，稳压器内的过滤器主要防止指挥器流孔阻塞，避免操作故障。

在平衡状态时，主调压器弹簧 17 和出口压力 P_2 与调节压力 P_3 平衡，因此 $P_3 > P_2$，指挥器内由阀 5 流进的流量与阀 4 和校准孔 11 流出的流量相等。

当用气量减少，P_2 增加时，指挥器阀室 10 内的压力 P_2 增加，破坏了和指挥器弹簧的平衡，使指挥器薄膜 2 带动阀柱 1 上升。借助阀杆 3 的作用，阀 4 开大，阀 5 关小，使阀 5 流进的流量小于阀 4 和校准孔 11 流出的流量，使 P_3 降低，主调压器薄膜上下压力失去平衡。主调压器阀向下移动，关小阀门，使通过调压器的流量减小，因此使 P_2 下降。如果 P_2 增加较快，指挥器薄膜上升速度也较快，使排气阀 12 打开，加快了降低 P_3 的速度，使主调压器阀尽快关小甚至完全关闭。当用气量增加，P_2 降低时，其各部分的动作相反。

该系列调压器流量可以从 $160m^3/h$ 到 $15\times10^4m^3/h$，进口压力可以从 0.01MPa 到 1.6MPa，出口压力可以从 500Pa 到 0.8MPa。

三、调压器的选择

（一）选择调压器应考虑的因素

1. 流量

通过调压器的流量是选择调压器的重要参数之一，所选择调压器的尺寸既要满足最大进口压力时通过最小流量，又要满足最小进口压力时通过最大流量。当出口压力超出工作范围时，调节阀应能自动关闭。若调压器尺寸选择过大，在最小流量下工作时，调节阀几乎处于关闭状态，则会产生颤动、脉动及不稳定的气流。实际上，为了保证调节阀出口压力的稳定，调节阀不应在小于最大流量的 10％情况下工作，一般在最大流量的 20％～80％之间使用为宜。

2. 燃气种类

燃气的种类影响所选用调压器的类型与制造材料。

由于燃气中的杂质有一定的腐蚀作用，故选用调压器的阀体宜为铸铁等耐腐蚀材料，阀座宜为不锈钢，薄膜、阀垫及其他橡胶部件宜采用耐腐蚀的腈基橡胶，并用合成纤维加强。

3. 调压器进出口压力

进口压力影响所选调压器的类型和尺寸。调压装置必须承受压力的作用，并使高速燃气引起的磨损最小。要求的出口压力值决定了调压器薄膜的尺寸，薄膜越大对压力变化的反应越灵敏。

当进出口压力降太大时，可以采用两个调压器串联工作进行调压。

4. 调节精度

在选择调压器时，应采用满足所需调节精度的调压装置。调节精度是以出口压力的稳压精度来衡量的，即调压器出口压力偏离额定值的偏差与额定出口压力的比值。稳压精度值一般为±5％～±15％。

5. 阀座形式

在调压器进出口压差的作用下，调节阀需经常启闭。当需要完全切断燃气气流时，宜选用柔性阀座。而在高压气流作用下，选用硬性阀座可以减少高速气流引起的磨损，但噪声较大。

6. 连接方式

调压器与管道的连接可以用标准螺纹或法兰连接，通常大管径调压器采用法兰连接。

（二）选择方法

在实际应用中，常按产品样本来选择调压器。产品样本中给出的调压器通过能力通常是按某种气体（如空气）在一定进出口压力降和气体密度下实验得出的，在使用时要根据实际燃气性质对调压器给定参数进行折算。

如果产品样本中给出的试验调压器时所用的参数流量 Q'_0（m^3/h）、压降 $\Delta p'$（Pa）、出口压力 p'_2（绝对压力 Pa）、气体密度 ρ'_0（kg/m^3），则折算公式有如下形式：

1. 亚临界状态 $\frac{p_2}{p_1} > \nu_0$

$$Q_0 = Q'_0\sqrt{\frac{\Delta p p_2 \rho'_0}{\Delta p' p'_2 \rho_0}} \tag{5-4}$$

2. 临界状态 $\frac{p_2}{p_1} \leqslant \nu_0$

$$Q_0 = 0.5 Q'_0 p_1\sqrt{\frac{\rho'_0}{\rho_0 \Delta p' p'_2}} \tag{5-5}$$

式中 Q_0——调压器实际通过最大能力，m^3/h；

Δp——调压器实际压降，Pa；

ρ_0——燃气实际密度，kg/m^3；

p_1——调压器入口燃气绝对压力，Pa；

p_2——调压器出口燃气绝对压力，Pa；

ν_0——临界压力比。

按上述公式计算所得调压器的通过能力，是在可能的最小压降和阀门完全开启条件下的最大流量。在实际运行中，调压器阀门不宜处在完全开启状态下工作，因此选用调压器时，调压器的最大流量与调压器的计算流量（额定流量）有如下关系：

$$Q_0^{max} = (1.15 \sim 1.2) Q_P \tag{5-6}$$

式中 Q_0^{max}——调压器的最大流量，m^3/h；

Q_P——调压器的计算流量，m^3/h。

为保证调压器在最佳工况下工作，调压器的计算流量应按该调压器所承担的管网计算流量的 1.2 倍确定。调压器的压降，应根据调压器前燃气管道的最低压力与调压器后燃气管道需要的压力差值确定。

四、燃气调压站

一般流量较大、进口燃气压力较高的高压一次高压、次高压-中压调压装置宜设在调压站内；流量大于 2000m^3/h 的中低压调压装置，在有建站条件时，经经济技术比较后，可设调压站。燃气调压站比调压箱占地面积大，但运行管理方便。

（一）调压站的选址

调压站应力求布置在燃气负荷中心，或接近大型用户与大量用气区域，以减少输配管网的长度，并尽可能避开城市繁华地段及主要道路、密集的居民楼、重要建筑物及公共活动场所。

燃气调压站、箱与其他建筑物、构筑物的水平净距应符合表 5-2 的规定。

调压站（含调压柜）与其他建筑物、构筑物水平净距（m）　　　**表 5-2**

设置形式	调压装置入口燃气压力级制	建筑物外墙面	重要公共建筑物	铁路（中心线）	城镇道路	公共电力变配电柜
地上单独建筑	高压（A）	18.0	30.0	25.0	5.0	6.0
	高压（B）	13.0	25.0	20.0	4.0	6.0
	次高压（A）	9.0	18.0	15.0	3.0	4.0
	次高压（B）	6.0	12.0	10.0	3.0	4.0
	中压（A）	6.0	12.0	10.0	2.0	4.0
	中压（B）	6.0	12.0	10.0	2.0	4.0
调压柜	次高压（A）	7.0	14.0	12.0	2.0	4.0
	次高压（B）	4.0	8.0	8.0	2.0	4.0
	中压（A）	4.0	8.0	8.0	1.0	4.0
	中压（B）	4.0	8.0	8.0	1.0	4.0
地下单独建筑	中压（A）	3.0	6.0	6.0	—	3.0
	中压（B）	3.0	6.0	6.0	—	3.0
地下调压箱	中压（A）	3.0	6.0	6.0	—	3.0
	中压（B）	3.0	6.0	6.0	—	3.0

注：1. 当调压装置露天设置时，则指距离装置的边缘。
2. 当建筑物（含重要公共建筑物）的某外墙为无门、窗洞口的实体墙，且建筑物耐火等级不低于二级时，燃气进口压力级制为中压（A）或中压（B）的调压柜一侧或两侧（非平行），可贴靠上述外墙设置。
3. 当达不到上表净距要求时。采取有效措施，可适当缩小净距。

（二）调压站的组成及工艺流程

1. 调压站的组成

调压站通常由调压器、阀门、过滤器、安全装置、旁通管以及测量仪表等组成。有的调压站除了调压之外，还要对燃气进行计量，称为调压计量站。区域调压站平面、剖面图如图 5-9 所示。

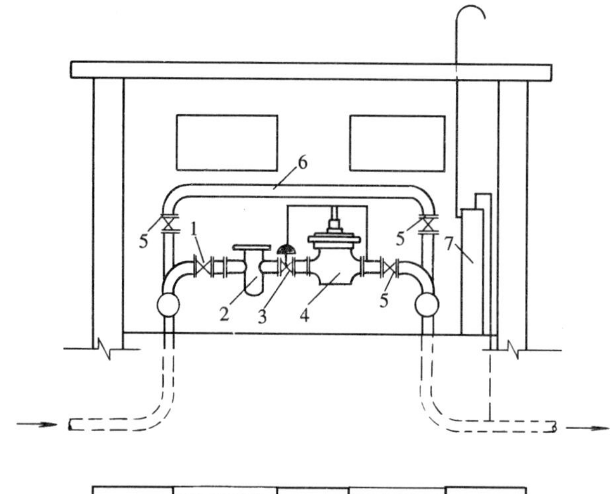

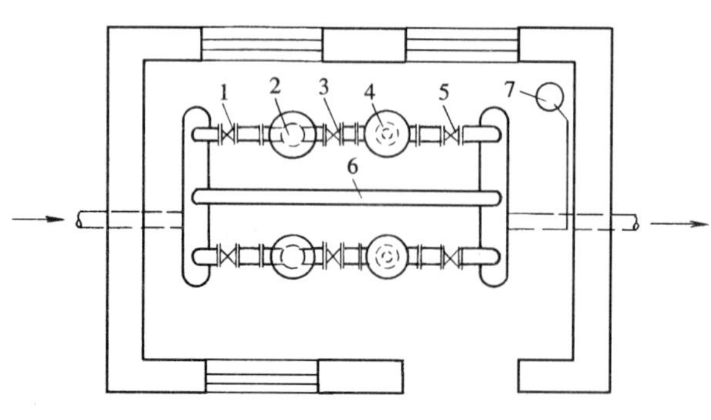

图 5-9　区域调压站平面、剖面图
1—阀门；2—过滤器；3—安全切断阀；4—调压器；5—安全水封；6—旁通管；7—放散管

（1）阀门　调压站进口及出口处必须设置阀门，为的是检修调压器、过滤器或停用调压器时切断气源。此外，高压调压器在距调压站 10m 以外的进出口管道上亦应设置阀门，此阀门处于常开状态。当调压站发生事故时，不必接近调压站即可关闭阀门，防止事故蔓延。

（2）过滤器　在调压器入口处安装过滤器，以清除燃气中夹带的悬浮物等，保证调压装置正常运转。常用纤维织物等作为过滤器的填料。在过滤器前后应设置压力表或压差计；在正常工作情况下，燃气通过过滤器的压降不得超过 10kPa，压降过大时应将滤芯拆下清洗。

(3) 安全装置　当调压器中薄膜破裂或调节系统失灵时，出口压力会突然增高，危及用户及公共设施安全，因此调压站出口处必须设置安全装置。调压站安全装置有安全阀及安全水封等。

弹簧式安全阀主要用于泄放高中压燃气；当调压器出口压力上升超过弹簧作用力时，阀门即被打开，燃气通过放散管排入大气中。

安全水封构造简单，用于泄放低压燃气（见图 5-10）；当调压器出口超压时，燃气冲破水封放散到大气中。采用安全水封必须随时注意液位的变化，在寒冷季节应防水封冰冻。

安全阀放散管应高出调压站屋顶 1.0m 以上，并注意周围建筑物的高度、距离及风向，应采取适当的措施防止燃气放散时发生危险。

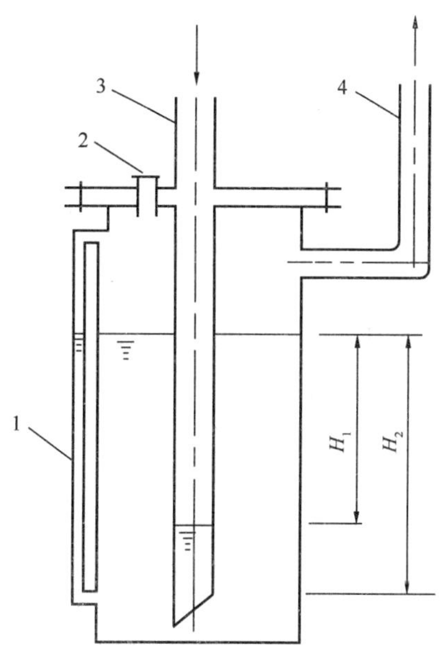

图 5-10　安全水封示意图
1—液位计；2—注水口；
3—燃气管；4—放散管

(4) 旁通管　凡不能间断供气的调压站，均应设旁通管；旁通管的管径通常比调压器出口管的管径小 2～3 号。旁通管上一般不设置调压器，只设阀门：当需要使用旁通管输送燃气时，由阀门开启的大小控制燃气流量和出口压力。

(5) 测量仪表　调压站的测量仪表主要是压力表。通常在调压器入口处安装指示型压力表；调压器出口处安装自动记录式压力表，以便监测调压器的工作状况。

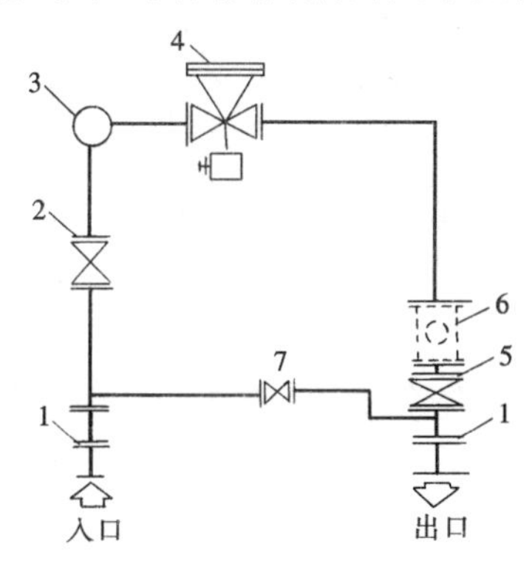

图 5-11　单通道调压站工艺流程图
1—绝缘法兰；2—入口阀门；3—过滤器；
4—带安全阀的调压器；5—出口阀门；
6—流量计；7—旁通阀

2. 调压站的工艺流程

调压站的工艺流程如图 5-11 所示。此系统正常运行时，入口燃气经进口阀门及过滤器进入调压器，调压后的燃气经流量计及出口阀门送入燃气管网。当维修时燃气可由旁通管通过。因为进站前及出站后燃气管线采用埋地敷设并通常采用电保护防腐措施，所以进出站管线上应设置绝缘法兰。

(三) 调压站的运行管理

调压站是输配系统的主重要组成部分，因此维护和管理工作需要制度化和保持经常性。调压站通常是无人值班或看管的，因此需在调压器的进出口处安装自记压力计，记录一昼夜或 2～3 天内燃气压力变化情况，用以了解调压器的工作情况。一般在日常更换压力记录纸的同时应对设备及附件进行检查、维护。为防止燃气泄漏、聚集引发事故，调压站应保持通风良好。冬季，在不采暖地区的地上调压站中，由于室温低而容易发生系统内壁结冰结萘，调压器薄膜发硬等导致调压失灵甚至停止工作的情况，需加强巡查作业，及时消除故障；也可以对调压器的明露部分（空气孔除外）用棉布毛毡等保温。地下调压站因通风不良容易积聚燃气，为防止事故的发生，其设备及附件接头等处要有较高的严密性，但在更换压力记录纸时仍需有一定时间通风换气后才可进入。

调压站内的设备需进行预防性的检查和维修，测量和控制仪表也需定期校验；应注意对调压器的日常维修保养，特别是用于人工燃气的调压器，更应注意定期检查和清洗过滤器。调压器的薄膜必须保持正常的弹性，应及时更换失去弹性的薄膜。调压器的阀座容易粘附污物，致使阀门关闭不严，因此需定期清洗。当阀门或阀垫有损坏时需及时更换。

在对调压器作清洗检修时，应事先对调压站供气情况进行调查，因为即使出口管道与邻近调压站的出口管道相连通，有时也会产生地区管道压力下降的现象，这时就应适当提高邻近调压站的出口压力或开启旁通管的阀门，以保持正常的供应压力。

（四）燃气调压站的置换通气

调压站置换通气方法和要求如下：

（1）调压站验收试压合格后，将燃气通到调压站外总进口阀门处，然后进行调压站的置换通气；

（2）每组调压器前后的阀门处应加盲板，然后打开旁通阀、安全装置及放散管上的阀门，关闭系统上其他阀门及仪表连接阀门；

（3）把调压站进口前的燃气压力控制在等于或略高于调压器给定的出口压力值，然后缓慢打开室外总进口阀门，将燃气通入室内管道系统；

（4）利用燃气压力将系统内空气赶入旁通管，再经放散管进行置换放散；

（5）在不停止放散的前提下，取样分析（或做点火试验）合格后，再分组拆除调压器前后的盲板；

（6）依次分别对每组调压器进行通气置换：打开其中一组调压器前后的阀门，使燃气经调压器后仍由放散管排到室外，取样分析试验合格后，该组调压器置换合格，并关闭其前后阀门；

（7）一组调压器通气置换合格后，再进行下一组置换，直至全部合格，调压站通气置换完成。

五、燃气调压装置

当燃气直接由中压管网（或次高压管网）经用户调压器降至燃具正常工作所需的额定压力时，常将用户调压器装在金属箱中挂在墙上，故亦作燃气调压箱，而调压柜为落地式。

采用单独的燃气调压箱（柜）对一幢建筑物（即楼栋调压）或一片区域供气，其特点是只有一段中压（或次高压）管网在市区沿街布置，各幢楼的低压室内管道通过燃气调压箱直接与管网相连。因而提高了管网的输气压力，节省燃气管道管材，节约基建投资，且占地省，便于施工，运行费用低，使用灵活。此外，由于用户调压器出口直接与户内管相连，故用户的灶前压力一般比由低压管网供气时稳定，有利于燃具正常燃烧。这种供气系统不会产生为保证区域调压站的建筑面积和安全距离而带来的选址困难。但设置燃气调压箱（柜）个数较多时，其维护管理工作量大。

（一）调压装置的设置要求

（1）自然条件和周围环境许可时，宜设置在露天，但应设置围墙、护栏或车挡；

(2) 设置在地上单独的调压箱（悬挂式）内时，对居民和商业用户，燃气进口压力不应大于0.4MPa；对工业用户（包括锅炉房），燃气进口压力不应大于0.8MPa；

(3) 设置在地上单独的调压柜（落地式）内时，对居民、商业用户和工业用户（包括锅炉房）燃气进口压力不宜大于1.6MPa；

(4) 设置在地上单独的建筑物内时，应符合防火防爆规定；

(5) 当受到地上条件限制，且调压装置进口压力不大于0.4MPa时，可设置在地下单独的建筑物内或地下单独的箱内，并应分别符合规范的要求；

(6) 液化石油气和相对密度大于0.75的燃气调压装置不得设于地下室、半地下室内和地下单独的箱内。

（二）地上调压箱和调压柜的设置要求

1. 调压箱（悬挂式）

(1) 调压箱的箱底距地坪的高度宜为1.0～1.2m，可安装在用气建筑物的外墙壁上或悬挂于专用的支架上；当安装在用气建筑物的外墙上时，调压器进出口管径不宜大于*DN*50。

(2) 调压箱到建筑物的门、窗或其他通向室内的孔槽的水平净距应符合下列规定：

1) 当调压器进口燃气压力不大于0.4MPa时，不应小于1.5m；

2) 当调压器进口燃气压力大于0.4MPa时，不应小于3.0m；

3) 调压箱不应安装在建筑物的窗下和阳台下的墙上；不应安装在室内通风机进风口墙上。

(3) 安装调压箱的墙体应为永久性的实体墙，其建筑物耐火等级不应低于二级。

(4) 调压箱上应有自然通风孔。

2. 调压柜（落地式）

(1) 调压柜应单独设置在牢固的基础上，柜底距地坪高度宜为0.30m。

(2) 距其他建筑物、构筑物的水平净距应符合表5-2的规定。

(3) 体积大于1.5m^3的调压柜应有爆炸泄压口，爆炸泄压口不应小于上盖或最大柜壁面积的50%（以较大者为准）；爆炸泄压口宜设在上盖上；通风口面积可包括在计算爆炸泄压口面积内。

(4) 调压柜上应有自然通风口，其设置应符合下列要求：

1) 当燃气相对密度大于0.75时，应在柜体上、下各设1%柜底面积通风口；调压柜四周应设护栏；

2) 当燃气相对密度不大于0.75时，可仅在柜体上部设4%柜底面积通风口；调压柜四周宜设护栏；

3. 安装调压箱（或柜）的位置应能满足调压器安全装置的安装要求。

4. 安装调压箱（或柜）的位置应使调压箱（或柜）不被碰撞，在开箱（或柜）作业时不影响交通。

（三）地下调压箱的设置要求

(1) 地下调压箱不宜设置在城镇道路下，距其他建筑物、构筑物的水平净距应符合表5-2的规定；

(2) 地下调压箱上应有自然通风口，其设置应符合调压柜自然通风口的规定；

(3) 安装地下调压箱的位置应能满足调压器安全装置的安装要求；

(4) 地下调压箱设计应方便检修；

(5) 地下调压箱应有防腐保护。

六、燃气的计量

燃气的生产、经营、管理以及消费等活动，都必须依据计量仪表测量的数值进行经济核算或结算。燃气计量即燃气供需流动中流量和总量的测量，主要包括产量、供量、销量以及购量的计量，以其量值的公正性维护经营者和与用户双方的合法经济利益。

燃气计量主要是流量测量，其单位以体积表示称“体积计量”，以质量表示称“质量计量”。此外，还有与燃气性质相关的“热值计量”。

(1) 体积计量单位：符号为 m^3/h，体积总量计量单位符号为 m^3；

(2) 质量计量单位：符号为 kg/h，质量总量计量单位符号为 kg 或 t；

(3) 热值计量单位：符号为 kJ/m^3 或 kJ/kg。

常用的燃气计量仪表有容积式流量计、速度式流量计、差压式流量计、涡街式流量计及超声波流量计等。

(一) 容积式流量计

容积式流量计是依据流过流量计的液体或气体的体积来测定流量。居民用户常用的膜式计量表为低压容积式流量计。

膜式表的工作原理如图 5-12 所示。被测量的燃气从表的入口进入，充满表内空间，经过开放的滑阀座孔进入计量室 2 及 4，依靠薄膜两面的气体压力差推动计量室的薄膜运动，迫使计量室 1 及 3 内的气体通过滑阀及分配室从出口流出。当薄膜运动到尽头时，依靠传动机构的惯性作用使滑阀盖相反运动。计量室 1、3 和入口相通，2、4 和出口相通，薄膜往返运动一次，完成一个回转，这时表的读数就应为表的一回转流量（即计量室的有效体积)，膜式表的累积流量值即为一回转流量和回转数的乘积。

目前膜式表的结构为装配式，便于维修：外壳多采用优质钢板加粉末热固化涂层，耐腐蚀能力强；阀座及传动机构选用优质工程塑料，使用寿命长；铝合金压铸机芯，合成橡胶膜片，计量容积稳定。膜式表可以计量人工煤气，也可以计量天然气和液化石油气。该表的性能曲线如图 5-13 所示。膜式表除用于居民用户计量外，也适用于燃气用量不太大

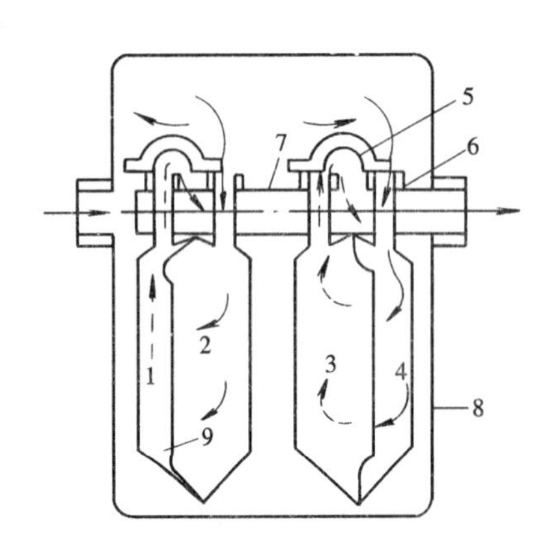

图 5-12 膜式表的工作原理

1、2、3、4—计量室；5—滑阀盖；6—滑阀座；7—分配室；8—外壳；9—薄膜

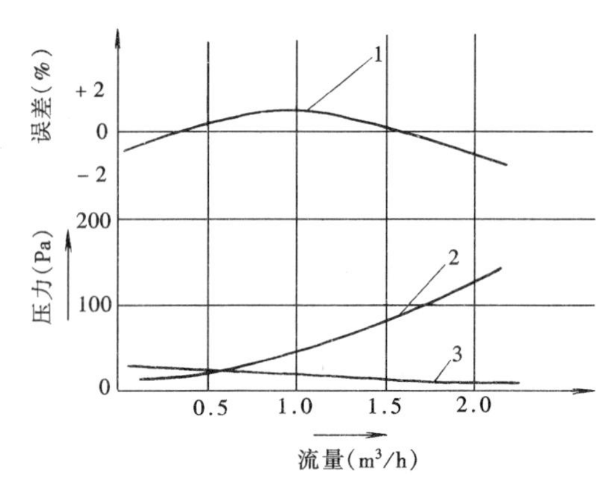

图 5-13 膜式表的性能曲线

1—计量误差曲线；2—压力损失曲线；3—压力跳动曲线

的商业用户和工业用户，流量一般≤$80m^3/h$。

为了便于收费及管理，配有智能卡、预交费的燃气表正得到广泛的应用。

（二）速度式流量计

速度式流量计按叶轮的形式可分为平叶轮式和螺旋叶轮式两种。平叶轮式的叶轮有径向的平直叶片、叶轮轴与气流方向垂直；而螺旋叶轮式的叶片是按螺旋形弯曲的，叶轮轴与介质流动的方向平行。通常前者称为叶轮表，后者称为涡轮表。

速度式流量计的基本原理是当流体以某种速度流过仪表时，使叶轮旋转，在一定范围内叶轮的转速和流体的流速成正比，因此也和流量成正比。转速和流量可以写成下面关系式：

$$n = cQ \tag{5-7}$$

式中 n——叶轮每秒钟旋转次数，r/s；

c——仪表常数；

Q——流量，m^3/h。

对于每一种固定的速度式流量计，c 为固定值，可以通过实验确定。

通过式（5-7）可知，如测出转速 n 即可将流量测定出来。测定转速的方法较多，国产 $0.2m^3/h$ 及 $2m^3/h$ 的叶轮表是采用机械的方法（齿轮传动机构）测定转速的；测量液体的 LW 流量计及测量较大气体流量的 LWQ 流量计是采用电磁法测定转速的。此外，测定转速的方法还可以用光电法和放射线法等。

速度式流量计有良好的计量性能，其测量范围较宽（$Q_{max}/Q_{min}=10\sim15$），误差小，惰性小；但制造的精度和组装技术要求较高，所有的叶片必须仔细加以平衡，而且轴承的摩擦力必须很小。

（三）差压式流量计

差压流量计又称为节流流量计，其作用原理是基于流体通过突然缩小的管道断面时，使流体的动能发生变化而产生一定的压力降，压力降的变化和流速有关，此压力降可借助于压差计测出。因此，压差式流量计包括两部分：一部分是与管道连接的节流件，此节流件可以是孔板、喷嘴和文丘里管三种，但在燃气流量的测量中，主要是用孔板；另一部分是差压计，它被用来测量孔板前后的压力差。差压计与孔板上的测压点借助于两根导压管连接，差压计可以制成指示式的或自动记录式的。差压流量计是目前工业上用得最广的一种测量流体流量的仪表，但它会使管道的局部阻力增大。

（四）涡街式流量计

涡街式流量计属于流体振荡型仪表，是漩涡流量计中的一种。涡街式流量计的原理如图 5-14 所示。

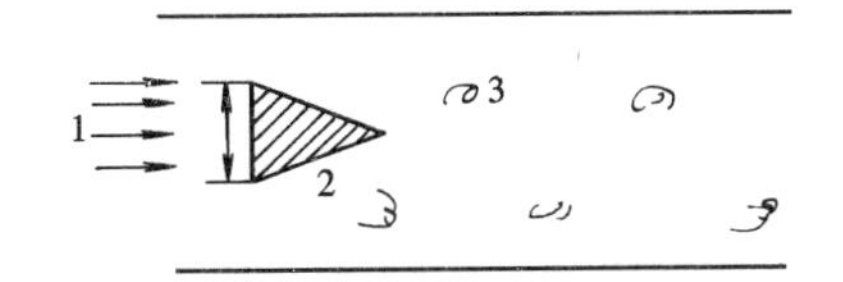

图 5-14 涡街式流量计原理
1—流束；2—检测柱；3—漩涡

在一个二度流体场中，当流体绕流于一个断面为非流线型的物体时，在此物体的两侧就将交替产生漩涡，漩涡体长大至一定程度就被流体推动，离开物体向下游运动，这样就在尾流中产生两列错排的随流体运动的漩涡阵列，成为涡街。

实验和理论分析表明，只有当涡街中的漩涡是错排时，涡街才是稳定的，此时

$$f = S_t \frac{u}{d} \tag{5-8}$$

式中　f——物体单侧漩涡剥离频率，Hz；

u——流体场流速，m/s；

d——检测柱与流线垂直方向尺寸，m；

S_t——无因次系数，称为斯特罗哈尔数，当 Re 数大于一定值时，S_t是常数，且大小与柱形有关。

对于三角柱流量计，当仪表的几何尺寸确定后，有

$$f = kQ \tag{5-9}$$

式中　k——流量常数，Hz/(m^3·h)；

Q——容积流量，m^3/h。

从式（5-9）可以看出，当测出漩涡剥离频率信号 f，即可测出流速及流量。

涡街式流量计具有无运动部件、稳定性和再现性好、精度高、仪表常数与介质物性参数无关、适应性强以及信号便于远传等特点。

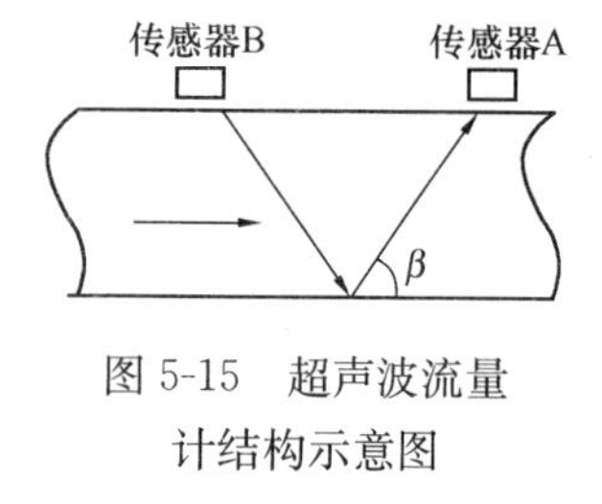

图 5-15　超声波流量计结构示意图

（五）超声波流量计

超声波流量计的原理如图 5-15 所示。超声波在流动的流体中传播时就载上流体流速的信息。因此通过接收到的超声波就可以检测出流体的流速，从而换算成流量。超声脉冲穿过管道从一个传感器到达另一个传感器，当气体不流动时，声脉冲以相同的速度在两个方向上传播。如果管道中的气体有一定流速，则顺着流动方向的声脉冲会传输得快些，而逆着流动方向的声脉冲会传输得慢些。这样，顺流传输时间会短些，而逆流传输时间会长些。根据检测的方式，可分为传播速度差法、多普勒法、波束偏移法、噪声法及相关法等不同类型的超声波流量计。

超声波流量计计量准确度可优于±0.5%，具有准确度高、重复性好、量程比大、抗干扰能力较强、维修量小、可测双向流等特点。对大口径、高流量的计量系统宜采用超声波流量计。但为保证计量系统精度，在现场使用前须经实流测试校准，在拐点流量以下流量段应慎用。

第三节　燃气的压送

压送设备燃气压缩机是燃气输配系统的心脏，用来提高燃气压力或输送燃气。

一、燃气压缩机

压缩机的种类很多，按其工作原理可分为两大类：容积型压缩机和速度型压缩机。在城镇燃气输配系统中，常用的容积型压缩机有活塞式、滑片式、罗茨式、螺杆式等；速度型压缩机主要有离心式压缩机。

（一）活塞式压缩机

1. 工作原理

在活塞式压缩机中，气体是依靠在气缸内做往复运动的活塞进行加压的。图 5-16 是单级

单作用活塞式气体压缩机的示意图。

当活塞2向右移动时，气缸1中活塞左端的压力略低于上游管道内的压力P_1时，吸气阀7被打开，燃气在P_1的作用下进入气缸1内，这个过程称为吸气过程；当活塞返行时，吸入的燃气在气缸内被活塞压缩，这个过程称为压缩过程；当气缸内燃气压力被压缩到略高于下游燃气管道内压力P_2后，排气阀8即被打开，被压缩的燃气排入下游燃气管道内，这个过程称为排气过程。至此，压缩机完成了一个工作循环。活塞再继续运动，则上述工作循环在原动机的驱动下将周而复始地进行，连续不断地压缩燃气。

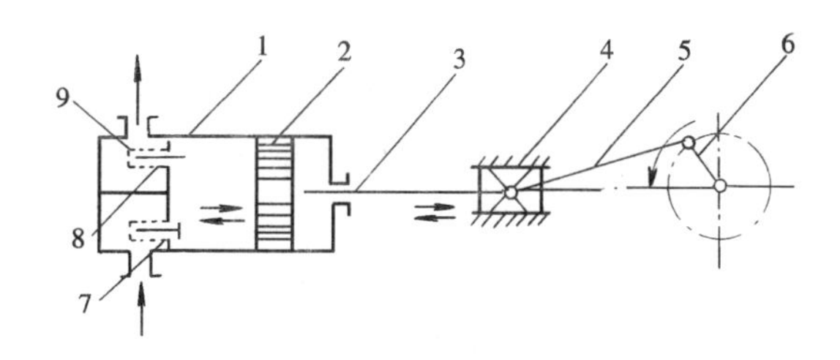

图5-16　单级单作用活塞式气体压缩机示意图

1—气缸；2—活塞；3—活塞杆；4—十字头；5—连杆；6—曲柄；7—吸气阀；8—排气阀；9—弹簧

压缩机的排气量，通常是指单位时间内压缩机最后一级排出的气体量，换算成第一级进口状态时的气体体积值；常用单位为m^3/min或m^3/h。

2. 特点

活塞式压缩机的优点是效率高，对压力的适应范围较大；其缺点是输气量小且不连续，气体可能会被气缸内的润滑油污染；压缩机的吸气量随着活塞缸直径的增大而增加，但从制造、管理及操作角度来看，吸气量为$250m^3/min$是最大的极限了。另外，其出口压力越高，压缩时引起的升温及功率消耗越大，所以高压排气的活塞式压缩机，多半为带有中间冷却器的多级压缩形式。

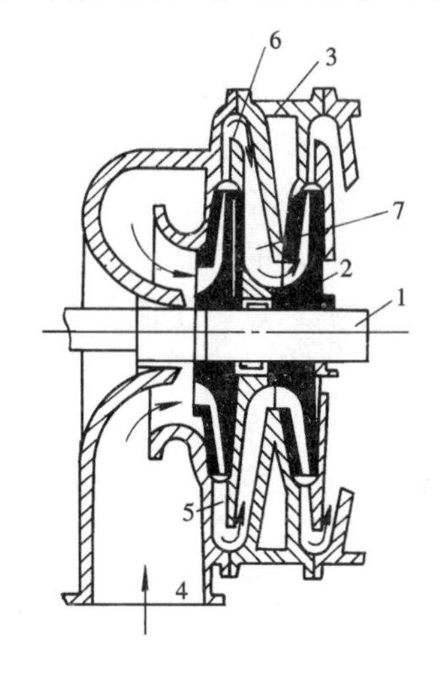

图5-17　离心式压缩机

1—传动轴；2—叶轮；3—机壳；4—气体入口；5—扩压器；6—弯道；7—回流器

（二）离心式压缩机

离心式压缩机的工作原理及结构如图5-17所示。

1. 工作原理

当原动机传动轴带动叶轮旋转时，气体被吸入并以很高的速度被离心力甩出叶轮而进入扩压器中；在扩压器中由于有宽的通道，气体部分动能转变为压力能，速度随之降低而压力提高。这一过程相当于完成一级压缩。当气流接着通过弯道和回流器经第二道叶轮的离心力作用后，其压力进一步提高，又完成第二级压缩。这样，依次逐级压缩，一直达到额定压力。提高压力所需的动力大致与吸入气体的密度成正比。如输送空气时，每一级的压力比P_2/P_1最大值为1.2，同轴上安装的叶轮最多不超过12级。由于材料极限强度的限制，普通碳素钢叶轮叶顶周速为200～300m/s；高强度钢叶轮叶顶周速则为300～450m/s。

2. 特点

离心式压缩机的优点是排气量大、连续而平稳；机器外形小，占地少；设备轻，易损件少，维修费用低；机壳内不需要润滑；排出气体不被油污染；转速高，可直接和电动机或汽轮机连接，故传动效率高；排气侧完全关闭时，升压有限，可不设安全阀。其缺点是高速旋转的叶轮表面与气体磨损较大，气体流经扩压器、弯道和回流器时迴转多，局部阻力较大；因此效率比活塞式压缩机低，对压力的适应范围较窄，有喘振现象。

3. 离心式压缩机使用中的异常现象——喘振

喘振又叫飞动，是离心式压缩机的一种特殊现象。任何离心式压缩机按其结构尺寸，在某一固定的转数下，都有一个最高的工作压力，在此压力下有一个相应的最低流量。当离心式压缩机出口的压力高于此数值、流量低于最低流量时，就会产生喘振。

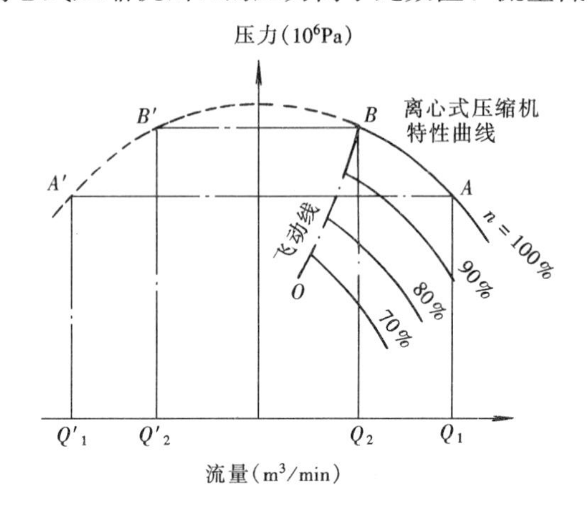

图 5-18　离心式压缩机的喘振原因分析

从图 5-18 可以看出，OB 为飞动线，A 点为正常工作时的操作点，此时通过压缩机的流量为 Q_1。

由于进口流量过小或出口压力过高等因素使工作 A 点沿操作曲线向左移动到超过 B 点时，则压力超过了离心式压缩机最高允许的工作压力，流量也小于最低的流量 Q_2，这时的工作点就开始移入压缩机的不稳定区域，即喘振范围。当出口侧高压气体回流，压缩机在短时间里发生了气体以相反方向通过压缩机的现象，这时压缩机的操作点将迅速移至左端操作线的 A' 点，使流量变成了负值。由于气体以相反方向流动，使排气端的压力迅速下降；而出口压力降低后，压缩机就又可能恢复正常工作，因此操作点又由 A' 点迅速右移至右端正常工作点 A。如果操作状态不能迅速改变，操作点 A 又会左移，经过 B 点进入不稳定区域，这样的反复过程就是压缩机的喘振现象。

发生喘振时，机组开始强烈振动，伴随发生异常的吼叫声，这种振动和吼叫声是周期性地发生的；和机壳相连接的进、出口管线也随之发生较大的振动；入口管线上的压力表和流量计发生大幅度的摆动。

喘振对压缩机的密封损坏较大，严重的喘振很容易造成转子轴向窜动，损坏止推轴瓦，叶轮有可能被打碎。极严重时，可使压缩机遭到破坏，损伤齿轮箱和电动机等，并会造成各种严重的事故。

为了避免喘振的发生，必须使压缩机的工作点远离喘振点，使系统的操作压力低于喘振点的压力。当生产上实际需要的气体流量低于喘振点的流量时，可以采用循环的方法，使压缩机出口的一部分气体经冷却后，返回压缩机入口，这条循环线称为反飞动线。由此可见，在选用离心式压缩机时，负荷选得过于富裕是无益的。

二、压缩机的选型

在燃气输配系统中，最常用的压缩机是活塞式压缩机及回转式罗茨压缩机，而在天然气远距离输气干管的压气站中离心式压缩机被广泛使用。

压缩机排气量及排气压力必须和管网的负荷及压力相适应，同时考虑未来的发展。

各种类型压缩机目前所能达到的排气压力及排气量的大致范围如图 5-19 所示。

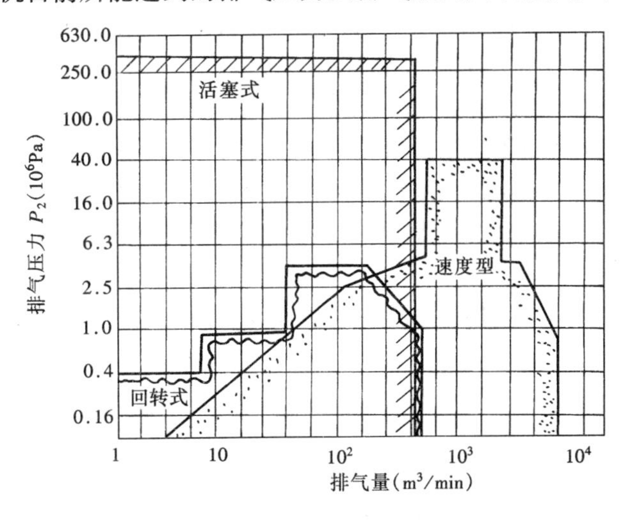

图 5-19　各类压缩机的应用范围

燃气输配系统内，排气压力相近的各储配站宜选用同一类型的压缩机。排气压力不大于 0.07MPa 时，一般选用罗茨式压缩机；大于 0.07MPa 时，选用活塞式压缩机。如果排气量较大，宜选用排气量大的机组。若选用多台小排气量的机组，会增加压缩机室的建筑面积及机组的维修费用。一个压缩机室内相同排气量的压缩机通常不超过 5 台。在负荷波动较大的压缩机室，可选用排气量大小不同的机组，但不宜超过两种规格。

三、压缩机台数的确定

压缩机型号选定后，压缩机台数可按下式计算：

$$n=\frac{Q_{\mathrm{P}}k_{\mathrm{v}}}{Q_{\mathrm{g}}K_1K} \tag{5-10}$$

式中　n——压缩机工作台数，台；

Q_{P}——压缩机室的设计排气量，$\mathrm{m^3/h}$；

Q_{g}——压缩机选定后工作点的排气量，$\mathrm{m^3/h}$；

K_1——压缩机排气量的允许误差系数；根据产品性能试验的允许误差（压力值或排气量值）为$-5\%\sim+10\%$。通常 $K_1=0.95$；

K——压缩机并联系数，对于新建压缩机室的设计，通常 $K=1$，对于扩建，由于增加了压缩机，压缩机的设计流量应按新工作点确定；

k_{v}——体积校正系数，一般按下式计算：

$$k_{\mathrm{v}}=\left(1+\frac{d_1}{0.833}\right)\left(\frac{273+t_1}{273}\right)\left(\frac{1.013\times10^5}{p_1+p}\right) \tag{5-11}$$

式中　d_1——压缩机入口处燃气含湿量，$\mathrm{g/m^3}$；

t_1——压缩机入口处燃气温度，℃；

p_1——压缩机入口处燃气压力，Pa；

p——建站地区平均大气压，Pa。

若计算中采用最大流量计算，则计算出的工作台数 1～5 台应备用 1 台；若采用平均流量计算，则计算出的工作台数 2～4 台应备用 1 台。

四、压缩机室布置

压缩机在室内宜单排布置，当台数较多，可双排布置，但两排之间净距应不小于 2m。室内主要通道，应根据压缩机最大部件的尺寸确定，一般应不小于 1.5m。

为了便于检修，压缩机室一般都设有起重吊车，其起重量按压缩机室最大机件重量确定。

压缩机室内应留有适当的检修场地，一般设在室内的发展端。当压缩机室较长时，检修场地也可以考虑放在中间，但应不影响设备的操作和运行。

布置压缩机时，应考虑观察和操作方便；同时需考虑管道的合理布置，如压缩机进气口和末级排气口的方位等。

对于有卧式气缸的压缩机，应考虑抽出活塞和活塞杆运动需要的水平距离。

设置卧式列管式冷却器时，应考虑在水平方向抽出其中管束所需要的空间；立式列管式冷却器的管束可垂直吊出，也可卧倒放置抽出。

辅助设备的位置应便于操作，不妨碍门、窗的开启和不影响自然采光和通风。

压缩机之间的净距及压缩机和墙之间的距离不应小于 1.5m，同时要防止压缩机的振动影响建筑物的基础。

压缩机室的高度：当不设置吊车时，为临时起重和自然通风的需要，一般屋架下弦高度不低于 4m，对于机身较小的压缩机可适当缩小；当设置吊车时，吊车轨顶高度可参照下列参数确定：吊钩自身的长度、吊钩上限位置与轨顶间的最小允许距离及设备需要起吊的高度等。

压缩机排气量和设备较大时，为了方便操作、节省占地面积和更合理地布置管道，压缩机室可双层布置：压缩机、电动机及变速器设在操作层（第二层），中间冷却器及润滑油系统及进出口管道均放在底层。

压缩机宜按独立机组配置进、出气管、阀门、旁通、冷却器、安全放散、供油和供水等各项辅助设施。

压缩机的进、出气管道宜采用地下直埋或管沟敷设，并宜采取减振降噪措施。

管道设计应设有能满足投产置换，正常生产维修和安全保护所必需的附属设备。

压缩机组前必须设有紧急停车按钮。

五、压缩机室的工艺流程

以活塞式压缩机室为例，其工艺流程见图 5-20。低压燃气先进入过滤器，除去所带悬浮物及杂质，然后进入压缩机。在压缩机内经过一级压缩后进入中间冷却器，冷却到初始温度再进行二级压缩并进入最终冷却器冷却，经过油气分离器最后进入储罐或输气管道。

此外，压缩机室的进、出口管道上，应安设阀门和旁通管。高压蒸汽主要用于清扫管道与设备。

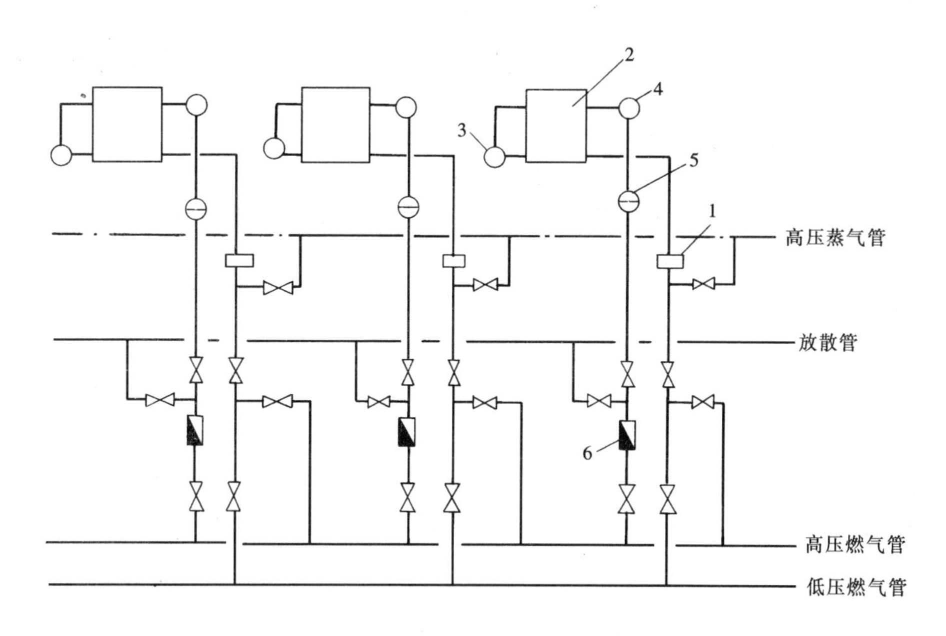

图 5-20　活塞式压缩机室的工艺流程

1—过滤器；2—压缩机；3—中间冷却器；
4—终冷却器；5—油气分离器；6—止回阀

第四节　燃气门站和储配站

在城镇输配系统中，根据燃气性质、供气压力、系统要求等因素，门站和储配站一般具有接收气源来气、控制供气压力、气量分配、计量、加臭、气质检测等功能。接收长输管线来气的场站称为门站，具有储存燃气功能的场站称为储配站。两者在设计及功能、工艺、设备等方面有许多相似之处。

一、门站和储配站站址选择及站区布置

（一）门站和储配站站址选择要求

门站和储配站站址选择应征得规划部门的同意并符合下列要求：

（1）站址应符合城镇总体规划和燃气发展规划的要求；

（2）站址应具有适宜的地形、工程地质、供电、给水排水和通信等条件；

（3）门站和储配站应少占农田、节约用地并应注意与城市景观等协调；

（4）门站站址应结合长输管线位置确定；

（5）根据输配系统具体情况，储配站与门站可合建；

（6）储配站内的储气罐与站外的建、构筑物的防火间距应符合现行国家标准《建筑设计防火规范》的有关规定。

（二）门站和储配站站区布置的要求：

（1）站区应分区布置，即分为生产区（包括储罐区、调压计量区、加压区等）和辅助区。

（2）站内的各建构筑物之间以及与站外建筑物的耐火等级不应低于现行国家标准《建

筑设计防火规范》的有关规定。站内建筑物的耐火等级不应低于现行国家标准《建筑设计防火规范》“二级”的规定。

（3）站内露天工艺装置区边缘距明火或散发火花地点不应小于 20m，距办公、生活建筑不应小于 18m，距围墙不应小于 10m。与站内生产建筑的间距按工艺要求确定。

（4）储配站生产区应设置环形消防车通道，消防车通道宽度不应小于 3.5m。

二、门站和储配站的工艺设计

门站和储配站的工艺设计应符合下列要求：

（1）功能应满足输配系统输气调度和调峰的要求；

（2）站内应根据输配系统调度要求分组设置计量和调压装置，装置前应设过滤器；门站进站总管上宜设置油气分离器；

（3）调压装置应根据燃气流量、压力降等工艺条件确定设置加热装置；

（4）站内计量调压装置和加压设置应根据工作环境要求露天或在厂房内布置，在寒冷或风沙地区宜采用全封闭式厂房；

（5）进出站管线应设置切断阀门和绝缘法兰；

（6）储配站内进罐管线上宜控制进罐压力和流量的调节装置；

（7）当长输管道采用清管球清管工艺时，门站宜设置清管球接收装置；

（8）站内管道上应根据系统要求设置安全保护及放散装置；

（9）站内设备、仪表、管道等安装的水平间距和标高均应便于观察、操作和维修。

三、门站示例

图 5-21 所示是以天然气为气源的门站（带清管球接收装置）。在用气低峰时，由燃气长输管线来的天然气一部分经过一级调压进入高压球罐，另一部分经过二级调压进入城镇管网；在用气高峰时，高压球罐中的气体和经过一级调压后的长输管线来气汇合经过二级调压送入城镇。为了保证引射器的正常工作，球阀 7（*a*）、（*b*）、（*c*）、（*d*）必须能迅速开启和关闭，因此应设电动阀门。引射器工作时，7（*b*）、（*d*）开启，7（*a*）、（*c*）关闭。引射器除了能提高高压储罐的容积利用系数之外，当需要开罐检查时，它可以把准备检查的罐内压力降到最低，减少开罐时放散到大气中的燃气量，以提高经济效益，减少大气污染。

四、低压储配站示例

当城镇采用低压气源，而且供气规模又不是特别大时，燃气供应系统通常采用低压储气，与其相适应，要建设低压储配站。低压储配站的作用是在用气低峰时将多余的燃气储存起来，在用气高峰时，通过储配站的压缩机将燃气从低压储罐中抽出压送到中压管网中，保证正常供气。

当城镇燃气供应系统中只设一个储配站时，该储配站应设置在气源厂附近，称为集中设置。当设置两个储配站时，一个设在气源厂，另一个设置在管网系统的末端，称为对置设置。根据需要，城镇燃气供应系统可能有几个储配站，除了一个储配站设在气源厂附近外，其余均分散设置在城镇其他合适的位置，称为分散设置。

储配站的集中设置可以减少占地面积，节省储配站投资和运行费用，便于管理。分散布置可以节省管网投资、增加系统的可靠性，但由于部分气体需要二次加压，需多消耗一些电能，输气成本增加。

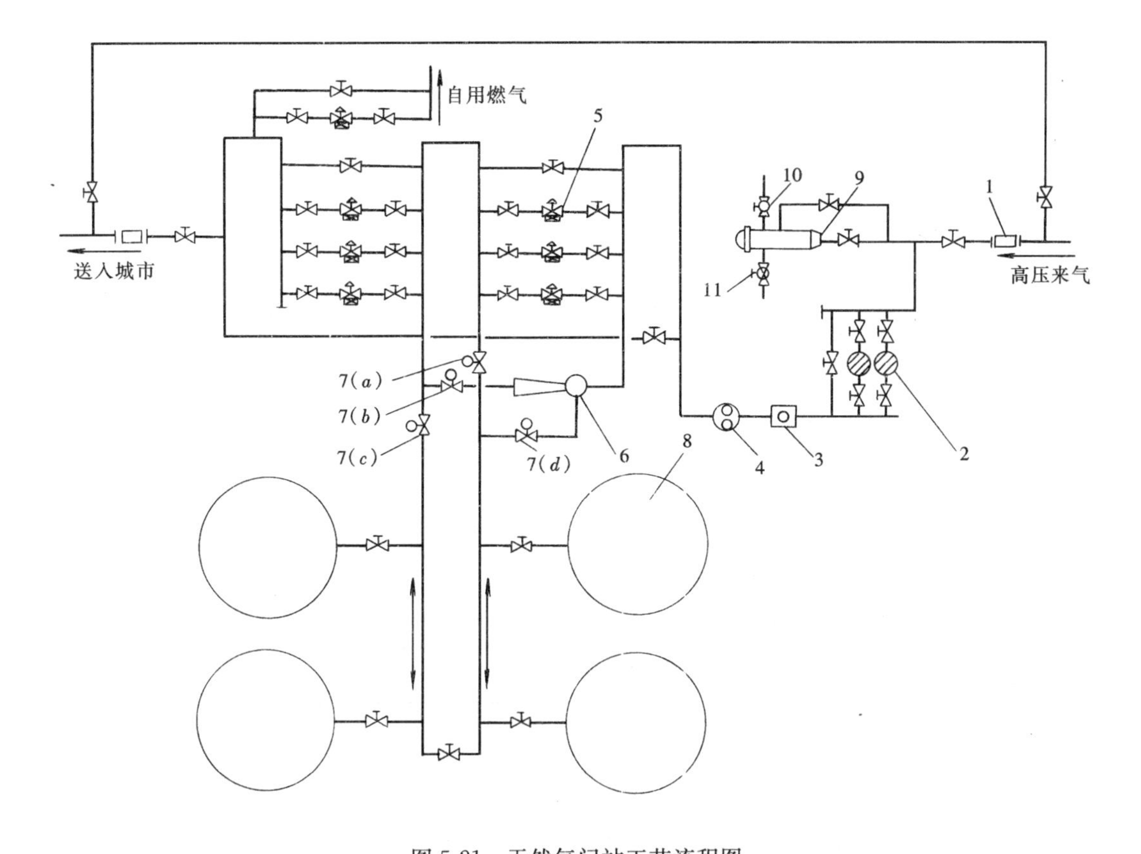

图 5-21 天然气门站工艺流程图

1—绝缘法兰；2—除尘装置；3—加臭装置；4—流量计；5—调压器；
6—引射器；7（*a*）～7（*d*）—电动球阀；8—储罐；9—收球装置；10—放散；11—排污

储配站通常是由低压储罐、压缩机室、辅助区（变电室、配电室、控制室、水泵房、锅炉房）、消防水池、冷却水循环水池及生活区（值班室、办公室、宿舍、食堂和浴室等）组成。

储配站的平面布置示例见图 5-22。储罐应设在站区年主导风向的下风向；两个储罐的间距不小于相邻最大罐的半径；储罐的周围应有环形消防车道；并要求有两个通向站外的大门；锅炉房、食堂和办公室等有火源的建筑物宜布置在站区的上风向或侧风向；站区布置要紧凑，同时各建筑物之间的间距应满足建筑设计防火规范的要求。

低压储气、中压输送的储配站工艺流程如图 5-23 所示。用气低峰时，操作阀门 6 开启，用气高峰时压缩机启动，阀门 6 关闭。低压储气，中、低压分路输气的储配站工艺流程如图 5-24 所示。用气低峰时，操作阀门 7、9 开启，阀门 8 关闭；用气高峰时，压缩机启动，阀门 7、9 关闭，阀门 8 开启，阀门 10 是常开阀门。中、低压分路输气的优点是一部分气体不经过加压，一般直接由储罐经稳压器稳压后作为站内用气，因此节省了电能。

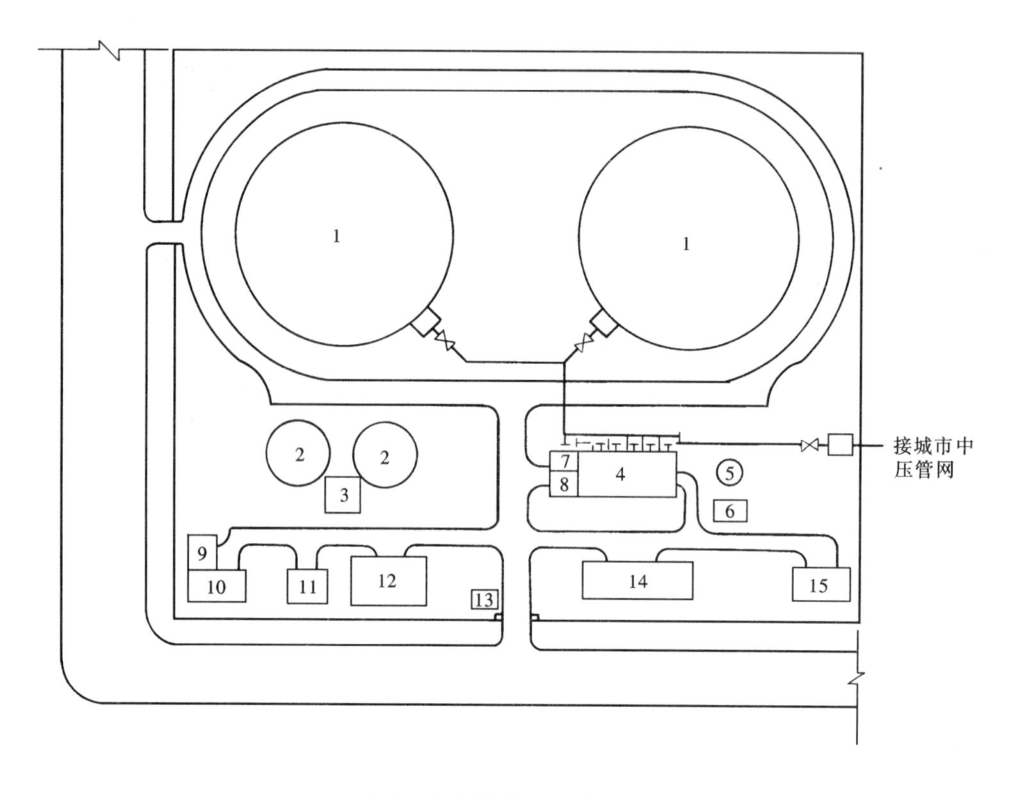

图 5-22　低压储配站平面布置图

1—低压储罐；2—消防水池；3—消防水泵；4—压缩机室；5—循环水池；
6—循环泵房；7—配电室；8—控制室；9—浴池；10—锅炉房；11—食堂；
12—办公楼；13—门卫；14—维修车间；15—变电室

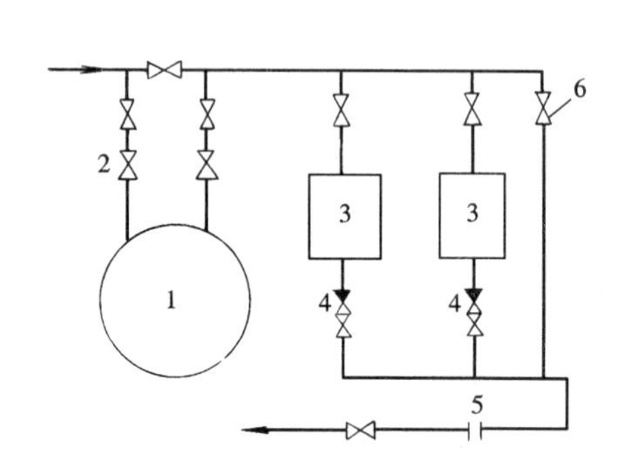

图 5-23　低压储存，中压输送工艺流程

1—低压储罐；2—水封阀；
3—压缩机；4—单向阀；5—出口
计量器；6—阀门

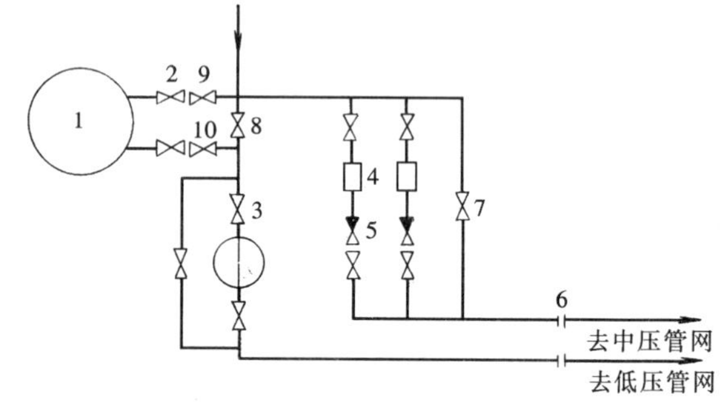

图 5-24　低压储存，中低压分路输送工艺流程

1—低压储罐；2—水封阀；3—稳压器；4—压缩机
5—单向阀；6—流量计；7、8、9、10—阀门

思　考　题

1. 燃气储气设施的功能和分类有哪些？
2. 提高燃气储罐的容积利用系数的办法有哪些？
3. 燃气调压器是如何工作的？

4. 燃气调压装置有哪些？如何设置？
5. 常用的燃气计量仪表有哪些？它们的工作原理是什么？
6. 燃气压缩机室应如何布置？
7. 门站和储配站的功能有哪些？如何进行站址选择及站区布置？

第六章　燃气管网水力计算

第一节　燃气管网设计计算

燃气管道水力计算的任务，一是根据计算流量和允许压力损失来计算管径，进而决定管网投资与金属消耗量等；另外是对已有管道进行流量和压力损失的验算，以充分发挥管道的输气能力，或决定是否需要对原有管道进行改造。因此，正确地进行水力计算，关系到输配系统经济性和可靠性的问题，城镇燃气规划与设计中的一项重要工作。

一、燃气水力计算公式

（一）燃气在圆管中稳定流动方程式

在城镇燃气管网工程设计中，通常假定一段时间内流量不变，即燃气在管内流动视为稳定流动。在多数情况下，管道内燃气的流动可以认为是等温的，其温度等于埋管周围土壤的温度，因此决定燃气流动状况的参数为：压力 p、密度 ρ 和流速 w。

为了求得 p、ρ 和 w，必须有三个独立方程，对于稳定流动的燃气管道，可利用不稳定运动方程、连续性方程及气体状态方程组成如下方程组：

$$\left.\begin{aligned}\frac{\mathrm{d}p}{\mathrm{d}x}&=-\frac{\lambda}{d}\frac{w^2}{2}\rho\\ \rho w&=\mathrm{const}\\ P&=ZRT\end{aligned}\right\}\tag{6-1}$$

由此得到高压、次高压和中压燃气管道单位长度摩擦阻力损失的表达式为：

$$\frac{p_1^2-p_2^2}{L}=1.27\times10^{10}\lambda\frac{Q^2}{d^5}\rho\frac{T}{T_0}Z\tag{6-2}$$

式中　p_1——燃气管道始端的绝对压力，kPa；

p_2——燃气管道末端的绝对压力，kPa；

Q——燃气管道的计算流量，m^3/s；

d——管道内径，mm；

λ——燃气管道摩擦阻力系数，反映管内燃气流动摩擦阻力的无因次系数，其数值与燃气在管道内的流动状况、燃气性质、管道材质（管道内壁粗糙度）及连接方法、安装质量等因素有关；

ρ——燃气密度，kg/m^3；

T——设计中所采用的燃气温度，K；

T_0——标准状态气体绝对温度，273.15K；

Z——压缩因子，当燃气压力小于 1.2MPa（表压）时，取 $Z=1$；

L——燃气管道的计算长度，km。

低压燃气管道单位长度摩擦阻力损失的表达式为：

$$\frac{\Delta p}{l}=6.26\times10^{7}\lambda\frac{Q^{2}}{d^{5}}\rho\frac{T}{T_{0}} \tag{6-3}$$

式中 Δp——燃气管道摩擦阻力损失，Pa；

l——燃气管道的计算长度，m。

燃气管道摩擦阻力系数可按下式计算：

$$\frac{1}{\sqrt{\lambda}}=-2\lg\left[\frac{K}{3.7d}+\frac{2.51}{Re\sqrt{\lambda}}\right] \tag{6-4}$$

式中 lg——常用对数；

K——管壁内表面的当量绝对粗糙度，mm；

Re——雷诺数（无量纲）。

式（6-4）就是目前世界众多专业领域广泛采用的柯列勃洛克（F Colebrook）公式，它是一个隐函数公式，在计算机技术广泛应用的今天已经不难求解，但考虑到实际情况，附录 2 中给出了我国目前仍采用的一些燃气管道摩擦阻力计算公式及由这些公式制成的水力计算图表。

城镇燃气低压管道从调压站到最远端用户燃具前，管道允许的阻力损失可按下式计算：

$$\Delta P_{d}=0.75P_{n}+150 \tag{6-5}$$

式中 ΔP_{d}——从调压站到最远燃具管道允许的阻力损失，含室内燃气管道允许的阻力损失，Pa；

P_{n}——低压燃具的额定压力，Pa。

（二）附加压头与局部阻力损失

1. 附加压头

由于燃气的密度与空气的密度不同，当燃气管道始末端存在高程差时，管道中将产生附加压头（或附加阻力），附加压头值由下式确定：

$$\Delta p=g(\rho_{a}-\rho_{g})\Delta H \tag{6-6}$$

式中 Δp——附加压头，Pa；

g——重力加速度，m/s²；

ρ_{a}——空气密度，kg/m³；

ρ_{g}——燃气密度，kg/m³；

ΔH——管道终端与始端的标高差，m。

2. 局部阻力

当燃气流经三通、阀门等管道附件时，由于几何边界急剧改变，燃气流线的变化，必然产生额外的压力损失，称之为局部阻力的压力损失。

局部阻力的压力损失，可用下式求得：

$$\Delta p=\Sigma\zeta\frac{w^{2}}{2}\rho_{0}\frac{T}{T_{0}} \tag{6-7}$$

式中 Δp——局部阻力的压力损失，Pa；

$\Sigma\zeta$ 计算管段中局部阻力系数总和；

w——燃气在管道中的流速，m/s；

ρ_0——燃气密度，kg/m^3；

T——燃气绝对温度，K；

T_0——273K。

燃气管网中常用管件的局部阻力系数见表 6-1。

局部阻力系数 ζ 值 **表 6-1**

<table>
<tr><th rowspan="2">局部阻力名称</th><th rowspan="2">ζ</th><th rowspan="2">局部阻力名称</th><th colspan="6">不同直径（mm）的 ζ 值</th></tr>
<tr><th>15</th><th>20</th><th>25</th><th>32</th><th>40</th><th>≥50</th></tr>
<tr><td rowspan="5">管径相差一级的骤缩变径管
三通直流
三通分流
四通直流
四通分流
煨制的 90°弯头</td><td rowspan="5">0.35①
1.0②
1.5②
2.0②
3.0②
0.3</td><td>90°直角弯头</td><td>2.2</td><td>2.1</td><td>2</td><td>1.8</td><td>1.6</td><td>1.1</td></tr>
<tr><td>旋 塞</td><td>4</td><td>2</td><td>2</td><td>2</td><td>2</td><td>2</td></tr>
<tr><td>截止阀</td><td>11</td><td>7</td><td>6</td><td>6</td><td>6</td><td>5</td></tr>
<tr><td rowspan="2">闸板阀</td><td colspan="2">$d=50\sim100$</td><td colspan="2">$d=175\sim200$</td><td colspan="2">$d\geqslant300$</td></tr>
<tr><td colspan="2">0.5</td><td colspan="2">0.25</td><td colspan="2">0.15</td></tr>
</table>

①ζ 对于管径较小的管段。

②ζ 对于燃气流量较小的管段。

局部阻力的计算确定分为以下三种情况：

（1）在进行室外燃气分配管网的水力计算时，一般不详细计算局部阻力，而按 5%～10%的沿程阻力考虑，一般将 1.05～1.1 倍燃气管段实际长度作为计算长度进行阻力计算，所得到的即为沿程和局部阻力之和。

（2）建筑物内燃气管道的局部阻力应按实际情况逐一进行计算。

（3）厂区燃气管道在水力计算时可以逐一计算局部阻力，也可以将局部阻力折成相同管径管段的当量长度 L_2 计算。L_2 按下式确定：

$$\Delta p = \Sigma\zeta\frac{w^2}{2}\rho_0\frac{T}{T_0} = \lambda\frac{L_2}{d}\frac{w^2}{2}\rho_0\frac{T}{T_0}$$

$$L_2 = \Sigma\zeta\frac{d}{\lambda} \tag{6-8}$$

若以 l_2 表示 $\Sigma\zeta = 1$ 时的当量长度，则

$$l_2 = \frac{d}{\lambda} \tag{6-9}$$

管段的计算长度 L 可由下式求得：

$$L = L_1 + L_2 = L_1 + \Sigma\zeta l_2 \tag{6-10}$$

式中 L_1——管段实际长度，m。

对于 l_2 的计算，可根据管段内径，燃气流速及运动黏度求出 Re，用摩擦阻力系数 λ 值的计算公式，求出 λ 值，即可按式（6-9）求得。

实际工程中通常可根据式（6-9），对不同种类的燃气制成当量长度计算图表，见图 6-1，查出不同管径不同流量时的当量长度 l_2，再计算 L_2。

二、燃气分配管段计算流量的确定

（一）燃气分配管网供气方式

燃气分配管网的各管段根据连接用户的情况，可分为三种：

（1）管段沿途不输出燃气，这种管段的燃气流量是不变的，见图 6-2（a）。流经管段

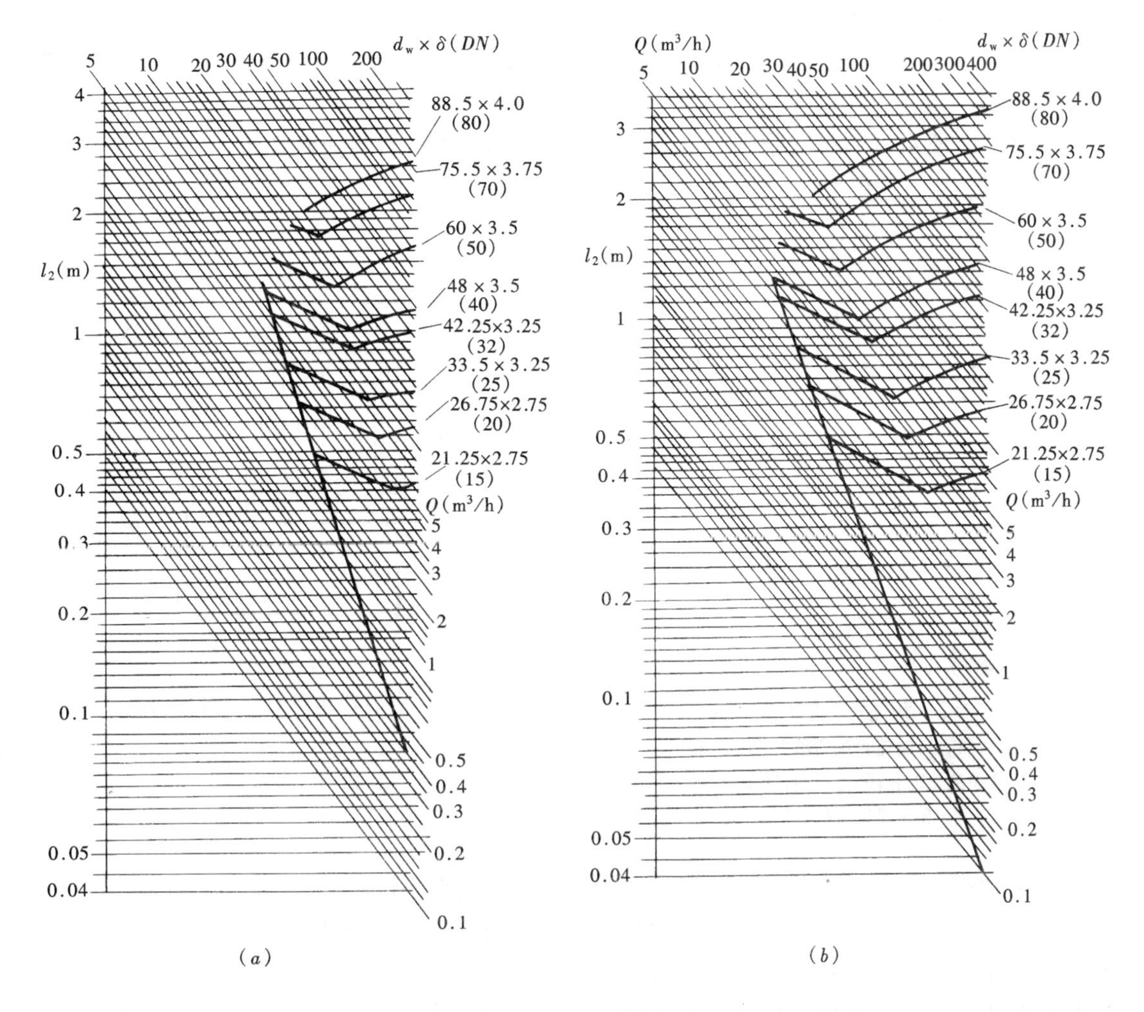

图 6-1 当量长度计算图（$\zeta=1$）

（a）人工煤气（标准状态时 $v=25\times10^{-6}\mathrm{m^2/s}$）；（$b$）天然气（标准状态时 $v=15\times10^{-6}\mathrm{m^2/s}$）

d_w—管道外径（mm）；δ—管壁厚度（mm）；DN—公称直径（mm）

送至末端不变的流量称为转输流量 Q_2。

（2）分配管网的管段与大量居民用户、小型商业用户相连。由管段始端进入的燃气在途中全部供给各个用户。这种在管段沿程输出的燃气流量称为途泄流量 Q_1，见图 6-2（b）。

（3）最常见的分配管段供气情况，如图 6-2（c）所示，该管段既有转输流量又有途泄流量。

（二）燃气分配管段途泄流量的确定

在城镇燃气管网计算中可以认为，途泄流量是沿管段均匀输出的。管段单位长度途泄流量为：

$$q=\frac{Q_1}{L} \tag{6-11}$$

式中 q——单位长度途泄流量，$\mathrm{m^3/(m\cdot h)}$；

Q_1——途泄流量，$\mathrm{m^3/h}$；

L——管段长度，m。

途泄流量的供应对象包括大量的居民和小型商业用户，用气负荷较大的用户应作为集中流量计算。

以图 6-3 所示区域燃气管网为例，说明管段途泄流量的计算过程如下：

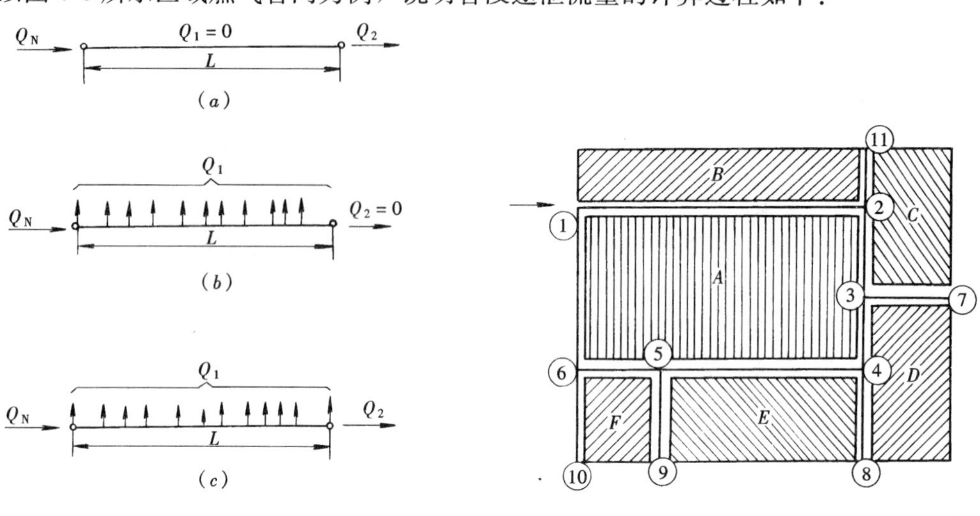

图 6-2 燃气管道的计算流量

(a) 只有转输流量的管段；(b) 只有途泄流量的管段；(c) 有转输流量和途泄流量的管段

图 6-3 各管段途泄流量计算的图示

(1) 根据供气范围内的道路与建筑物布局划分为几个小区：

(2) 分别计算各小区的居民用户用气量及小型商业用户和小型工业用户的用气量，并按照用气量的分布情况，布置配气管道。

(3) 求各小区管段的单位长度途泄流量，如图 6-3 中 A、B、C…区管道的单位长度途泄流量为：

$$q_{\mathrm{A}}=\frac{Q_{\mathrm{A}}}{L_{1-2-3-4-5-6-7-1}}$$

$$q_{\mathrm{B}}=\frac{Q_{\mathrm{B}}}{L_{1-2-11}}$$

$$q_{\mathrm{C}}=\frac{Q_{\mathrm{C}}}{L_{11-2-3-7}}$$

式中 Q_{A}、Q_{B}、Q_{C}——A、B、C 各区的小时计算流量，$\mathrm{m^3/h}$；

L——管段长度，m。

(4) 计算管段的途泄流量。管段的途泄流量等于该管段的长度乘以其分担的小区管段单位长度途泄流量之和。如 1-2 管段的途泄流量为：

$$Q_1^{1-2}=(q_{\mathrm{B}}+q_{\mathrm{A}})L_{1-2}$$

1-2 管段是向两侧小区供气的，其途泄流量为两侧小区的单位长度途泄流量之和乘以管长。

(三) 燃气分配管段计算流量的确定

管段上既有途泄流量又有转输流量的变负荷管段，其计算流量可按下式求得：

$$Q = \alpha Q_1 + Q_2 \tag{6-12}$$

式中 Q——计算流量，m^3/h

Q_1——途泄流量，m^3/h；

Q_2——转输流量，m^3/h；

α——与途泄流量和转输流量之比及沿途支管数有关的系数。

对于燃气分配管段，管段上的分支管数一般不小于5个，此时系数 α 在0.5～0.6之间，取平均值 α=0.55。

故燃气分配管段的计算流量公式为：

$$Q = 0.55Q_1 + Q_2 \tag{6-13}$$

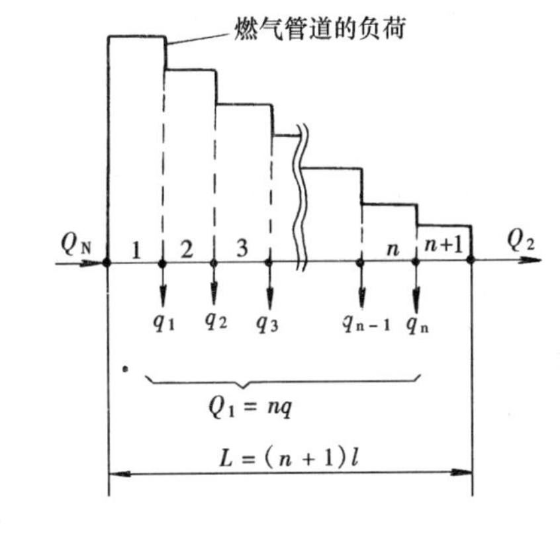

图6-4 燃气分配管段的负荷变化示意图

q—途泄流量，m^3/h

（四）节点流量

在燃气管网计算时，特别是在用计算机进行燃气环网水力计算时，常把途泄流量转化为节点流量来表示。

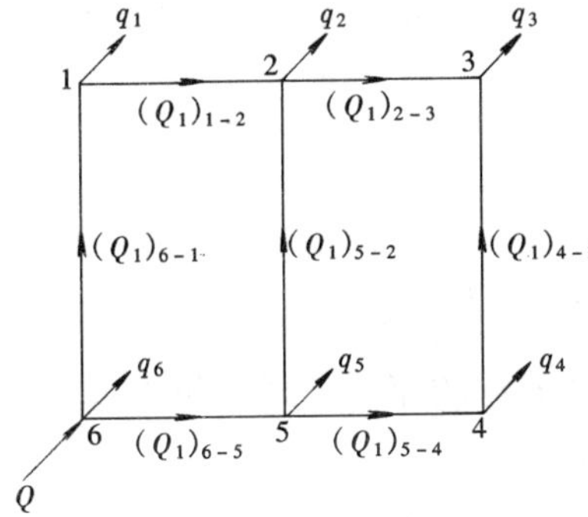

图6-5 节点流量图

从式（6-13）可知，途泄流量 Q_1 可当量拆分为两个部分：一部分 $0.55Q_1$ 可以认为是从管段终端流出，另一部分 $0.45Q_1$ 相当于从始端流出。即将管段的两端视为节点，则管段始端的节点流量为管段途泄流量的0.45倍；管段终端的节点流量为管段途泄流量的0.55倍。由于环状管网的各管段相互连接，故各节点流量等于流入节点所有管段途泄流量的 $0.55Q_1$、流出节点所有管段途泄流量的 $0.45Q_1$ 以及与该节点的集中流量三者之和。如图6-5所示，各节点流量为：

节点1 $q_1 = 0.55(Q_1)_{6-1} + 0.45(Q_1)_{1-2}$

节点2 $q_2 = 0.55(Q_1)_{1-2} + 0.55(Q_1)_{5-2} + 0.45(Q_1)_{2-3}$

节点3 $q_3 = 0.55(Q_1)_{2-3} + 0.55(Q_1)_{4-3}$

节点4 $q_4 = 0.55(Q_1)_{5-4} + 0.45(Q_1)_{4-3}$

节点5 $q_5 = 0.55(Q_1)_{6-5} + 0.45(Q_1)_{5-4} + 0.45(Q_1)_{5-2}$

节点6 $q_6 = 0.45(Q_1)_{6-5} + 0.45(Q_1)_{6-1}$

$$Q_{cal} = q_1 + q_2 + q_3 + q_4 + q_5 + q_6$$

用气量特大的用户，其接出点可作为节点进行计算。

当管段转输流量占管段总流量的比例很大时，α 亦可按0.5计算。

三、管网计算

（一）枝状管网的水力计算

新建枝状燃气管网的水力计算一般可按下列步骤进行：

（1）对管网的节点和管段编号。

（2）根据管线图和用气情况，确定管网各管段的计算流量。

（3）根据给定的允许压力降及由于高程差而造成的附加压头，确定管线单位长度的允许压力降。

（4）根据管段的计算流量及单位长度允许压力降初步选定管径。

（5）根据所选定的管径，求各管段的沿程阻力和局部阻力，计算总压力降。

（6）检查计算结果。若总压力降未超过允许压降值，并趋近允许值，则认为计算合格；否则应适当改变管径，直到总压力降小于并尽量趋近允许压降值为止。

（二）环状管网的水力计算

1. 环状管网的计算特点

环状管网由一些封闭成环的管段组成，任何一个节点均可由相邻两管段或多管段供气。因此，进行水力计算时管道的计算流量可先按节点处流量代数和为零的原则任意分配，并以设定的流量选择管径，但计算的压力降通常是不闭合的，尚需调整流量分配，才能使环网压力降代数和等于零或接近于零（这一计算过程称为环网的水力平差计算）。此外，若改变环网某一管段的直径，就会引起管网流量的重新分配并改变各节点的压力值，而枝状管网的某一管段直径变动时，只导致该管段压力降数值的变化，而不会影响流量分配。所以，枝状管网水力计算只有直径和压力降两个未知量，而环状管网水力计算则有直径、压力降和计算流量三个未知量。

为了求解环状管网，需列出足够的方程式，如：

（1）每一管段压力降 ΔP_j 计算公式

$$\Delta P_j = K_j \frac{Q_j^2}{d_j^3} L_j \qquad (j = 1, 2, \cdots p) \tag{6-14}$$

（2）在每一节点处，流入节点的流量应等于流出该节点的流量，即流量 Q_i 的代数和为零：

$$\Sigma Q_i = 0 \qquad (i = 1, 2, \cdots m-1) \tag{6-15}$$

（3）对于每一环，燃气沿顺时针方向流动的管段上的压力降应等于燃气沿逆时针方向流动的管段上的压力降，即压力降 ΔP_n 的代数和为零：

$$\Sigma \Delta P_n = 0 \quad (n = 1, 2, \cdots n) \tag{6-16}$$

式中 p——环网管段数；

j——管段编号；

m——环网节点数；

i——节点编号；

n——环网数和环的编号。

（4）节点压力条件：如管网气源点是调压器，则气源点压力应是一定值 P'_i

$$P_i = P'_i \tag{6-17}$$

如管网源点是压缩机，则源点压力有一限值 P'_i

$$P_i \leqslant P'_i \tag{6-18}$$

管网非气源点的压力应满足管网运行压力 P''_i 的要求

$$P_i \geqslant P''_i \tag{6-19}$$

（5）经济条件方程。如将管网系统总造价最小及管网系统运行费用最小等作为目标函数所建立的方程。

2. 环状管网的计算步骤

通过求解上述方程来计算环状管网，用人工计算方法是无法直接实现的。用人工方法计算环状管网通常分初步计算和最终计算两个阶段进行。初步计算是按设定的流量确定管径，但初步计算的结果显示，环网压力降常是不闭合的。最终计算是确定每环的校正流量，使压力闭合差尽量趋近于零。若最终计算结果未能达到各种技术经济要求，还需调整管径，进行反复运算，以确定比较经济合理的管径。具体步骤如下：

（1）绘制管网平面示意图，管网布置应使管道负荷较为均匀。然后对节点、环网、管段进行编号，标明管道长度、燃气负荷、气源或调压站位置等。

（2）计算各管段的途泄流量。

（3）按气流沿着最短路径从供气点流向零点（不同流向燃气的汇合点）的原则，拟定环状管网燃气流动方向。但在同一环内，必须有两个相反的流向。

（4）根据拟定的气流方向，以 $\Sigma Q_i = 0$ 为条件，从零点开始，设定流量的分配，逐一推算每一管段的初步计算流量。

（5）根据管网允许压力降和供气点至零点的管道计算长度，求得单位长度允许压力降，根据流量和单位长度允许压力降即可选择管径。

（6）由选定的管径，计算各管段的实际压力降以及每环的闭合差，通常初步计算结果管网各环的压力降是不闭合的，这就必须进行环网的水力平差计算。

（7）在人工计算中，平差计算是逐次进行流量校正，使环网闭合差渐趋工程允许的误差范围的过程。

1）低压管网水力平差计算

假定燃气的流动状态处于水力光滑区，并假定引入校正流量后，各管段的燃气流动状态不变，压力降为：

$$\Delta P = \alpha Q^{1.75} \tag{6-20}$$

式中 ΔP——管段压力降；

Q——管段流量；

α——管段阻抗。

为使各环压力降的代数和等于零，各环校正流量可近似地由两项表示：

$$\Delta Q = \Delta Q' + \Delta Q'' \tag{6-21}$$

式中 $\Delta Q'$——校正流量的第一个近似值，它未考虑邻环校正流量对计算环的影响，对于任何环，其值为：

$$\Delta Q' = -\frac{\Sigma \Delta P}{1.75 \Sigma \dfrac{\Delta P}{Q}} \tag{6-22}$$

$\Delta Q''$——使校正流量更精确而加于第一项 $\Delta Q'$ 上的附加项，它考虑了邻环校正流量对计算环的影响。

$$\Delta Q^{n} = \frac{\Sigma \Delta Q'_{m} \left(\dfrac{\Delta P}{Q}\right)_{ns}}{\Sigma \dfrac{\Delta P}{Q}} \tag{6-23}$$

式中　$\Sigma\Delta P$——计算环的压力闭合差；

$\frac{\Delta P}{Q}$——计算环的各管段的压力降与流量之比；

$\Delta Q'_{nn}$——邻环校正流量的第一项近似值；

$\left(\frac{\Delta P}{Q}\right)_{ns}$——与邻环共用管段的 $\frac{\Delta P}{Q}$ 值。

当计算环有几个邻环，相应有多根共用管道时，各邻环的 $\Delta Q'_{nn}$ 与 $\left(\frac{\Delta P}{Q}\right)_{ns}$ 需一一对应。

2）高、次高、中压管网水力平差计算

鉴于高、次高、中压管网中燃气多处于紊流状态，压力降表达式为：

$$\delta P^2 = \alpha Q^2 \tag{6-24}$$

式中　δP^2——管段的压力平方差；

Q——管段流量；

α——管段阻抗。

校正流量表达形式与低压管网相同，即：

$$\Delta Q = \Delta Q' + \Delta Q'' \tag{6-25}$$

式中

$$\Delta Q' = -\frac{\Sigma\delta P^2}{2\Sigma\frac{\delta P^2}{Q}} \tag{6-26}$$

$$\Delta Q'' = \frac{\Sigma\Delta Q_{nn}\left(\frac{\delta P^2}{Q}\right)_{ns}}{\Sigma\frac{\delta P^2}{Q}} \tag{6-27}$$

其他符号同式（6-21）～式（6-23）。

3）校正流量的具体计算顺序

首先计算各环的 $\Delta Q'$，进而才能求出考虑邻环影响的 $\Delta Q''$，令 $\Delta Q = \Delta Q' + \Delta Q''$，以此校正每环各根管段的计算流量。若校正后闭合差仍未达到精度要求，则需再一次计算校正流量 $\Delta Q'$,$\Delta Q''$ 及 ΔQ，再作流量校正，使之逐次逼近并达到允许的精度要求为止。

4）压力闭合差的精度要求

高、次高、中压管网，有：

$$\frac{|\Sigma\delta P^2|}{0.5\Sigma|\delta P^2|}\times 100\% < \varepsilon\% \tag{6-28}$$

低压管网，有：

$$\frac{|\Sigma\Delta P|}{0.5\Sigma|\Delta P|}\times 100\% < \varepsilon\% \tag{6-29}$$

式中　ΔP 或 δP^2——环网内各管段的压力降或压力平方差，顺时针方向为正，逆时针方向为负；

$|\Delta P|$ 或 $|\delta P^2|$——环网内各管段的压力降或压力平方差的绝对值；

ε——工程计算的精度要求（允许误差），一般人工计算 $\varepsilon < 10\%$。

（8）由管段的压力降推算管网各节点的压力。一旦节点压力未满足要求，或者管道压力降过小而不够经济时，还需调整管径，重新进行前述（6）、（7）两步计算。

（9）绘制水力计算简图，图中标明管段的长度、管径、计算流量、压力降和节点的流量、压力等参数。

【例 6-1】 图 6-6 所示的人工煤气中压管道，1 为源点，4、6、7、8 为用气点（中一低调压器），已知气源点的供气压力为 200kPa，保证调压器正常运行的调压器进口压力为 120kPa，假设燃气密度为 $1kg/m^3$，运动黏度为 $25\times10^{-6}m^2/s$。各管段编号如图 6-6 所示，若使用钢管，求各管段的管径。

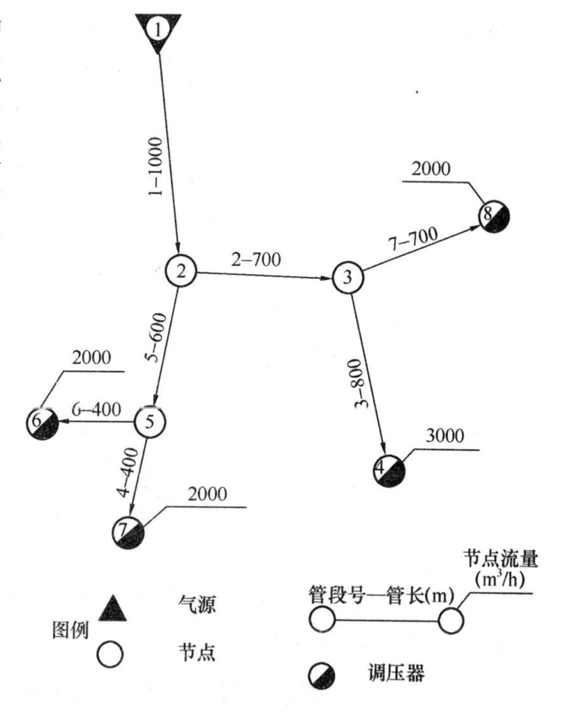

图 6-6 枝状管网简图

解：（1）管网各节点及各管段编号如图 6-6 所示。

（2）确定气流方向，并根据图示各调压器的输气量（中压管网的节点流量），计算各管段的计算流量：

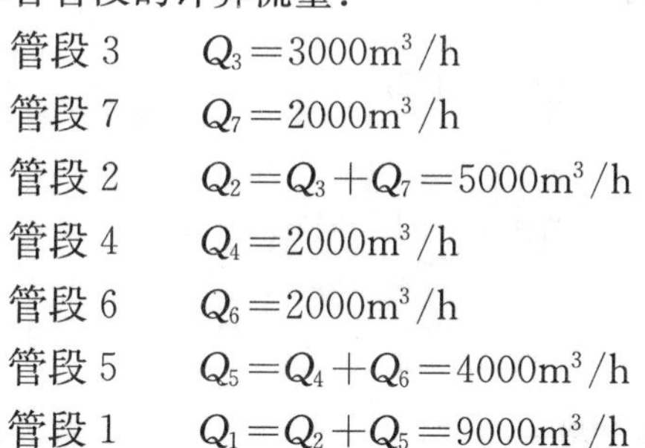

管段 3　$Q_3=3000m^3/h$

管段 7　$Q_7=2000m^3/h$

管段 2　$Q_2=Q_3+Q_7=5000m^3/h$

管段 4　$Q_4=2000m^3/h$

管段 6　$Q_6=2000m^3/h$

管段 5　$Q_5=Q_4+Q_6=4000m^3/h$

管段 1　$Q_1=Q_2+Q_5=9000m^3/h$

（3）选管道①-②-③-④为本枝状管网的干管，先行计算。

（4）求干管的总长度：

$$L=L_1+L_2+L_3=2500m$$

（5）根据气源点①的供气压力及调压器进口的最小需求压力确定干管的允许压力平方差：

$$\delta P_{al}^2=200^2-120^2=2560(kPa)^2$$

则干管的单位长度的允许压力平方差（含 5%局部损失）为：

$$\frac{\delta P_{al}^2}{L}=\frac{25600}{2500\times1.05}=9.75(kPa)^2/m$$

（6）由干管单位长度的允许压力平方差及各管段的计算流量，初选干管各管段的管径。查附图 2 初选各管段的管径及其单位长度压力平方差：

管段 1　$d_1=325mm$　　$\frac{\delta P_1^2}{L_1}=7.0(kPa)^2/m$

管段 2　$d_2=273mm$　　$\frac{\delta P_2^2}{L_2}=5.4(kPa)^2/m$

管段 3　$d_3=219mm$　　$\frac{\delta P_3^2}{L_3}=6.3(kPa)^2/m$

（7）计算干管各管段的压力平方差（含局部损失5%）

管段1 $\delta P_1^2 = 1.05 \times 7.0 \times 1000 = 7350(\text{kPa})^2$

管段2 $\delta P_2^2 = 1.05 \times 5.4 \times 700 = 3969(\text{kPa})^2$

管段3 $\delta P_3^2 = 1.05 \times 6.3 \times 800 = 5292(\text{kPa})^2$

$$\Sigma \delta P^2 = \delta P_1^2 + \delta P_2^2 + \delta P_3^2 = 16611(\text{kPa})^2$$

（8）计算干管上各节点压力

节点③ $P_3 = \sqrt{P_4^2 + \delta P_3^2} = \sqrt{120^2 + 5292} = 140.3\text{kPa}$

节点② $P_2 = \sqrt{P_3^2 + \delta P_2^2} = 153.8\text{kPa}$

节点① $P_1 = \sqrt{P_2^2 + \delta P_1^2} = 176.1\text{kPa} < 200\text{kPa}$，计算合格。

（9）支管计算

管段7，由其起点③的压力得管段7单位长度允许压力平方差：

$$\frac{\delta P_{允}^2}{L} = \frac{140.3^2 - 120^2}{700 \times 1.05} = 7.19\ (\text{kPa})^2/\text{m}$$

查附图2选管径 d_7=219mm 及相应的单位长度压力平方差：

$$\frac{\delta P_7^2}{L_7} = 3.1(\text{kPa})^2/\text{m}$$

$$\delta P_7^2 = 1.05 \times 3.1 \times 700 = 2279(\text{kPa})^2$$

所以节点⑧的压力为：

$$P_8 = \sqrt{P_3^2 - \delta P_7^2} = \sqrt{140.3^2 - 2279} = 131.9\text{kPa}$$

计算支管4、5、6，以此类推。

（10）计算结果列于表6-2和表6-3。

枝状中压管道计算结果一 **表6-2**

管段号	管段长度（m）	管段计算流量 (m^3/h)	管径（mm）	单位长度压力平方差 $(\text{kPa})^2$/m	管段压力平方差 $(\text{kPa})^2$
1	1000	9000	325	7.0	7350
2	700	5000	273	5.4	3969
3	800	3000	219	6.3	5292
4	400	2000	219	3.0	1260
5	600	4000	273	3.5	2205
6	400	2000	219	3.0	1260
7	700	2000	219	2.4	2279

枝状中压管道计算结果二 **表6-3**

序　号	节点流量（m^3/h）	节点压力（kPa）
1	0	176.1
2	0	153.8
3	0	140.3
4	3000	120.0
5	0	146.5
6	2000	142.1
7	2000	142.1
8	2000	131.9

（11）绘制水力计算结果图，如图 6-7 所示。

【例 6-2】 试对图 6-8 所示的低压管网进行水力计算，图上注有环网各边长度(m)及环内建筑用地面积 F(hm^2)。人口密度为 600 人/hm^2，用气量为 0.06m^3/(人·h)，有一个工厂集中用户，用气量为 100m^3/h。气源是焦炉煤气调压站，ρ=0.46kg/m^3，$\nu=25\times10^{-6}m^2/s$。管网中的，允许压力降取 ΔP=400Pa。

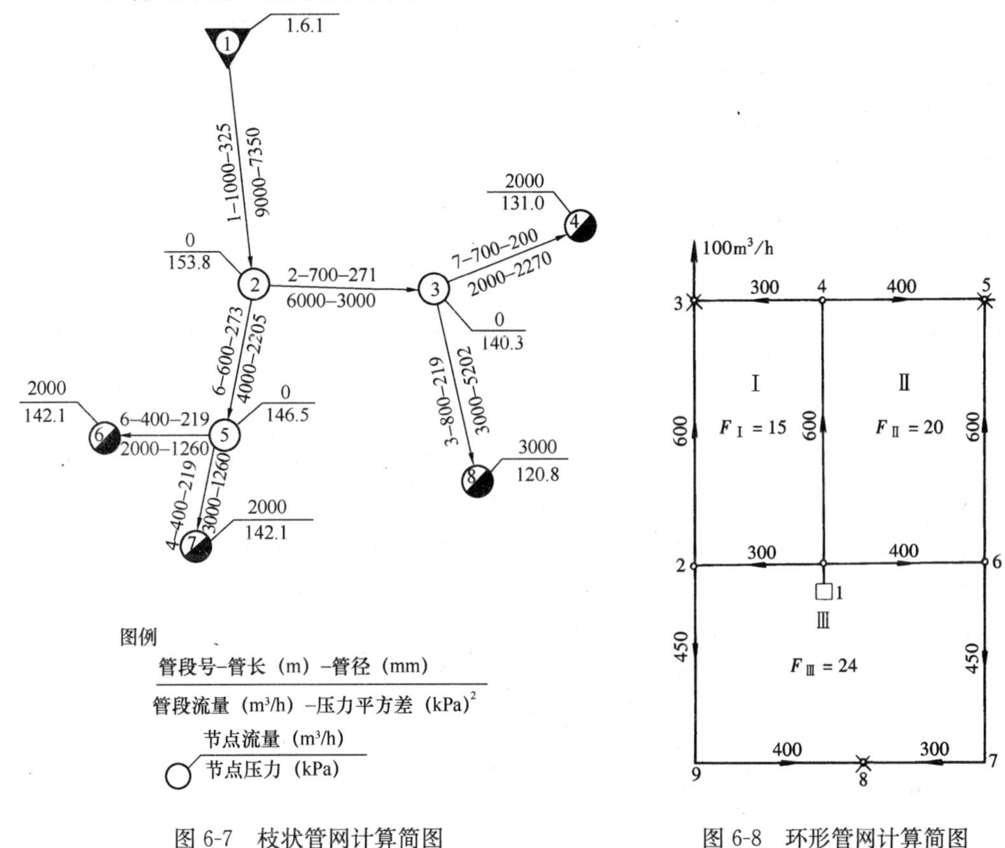

图 6-7 枝状管网计算简图　　　图 6-8 环形管网计算简图

解：计算顺序如下：

（1）计算各环的单位长度途泄流量，为此：

1）将供气区域分区并布置管网；

2）求出各环内的最大小时用气量（以面积、人口密度和用气量相乘）；

3）计算供气环周边的总长；

4）求单位长度的途泄流量。

上述计算列于表 6-4。

各环的单位长度的途泄流量　　**表 6-4**

环号	面积 (hm^2)	居民数 (人)	每人用气量 [m^3/(人·h)]	本环供气量 (m^3/h)	环周边长 (m)	沿环周边的单位长度途泄流量 [m^3/(m·h)]
Ⅰ	15	9000	0.06	540	1800	0.300
Ⅱ	20	12000	0.06	720	2000	0.360
Ⅲ	24	14400	0.06	864	2300	0.376
				ΣQ=2124		

（2）根据计算简图，求出管网中每一管段的计算流量，计算列于表 6-5，其步骤如下：

1）将管网的各管段依次编号，在距供气点（调压站）最远处，假定零点的位置（3、5 和 8），同时决定气流方向。

2）计算各管段的途泄流量。

3）计算各管段转输流量：由零点开始，与气流相反方向推算到供气点。如节点的集中负荷由两侧管段供气，则转输流量以各分担一半左右为宜。这些转输流量的分配，可在计算表的附注中加以说明。

4）求各管段的计算流量。

各管段的计算流量 **表 6-5**

环号	管段号	管段长度（m）	单位长度途泄流量 q [m^3/（m·h）]	流量（m^3/h）				附注
				途泄流量 Q_1	$0.55Q_1$	转输流量 Q_2	计算流量 Q	
Ⅰ	1-2	300	0.300+0.376=0.676	203	112	549	661	集中负荷预定由 2-3 及 3-4 管段各供 50m^3/h
	2-3	600	0.300	180	99	50	149	
	1-4	600	0.300+0.360=0.660	396	218	284	502	
	4-3	300	0.300	90	50	50	100	
Ⅱ	1-4	600	0.660	396	218	284	502	
	4-5	400	0.360	144	79	0	79	
	1-6	400	0.360+0.376=0.736	294	162	498	660	
	6-5	600	0.360	216	119	0	119	
Ⅲ	1-6	400	0.736	294	162	498	660	
	6-7	450	0.376	169	93	113	206	
	7-8	300	0.376	113	62	0	62	
	1-2	300	0.676	203	112	549	661	
	2-9	450	0.376	169	93	150	243	
	9-8	400	0.376	150	83	0	83	

校验转输流量总值，调压站由 1-2、1-4 及 1-6 管段输出的燃气量得：

$$(203+549)+(396+284)+(294+498)=2224\text{m}^3/\text{h}$$

由各环的供气量及集中负荷得：

$$2124+100=2224\text{m}^3/\text{h}$$

两值相符。

（3）根据初步流量分配及单位长度平均压力降选择各管段的管径。局部阻力损失取沿程摩擦阻力损失的 10%。在进行计算之前，首先要预定摩擦阻力的单位长度计算压降值，作为初步计算中选定管径的依据。由供气点至零点的平均距离为 1017m，即

$$\frac{\Delta P}{L}=\frac{400}{1017\times1.1}=0.358\text{Pa/m}$$

由于所用的燃气 $\rho=0.46\text{kg/m}^3$，故在使用附图 1 的水力计算图表时，需进行密度修正，即

$$\left(\frac{\Delta P}{L}\right)_{\rho=1}=\left(\frac{\Delta P}{L}\right)/0.46=\frac{0.358}{0.46}=0.778\text{Pa/m}$$

选定管径后，由附图 1 查得管段的 $\left(\frac{\Delta P}{L}\right)_{\rho=1}$ 值，求出

$$\left(\frac{\Delta P}{L}\right)=\left(\frac{\Delta P}{L}\right)_{\rho=1}\times 0.46$$

全部计算列于表 6-6。

(4) 从表 6-6 的初步计算可见，两个环的闭合差均大于 10%。一个环的闭合差小于 10%，也应对全部环网进行校正计算，否则由于邻环校正流量值的影响，反而会使该环的闭合差增大，有超过 10%的可能。

先求各环的 $\Delta Q'$

$$\Delta Q'_{\mathrm{I}}=-\frac{\Sigma\Delta P}{1.75\Sigma\frac{\Delta P}{Q}}=-\frac{33}{1.75\times 2.1}=-9.0$$

$$\Delta Q'_{\mathrm{II}}=-\frac{-78}{1.75\times 2.1}=+21.2$$

$$\Delta Q'_{\mathrm{III}}=-\frac{49}{1.75\times 1.89}=-14.8$$

再求各环的 $\Delta Q''$

$$\Delta Q''_{\mathrm{I}}=\frac{\Sigma\Delta Q'_{nn}\left(\frac{\Delta P}{Q}\right)_{ns}}{\Sigma\frac{\Delta P}{Q}}=\frac{-14.8\times 0.38+21.2\times 0.61}{2.1}=+3.5$$

$$\Delta Q''_{\mathrm{II}}=\frac{-9.0\times 0.61-14.8\times 0.50}{2.1}=-6.1$$

$$\Delta Q''_{\mathrm{III}}=\frac{-9.0\times 0.38+21.2\times 0.50}{1.89}=+3.8$$

由此，各环的校正流量为：

$$\Delta Q_{\mathrm{I}}=\Delta Q'_{\mathrm{I}}+\Sigma Q''_{\mathrm{I}}=-9.0+3.5=-5.5$$
$$\Delta Q_{\mathrm{II}}=\Delta Q'_{\mathrm{II}}+\Sigma Q''_{\mathrm{II}}=+21.2-6.1=+15.1$$
$$\Delta Q_{\mathrm{III}}=\Delta Q'_{\mathrm{III}}+\Sigma Q''_{\mathrm{III}}=-14.8-3.8=-11.0$$

共用管段的校正流量为本环的校正流量值减去相邻环的校正流量值。

经过一次校正计算，各环的误差值均在 10%以内，因此计算合格。如一次计算后仍未达到允许误差范围以内，则应用同样方法再次进行校正计算。

(5) 经过校正计算，管网中的燃气流量应重新分配，集中负荷的预分配量有所调整，并使零点的位置有了移动。

点 3 的工厂集中负荷由管段 4-3 供气 55.5m^3/h，由管段 2-3 供气 44.5m^3/h。

管段 6-5 的计算流量由 119m^3/h 减至 103.9m^3/h，因而零点向 6 方向移动了 ΔL_6。

$$\Delta L_6=\frac{119-103.9}{0.55q_{6\text{-}5}}=\frac{15.1}{0.55\times 0.36}=76\text{m}$$

管段 7-8 的计算流量由 62m^3/h 减至 51m^3/h，因而零点向点 7 方向移动了 ΔL_7。

$$\Delta L_7=\frac{62-51}{0.55q_{7\text{-}8}}=\frac{11}{0.55\times 0.376}=53\text{ m}$$

新的零点位置用记号“×”表示在图 6-8 上，这些点是环网在计算工况下的压力最

低点。

(6) 校核从供气点至零点的压力降。

$$\Delta p_{1\text{-}2\text{-}3} = 273.9 + 125.4 = 399.3\text{Pa}$$

$$\Delta p_{1\text{-}6\text{-}5} = 330 + 66 = 396\text{Pa}$$

$$\Delta p_{1\text{-}2\text{-}9\text{-}8} = 273.9 + 74.3 + 38.3 = 386.5\text{Pa}$$

此压力降充分利用了计算压力降的数值，说明管网计算达到了经济合理的效果。

低压环网水力计算表 **表 6-6**

环号	管段			初步计算					校正流量计算			校正流量				
	管段号	邻环号	长度 L (m)	管段流量 Q (m³/h)	管径 d (mm)	单位压力降 $\Delta P/L$ (Pa/m)	管段压力降 ΔP (Pa)	$\Delta P/Q$	$\Delta Q'$	$\Delta Q''$	$\Delta Q=\Delta Q'+\Delta Q''$	管段校正流量 ΔQ_n	校正后管段流量 Q'	$\Delta P'/L$	管段压力降 $\Delta P'$	考虑局部阻力后压力损失 $1.1\Delta P'$
Ⅰ	1-2	Ⅲ	300	661	200	0.83	249	0.38	−9.0	+3.5	−5.5	+5.5	666.5	0.83	249	273.9
	2-3	—	600	149	150	0.20	120	0.81				−5.5	143.5	0.19	114	125.4
	1-4	Ⅱ	600	−502	200	0.51	−306	0.61				−20.6	−522.5	0.54	−324	356.4
	4-3	—	300	−100	150	0.10	−30	0.30				−5.5	−105.5	0.11	−33.0	36.3
							+33 (9.3%)	2.10							+6 (1.7%)	
Ⅱ	1-4	Ⅰ	600	502	200	0.51	306	0.61	+21.2	−6.1	+15.1	+20.6	522.6	0.54	324	356.4
	4-5	—	400	79	150	0.065	26	0.33				+15.1	94.1	0.084	33.6	37.0
	1-6	Ⅲ	400	−660	200	0.83	−332	0.50				+26.1	−633.9	0.75	−300	330.0
	6-5	—	600	−119	150	0.13	−78	0.66				+15.1	−103.9	0.10	−60.0	66.0
							−78 (21%)	2.10							−2.4 (0.7%)	
Ⅲ	1-6	Ⅱ	400	660	200	0.83	332	0.50	−14.8	+3.8	−11.0	−26.1	633.9	0.75	300	330.0
	6-7	—	450	206	200	0.10	45	0.22				−11.0	195.0	0.092	41.4	45.5
	7-8	—	300	62	150	0.04	12	0.19				−11.0	51.0	0.028	8.40	9.2
	1-2	Ⅰ	300	−661	200	0.83	−249	0.38				−5.5	−666.5	0.83	−249	273.9
	2-9	—	450	−243	200	0.14	−63	0.26				−11.0	−254.0	0.15	−67.5	74.3
	9-8	—	400	−83	150	0.07	−28	0.34				−11.0	−94.0	0.087	−34.8	38.3
							+49 (13.4%)	1.89							−1.5 (0.4%)	

第二节 室内燃气管道的设计计算

城镇居民、商业和工业企业用户建筑物内燃气系统，包括燃气管道、调压器、燃气表、燃具或用气设备等应根据燃气种类及特性、安装条件、工作压力及用户要求等进行设计、计算；应按设计规范布置燃气管线及设备，绘制室内燃气设备及管道平面布置与系统图，进行管道水力计算并校核。

室内燃气管道的管材可以选用钢管、不锈钢管、铜管、铝塑复合管等材质。

室内燃气管道在穿越建筑物基础、墙、楼板及管沟时应加装套管；管道应尽量集中布置在用气房间；管道宜明设，暗埋或暗设的用户支管应符合相关安全要求。

一、室内燃气管道及燃具的布置

（一）燃气用户引入管

燃气用户引入管亦称进户管，是室外分配管道与建筑物内管道的连接部分，宜直接进入用气房间；引入管进入建筑物后应设置用户总阀门，重要用户还应在室外另设阀门。

居民住宅燃气引入管宜设在厨房、走廊、与厨房相连的封闭阳台内（寒冷地区输送湿燃气时阳台应封闭）等便于检修的非居住房间内。当确有困难时，可从楼梯间引入，但应采用金属管道且引入管阀门宜设在室外。商业和工业企业的燃气引入管宜设在使用燃气的房间或燃气表间内。燃气引入管不得敷设在卧室、浴室、易燃或易爆品的仓库、有腐蚀性介质的房间、发电间、配电间、变电室、不使用燃气的空调机房、通风机房、计算机房、电缆沟、暖气沟、烟道和进风道、垃圾道等地方。

引入管进户方式有地下引入、地上引入、外设立管等形式。

1. 地下引入

引入管自室外埋地燃气管接出，穿过建筑物基础及建筑物底层地坪，直接引入室内；在进入建筑物后即应穿出地面，不得在室内地面下水平敷设；在室内立管上设三通管作为清扫口，如图 6-9 所示。

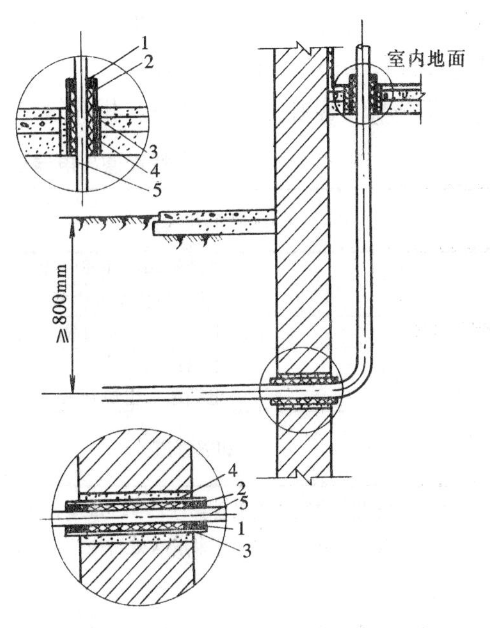

图 6-9　用户引入管地下引入

1—沥青密封层；2—套管；3—油麻填料；4—水泥砂浆；5—燃气管道

地下引入管线短，对建筑物外观无影响；由于需要穿越建筑物基础，所以应在建筑物设计中预留燃气管道位置，并考虑建筑物沉降。这种方法多用于新建筑燃气管道引入及管径大于 100mm 的引入管。

2. 地上引入

引入管自埋地燃气管道或用户箱式调压器接出，沿建筑物外墙，在一定高度穿过外墙引入室内。地上引入法是将离室外地面 0.5～0.8m 处引入室内。地上燃气管道必须具有良好的保护措施，应在地上引入管管道外砖砌保温台；寒冷地区，保温台内填充保温材料。这种引入方式会影响建筑物的外观，但便于维修。

3. 外设立管引入

外设立管引入法是将燃气立管完全敷设于建筑物外墙上，以各用户分支管分别进入各个用气点、连接燃气支管。在已经入住的楼房加装燃气管道时，采用外设立管法，方便施工；但室外立管必须具有一定的保护措施，防止外力破坏，还要考虑防雷雨、防静电措施，确保安全。这种引入方式对建筑物外观有影响，但便于维修。

（二）室内燃气管道

室内水平管道不得穿过易燃易爆品仓库、配电间、变电室、电缆沟、烟道、进风道和电梯井等；不应敷设在潮湿或有腐蚀性介质的房间内，当必须敷设时，应采取防腐蚀措施；输送湿燃气的管道敷设在气温低于0℃的房间或输送气相液化石油气管道外的环境温度低于其露点温度时，均应采取保温措施；输送干燃气的管道可不设置坡度；输送湿燃气（包括气相液化石油气）的管道，其敷设坡度不宜小于0.003；燃气表前水平支管应坡向立管，燃气表后的水平支管应坡向燃具；室内燃气管道的下列部位应设置阀门：调压器前和燃气表前、燃具或用气设备前、测压计前、放散管起点；室内燃气阀门宜采用球阀。

（1）室内水平干管宜明设，当建筑设计有特殊美观要求时可敷设在能安全操作、通风良好和检修方便的吊顶内，管道应符合规范要求；当吊顶内设有可能产生明火的电气设备或空调回风管时，燃气干管宜设在与吊顶底平的独立密封∩形管槽内，管槽底宜采用可卸式活动百叶或带孔板。燃气水平干管不宜穿过建筑物的沉降缝和防火分区。

（2）燃气立管不得敷设在卧室或卫生间内。立管穿过通风不良的吊顶时应设在套管内。燃气立管宜明设，当设在便于安装和检修的管道竖井内时应符合规范要求。

（3）燃气支管宜明设。燃气支管不宜穿过起居室（厅）。敷设在起居室（厅）、走道内的管道不宜有接头。当穿过卫生间、阁楼或壁柜时，管道必须采用焊接连接（金属软管不得有接头），并设在钢套管内。

室内燃气管道与电器设备及相邻管道之间的净距，不应小于表6-7的规定。

燃气管道与电器设备及相邻管道之间的净距　　表6-7

管道和设备		与燃气管道的净距（cm）	
		平行敷设	交叉敷设
电气设备	明装的绝缘电线或电缆	25	10（注）
	暗装或管内绝缘电线	5（从所做的槽或管子的边缘算起）	1
	电压小于1000V的裸露电线	100	100
	配电盘或配电箱、电表	30	不允许
	电插座、电源开关	15	不允许
相邻管道		保证燃气管道、相邻管道的安装和维修	2

注：1. 当明装电线加绝缘套管且套管的两端各伸出燃气管道10cm时，套管与燃气管道的交叉净距可降至1cm。

2. 当布置有困难时，在采取有效措施后，可适当减小净距。

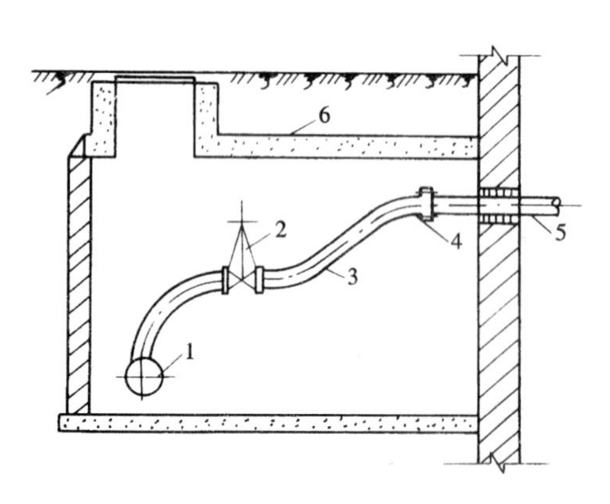

图6-10　引入管的铅管接头

1—楼前供气管；2—阀门；3—铅管；4—法兰；5—穿墙管；6—闸井

（4）对于高层建筑的室内燃气管道系统还应考虑以下特殊的问题。

1）高层建筑的沉降补偿　高层建筑物自重大，沉降量显著，易在引入管处造成破坏。可在引入管处安装伸缩补偿接头以消除建筑物沉降的影响。伸缩补偿接头有波纹管接头、套筒接头和铅管接头等形式。图6-10所示为引入管的铅管补偿接头，建筑物沉降时由铅管吸收变形，以避免破坏管道。铅管前装阀门，设有闸井，便于检修。

2）高程差引起的附加压头的影响　燃气与空气密度不同时，随着建筑物高度的增大，附加压头也增大，而民用和商业用户燃具的工作压力，是有一定的允许波动范围的。当高程差过大时，为了使建筑物上下各层的燃具都能在允许的压力波动范围内正常工作，可采取下列措施以克服附加压头的影响：

①如果附加压头增值不大，可采取增加管道阻力的办法。例如在燃气总立管上每隔若干层增设一分段阀门，或减小高层管道直径，以增加阻力，但同时也会使流量减小。

②分开设置高层供气系统和低层供气系统，以分别满足不同高度燃具工作压力的需要。

③加装用户调压器：各用户调压器将燃气降压，达到燃具所需的、稳定的燃具前压力；会增加系统投资。

④按高层和低层不同的实际燃气压力设计制造专用燃具，或改变燃具中的个别部件。对于饭店、宾馆等厨房中的一些燃具可考虑采取这一措施。

3）补偿温差产生的变形　高层建筑燃气立管的管道长、自重大，需在立管底部设置支墩。为了补偿由于温差产生的胀缩变形，需将管道两端固定，并在中间安装吸收变形的挠性管或波纹管补偿装置。管道的补偿量可按下式计算：

$$\Delta l = 0.012\Delta t l \tag{6-30}$$

式中　Δl——管道的补偿量，mm；

Δt——管道安装时与运行中的最大温差，℃；

l——两固定端之间管道的长度，m。

挠性管补偿装置和波纹管补偿装置如图6-11所示。这些补偿装置还可以消除地震或大风时建筑物振动对管道的影响。

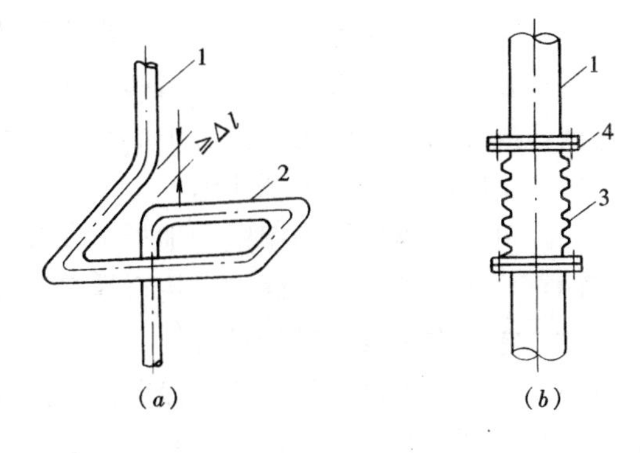

图 6-11　燃气立管的补偿装置

(a) 挠性管；(b) 波纹管

1—燃气立管；2—挠性管；3—波纹管；4—法兰

（三）燃气计量表的布置

燃气用户的计量表应根据燃气的工作压力、温度、流量和允许压力降等条件选择，并单独设置。安装位置应满足下列条件：

(1) 宜安装在不燃或难燃结构的室内通风良好和便于查表、检修的地方。

(2) 严禁安装在下列场所：

1）卧室、卫生间及更衣室内；

2）有电源、电器开关及其他电器设备的管道井内，或有可能滞留泄漏燃气的隐蔽场所；

3）环境温度高于45℃的地方；

4）经常潮湿的地方；

5）堆放易燃、易腐蚀或有放射性物质等危险的地方；

6）有变、配电等电器设备的地方；

7）有明显振动影响的地方；

8）高层建筑中的避难层及安全疏散楼梯间内。

(3) 燃气表的环境温度，当使用人工煤气和天然气时，应高于0℃；当使用液化石油气时，应高于其露点5℃以上。

（4）住宅内燃气表可安装在厨房内，当有条件时也可设在户门外，但应做好防护。住宅内高位安装燃气时，表底距地面不宜小于 1.4m；当燃气表装在燃气灶具上方时，燃气表与燃气灶的水平净距不得小于 30cm；低位安装时，表底距地面不得小于 10cm。

（5）商业和工业企业的燃气表宜集中布置在单独房间内，当设有专用调压室时可与调压器同室布置。

（四）民用燃气灶具的布置

（1）燃气灶具应安装在有自然通风和自然采光的厨房内。利用卧室的套间（厅）或利用与卧室连接的走廊作厨房时，厨房应设门并与卧室隔开。

（2）安装燃气灶具的房间净高不宜低于 2.2m。

（3）燃气灶具与墙面的净距不得小于 10cm；当墙面为可燃或难燃材料时，应加防火隔热板；燃气灶具的灶面边缘和烤箱的侧壁距木质家具的净距不得小于 20cm，当达不到时，应加防火隔热板。

（4）放置燃气灶具的灶台应采用不燃烧材料，当采用难燃材料时，应加防火隔热板。

（5）厨房为地上暗厨房（无直通室外的门和窗）时，应选用带有自动熄火保护装置的燃气灶具，并应设置燃气浓度检测报警器、自动切断阀和机械通风设施，燃气浓度检测报警器与自动切断阀和机械通风设施联锁。

（五）民用燃气热水器的布置

（1）燃气热水器应安装在通风良好的非居住房间、过道或阳台内；

（2）有外墙的卫生间内，可安装密闭式热水器，但不得安装其他类型热水器；

（3）装有半密闭式热水器的房间，房间门或墙的下部应设有效截面积不小于 $0.02m^2$ 的格栅，或在门与地面之间留有不小于 30mm 的间隙；

（4）房间净高应大于 2.4m；

（5）可燃或难燃烧的墙壁和地板上安装热水器时，应采取有效的防火隔热措施；

（6）热水器的给排气筒宜采用金属管道连接。

二、室内燃气管道设计计算

首先应调研用户燃具或用气设备型号及安装要求等；根据建筑物平面图，依据规范布置燃气管道及设备，绘制平面及系统图；按同时工作系数法计算各管段流量，进行管道系统水力计算，并校核系统压降。

具体计算可按下述步骤进行：

（1）布置燃气管道及燃具，作管道平面及系统图并确定最不利工作点。

（2）将各管段按顺序编号，由引入口编至最不利工作点，凡是管径变化或流量变化处均应编号。

（3）求出各管段的额定流量，根据各管段供气的燃具数确定同时工作系数值，求出各管段的计算流量。

（4）由系统图求得各管段的长度，并根据计算流量、根据规范预定各管段的管径。

（5）计算各管段的局部阻力系数，求出其当量长度，可得管段的计算长度。

根据管段及已定管径，可由图 6-1 求得 $\zeta=1$ 时的 l_2，即 $\frac{d}{\lambda}$。

（6）根据各管段的流量及预订管径查水力计算图表或计算得出管段单位长度压降值，

乘以管段计算长度，即得该管段的阻力损失（包括沿程阻力和局部阻力）。

（7）计算各管段的附加压头。

（8）求各管段的实际压力损失：管段阻力损失减附加压头。

（9）求室内燃气管道的总压降（由引入口至最不利工作点）。

（10）校核：以总压降与允许压降（ΔP）相比较，若总压降$\leqslant\Delta P$，则设计管径合格，若总压降$>\Delta P$，则应改变相关管段的管径。

【例 6-3】 试作六层住宅楼的室内燃气管道的设计计算。住宅楼首层及标准层平面图见图 6-12，每层层高 3.0m，室内首层地面标高±0.00m，室外地面标高−0.45m。居民每户装双眼灶及快速热水器各一台，双眼灶额定流量为 1.4m^3/h，快速热水器额定流量为 0.9m^3/h。燃气种类为天然气，密度 ρ=0.88kg/m^3。要求室内燃气管道的计算压力降不超过 150Pa（不含燃气表阻力）。

解：计算可按下述步骤进行：

（1）燃气管道布置见室内燃气管道平面图（见图 6-12），管道系统图见图 6-13，

（2）将各管段按顺序编号，凡是管径变化或流量变化处均应编号。

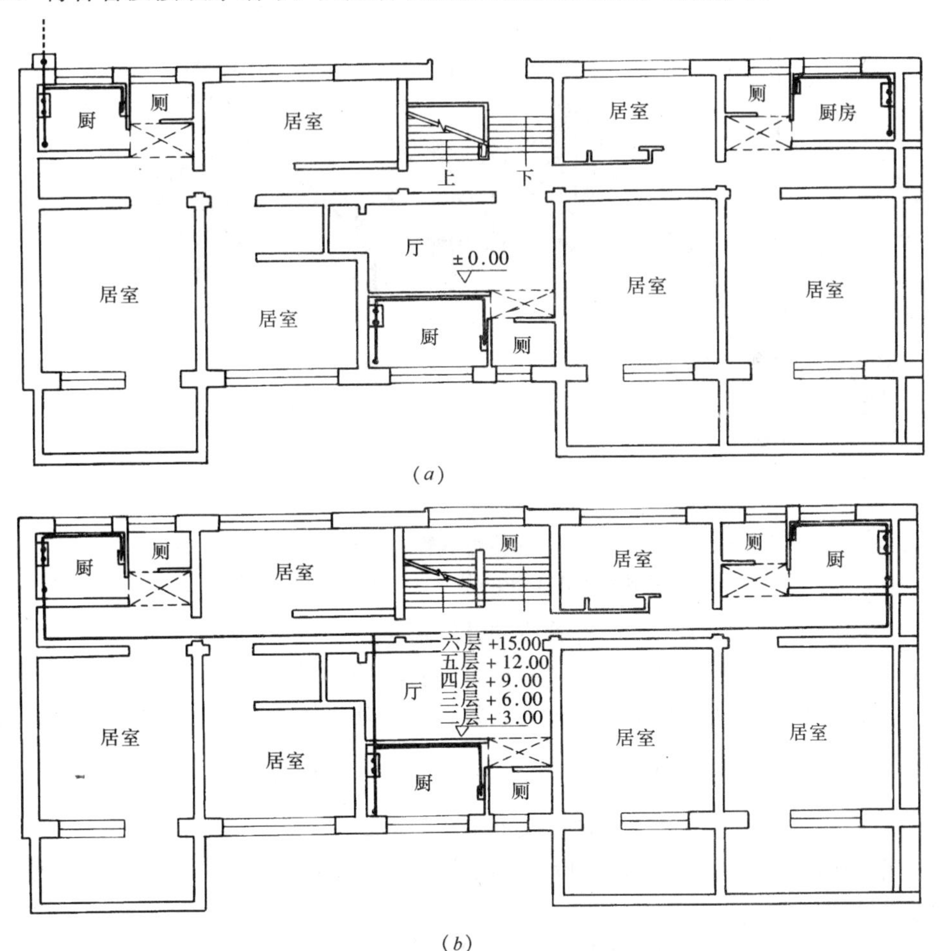

图 6-12 室内燃气管道平面图

（a）首层平面图；（b）二层平面图

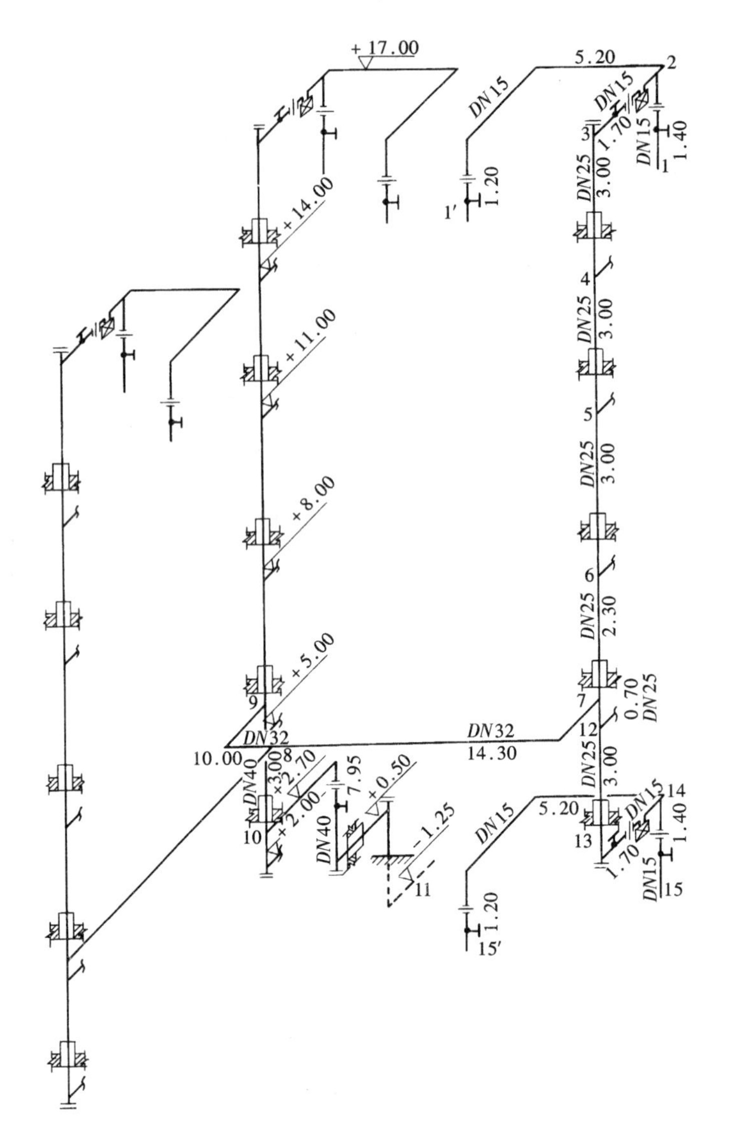

图 6-13　室内燃气管道系统图

注：图中凡未画出的室内管线布置均与其顶层布置相同

(3) 用同时工作系数法，求得各管段的计算流量。

(4) 由系统图求得各管段的长度，并预定各管段的管径。

(5) 统计各管段管件，算出局部阻力系数，求出其当量长度，得到管段的计算长度。

根据管段及预定管径，由图 6-1 求得 $\zeta=1$ 时的 l_2，即 $\frac{d}{\lambda}$。

$$计算长度\ L=L_1+L_2$$

(6) 由于所用的天然气 $\rho=0.88\text{kg/m}^3$，使用水力计算图表（附图 3）时，需进行密度修正，即

$$(\Delta P/L)_{\rho=0.88}=(\Delta P/L)_{\rho=1}\times 0.88$$

其计算见表 6-8 说明中的示例。由此得到各管段的单位长度压降值后，乘以管段计算长度，即得该管段的阻力损失。

表 6-8

室内燃气管道水力计算表

管段号	额定流量 (m^3/h)	同时工作系数	计算流量 (m^3/h)	管段长度 L_1 (m)	管径 d (mm)	局部阻力系数 $\Sigma\xi$	l_2 (m)	当量长度 L_2 (m)	计算长度 L (m)	单位长度压力损失 $\Delta P/L$ (Pa/m)	ΔP (Pa)	管段终端始端标高差 ΔH (m)	附加压头 $\Delta H \cdot g \cdot (\rho_a-\rho_g)$ (Pa)	管段实际压力损失 (Pa)	管段局部阻力系数计算及其他说明
1′-2	0.9	1.00	0.90	5.2	15	10.6	0.33	3.50	8.70	2.29	19.92	−1.2	−4.86	24.78	90°弯头 $\xi=3\times2.2$；旋塞 $\xi=4$
1-2	1.4	1.00	1.40	1.4	15	6.2	0.48	2.98	4.38	3.74	16.38	−1.4	−5.67	22.05	90°弯头 $\xi=2.2$；旋塞 $\xi=4$
2-3	2.3	0.80	1.84	1.7	15	5.0	0.42	2.10	3.8	7.92	30.10	0	0	30.10	三通直流 $\xi=1.0$；旋塞 $\xi=4$
3-4	2.3	0.80	1.84	3.0	25	2.0	0.66	1.32	4.32	0.53	2.29	3.0	12.15	−9.86	90°弯头 $\xi=2.0$
4-5	4.6	0.55	2.53	3.0	25	1.0	0.80	0.80	3.80	0.84	3.19	3.0	12.15	−8.96	三通直流 $\xi=1.0$
5-6	6.9	0.47	3.24	3.0	25	1.0	0.73	0.73	3.73	1.50	5.60	3.0	12.15	−6.55	三通直流 $\xi=1.0$
6-7	9.2	0.42	3.86	2.3	25	1.0	0.64	0.64	2.94	2.38	7.00	2.3	9.32	−2.32	三通直流 $\xi=1.0$
7-8	13.8	0.36	4.97	14.3	32	3.1	0.90	2.79	17.09	0.90	15.38	0	0	15.38	三通分流 $\xi=1.0$；90°弯头 $\xi=1.6$
8-9	27.6	0.27	7.45	10.0	32	2.6	0.90	2.34	12.34	2.02	24.93	0	0	24.93	三通直流 $\xi=1.0$；90°弯头 $\xi=1.6$
9-10	39.1	0.24	9.38	3.0	40	1.0	1.04	1.04	4.04	1.58	6.38	3.0	12.15	−5.77	三通直流 $\xi=1.0$
10-11	41.4	0.24	9.94	7.95	40	9.9	1.06	10.49	18.44	1.94	35.77	3.95	16.00	19.77	三通分流 $\xi=1.5$； 90°弯头 $\xi=4\times1.6$；旋塞 $\xi=2$
管道 1′-2-3-4-5-6-7-8-9-10-11 总压力降 $\Delta P=81.50$Pa															
15′-14	0.9	1.00	0.90	5.2	15	10.6	0.33	3.50	8.70	2.29	19.92	−1.2	−4.86	24.78	90°弯头 $\xi=3\times2.2$；旋塞 $\xi=4$
15-14	1.4	1.00	1.40	1.4	15	6.2	0.48	2.98	4.38	3.74	16.38	−1.4	−5.67	22.05	90°弯头 $\xi=2.2$；旋塞 $\xi=4$
14-13	2.3	0.80	1.84	1.7	15	5.0	0.42	2.10	3.80	7.92	30.10	0	0	0	三通直流 $\xi=1.0$；旋塞 $\xi=4$
13-12	2.3	0.80	1.84	3.0	25	2.0	0.66	1.32	4.32	0.53	2.29	−3.0	−12.15	14.44	90°弯头 $\xi=2.0$
12-7	4.6	0.55	2.53	0.7	25	1.0	0.80	0.80	1.50	0.84	1.26	−0.7	−2.84	4.1	三通直流 $\xi=1.0$；
管道 15′-14-13-12-7-8-9-10-11 总压力降 $\Delta P=97.63$Pa															

$$\Delta P = (\Delta P/L)_{\rho=0.88} \times L$$

（7）计算各管段的附加压头，每米管段的附加压头值为

$$g(1.293-\rho_g) = 9.81 \times (1.293-0.88) = 4.05\text{Pa/m}$$

乘以该管段终端及始端的标高差 ΔH，可得该管段的附加压头值。计算时需注意其正负号。

（8）求各管段的实际压力损失。

$$\Delta P - \Delta H \cdot g \cdot (\rho_a - \rho_g)$$

（9）求室内燃气管道的总压降。

管道 1′-2-3-4-5-6-7-8-9-10-11 总压降 ΔP=81.50Pa

管道 15′-14-13-12-7-8-9-10-11 总压降 ΔP=97.63Pa

（10）以总压降与允许压降相比较。

因为管道 1′-2-3-4-5-6-7-8-9-10-11 以及 15′-14-13-12-7-8-9-10-11 总压力降均小于允许的计算压力降 150Pa，所以管径合理，可以施工。全部计算结果列于表 6-8。

由计算结果可见，系统最大压降值是从用户引入管至用具 15′。通过这一计算，其他各管段的管径均可予以确定。

如总压降大于允许压降，则改变个别管段的管径，从第（4）步起重新计算，直到满足允许压降的要求为止。

※第三节　计算机在管网水力计算中的应用

随着计算机的普及，燃气管网中的平差计算已逐渐被计算机代替。它可分别求解每环校正流量为未知数的环方程、每个节点压力为未知数的节点方程、每一管段流量为未知数的管段方程。但无论采取何种解法，都需满足不稳定流动方程、连续性方程和气体状态方程的条件。

一、解环方程

用求各环校正流量的方法，来解环方程的过程已在本章第一节讨论过，不再重复。用计算机计算时，根据解环方程的步骤，编写程序上机计算即得结果。

另外，在实际的管道计算中，为了简化流量、管道长度、管径等的计算，应尽可能采用将摩擦阻力系数包括在内的简化公式，有时也可取定值。

二、解节点方程

燃气管网平差计算中的“节点法”是计算机计算中最常用的一种方法。它是以线性方程逼近非线性方程的方法迭代求解。

（一）基本概念

1. 有向线性图

在管网平差时，常用一个由点、线（管段）和回路构成的计算草图来表示所计算的管网。回路数是由点和线（管段）的数目所决定。它们之间存在着如下关系：

$$b = (n-1) + c \tag{6-31}$$

式中　b——枝（即管段根数）；

n——点（即节点数）；

c——独立回路（环）的个数。

一个有向线图的结构可以由两个基本矩阵来表达，一个称为连接矩阵，另一个称为回路矩阵。

2. 连接矩阵

图 6-14 所示为一简单的有向线性图。将图中的节点、管段和回路予以编号，并假定所示的管段和回路方向顺时针为正。

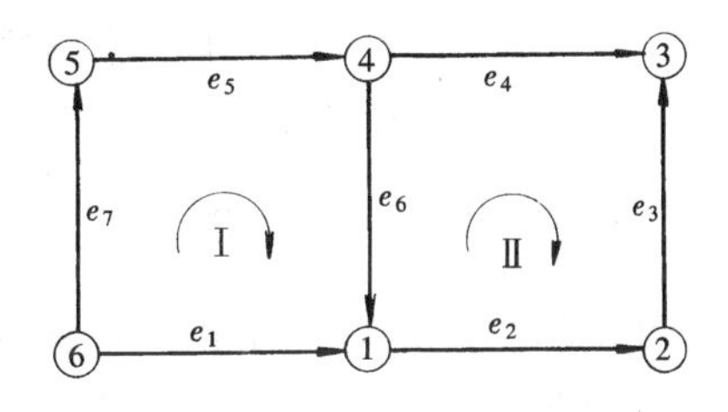

图 6-14　有向线性图

有向线性图的全连接矩阵就是以节点编号 i 代表行，枝（管段）的编号 j 代表列，用数值 1、－1 和 0 排列起来的一个 $n\times b$ 阶的全矩阵。它的各个元素 a_{ij} 是按照点和枝间的下列关系来确定的：

$$a_{ij}=\begin{cases}0 \text{ 表示节点 } i \text{ 不在枝线上}\\ 1 \text{ 表示节点 } i \text{ 在枝线末端}\\ -1 \text{ 表示节点 } i \text{ 在枝线首端}\end{cases}$$

图 6-14 的全连接矩阵，是一个 6×7 阶矩阵，按照上述定义写出各元素为：

	1	2	3	4	5	6	7
①	1	－1	0	0	0	1	0
②	0	1	－1	0	0	0	0
③	0	0	1	1	0	0	0
④	0	0	0	－1	1	－1	0
⑤	0	0	0	0	－1	0	1
⑥	－1	0	0	0	0	0	－1

可以看出，全连接矩阵中，列号即是管段号，列中不为零元素对应的节点号即是该管段的起始节点。如第 5 列第四、五行的元素分别为 1、－1，代表管段 5 的末端是节点 4，始端是节点 5。有了这个矩阵，就能画出相应的有向线性图。如果从全矩阵图中任意划去一行，根据每个枝必有 2 个端点的状况，仍然可画出同样的图。这说明有一行是多余的。用式（6-29）来解析，就是 n 个节点方程中，其中一个可由其余的 $n-1$ 个方程相加得到，所以只需 $n-1$ 个方程。被划去的一行所代表的节点称为“基准点”，为了适应程序编制的需要，常将“基准点”的节点编号列在最后。

从全连接矩阵划去基准点一行后所得的矩阵称为连接矩阵，简称 A 矩阵，对应于图 6-14 的 A 矩阵为：

$$\boldsymbol{A}=\begin{bmatrix}1 & -1 & 0 & 0 & 0 & 1 & 0\\ 0 & 1 & -1 & 0 & 0 & 0 & 0\\ 0 & 0 & 1 & 1 & 0 & 0 & 0\\ 0 & 0 & 0 & -1 & 1 & -1 & 0\\ 0 & 0 & 0 & 0 & -1 & 0 & 1\end{bmatrix}$$

3. 回路矩阵

回路矩阵是以行代表有向线图中的独立回路，列代表枝线的矩阵，如果有 c 个回路、d 条枝线，则为 $c\times d$ 阶矩阵。用 $\boldsymbol{B}$ 代表，称为 $\boldsymbol{B}$ 矩阵，它的元素是根据回路和枝线，按照下列定义确定的：

$$b_{ij}\begin{cases}0 & \text{表示枝线不在 } i \text{ 回路上}\\ 1 & \text{表示枝线在 } i \text{ 回路上并与回路同向}\\ -1 & \text{表示枝线在 } i \text{ 回路上但与回路方向相反}\end{cases}$$

对于图 6-14 的 **B** 矩阵为：

$$\boldsymbol{B}=\begin{Bmatrix}-1 & 0 & 0 & 0 & 1 & 1 & 1\\ 0 & -1 & -1 & 1 & 0 & -1 & 0\end{Bmatrix}$$

B 矩阵与 **A** 矩阵作用相似，它既反映了枝与回路的关系，又能将枝上的量（管段压降）转化为回路上的量（回路闭合差）。

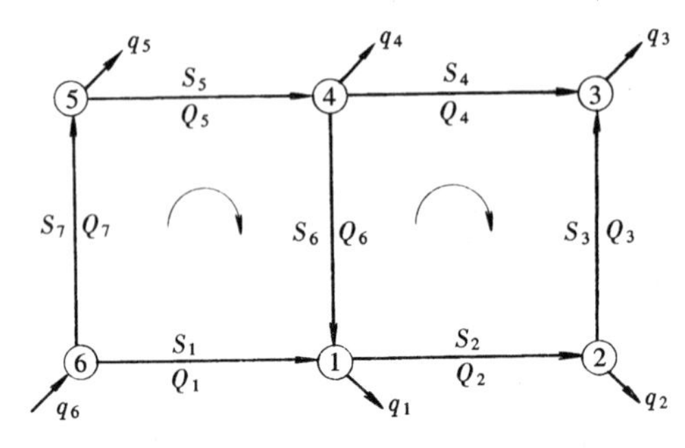

图 6-15　网络计算草图

4. 平差计算基本方程组的矩阵表达式

为了使图 6-14 的有向线性图能表达一般管网平差所用的计算草图，选用气源节点作为压力基准点，如图 6-14 中的节点 6，并在其他节点上引出指向外方的箭头表示节点流量 q_i，各管段上注有相应的阻抗值 S_i 及管段流量 Q_i，这样便得到如图 6-15 所示的网络计算草图。

根据节点流量平衡方程式 $\Sigma Q_i=0$，节点流量的符号规定如下：流向节点的流量为正，流离节点的流量为负，从图 6-15 可得出以下节点流量方程组：

$$\begin{gathered}Q_1-Q_2+Q_6=q_1\\ Q_2-Q_3=q_2\\ Q_3+Q_4=q_3\\ -Q_4+Q_5+Q_6=q_4\\ -Q_5+Q_7=q_5\\ Q_1+Q_7=q_1+q_2+q_3+q_4+q_5\end{gathered}$$

这一方程组称为节点方程组，其中最后一个方程是前 5 个方程之和，所以是多余的，同时可以看出代表这个方程的节点正是“压力基准点”，因此可以把代表“压力基准点”的方程剔除。对留下的 5 个方程，将等号左边的各个系数按行和列的次序进行排列，便得：

$$\begin{bmatrix}1 & -1 & 0 & 0 & 0 & 1 & 0\\ 0 & 1 & -1 & 0 & 0 & 0 & 0\\ 0 & 0 & 1 & 1 & 0 & 0 & 0\\ 0 & 0 & 0 & -1 & 1 & -1 & 0\\ 0 & 0 & 0 & 0 & -1 & 0 & 1\end{bmatrix}$$

这与前述 **A** 矩阵完全一样，因此根据矩阵的乘法法则，可以将上面的节点方程组写成如下的矩阵代数表达式：

$$\boldsymbol{AQ}=q \tag{6-32}$$

式中　**A**——**A** 矩阵；

　　　Q——管段列向量；

　　　q——节点流量列向量。

管网平差必须满足的另一个条件是环路中各管段压力降的代数和等于零，即 $\Sigma \Delta p_i = 0$。因此，可以写出下列方程组：

$$-\Delta p_1 + \Delta p_5 + \Delta p_6 + \Delta p_7 = 0$$

$$-\Delta p_2 + \Delta p_3 + \Delta p_4 - \Delta p_6 = 0$$

如果方程组各元素的系数用矩阵表示，便得：

$$\begin{bmatrix} -1 & 0 & 0 & 0 & 1 & 1 & 1 \\ 0 & -1 & -1 & 1 & 0 & -1 & 0 \end{bmatrix}$$

这即是前述的回路矩阵 **B**。按照矩阵乘法规则，写成矩阵表达式：

$$\begin{bmatrix} -1 & 0 & 0 & 0 & 1 & 1 & 1 \\ 0 & -1 & -1 & 1 & 0 & -1 & 0 \end{bmatrix} \begin{bmatrix} \Delta p_1 \\ \Delta p_2 \\ \Delta p_3 \\ \Delta p_4 \\ \Delta p_5 \\ \Delta p_6 \\ \Delta p_7 \end{bmatrix} = B\Delta p = 0 \qquad (6\text{-}33)$$

式中 **B**——回路矩阵；

Δp——管段压降列向量。

平差计算中管段压力降 Δp 可以由该管段的起点和终点的压力差得到，这说明节点上的量和管段上的量之间有一定的联系。将连接矩阵 **A** 转置，再乘上节点压差列向量即等于各管段的压力降。

$$\boldsymbol{A}^{\mathrm{T}} p = \Delta p \qquad (6\text{-}34)$$

式中 $\boldsymbol{A}^{\mathrm{T}}$——连接矩阵转置；

p——对应于基准点的节点压差（或压力平方差）；

Δp——管段压降列向量。

将式（6-32）两边均乘以 **B**，得：

$$\boldsymbol{BA}^{\mathrm{T}} p = \boldsymbol{B}\Delta p$$

可得 $$\boldsymbol{BA}^{\mathrm{T}} p = \boldsymbol{B}\Delta p = 0$$

可见，满足式（6-34），必定满足式（6-33），故式（6-34）可代替式（6-33）而成为

$$\begin{cases} \boldsymbol{AQ} = q \\ \boldsymbol{A}^{\mathrm{T}} p = \Delta p \end{cases} \qquad (6\text{-}35)$$

根据水力计算公式中的管段流量与压力降的关系式：

$$\Delta p = SQ^n \qquad (6\text{-}36)$$

式中 Δp——管段压力降（低压：$P_1 - P_2$；中、次高、高压 $p_1^2 - p_2^2$）；

S——管段阻抗。

因为 $n \neq 1$，所以燃气管段压力降与流量之间是非线性的，式（6-36）可改写成 $\Delta p = SQ \mid Q \mid^{n-1}$，将 $S \mid Q \mid^{n-1}$ 用 S' 表示，则：

$$\Delta p = S'Q \qquad (6\text{-}37)$$

$$Q = \frac{1}{S'}\Delta p = G\Delta p \qquad (6\text{-}38)$$

式中 G——管网的导纳矩阵。

将式（6-38）代入式（6-35），消去 Δp、Q 以后，就得到未知量 Δp 的线性方程组：

$$\boldsymbol{AGA}^{\mathrm{T}}p = q \tag{6-39}$$

若令 $\boldsymbol{Y} = \boldsymbol{AGA}^{\mathrm{T}}$

则

$$\boldsymbol{Y}p = q \tag{6-40}$$

式（6-40）中 q 是常数项，是已知数。$\boldsymbol{Y}$ 称为节点导纳矩阵。式（6-38）是由 n_0 个方程组成的线性方程组，因此能够解出 n_0 个未知值 p。$\boldsymbol{Y}$ 矩阵的各元素可用下式求得：

$$\boldsymbol{Y}_{ij} = \sum_{k=1}^{b} a_{ik} g_k a_{g \cdot k} \ (i,j = 1,2,3,\cdots\cdots,n_0)$$

$\boldsymbol{Y}$ 矩阵有以下特点：

（1）$\boldsymbol{Y}$ 矩阵是一个对称矩阵；

（2）对角线元素 $\boldsymbol{Y}_{ij}$ 为与节点 i 有关管段导纳之和；

（3）非对角线元素 $\boldsymbol{Y}_{ij}$ 为与节点 i 和节点 j 的管段导纳是负值，若节点 i 与节点 j 没有连接管段，则为零。

（二）节点线性逼近法平差计算步骤

（1）绘出计算草图，对各节点、管段进行编号。编号时要注意，必须把一气源点作为“压力基准点”，并将其编在最后。

（2）确定“零点”位置，并确定气流方向。

（3）计算节点流量。

（4）计算各管段计算流量。

（5）确定环网允许压降、单位长度允许压降。

（6）选择管径、计算各管段的阻抗。

（7）计算 $\boldsymbol{Y}$ 导纳矩阵各元素。

（8）利用式 $\boldsymbol{Y}p=q$ 求出相对于“基准点”的节点压降。

（9）利用公式 $\boldsymbol{A}^{\mathrm{T}}p=q$ 求解管段压降（也可以由管段首尾节点压降相减而得）。

（10）利用公式 $Q = G\Delta p$ 求解管段流量。

（11）检查精度，如不满足，则利用计算出的管段流量重新计算阻抗，再进行平差计算，直至满足平差计算精度要求为止。

（三）管网节点线性逼近法平差计算框图

管网平差计算的两种方法——环方程法（校正流量法）与节点线性逼近法（节点方程法），其程序框图分别见图 6-16 和图 6-17。

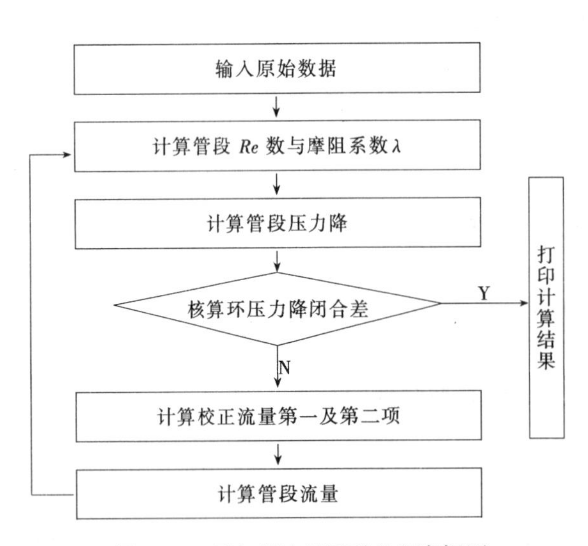

图 6-16 环方程法环网平差程序框图

三、编制程序的计算机语言

在编制程序之前必须选择一种程

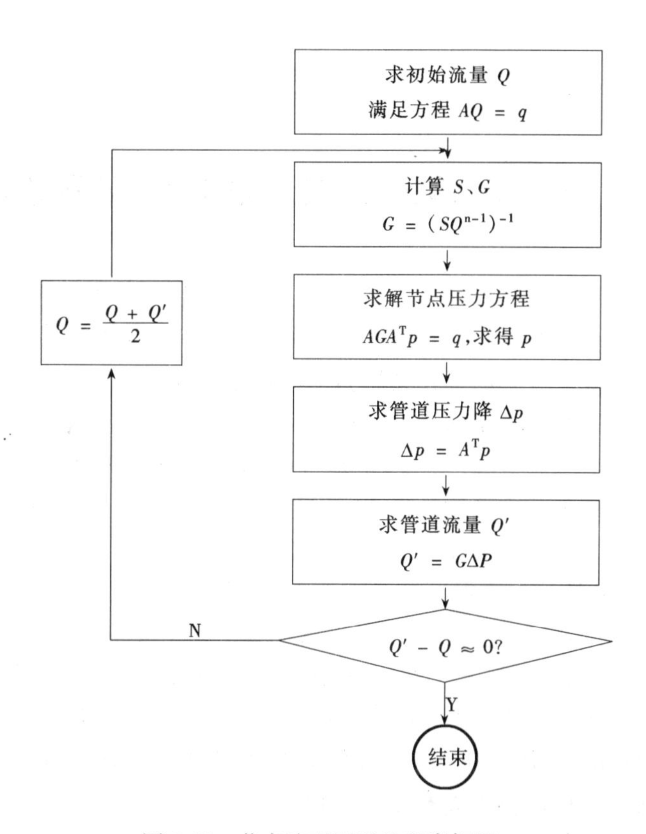

图 6-17　节点法环网平差程序框图

序设计语言，在数值计算领域常用 C 语言编程。如熟悉其他程序设计语言，也可根据自身情况选用。

思　考　题

1. 燃气管道水力计算的任务是什么？
2. 如何计算附加压头与局部阻力损失？
3. 如何计算管段的途泄流量和节点流量？
4. 燃气管网水力的算的步骤是什么？
5. 室内燃气管道及燃具应如何布置？
6. 对于高层建筑的室内燃气管道系统应考虑哪些特殊的问题？如何解决？

第七章　压缩天然气及液化天然气供应

城镇中使用的天然气主要来源有三种途径：第一种是从气源地通过长输管道运送到城镇，由门站接收以后，经不同压力管道输送、分配到用户，这种方式一般称为管输天然气供应系统；第二种是将天然气加至较高压力，用槽车运输到城镇各接收站；压缩天然气可以转输或直接给压缩天然气汽车加气，也可以减压后经管道供给城镇燃气用户使用，这种形式称为压缩天然气供应系统；第三种是在气源点或附近的天然气处理厂将天然气液化后，用专用运输船或槽车运输到接收码头或城镇接收站，将液态天然气气化后分配、输送给用户，这种形式可以统称为液化天然气供应系统。

管输天然气供应系统是最为常见的天然气供应系统；压缩天然气供应系统则可以用于天然气汽车供气和城镇中局部区域性供气；液化天然气供应系统主要用于天然气跨海贸易或陆地上不具备管输条件、又迫切需要天然气的地区。压缩天然气和液化天然气供应系统还可以作为规划管输供气城镇的过渡气源，也可以作为其调峰气源或临时、抢修供气气源。

对于城镇燃气供应企业及用户，三种供应系统只是接收到的气源形式、场站工艺不同，城镇燃气管网及用户设备等没有质的区别。

第一节　压缩天然气供应

压缩天然气（Compressed Natural Gas，CNG）是指表压为 10～25MPa 的气态天然气。由于 CNG 生产供应工艺、技术、设备比较简单，运输及装卸方便，作为中小城镇燃气气源和车用燃料有广泛的应用前景。

压缩天然气的气源应符合现行国家标准《车用压缩天然气》GB 18047—2000（见表 7-1）的各项规定；可以充装给气瓶转运车送至城镇的 CNG 汽车加气站或城镇 CNG 供应站（储配站或瓶组供气站），供作汽车发动机燃料或居民、商业、工业企业生活和生产用燃料。

汽车用压缩天然气质量指标 GB 18047—2000　　表 7-1

项　目	质　量　指　标
高位发热量（MJ/m^3）	＞31.4
硫化氢（H_2S）（mg/m^3）	≤15
总硫（以硫计）（mg/m^3）	≤200
二氧化碳（%）	≤3.0
氧（%）	≤0.5
水露点	在汽车驾驶点特定地理区域内，在最高操作压力下，水露点不应高于 −13℃；当最低气温低于 −8℃时，水露点应比最低气温低 5℃

注：1. 为确保压缩天然气的使用安全，压缩天然气应有特殊气味，必要时适量加入加臭剂，保证天然气的浓度在空气中达到爆炸下限的 20%前能被察觉。

2. 气体体积为在 101.325kPa，20℃状态下的体积。

压缩天然气供应系统包括天然气增压、运输及储存、汽车加气或减压供气等主要环节。

一、天然气的增压

天然气可以在气源地进行净化、压缩后，运输至城镇接收站；也可以在城镇附近由天然气管道取气、增压后得到 CNG，这类场站称为天然气加压站。

（一）天然气预处理

一般气体压缩机对吸入气体都有比较严格的要求：如果吸入的气体含水分、尘粒和腐蚀性杂质将会对压缩机运行产生不良影响，如活塞气缸磨损、管线腐蚀和冰堵、操作脉冲等。因此，在 CNG 加压站压缩机前需要对吸入的天然气进行预处理，主要包括过滤净化和深度脱水。

1. 过滤净化

当待压缩的天然气含尘量大于 $5mg/m^3$，微尘直径大于 $10\mu m$ 时，应进行除尘净化。常用的过滤装置是滤芯为玻璃纤维的筒式过滤器，其最高工作压力通常为 6.0MPa，最大压降为 0.015MPa；当过滤器前后压力降超过上述数值后，可离线更换新的滤芯，以保证过滤除尘效果。

除尘装置应设置在脱水装置前；进站天然气如需要进行脱硫处理时，脱硫装置应设置在压缩机之前。

2. 深度脱水

气源地附近的压缩天然气生产要根据气源情况设置脱水装置。当从城镇天然气管道取气生产压缩天然气时，选择的脱水方法应力求简便、有实效，一般采用工艺设备简单的固体干燥剂吸附。根据 CNG 加压站的工艺条件，可选在压缩机前进行低压脱水或在压缩机级间或压缩机末级出口设置高压脱水装置。后者的优点是设备少，但压缩机带水运行易损坏，维修工作量很大。固体干燥剂种类很多，应选用吸水能力比吸烃类等其他气体能力强的吸附剂；干燥剂脱水由吸附脱水及干燥剂再生两个过程循环进行；处理量不大的普遍采用双塔切换轮流吸附和再生。

（二）天然气计量及调压

1. 计量

天然气加压站在进站天然气管道上应设计量装置，凡以体积计量时，宜附设压力-温度传感器，经压力-温度补偿校正后换算成标准状态下（101.325kPa，20℃）的计量值。通常可选用远传速度式体积流量计。

2. 调压

调压装置设置与否，可根据供气条件和建设合同而定。在城镇高、中压天然气管线上取气时，若取气点天然气压力波动大，则需要在 CNG 加压站内设置调压装置，并按压缩机进口压力确定调压器的出口压力。

（三）天然气增压（压缩）

根据预处理后天然气压力的不同，一般选用 3～4 级压缩机就可把天然气升压至 20MPa 以上。在压力升高过程中，天然气中的水分和重烃会凝析出来，压缩机气缸润滑油也会被压缩气体带出，因此在每级增压后均应设置冷却脱水和油气分离装置，以脱除油分和水分。多级压缩机是 CNG 系统的关键设备，通常在高峰日的工作时数宜为 10～12h。

压缩机系统包括主机、驱动、油箱及各级气缸润滑系统、冷却装置、油及冷凝液回收装置和过滤器等。这些设备可以安装在撬块底座防爆隔声密封的箱体内，以简化建站的设计、施工、安装，以缩短工程建设周期和减少占地面积。

通常按工艺设计小时计算排气量的大小选用压缩机的型号和台数。一般压缩机型号宜选一致，装机总数不宜超过 5 台，其中 1 台为备用；压缩机排气压力不应大于 25.0MPa（表压）。当加压站规模大、压缩机计算总排量很大时，可采用多台压缩机并联运行。此时，单台压缩机的排气量应按铭牌流量的 80%～85%计。压缩机驱动可以选电或天然气为动力，压缩机前一般应设缓冲罐稳压。

天然气压缩机的布置应考虑维修空间、操作值班通道、仪表及观察设施的环境保护等。压缩机宜按独立机级（或撬块）配置进、出气管、阀门、旁通、冷却器、安全放散、润滑油和冷却等各项辅助系统与设施。

大型撬装压缩机组自动化程度很高，在每一台机组（撬块）上面均应安装采用可编程逻辑控制器（PLC）的充气优先级控制盘（撬块 PLC）。

为了减少压缩机频繁启动操作，一般应在压缩机下游设置储气装置。

二、压缩天然气的储存

为平衡 CNG 供需的不同步和不均匀性、保证压缩机等设备的正常运转，压缩天然气场站内需要设置一定容量的 CNG 储气装置。储气装置的最高工作压力为 25.0MPa，属于高压容器；在场站工艺设计及平面布置中应着重考虑其相对位置及占地面积等。

目前已采用的 CNG 储气装置主要有四种类型：

（一）小气瓶组储气

采用钢或复合材料制成，单体几何容积为 40～80L 的气瓶，可将气瓶分为若干组设置。这种方式主要用于规模较小的 CNG 场站，每站总瓶数不宜超过 180 只。由于气瓶数量多，管道连接及阀件也多，泄漏概率大。

小气瓶组布置简图如图 7-1 所示。

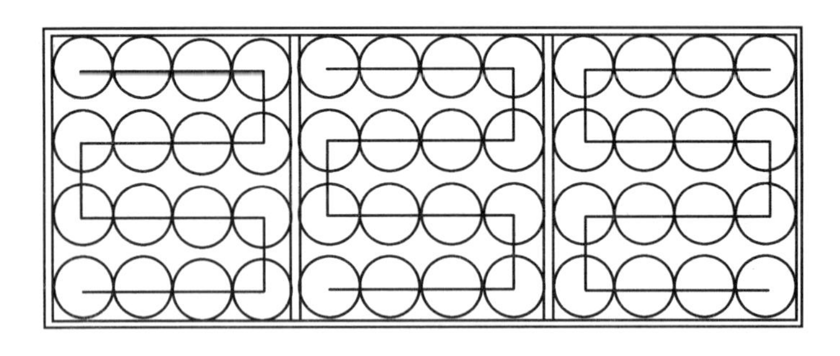

图 7-1　小气瓶组布置简图（单组）

（二）大气瓶组储气

钢制大气瓶管束，单只几何容积为 500L 以上，以 3～9 只组成瓶组，并用钢结构框架固定；相对于小气瓶组储气，具有快充性能较好、气体容积率较高的特点，并由于气瓶数量显著减少，因而系统的可靠性和维护费用较优。图 7-2 所示为管束式大气瓶储气瓶组。

（三）大容量高压容器储气

用几何容积为 $2m^3$ 以上的钢制压力容器储气，由于容器的几何容积较大，其壁厚相应

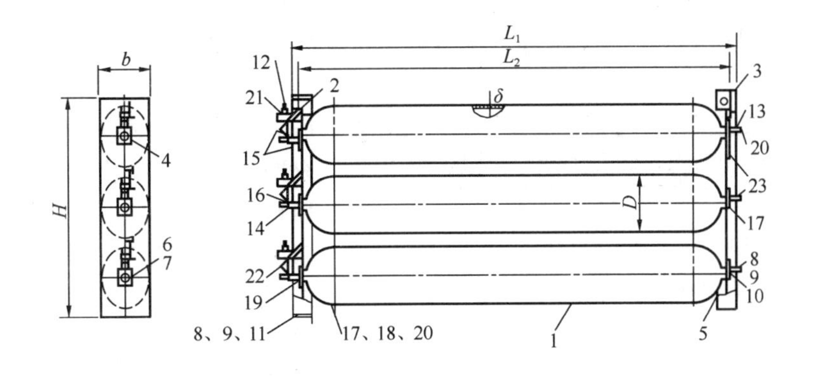

图 7-2　管束式大气瓶储气瓶组

1—无缝气瓶，旋压锻造收口钢制压力容器；2、3—固定板；4—锁箍；5—垫片；6—弹性六角止动螺母；7—加厚六角螺母；8—“O”形环；9—支撑环；10、11—出口旋塞；12—安全阀；13—1/2″（NPT）阀；14—3/4″（NPT）阀；15—螺纹接头；16—弯管接头；17—1/2″六角螺纹接头；18—1/2″弯管接头；19 — 1/2″角阀；20—1/2″塑装旋塞；21—支撑架；22—1″塑装旋塞；23—铭牌

较大，材质选用和制造工艺都会要求更高，因而工程费用要明显高于瓶组储气方式。

（四）地下管式竖井储气

采用无缝钢管作为容器，管材为适用于未经处理的石油天然气采输工作条件的钢材，具有很高的强度和防腐性能；投入运行后无需定期检验，使用年限约 25 年。

储气井管直埋地下，温度波动幅度小，但站址选择时受地质条件的限制。储气井底通常设置排污管、地面设有露天操作阀组和仪表，储气设施总体占地面积小。在安全性方面，试验表明井管万一爆破可通过地层吸收压力波而泄压，震感较小，对周围环境影响不大，因而与周边建筑物、构筑物间所需防火距离相对较小。

CNG 场站储气设施的总容积应根据气源情况、加气车辆或城镇用气的数量及时间等因素综合确定。在储气设施规模相同的情况下，大气瓶组储气方式一次投资较高，快速充气能力和气体容积率较高；而小气瓶组储气方式投资虽少，但由于瓶多接头也多，运行管理成本高，气体容积率也偏低一些。加压站的储气瓶宜选用大容积管束式系列且规格型号一致；储气瓶应固定在独立框架内，且宜卧式存放；小容积气瓶卧式布置限宽为一个气瓶的长度。储气瓶组与站内车辆通道相邻一侧应设有坚固的安全防护栏或采取其他防撞措施，并必须安装防雷接地装置，接地点不少于 2 处。

三、压缩天然气的运输

压缩天然气可以使用汽车载运气瓶组或气瓶车运输，条件允许时，也可以用船载气瓶水路运输。

CNG 气瓶运输车上的气瓶组与站内储气装置的气瓶组一样有两种形式：管束式大气瓶组和小气瓶组。汽车载运瓶组由于是高压容器、瓶身重、车身长，且处于运动状态，比固定储气装置更容易出现危险情况，因此要求应更严格。储气瓶组应定期进行检验。操作中，卸气后瓶组应留有不小于 0.1MPa 的余压，以防止空气进入。

气瓶运输车由框架管束储气瓶组、运输半挂拖车底盘和牵引车三部分组成：大气瓶通常沿拖车长度方向布置为管束，小气瓶则沿拖车宽度方向分组布置。常用管束大气瓶组有7管、8管和13管等几种组合，管束式大气瓶半挂车的构造如图7-3所示。

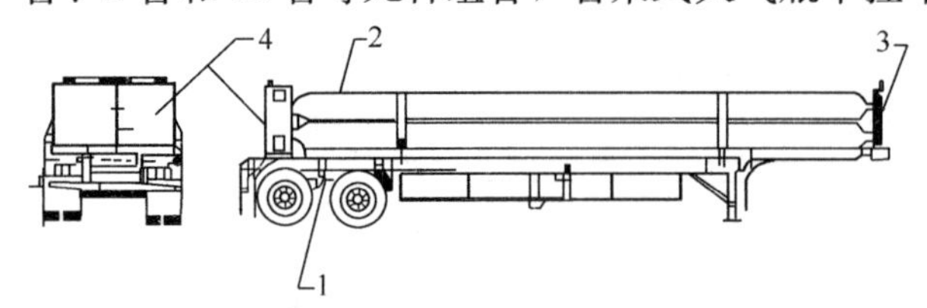

图7-3 管束式大气瓶半挂车构造简图

1—车底盘；2—框架管束气瓶组；3—前端（安全仓）；4—后端（操作仓）

框架管束气瓶组由框架、气瓶压力容器、前端安全仓、后端操作仓四部分组成，气瓶压力容器两端瓶口均加工有内、外螺纹。两端瓶口的外螺纹上拧上固定容器用安装法兰，又将安装法兰用螺栓固定在框架两端的前后支撑板上。瓶口内螺纹上旋紧端塞，在端塞上连接管件，前端设有爆破片装置构成安全仓，而后端设有CNG进出气管路、温度计、压力表、快装接头以及爆破片等构成操作仓。操作仓简图如图7-4所示。

四、压缩天然气减压供应

城镇居民、商业和工业企业燃气用户需要中、低压管网系统供气，当以压缩天然气为气源时，一般由气瓶运输车将CNG运至城镇压缩天然气储配站，进行卸车、降压和储存，然后进入城镇管网。

由于压缩天然气压力高，减压过程是将压缩天然气经二次或三次减压，将高压降到管网压力后送入管网；减压过程理论上为绝热膨胀过程：气体压力降低、体积膨胀，伴随温度降低。如果在减压过程中不进行气体升温，则减压后天然气温度过低，会使下游管道设备、仪表等处于低温状态，影响运行、造成损坏。因此，通常在一、二级调压前设置换热器，其换热量按天然气绝热节流过程焦耳-汤姆逊效应补偿热功率计算，热源宜采用天然气锅炉产生的循环热水。

五、压缩天然气场站

（一）CNG储配站

压缩天然气气瓶运输车将CNG运输至城镇压缩天然气储配站，进行卸车、降压和储存，然后进入中、低压管网系统给城镇燃气用户供气。

1. 工艺流程

CNG储配站一般包括：卸气、调压、储气、计量加臭等工艺过程，如图7-5所示。

CNG供应站按流程和设备功能分为：

（1）卸车系统：即与气瓶运输车对接的卸气柱及其阀件、管道等。

（2）调压系统：包括高压紧急切断阀、调压器、调压器前后压力表、温度计、放散阀等。CNG调压系统的通过能力应为最大供气量的1.2倍。专用调压箱要求通风，应满足每小时不少于2次，并设泄漏报警器。对于采用中、次高压储气的输配系统宜设三级调压流程的专用调压箱，宜选取第二级调压出口连通储罐，且按储气工艺要求在储气罐出口设置调压器。

（3）流量计量系统：包括流量计及信号传输通道等；储配站内的计量仪表应设置在压力小于1.6MPa的管线上，计量时附设温度-压力传感器，经校正后可换算成标准状态的流量数值。

（4）加臭系统（加臭机）：天然气进入管网系统前添加具有警示作用的加臭剂。

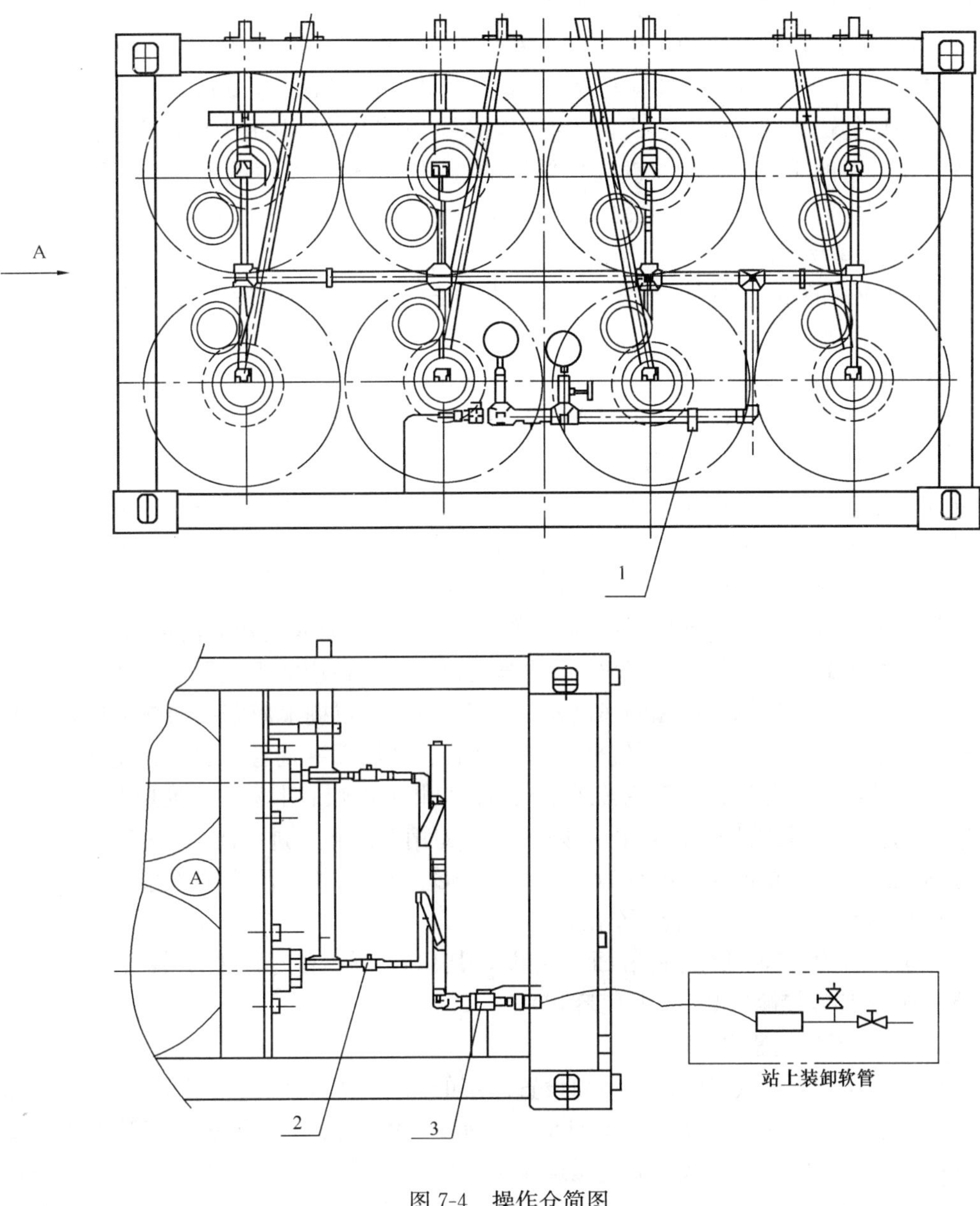

图 7-4　操作仓简图

1—导静电片；2—各瓶口球阀；3—装卸主控阀

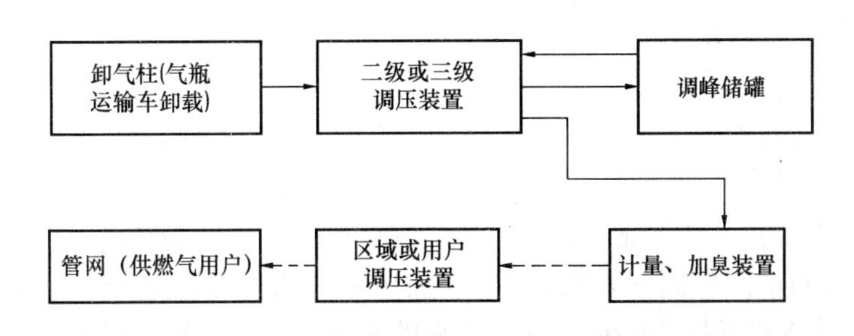

图 7-5　城镇 CNG 储配站的工艺流程框图

(5) 控制系统：包括在线仪表、传感器、中央控制台等。

(6) 加热系统：燃气锅炉、热水泵、热水系统及换热器等。天然气锅炉，其烟囱排烟温度不得大于300℃，烟囱出口与天然气放散口的水平距离应大于5 m。

(7) 调峰储罐系统：储气形式宜选中压或次高压储存，储气能力应不小于储配站计算月平均日供气量的1.5倍。中、次高压储罐的选型，应根据城镇输配系统所需储气总容积、输配管网压力和储罐本身相关技术设施等因素进行技术经济比较后确定。

2. 站址选择及平面布置

CNG供应站的站址选择应符合城镇总体规划的要求，应具有适宜的地形、工程地质、交通、供电和给水排水等条件。

气瓶运输车泊位及卸气柱与站外建、构筑物，站内天然气次高、中压储气设施及调压计量装置与站外建、构筑物的防火间距应参照现行国家标准。

CNG储配站的系统组成与总平面布置应符合下列规定：压缩天然气储配站宜由生产区和辅助区组成。生产区应包括卸气柱、调压、计量储存和天然气输配等主要生产工艺系统；辅助区应由供调压装置的循环热水、供水、供电等辅助的生产工艺系统及办公用房等组成；卸气柱应设置在站内的前沿，且便于CNG气瓶运输车出入的地方。

卸气柱的设置数量应根据供应站的规模、气瓶转运车的数量和运输距离等因素确定，但不应少于两个卸气柱及相应的CNG运输车泊位。卸气柱应露天设置，通风良好，上部应设置非燃烧材料的罩棚，罩棚的净高不应小于5.0m，罩棚上应安装防爆照明灯。相邻卸气柱的间隔应不小于2.0m；卸气柱由高压软管、高压无缝钢管、球阀、止回阀、放散阀和拉断阀等组成，并配置与气瓶转运车充卸接口相应的快装卡套加气嘴接头。

CNG供应站的调压装置宜采用一体化CNG专用调压箱，进口压力不应大于20MPa；应采用落地式，箱底距地坪高度宜为30cm；箱体避免被碰撞，不影响观察操作，并在开箱门作业时不影响CNG气瓶转运车出入。

图7-6所示为CNG供应站平面布置图，其内设有一套专用调压装置（通过能力4000m^3/h）和调峰储罐（400m^3几何容积）。

（二）压缩天然气瓶组供气站

一些小型压缩天然气接收站不单独设置固定的储气设施，而是将CNG气瓶运输车拖车放置在卸气柱，即作为气源，也兼具储气功能；待气瓶中压缩天然气随管网用气卸载后，换接另一辆运输车；卸载后的气瓶运输车加挂车头后再次进入运输过程。为了不间断供气和调节平衡城镇燃气用户小时不均匀性，在卸气柱处必须有气瓶运输车随时在线供气。这类场站也称为压缩天然气瓶组供气站，其CNG气瓶运输车及卸气柱的配置数量要考虑周转及供气连续性要求。

（三）压缩天然气加压站

天然气加压站的主要任务是得到符合一定质量要求的CNG。根据需要，充装气瓶运输车并给燃气汽车加气，也可以只充装气瓶运输车而不向CNG汽车售气。

根据城镇CNG汽车加气站的布点位置、气瓶运输车的运输距离、气源供应能力以及选用多级压缩机的情况等因素，城镇CNG加压站可均衡设置数个，但单个规模不宜太小。CNG加压站宜靠近气源，并应具有适宜的交通、供电、给水排水、通信及工程地质条件，并符合城镇总体规划的要求。

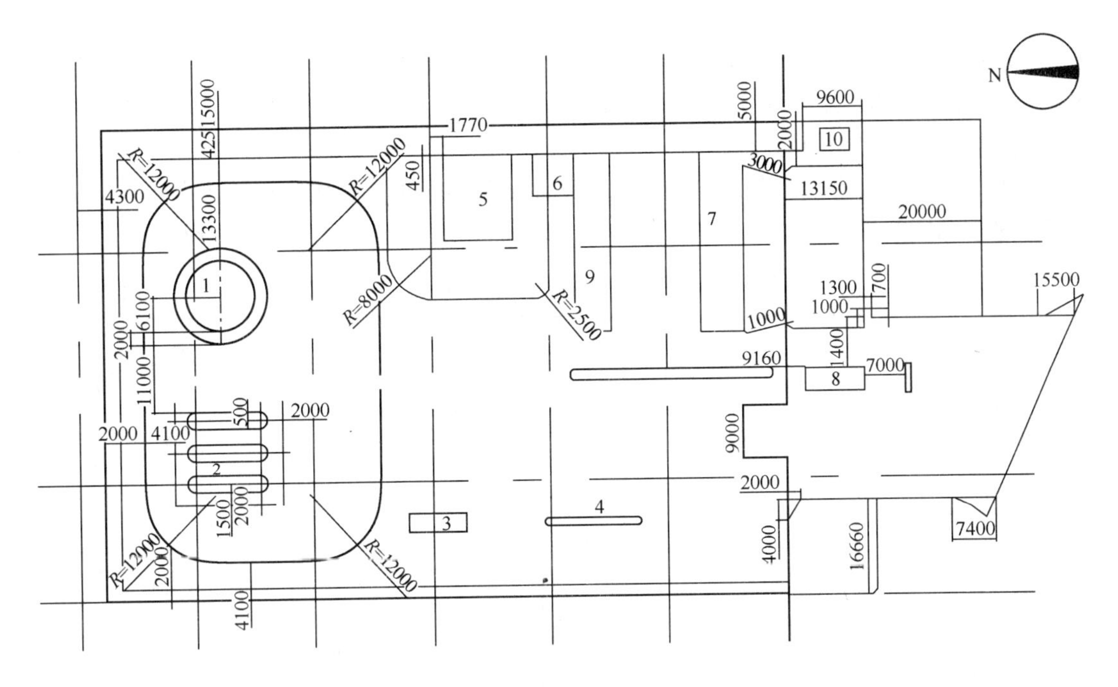

图 7-6　CNG 供应站平面布置图

1—球罐（$400m^3$）；2—卧罐（$3\times100m^3$）；3—调压装置（$4000m^3/h$）；4—卸气台；5—消防水池；6—消防水泵房；7—办公用房；8—警卫室；9—库房；10—配电柜

1. 工艺设计

由城镇天然气管道取气的压缩天然气加压站，其气源压力为高中压，需要经过压缩机增压至 20MPa。为防止压缩机过度抽取管道天然气，一般应设置自动控制系统，监控压缩机前端管道压力：低于设定压力时，压缩机自动停止取气；通常取气在城镇用气低峰时进行。图 7-7 所示为城镇天然气管道取气的压缩天然气加压站系统工艺流程示意。

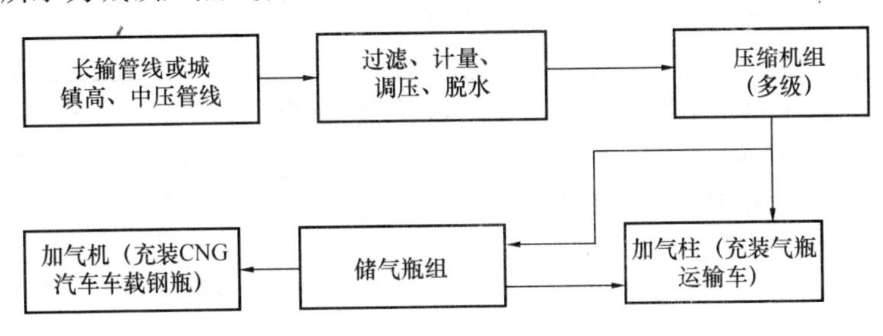

图 7-7　天然气加气站系统的工艺流程框图

2. 平面布置

加压站总平面应分区布置，即分为生产区和辅助区。

加压站与站外建、构筑物相邻一侧，应设置高度不小于 2.2m 的非燃烧实体围墙；面向进、出口道路一侧宜设置非实体围墙或敞开。

车辆进、出口应分开设置，站内平面布置宜按进站的气瓶转运车正向行驶设计。

站内应设置气瓶运输车的固定车位，每个气瓶车的固定车位宽度不应小于 4.5m，长度宜为气瓶车长度，在固定车位场地上应标有各车位明显的边界线，每个车位宜对应 1 个加气嘴，在固定车位前应留有足够的回车场地；站内的道路转弯半径按行驶车型确定且不宜小于 9.0m，道路坡度不应大于 6%，且宜坡向站外，固定车位按平坡设计；站内停车场和道路路面不应采用沥青材料。

加压站的压缩机室宜为单层建筑或撬块箱体，其与站外建、构筑物的防火间距，应符合现行国家标准的规定。站内设施之间的防火距离（m）不应小于表 7-2 的规定。

站内设施之间的防火距离（m） **表 7-2**

设施名称	储气瓶组	压缩机间	调压间	脱硫干燥装置	加气柱（机）	站房	其他建、构筑物	燃油、气热水炉	变配电间	道路	站区围墙
气瓶组	1.5	3	3	5	6	5	10	14	6	4	3
压缩机间		—	4	5	4	5	10	12	6	2	2
调压间			—	5	6	5	10	12	6	2	2
脱硫干燥装置				—	5	5	10	12	6	2	3
加气柱(机)					—	5	8	12	6	—	—
站房						—	6	—	—	—	—
其他建、构筑物							—	5	—	—	—
燃油、气热水炉									5	—	—
变配电间									—	—	—
道路										—	—
站区围墙											—

注：1. 压缩天然气加压站内压缩机间、调压器、变配电间与储气装置的距离不能满足上表的规定时，可采用防火墙，其防火间距不限。

2. 其他建筑物、构筑物系指根据需要设置的汽车洗车房、加润滑油间、零售油品间、小商品便利店等。

3. 表中“—”表示无防火间距要求。

4. 压缩天然气站的撬装设备与站内其他设施的防火距离应按本表相应设备的防火间距要求。

图 7-8 所示为某 CNG 加压站平面布置图，该站的功能是向气瓶运输车和城区公交车车载气瓶加气。

（四）压缩天然气汽车加气站

CNG 汽车加气站的建设应侧重考虑燃气汽车运行线路等进行布局。一般要考虑征地条件、交通线路及 CNG 汽车允许行驶距离范围等在城区均匀布置若干不同规模的 CNG 加气站；兼顾公交车、出租车、公务车和部分家用 CNG 汽车的加气。加气站既可单独设置，也可与汽车加油站合建。加气站一般由 CNG 的接收、储存、加气等系统组成，部分场站内还配置小型压缩机用于储气瓶组之间天然气的转输。

与汽车加油站合建时应根据储油储气容器的容积按表 7-3 划分等级。

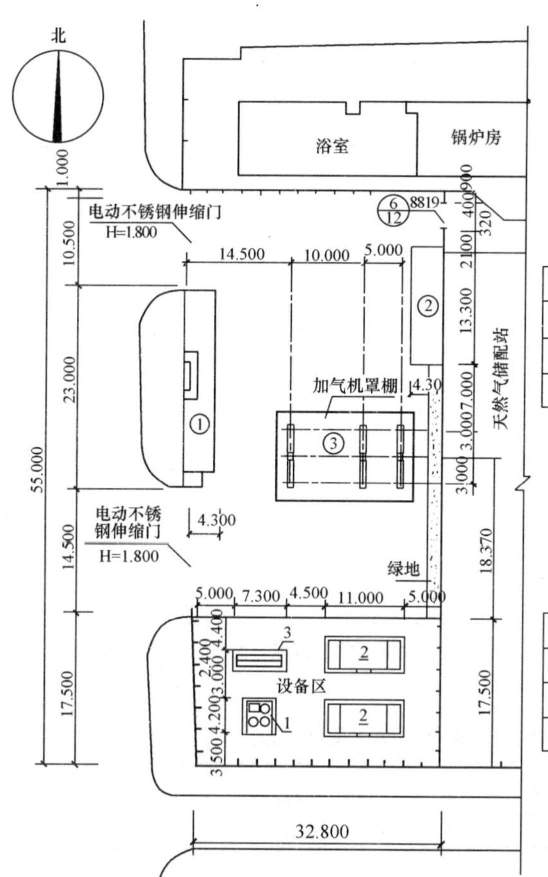

建筑项目一览表

编 号	项目名称	建筑面积(m^2)
①	营业办公用房	85.89
②	生产用房	58.78
③	加气机罩棚	90.00

说明：本站占地面积：2245.00m^2，

建筑面积：234.67m^2，绿化面积：92.00m^2。

设备区设备表

编 号	设备名称	数 量
1	干燥器	1套
2	橇装压缩机	2套
3	储气瓶组	2组

图 7-8　CNG 加压站平面布置图

加油与压缩天然气加气合建站的等级划分　　**表 7-3**

级　别	油品储罐容积(m^3)		压缩天然气储气瓶总容积(m^3)
	总容积	单罐容积	
一级	61～100	≤50	≤12
二级	≤60	≤30	

注：表中油品罐总容积系汽油储罐容积，柴油储罐容积乘系数 0.5 后计入总容积。

1. 站址选择及平面布置

城镇建成区内不宜建一级合建站；宜靠近城市道路，但不宜在交叉路口附近；对重要公共建筑和涉及国计民生的其他重要建筑物周围 100m 范围内不得建加气站或合建站。

加气站内 CNG 储气装置与站内设施的防火间距和加气站、合建站内设施之间的防火间距均不应小于表 7-4 和表 7-5 的规定。

加气站、合建站与站外建筑物相邻一侧，应建造高度不小于 2.2m 的非燃烧实体围墙；面向车辆进、出口道路的一侧宜开敞，也可建造非实体围墙、栅栏；车辆进出口宜分开设置。

压缩天然气储气装置与站内设施的防火间距（m） **表 7-4**

项目 \ 加气站级别	CNG 储气装置	
	一级站	二级站
地下汽、柴油罐	—	6
地下罐通气管管口	—	8
压缩机间	4	4
调压器间	4	4
燃气热水炉间	18	16
加气机（加油机）	8	6
站房	8	6
道路	5	4
围墙	3	

注：地下油罐的通气管管口宜布置在 CNG 储气装置及其放散管管口的上风侧，距地面不应小于 4.0m，且应比站内天然气放散管管口低 1.0m 以上。

加气站、合建站内设施之间的防火间距（m） **表 7-5**

项目 \ 名称	调压器间压缩机间	燃气热水炉间	加气机	放散管管口	车载气瓶
地下油罐	6	8	6	6	4
地下罐通气管管口	6	12	6	6	4
站　房	4	—	4	6	4
车载气瓶	3	12	4	3	—
加气机(加油机)	6	12	4.5	6	4
燃气热水炉间	12	—	16	20	16
消防泵房、水池吸水口	8	—	6	—	—
道　路	2	2	—	2	—
围　墙	2	2	—	3	—
压缩机间调压器间	4	10	6	—	3

加气站、合建站内的停车场和道路设计应满足下列要求：单车道宽度不应小于 3.5m，双车道宽度不应小于 6.5m；气瓶转运车的道路转弯半径不应小于 12.0m，一般道路转弯半径不宜小于 9.0m，道路坡度不应大于 6%，且应坡向站外；站内场地和道路路面不得采用沥青材料。

加气岛及加气柱是加气站的重要设施。加气岛、加气柱及其气瓶转运车泊位宜设在采用非燃烧材料筑成的罩棚内，罩棚有效高度不应小于 4.5m，罩檐与加气柱的水平距离不小于 2.0m；加气岛略高出车位地坪 0.15～0.2m，其宽度不小于 1.2m，其端部与罩棚支柱净距不应小于 0.6m。

2. 工艺设计

压缩天然气汽车加气站通常由 CNG 气瓶运输车转运供气。

加气站的设计规模应根据车辆充装用气量和气源的供应能力确定；加气机的数量应根据加气汽车类型及其数量和快充加气作业时间确定；根据加气作业所需的时间，加气站可采用快充或慢充方式作业。慢充作业一般是在晚间用气低谷时进行，慢充所需时间依配置的压缩机和储气瓶容积的大小而不同，可长达数小时，因此慢充加气站经营规模小，投资也少。快充作业时间则按 CNG 汽车车载燃料瓶的大小均可在 3～10min 内完成。

加气柱设施应根据地区环境、温度条件建设，应设有截止阀、泄压阀、拉断阀、加气软管、加气嘴（枪）和计量表（压力-温度补偿式流量计），其进气管道上应设止回阀。拉断阀在外力作用下分开后，两端应自行密封。当加气软管内 CNG 工作压力为 20MPa 时，分离拉力范围在 400～600N，包括软管接头在内都应选用防腐蚀材料制造的专用标准件。加气柱充装 CNG 的额定压力为 20MPa，计量准确度不应小于 1.0 级，最小计量分度值为 0.1kg。

加气机的额定工作压力为 20MPa；加气机的计量精度不低于 1.0 级；加气速度不应大于 0.25m^3/min；加气机应以 m^3 为计量单位，最小分度值为 0.1m^3，并进行压力-温度补偿；加气机的加气软管、拉断阀、加气枪与 CNG 加压站和储配站加气柱的要求相同。

图 7-9 所示为某加气站工艺流程简图。

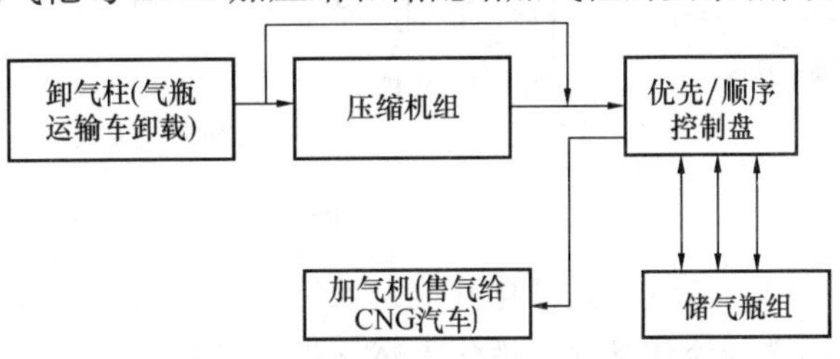

图 7-9　加气站工艺流程简图

按上述流程，首先将站内卸气柱的软管快速接头与气瓶转运车的卸气主控阀接好，经优先/顺序控制盘选择启动顺序控制阀，则在压缩机、储气装置和加气机之间形成以下四种流程：

（1）气瓶转运车→加气机（计量）→充车载气瓶；

（2）气瓶转运车→压缩机→加气机（计量）→充车载气瓶；

（3）储气装置→加气机（计量）→充车载气瓶；

（4）气瓶转运车→压缩机→储气装置。

低、中、高压瓶组顺序取气优先级和压缩机补气为最后优先级的系统流程，可以提高气瓶利用率和最大限度地减少压缩机频繁启动。

第二节　液化天然气供应

液化天然气（Liquified Natural Gas，LNG）是天然气在常压下冷却至其临界温度（甲烷为−162℃）以下形成的无色透明液体。天然气液化后，体积缩小约 600 倍，便于运输及储存；升温气化后即为气态天然气。

在世界天然气贸易中，液化天然气一直是重要的一部分。LNG 生产、运输、使用方面的安全性都很好，运输过程中 LNG 在特制的低温容器中自然蒸发率低于 0.3%。

近年，我国的液化天然气由开发起步到发展壮大，已经建成液化天然气生产厂、LNG 接收基地（接收码头）和大量的 LNG 气化供应站。LNG 已成为沿海地区城市的主要气源或过渡气源，也是部分使用管输天然气城市的补充或调峰气源。LNG 气化及利用方便，既能满足较大规模的用气需要（集中气化），也能适应小规模用气需要（小区气化），适合于中小城镇、居民小区、独立的工业用户和汽车加气站等。

LNG 系统一般包括天然气预处理、液化、储存、运输、接收、再气化及其冷量的回收等工艺过程。图 7-10 所示为船运 LNG 系统示意图。

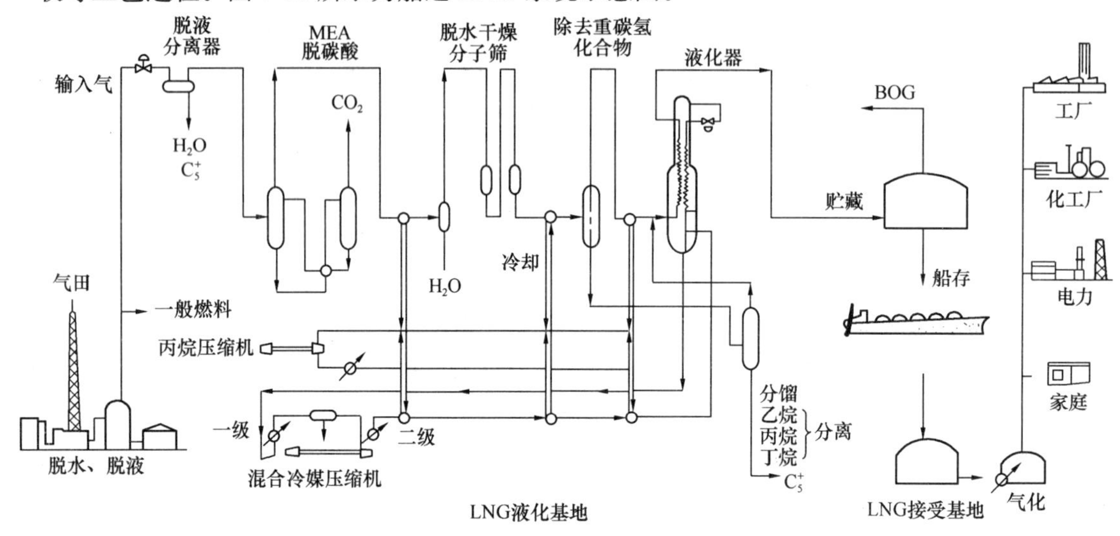

图 7-10　船运 LNG 系统示意图

(1) 从气源到液化基地：天然气通常是在气源地附近经预处理（脱水、脱液）后由管道输送到液化基地（液化天然气生产厂）。

(2) 天然气液化：在液化天然气生产厂，天然气经精炼、干燥、降温，分离脱水、脱重碳氢化合物（C_5以上成分）、二氧化碳等；经逐级冷冻分离得到 C_4、C_3、C_2等碳氢化合物；深冷后得到含有少量 C_2以上成分的液态甲烷，即液化天然气。

(3) 储存、装船、运输：液化天然气在低温贮罐中进行储存、装船后由专用槽船运输到接收基地（接收码头），由于低温贮罐不可避免地会与周围环境发生热交换：部分 LNG 会从液相蒸发出来，这部分蒸发气体即为蒸发气（Boiled-Off Gas，BOG）；BOG 导出后可以用于液化天然气厂内燃料或进行二次冷却、液化。

(4) 液化天然气接收、气化或转运：在接收基地，LNG 需要从槽船上卸下，用低温贮罐储存；可以经气化器气化后用管道输出，也可以分装在液化天然气槽车中运输到分散的液化天然气气化站，作城镇燃气、发电用燃料及工业用原料和燃料等。

一、天然气的液化

在液化天然气生产厂将油气田产出的含有杂质的天然气，经过净化处理，进行脱水、脱酸性气体、脱汞、除重烃、除氦气、除氮气等；采用不同的制冷方法，通过级联式液化流程、混合制冷剂液化流程或带膨胀机的液化流程，将气态天然气液化为低温液体的整个过程叫做天然气液化。

液化天然气比较纯净，主要成分是甲烷，还含有极少量的乙烷、丙烷等物质；部分商品液化天然气中会掺混一定比例的乙烷、丙烷等。贸易中，液化天然气的品质应依据合同约定执行。

某液化天然气厂生产的LNG组成和主要特性参数见表7-6和表7-7。

某LNG的组成 **表7-6**

组　分	CH_4	C_2H_6	C_3H_8	C_4以上	N_2	CO_2
体积分数（%）	93.63	4.10	1.20	1.00	0.06	0.01

某LNG的主要特性参数 **表7-7**

液态密度(－162℃)(kg/m³)	447	气化潜热(kJ/kg)	522
气体密度(kg/m³)	0.7729	低热值(kJ/m³)	37681
沸点(常压)(℃)	－162	高热值(kJ/m³)	49355
凝固点(常压)(℃)	－184	临界温度(℃)	－80
燃点(℃)	650	临界压力(MPa)	4.58
爆炸极限(%)	5～15		

二、液化天然气运输

液化天然气的运输方式主要有远洋槽船运输和汽车槽车运输两种。液化天然气管道运输只在LNG接收港口附近有一些应用，是因为液化天然气温度极低，对管道的材质和保温等有很高的要求，不适合较长距离使用管道。

(一) 槽船运输

由于液化后的天然气能量密度高，利用船运方式已成为世界液化天然气贸易中主要的运输方式，运输起始端与接收端需分别设置装卸基地（码头），完成液化天然气装船和接收的任务。

在一个大气压下，天然气液化的临界温度约为－162℃。在这样低的温度下，一般船用碳素钢均呈脆性，为此液化天然气船的液货舱只能用镍合金钢或铝合金制造。液货舱内的低温靠液化气本身蒸发带走热量来维持。液货舱和船体构件之间有优良的绝热层，既可防止船体构件过冷，又可使液货的蒸发量维持在最低值。液货舱和船体外壳还应保持一定的距离，以防在船舶碰撞、搁浅等情况下受到破坏。

液化天然气船按液货舱的结构有独立贮罐式和膜式两种船型。早期的液化天然气船为独立贮罐式，将柱形、筒形、球形等形状的贮罐置于船内。贮罐本身有一定的强度和刚度，船体构件对贮罐仅起支撑和固定作用。20世纪60年代后期，出现了膜式液化天然气船。这种船采用双壳结构：船体内壳就是液货舱的承载壳体，在液货舱里衬有一种由镍合金钢薄板制成的膜。它和低温液货直接接触，但仅起阻止液货泄漏的屏障作用，液货施于膜上的载荷均通过膜与船体内壳之间的绝热层直接传到主船体。与独立贮罐式相比，膜式船的优点是容积利用率高，结构重量轻，因此目前新建液化天然气船，尤其是大型运输槽船，多采用膜式结构；这种结构对材料和工艺的要求高。此外，还有一种构造介于两者之间的半膜式船。

液化天然气运输过程中产生的BOG，可以利用槽船上设置的气体再液化装置再次冷却、液化，重新回到贮罐中；也可以作为槽船的动力燃料使用。

液化天然气槽船设备复杂，技术要求高，与体积和载重吨位相同的油船相比，体积较大，造价也高得多。

（二）槽车运输

液化天然气汽车槽车运输主要用于两种情况：气源地（液化天然气厂）距离接收站小于1000km的陆上运输；在液化天然气接收码头将LNG接收后，通过汽车槽车将LNG转运到城镇气化站；构成"接收站+LNG运输槽车+LNG气化站（卫星站）"的模式。

汽车槽车运输主要有两种方式：直运式和驿站式。直运式即槽车从液化天然气厂站直接将LNG运输到目的地，中间不经过槽车换装。直运式的优点是LNG运输线初投资低，运营管理成本低；缺点是槽车司机长途运输容易出现疲劳驾驶，而且长途运行，一旦遇到气候异常、道路情况不良、槽车故障等情况易使运输环节断链，造成供气中断。驿站式运输是运输车辆只在从出发站至下一个驿站区段内行驶，并在下一个驿站完成重、空罐的换装后再回到出发驿站。驿站式与直运式相比具有明显的安全性和经济性：首先，驿站运输方式变长距离运输为短距离运输，便于驾驶员熟悉固定的路线、路况，有效降低驾驶员的疲劳程度，也有助于运输车辆的维护和保养；其次，驿站式运输能节省车辆通行费用，同时还能降低车辆油耗、轮胎磨损和维修费用。不过驿站式运输需要配备更多车辆及设备，初投资明显高于直运式，而且运营管理相对复杂。部分大型城市，还可以考虑采用液化天然气接收母站和子站的分装、运输方式，以满足用户或加气站设置的需要。

三、液化天然气的储存

液化天然气储罐是储存低温液态天然气的设备。鉴于液化天然气的特殊性及风险性，LNG储罐应具有较强的耐低温性能和良好的保冷隔热性能；地上安装时，应有抗震、耐风雪荷载的能力；同时，还应满足工艺需要和安全操作等要求。选择罐型时应综合考虑技术、经济、安全性能、占地面积、场址条件、建设周期及环境等因素。LNG储罐由内罐、外罐（壳）组成，内外罐之间填充绝热材料进行保温、隔热。

液化天然气储罐的分类：

（一）按储存容量分类

（1）小型储罐：储存容量为5～50m^3，常用于小型LNG气化站、LNG汽车加气站等；

（2）中型储罐：储存容量为50～100m^3，常用于城镇LNG气化站、工业用户气化站等；

（3）大型储槽：储存容量为100～1000m^3，常用于小型LNG生产厂；

（4）大型储槽：储存容量为1000～40000m^3，常用于基本负荷型和调峰型LNG气化站等；

（5）特大型储罐：储存容量为40000～200000m^3，常用于LNG装卸码头。

（二）按罐的安装位置分类

（1）地上型：落地式、高架式；

（2）地下型：半地下型、地下型、地下坑型。

（三）按储罐（槽）的材料分类

（1）双层金属储罐：内罐和外壳均采用金属材料，内罐用耐低温的不锈钢和铝合金，外壳用碳钢；

（2）预应力混凝土储槽：大型储槽内罐采用耐低温金属材料，外壳用预应力混凝土；

（3）薄膜型储槽：内筒采用低温压力容器用镍钢。

（四）按绝热结构分类

（1）真空粉末绝热：在夹层空间内填充多孔性微粒绝热材料（如珠光砂），并抽至真空构成的绝热方式，常用于小型储罐；

（2）正压堆积绝热：将绝热材料堆积在内外罐之间的夹层中，夹层通氮气的绝热方式，通常绝热层较厚，广泛应用于大中型储罐和储槽；

（3）高真空多层绝热：缠绕多层优良的绝热材料并将空间抽至真空，以减少换热的方式，多用于槽车。

四、液化天然气的接收与气化

（一）液化天然气的接收

在液化天然气接收基地，LNG 运输船抵达码头后，经卸料臂将 LNG 输送到贮液罐储存；来自贮罐的 LNG 由泵升压后送入气化器，LNG 受热气化后输送到下游天然气输配管网（见图 7-11）。

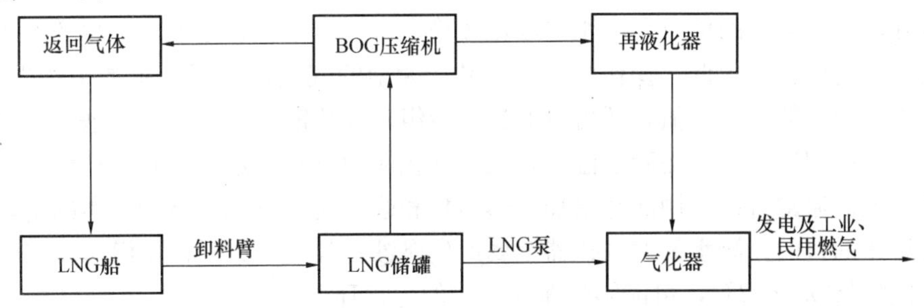

图 7-11　LNG 接收基地工艺流程

液化天然气在储存过程中产生的 BOG 可以再液化或直接加压外供。采用再液化工艺时，BOG 先通过压缩机加压至 1MPa 左右，然后与 LNG 低压泵送来的压力为 1MPa 的过冷液体换热并重新液化为 LNG；若采用 BOG 直接压缩外供工艺，则由压缩机加压到用户所需压力后直接进入输配管网。另外，为了防止 LNG 在卸船过程中造成 LNG 船舱形成负压，一部分 BOG 需要返回 LNG 船以平衡压力。

（二）液化天然气气化

液化天然气必须经过气化并恢复到常温以后才可供用户使用。LNG 气化器是一种专门用于液化天然气气化的换热器；低温的液态天然气在气化器中吸热发生相变，并进行升温。热量的来源可以来自于燃料燃烧、电加热或蒸汽换热，也可取自于自然环境的空气或水等。

按其热源不同，气化器可分为以下三种类型：

1. 加热气化器

气化装置的热量来源于燃料燃烧、电力、锅炉或内燃机废热。加热气化器有整体加热气化器和远程加热气化器两种类型。整体加热气化器采用热源整体加热法使低温液体气化，最典型的即是浸没燃烧式气化器。远程加热气化器中的主要热源与实际气化交换器分开，并采用某种流体（如水、水蒸气、异戊烷、甘油）作为中间传热介质，由中间介质与

LNG 换热，使 LNG 气化。

2. 环境气化器

气化的热量来自于自然环境的热源，如大气、海水、地热水等。

3. 工艺气化器

气化的热量来源于另外的热动力过程或化学过程，或利用液化天然气的冷量。

（三）气化器的性能分析

1. 空气加热型气化器（简称空浴器）

空气加热型气化器大多数是翅片管型或其他伸展体表面换热器。

空浴器的优点是没有燃料的消耗，节省能源；结构简单，运行费用低。缺点是因空气加热的能量比较小，一般用于气化量比较小的场合；气化量大时，气化器体积会比较庞大；气化能力受当地的最低温度和最高湿度的影响：换热初始段会在换热器外壁结冰，结冰过多会减少有效的传热面积和妨碍空气的流动换热。

2. 水加热型气化器（亦称水浴式气化器）

用水作热源的 LNG 气化器应用很广，特别是在靠海建设的 LNG 接收基地（码头），用海水作热源有很多优势。

海水水浴式气化器的优点是海水温度比较稳定、热容量大，是取之不尽的热源；虽然初投资较高，但运行费用低，操作和维护容易；大型的气化器装置可由数个管板组组成，使气化能力达到预期的设计值，还可以通过管板组对气化能力进行调整；缺点是气化能力受气候等因素影响比较大，随着水温的降低，气化能力下降；水易在管外产生结冰，会影响其传热性能。通常可以采用肋片增加换热面积和改变流道形状，增加流体的扰动等方法达到增强换热的目的；海水易对气化器金属产生腐蚀；长期、大量使用海水换热，会使局部海域水温降低 0.5～2℃，可能影响海洋生物的生存环境。

水浴式气化器比较适用于基础负荷 LNG 接收基地供气系统的气化。海水加热型 LNG 气化器技术参数见表 7-8。

海水加热型 LNG 气化器技术参数　　　表 7-8

气化量(t/h)	100		180	
压力(MPa)	设计	10.0	设计	2.50
	运行	4.5	运行	0.85
温度(℃)	液体	−162	液体	−162
	气体	>0	气体	>0
海水流量(m^3/h)	3500		7200	
海水温度(℃)	8		8	
管板数量	6m 高加热板×18		6m 高加热板×30	
尺寸(m)(长×宽)	14×7		23×7	

3. 具有中间传热流体的气化器

这类气化器的传热过程由两级换热组成：第一级是由 LNG 和中间介质进行换热，第二级是中间介质与海水进行换热。通常采用丙烷、丁烷等中间传热流体。

间接换热器的优点是由中间传热流体参与的两级换热，可使加热介质不存在结冰问题；由于水在管内流动，废热产生的热水可以利用；换热管采用铁合金管，不会产生腐蚀，对海水质量没有过多的要求；缺点是工艺及结构复杂，投资成本高。

4. 燃烧加热型气化器

在燃烧加热型气化器中，浸没式燃烧加热型气化器是使用最多的一种，其技术参数见表 7-9。

这类气化器的优点是结构紧凑，节省空间，装置的初始成本低；燃烧器可直接向水中排出高温烟气，由于水与烟气的直接接触，使两者充分地搅动，传热效率提高；缺点是需要额外消耗燃料，增加气化成本。

5. 蒸汽加热型气化器

蒸汽加热型 LNG 气化器是直接用蒸汽加热，LNG 在管内，蒸汽在管外流动，LNG 被蒸汽加热气化。

这类气化器的优点是效率高、结构紧凑、可靠性好、运行范围广、温度容易控制；缺点是需要增加产生蒸汽的设备；LNG 与加热蒸汽的温差过大，在大温差下，机械强度和传热效果等性能计算及操作控制变得复杂。

浸没式燃烧加热型 LNG 气化器技术参数　　表 7-9

<table>
<tr><td>气化量(t/h)</td><td colspan="2">100</td><td colspan="2">180</td></tr>
<tr><td rowspan="2">压力(MPa)</td><td>设计</td><td>10.0</td><td>设计</td><td>2.50</td></tr>
<tr><td>运行</td><td>4.5</td><td>运行</td><td>0.85</td></tr>
<tr><td rowspan="2">温度(℃)</td><td>液体</td><td>−162</td><td>液体</td><td>−162</td></tr>
<tr><td>气体</td><td>>0</td><td>气体</td><td>>0</td></tr>
<tr><td>燃烧器供热能力(kW)</td><td colspan="2">2.3×10^3</td><td colspan="2">$2.1\times10^3\times2$ 台</td></tr>
<tr><td>槽内温度(℃)</td><td colspan="2">25</td><td colspan="2">25</td></tr>
<tr><td>空气量(m^3/h)</td><td colspan="2">26000</td><td colspan="2">47000</td></tr>
<tr><td>尺寸(m)(长×宽)</td><td colspan="2">8×7</td><td colspan="2">11×10</td></tr>
</table>

五、城镇液化天然气气化站

城镇 LNG 供应一般通过用汽车槽车、火车槽车或小型运输船运输至接收气化站（又称为液化天然气卫星站），经接收（卸气）、储存、气化、调压、计量和加臭后，送入城镇燃气输配管道，供用户使用，其工艺流程如图 7-12 所示。

（一）液化天然气气化站设计、选址

城镇 LNG 供应站的规模应以城镇总体规划为依据，根据供应用户类别、数量和用气量指标等因素确定。

站址选择应符合城镇总体规划的要求，要避开地震带、地基沉陷、废弃矿井和雷区等地段，并与周围建筑物、构筑物保证足够的安全距离。LNG 供应站内应按工艺及安全要求，分区布置生产区与辅助区；生产区包括储罐区、气化及调压等装置区。生产区宜布置在站区全年最小频率风向的上风侧或上侧风侧。站区应设置不燃烧实体围墙，以防止站内液化天然气泄漏时形成扩散。场站出入口及消防通道设施要求应遵循相关技术规范。

小型 LNG 气化站一般采用 LNG 槽车输入 LNG，卸车过程比大型接收基地卸船过程更简单一些，气化工艺过程类似。

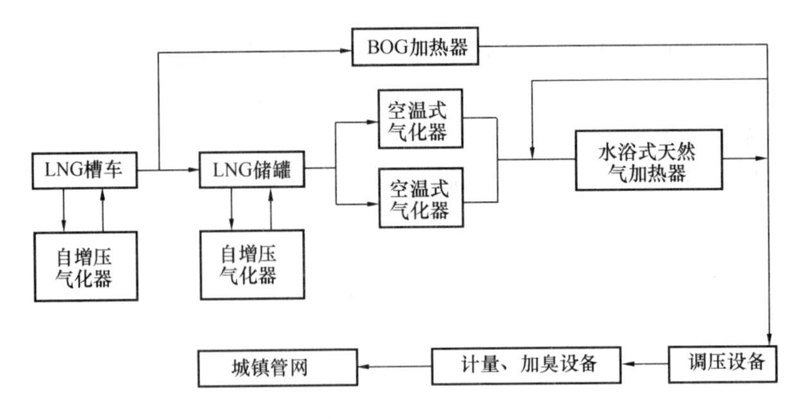

图 7-12　城镇 LNG 气化站工艺流程

液化天然气气化站储存设施可以是储罐，也可以是钢瓶组（称瓶组气化站）；亦可将站内设施撬装化（称撬装气化站）。

LNG 撬装气化站是针对城镇中独立的居民小区、中小型工业用户和大中型商业用户用气需求而开发的液化天然气供气系统。该系统将小型 LNG 气化站的工艺设备、阀门、零部件以及现场一次仪表等集成安装在几个撬体上。撬装化设计体现了系统模块化、标准化、系统化、人性化和环保化的发展趋势，它使得 LNG 气化站工艺设计简化，工程质量提高、施工周期缩短、运输安装方便、管理维护便捷、运行经济安全，同时还具有占地面积小、工程投资少、外形美观大方等优点。

LNG 橇装气化站根据储罐大小，现场地形等可以划分为以下模块：储罐撬、增压撬、卸车撬、气化撬或储罐增压气化撬、卸车撬等。

（二）液化天然气气化站设备、设施

液化天然气气化站内 LNG 储罐及相关设备设施要具备可靠的耐低温深冷性能；储罐及设备的设计温度应按－168℃计。

1. 储罐及钢瓶

城镇 LNG 气化站中的核心设备是 LNG 储罐或 LNG 气瓶组。储罐及钢瓶容器本体及附件的材料和设计应符合国家相关规范要求。

液化天然气储罐上必须设置压力表、液位计、安全阀及放散管、各种连锁切断装置，出液管应设置紧急切断阀等。

当气化站规模较小时，可以采用液化天然气钢瓶组储气。气瓶组应设置在站内固定地点露天场所，可以设置罩棚。

任何容积的液化天然气容器都不能永久地安装在建筑物内。

2. 气化设备

LNG 气化设备根据热源不同，分为空浴气化器、（热）水浴气化器及蒸汽浴气化器等。空浴式气化器以空气为热源，通过空气-液化天然气之间的热交换使 LNG 气化，这种气化器因其单位时间内气化量较小，多应用在小型 LNG 卫星站；通常设置两组设备，一用一备。（热）水浴或蒸汽浴气化器是以热水或蒸汽为热源，通过加热使 LNG 气化的装备。这种设备因需要消耗能源得到热水或蒸汽，所以气化成本相对较高，但单位时间内气化量大；设备可以独立使用，也可以作为空浴气化器的辅助升温设备。气化设备的气化能力要满足设计要求，气化效率应尽量高。

六、液化天然气相关技术问题

由于液化天然气的易燃易爆、低温等性质，在运输、储存及使用过程中有许多特殊技术问题需要引起重视。

（一）LNG蒸发气（BOG）的产生及处置

在液化天然气的运输及储存过程中，LNG作为一种沸腾液体储存在绝热的储罐中。任何传入储罐的热量都将导致一定量液体蒸发而变成气体，即BOG。由于环境与LNG之间的温差较大，如果储罐没有很好的绝热措施，或者是外界温度急剧升高使得储罐在短时间吸收较多热量，就会生成大量BOG，使得储罐内压力急剧升高。LNG储罐中不断产生的蒸发气（BOG）对储罐安全性有很大影响，甚至有爆炸的危险。为了避免这种情况的发生，应采取以下措施：

（1）要求储罐必须有良好的绝热措施，以减少液体与环境的换热，控制BOG的总量；

（2）储罐中BOG应根据工艺过程设置导出、利用：在运输船、车上可以作为动力燃料使用，在场站，可以作为气化器的燃料或减压、加热后送入后续管网；

（3）储罐必须设置安全阀及放散装置，在产生大量BOG、容器压力上升超压时放散泄压。

（二）LNG闪蒸气体对储罐的影响

加压的LNG当其压力降至沸点压力以下时，将有一定量的液体蒸发而成为气体，同时液体温度也随之降到其在该压力下的沸点，这一过程称为闪蒸。压力在100～200kPa范围内，处于沸点下的1m^3 LNG每降低1 kPa压力时闪蒸出的气量约为0.4kg。闪蒸气体的增加会减少储罐的有效存储容积，储罐内LNG温度的降低有可能对罐体造成一定影响，而且储罐内气体温度的增加也会使储罐内处于一种不稳定的状态，增加事故发生的几率。

（三）LNG泄漏

当储罐发生泄漏，液态天然气会迅速蒸发，生成大量可燃气体。为了缩小事故区域，储罐组四周必须设置周边封闭的不燃烧实体防护墙，防护墙内的有效容量不应小于最大储罐的容量，防护墙的设计应保证在接触LNG时不被破坏，防护墙内不应设置其他可燃液体储罐，防护墙内还应保持地面干燥，不应有水存在，因为LNG泄漏到水中时会产生强烈的对流传热，加速LNG的蒸发。

天然气和空气混合云团中的天然气处于低速燃烧状态时，云团内形成的压力低于5kPa，一般不会造成很大的爆炸危害。但若在一个狭窄且密集地安装有很多设备的区域或建筑物内，云团内部有可能形成较高的爆炸压力波。因此，LNG的容器不应设置在建筑物内，而且，储罐与储罐间、储罐与站内外构、建筑物间都要有严格的防火间距。

（四）储罐中LNG翻滚（Rollover）现象

在液化天然气储罐中，当短时间内有大量液态LNG气化时，如不采取措施，将导致设备超压。LNG储罐中有时会形成几个稳定的液层。这是因为新注入罐中的LNG与罐底原有的部分LNG密度不同而又未充分混合，导致下层密度高于上层。当有热量传入储罐时，两个液层之间自发地进行传质和传热，最终完成混合；同时在液层表面进行蒸发。此蒸发过程吸收了上层液体的热量而使下层液体处于“过热”状态。当两层液体的密度接近相等时就会突然迅速混合而在短时间内产生大量气体，并使LNG储罐内压力急骤上升，甚至顶开安全阀，严重时可以造成储罐破坏，这就是LNG特有的翻滚现象。

在蒸发过程中，当蒸发气量明显低于其正常蒸发量时，通常是出现翻滚现象的前兆。所以，在设备运转过程中要严密监测蒸发气量，以防止液层大量储热。如果怀疑液层有储热可能，应及时循环液体以促进混合。同时，在操作中，不同来源、不同组成的LNG应尽可能储存在不同的储罐中；如不具备此条件，则应在每次向储罐补充LNG时，尽可能使之混合均匀。此外，氮气含量高的LNG在注入储罐后也容易引起翻滚现象。因此，控制LNG中氮气含量低于1%，并加强蒸发气量的实时监测，可以有效防止翻滚现象的发生。

（五）快速相态转变（RPT）

两种温差极大的液体接触时，若高温液体温度比低温液体沸点温度高1.1倍，则低温液体温度上升极快，表面层温度超过自发成核温度（当液体中出现气泡时），此过程热液体能在极短时间内通过复杂的链式反应机理以爆炸速度产生大量蒸气，这种现象被称为快速相态转变。

LNG与环境温差较大，如果LNG储罐及设备泄漏，遇到水，将发生快速相态转变。因此，在LNG储罐四周要设置排水系统，避免发生LNG泄漏时，积存的水加剧LNG气化，引发事故。

思考题

1. 压缩天然气的压力范围是多少？天然气在进行压缩之前要经过哪些处理？
2. 压缩天然气供应城镇用户时，减压前进行换热的目的是什么？
3. 根据《城镇燃气设计规范》，液化天然气的设计温度是多少？
4. 液化天然气系统有哪些特殊的技术问题？

第八章　液化石油气供应

液化石油气一般为液态储存和运输，气态使用。在使用过程中，有一部分液态液化石油气不能在大气温度下蒸发气化，称为残液，其成分主要为C_5及以上成分。

液化石油气供应系统流程可用图 8-1 描述。

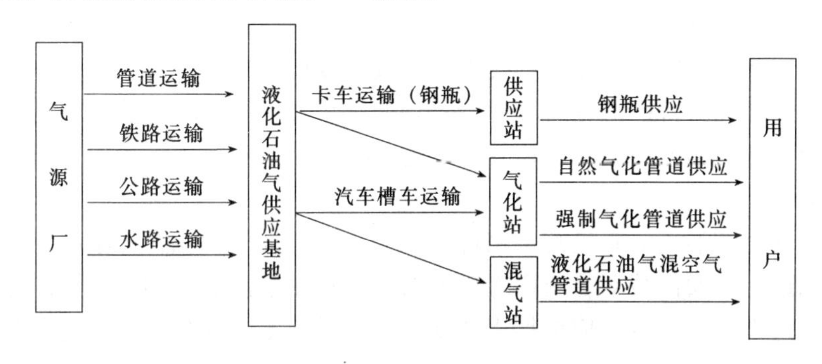

图 8-1　液化石油气供应系统示意图

第一节　液化石油气的运输

将液化石油气从气源厂（或生产厂）运送到液化石油气供应基地的运输方式主要有管道运输、铁路槽车运输、汽车槽车运输及水路槽船运输等。

在进行液化石油气供应系统方案设计时，首先要根据供应基地的规模、运输距离、交通条件等选择运输方式，并进行方案的技术经济比较。当条件接近时，应优先选择管道运输方式。城镇液化石油气系统还可同时采用两种以上输送方式，互为备用，以保障供应。

一、管道运输

液化石油气管道运输方式的特点是：运输量大，系统运行安全、可靠，运行费用低；但初投资较大（管道全线需一次建设完成），金属（管材）耗量大。管道运输方式适用于运输量大或运输量不大，但运输距离比较近时采用。

用管道输送液化石油气时，必须考虑液态液化石油气易于气化这一特点。在运输过程中，要求管道中任何一点的压力，都必须高于该温度下液化石油气的饱和蒸气压。否则，液化石油气会在局部气化，在管道中形成“气塞”，将大大降低管道的通过能力。

液化石油气管道输送系统一般由起点站（储罐、泵站、计量装置等）、中间泵站、终点站（储罐及储配站等）和输送管道等构成。如果输送距离较短，可以不设置中间泵站。图 8-2 所示为液化石油气管道运输系统示意图。

（一）管道设计的一般原则

输送液化石油气的管道选线应本着安全可靠、经济合理的原则。根据规范，液态液化石油气管道不得穿越居住区、村镇及公共建筑群等人员集中地区；管线的走向及位置应避开地形复杂、地质条件不利的地段；应避免或减少通过河流、湖泊、沼泽等大型障碍物；在布置管线的位置时，应使管线与建筑物、构筑物及相邻管道之间的距离满足国家规范规定的最小安全净距；当按照安全距离布置管线有困难时，需要采取相应的防护措施，并经有关部门批准后，可以适当降低要求；在保证安全可靠的前提下，管线长度应尽量短。

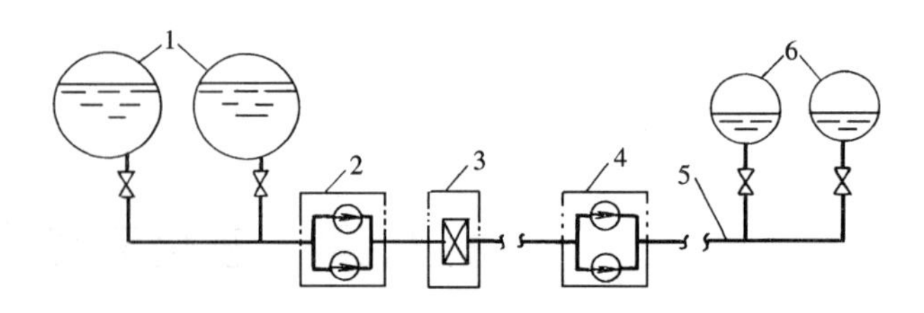

图 8-2　液化石油气管道运输系统图

1—起点站储罐；2—起点泵站；3—计量站；4—中间泵站；5—管道；6—终点站储罐

已有的交通条件对管线的施工和运行管理非常重要。管线靠近公路及其他道路有利于施工的进行及对管线的维护、保养。管线附近已有的供电条件等，可以为减少投资和运行费用提供可能。

输送液态液化石油气的管道宜采用埋地敷设，其埋设深度应在土壤冰冻线以下，管顶覆土厚度应以避免路面荷载对管道产生影响为准；在通过河流、湖泊、沼泽等障碍时，通常采用架空敷设方式。管线上应根据工艺要求及管道施工、安装及维修的需要设置阀门及必要的附属设备。

（二）管道的基本设计参数

1. 管道的设计压力

液态液化石油气管道的设计压力应高于管道系统起点的最高工作压力。管道系统起点的最高工作压力可按输送压力（即泵的扬程）与液化石油气饱和蒸气压之和确定，即：

$$P_q = H + P_s \tag{8-1}$$

式中　P_q ——管道系统起点最高工作压力，MPa；

H ——所需泵的扬程，MPa；

P_s ——始端储罐的最高工作温度下的液化石油气饱和蒸气压，MPa。

液态液化石油气输送管道按其设计压力（表压）一般分为三级，见表 8-1。

液态液化石油气输送管道设计压力（表压）分级　　表 8-1

管道级别	设计压力（MPa）	管道级别	设计压力（MPa）
Ⅰ级	$P>4.0$	Ⅲ级	$P\leqslant1.6$
Ⅱ级	$1.6<P\leqslant4.0$		

2. 管道设计流量

应根据末端接收站的计算月平均日供应量和管道每日工作小时数按下式计算：

$$Q_S = \frac{G_d}{3600 \times \tau\rho_y} \tag{8-2}$$

式中　Q_S ——管道计算流量，m^3/s；

G_d ——计算月平均日供应量，kg/d；

τ ——管道日工作小时数，h/d；

ρ_y ——液态液化石油气在平均输送温度下的密度，kg/m^3，平均输送温度可取管道中心埋深处最冷月的平均地温。

3. 管道内液化石油气的流速

应根据输送介质的性质及设计生产中的操作情况综合考虑确定。一般输送黏度比较大的介质时，管道的压力降较大。此时，应选择比较低的流速。反之，介质黏度小时，应选择较高的流速。

根据基本建设投资与常年运行费用等技术经济因素进行综合分析，液态液化石油气在管道中的经济流速取 0.8～1.4m/s 为宜。为确保液态液化石油气在管道内流动时所产生的静电有足够的时间导出，防止静电电荷积聚和电位升高，防止管道振动、噪声等现象，液态液化石油气的最大流速应不大于 3m/s。

4. 管道的管径

一般由下式确定：

$$d = \sqrt{\frac{4Q}{\pi v}} = \sqrt{\frac{4G}{\pi v \rho}} \tag{8-3}$$

式中 d——管道内径，mm；

Q——液化石油气体积流量，m^3/s；

v——管道内平均流速，m/s；

G——液化石油气重量流量，t/s；

ρ——液态液化石油气的密度，t/m^3。

（三）泵的基本参数确定

液化石油气利用管道输送时，一般采用多级离心泵加压。应根据离心泵在管路的设计工况及其可能的工况变化范围选择泵的型号；工作时，应使泵处于较高的效率范围内。泵的台数选择应适中：台数过少，则工况调节范围小；台数过多，则会增加管道、阀件及泵房的占地面积，管理也比较复杂。泵组一般每 1～3 台需备用 1 台。

泵的扬程应能够克服管道的能量损失。对于液化石油气管道，其压力降以沿程摩擦阻力损失为主，局部阻力占沿程阻力损失的 5%～10%。泵的扬程还应在管道计算压力降上附加一定的富裕量，以保证输送到管道末端的液化石油气有足够的进罐压力。

泵的计算扬程可以用式（8-4）计算：

$$H_j = \Delta P_Z + \Delta P_Y + \Delta H \tag{8-4}$$

式中 H_j——泵的计算扬程，MPa；

ΔP_Z——管道总阻力损失，可按 1.05～1.10 倍管道摩擦阻力损失计，MPa；

ΔP_Y——管道终点进罐余压，可取 0.2～0.3MPa；

ΔH——管道终、始端高程差引起的附加压力，MPa。

选择液态液化石油气输送泵时，其扬程 H 应大于泵的计算扬程；同时，应保证管道沿途任何一点的压力必须高于其输送温度下的饱和蒸气压。

二、铁路运输

液化石油气利用铁路运输时，一般使用火车槽车作为运输工具。火车槽车的装载量比较大，运输费用也比较低；与管道运输方式相比，较为灵活。但铁路运输的运行及调度管理都比管道运输和公路运输复杂，要受铁路接轨和铁路专用线建设及铁路总体调度等条件的限制。

铁路运输方式适用于运输距离较远、运输量较大的情况。

火车槽车的基本结构如图 8-3 所示。

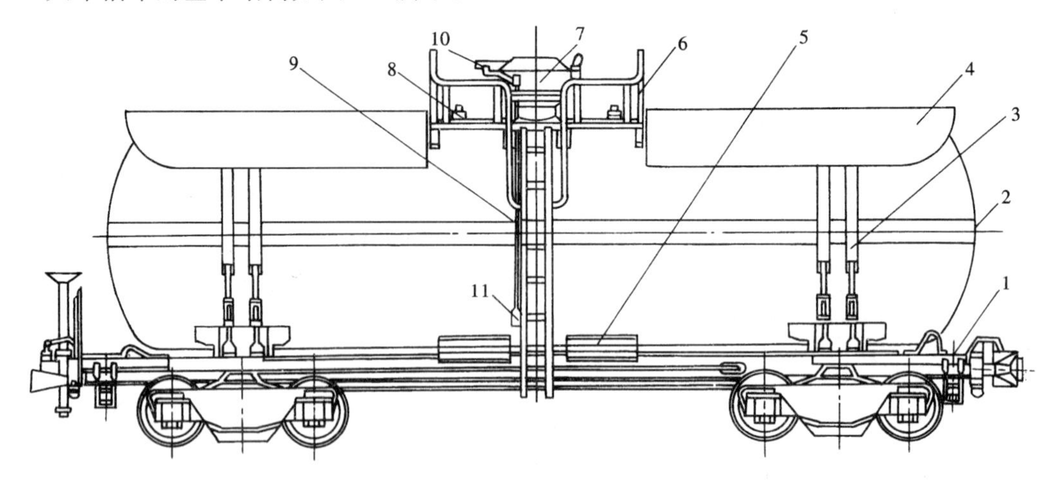

图 8-3 火车槽车构造

1—底架；2—圆筒型储罐；3—拉紧带；4—遮阳罩；5—中间托板；6—操作台；7—阀门箱；8—安全阀；9—外梯；10—拉阀；11—拉阀手柄

火车槽车配置数量主要取决于供应规模、列车编组情况、气源厂到储配站的距离、槽车几何容积及检修情况等。通常可由下式计算：

$$N=\frac{K_1 \cdot K_2 \cdot G \cdot t}{V \cdot \rho \cdot \varphi} \tag{8-5}$$

式中 N——铁路槽车配置数量，辆；

G——年平均日运输量，kg/d；

t——铁路槽车往返一次的天数，一般省内运输取 7～10d，省外运输取 10～15d；

K_1——运输不均匀系数，考虑供应和运输的不均匀性，单气源供气时，可取 1.2～1.3；多气源供气时，可取 1.1～1.2；

K_2——考虑槽车检修系数，一般取 1.05～1.10；

V——铁路槽车的几何容积，m^3/辆；

ρ——液态液化石油气在 40℃时的密度，kg/m^3。

φ——槽车在 40℃时的允许充装率，取 0.9。

三、公路运输

液化石油气采用公路运输方式时，一般使用汽车槽车作为运输工具。公路运输方式的特点是运送及调度灵活、运输量调整方便，但运输费用比较高。根据投资及用户发展情况，汽车槽车可分期投入运行，资金安排有一定灵活性。

汽车槽车多用于中、小型储配站的运输，也可作为大型储配站的辅助运输工具，必要时槽车还可作为用户的活动储罐使用。

公路运输一般距离比较近，汽车槽车往返一次的时间大多不超过 1d。

采用汽车槽车运输方案时，应充分考虑汽车活动范围内的交通情况，如道路路面及坡度、行车规定、桥梁限载等。要经过交通管理部门的批准，选择合理的运输线路。

目前，我国使用的液化石油气汽车槽车主要有三类：固定槽车、半拖式固定槽车及活动槽车。汽车槽车的选用、设计、制造、验收及运行管理均应符合国家劳动安全部门的要求。

1. 固定槽车

固定槽车是将液化石油气储罐罐体及附件固定在载重汽车的底架上。由于受到汽车底架大小及载重量的限制，这类槽车的装载量一般不大，但整车性能好、运行平稳、车辆行驶速度比较快。

固定槽车的基本结构如图 8-4 所示。

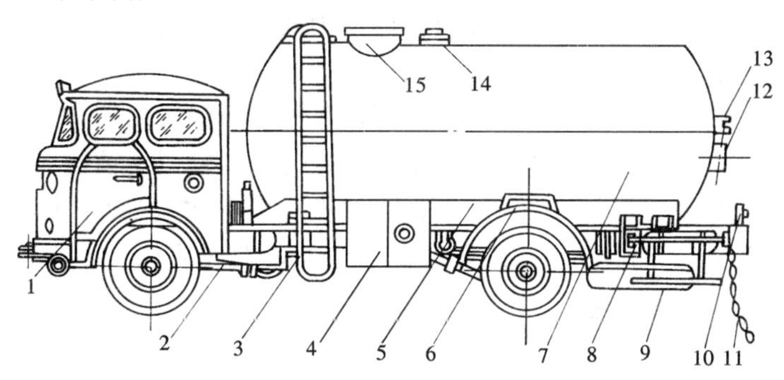

图 8-4 固定槽车构造

1—驾驶室；2—气路系统（提供车用燃料）；3—梯子；4—阀门箱；5—支架；6—挡板；7—圆筒型储罐；8—固定架；9—围栏；10—尾灯；11—接地链；12—液位指示计；13—铭牌；14—内置式安全阀；15—人孔

2. 半拖式固定槽车

这种槽车是将液化石油气储罐固定在拖挂式汽车底架上，它充分利用了汽车的拖挂功能，装载量比较大。

3. 活动槽车

活动槽车就是将液化石油气的车用活动储罐，用可拆卸的紧固装置安装在载重汽车的车厢上。车用活动储罐上应设置必要的安全装置和专用阀件。这种槽车装载量小、稳定性差、行车速度低、运输费用比较高。

大型固定槽车及半拖式固定槽车一般装载量比较大，多用于中、小型液化石油气灌瓶站的运输；小型固定槽车适于小型液化石油气灌瓶站的运输，也可作为储配站至工业及商业用户之间的运输工具。活动槽车一般适合于用气量小的工业及其他用户的运输和储存。

汽车槽车配置数量应根据运输量的多少、运输距离及槽车检修情况等因素确定。通常可由下式计算：

$$N=\frac{K_1 \cdot K_2 \cdot G}{V \cdot n \cdot \rho \cdot \varphi} \tag{8-6}$$

式中 N——汽车槽车配置数量，辆；

G——年平均日运输量，kg/d；

K_1——运输不均匀系数，考虑供应和运输的不均匀性，单气源供气时，可取 1.2～1.3；多气源供气时，可取 1.1～1.2；

K_2——槽车检修系数，一般取 1.05～1.10；

V——汽车槽车的几何容积，m^3/辆；

n——每辆车每天的运输次数，次/d；

ρ——液态液化石油气在40℃时的密度，kg/m³。

φ——槽车在40℃时的允许充装率，可取0.9。

此外，液化石油气供应基地到瓶装供应站之间运输液化石油气钢瓶，也采用汽车运输方式。

四、水路运输

在水路交通运输比较方便的地方，使用装有液化石油气储罐的槽船运送液化石油气，也是可选择的方案之一。目前使用的主要有常温压力式（也称全压力式）槽船和低温常压式（也称全冷冻式）槽船两类。

水路运输分为海运和河运两类。海运被广泛用于液化石油气的国际贸易中。用于海运的液化石油气槽船多为低温常压槽船，其容量可达数万吨。槽船运输技术成熟，设备及安全设施比较完善。用于近海及河运的液化石油气槽船一般为常温压力式槽船。这种槽船容量较小，多为数百吨或上千吨级。在符合适航条件时，发展液化石油气的河运或近海运输，可以降低液化石油气的运输成本。

第二节　液化石油气供应基地

液化石油气供应基地按其功能分为储存站、灌瓶站和储配站三类。

（1）储存站是指液化石油气储存基地，其主要功能是储存液化石油气，并将其转输给灌瓶站、气化站或混气站。

（2）灌瓶站的主要功能是进行灌装作业，即将液化石油气灌装到钢瓶内，送至钢瓶供应站或用户；也可灌装汽车槽车，并送至气化站、混气站或大型用户。

（3）储配站一般兼有储存站和灌瓶站的全部功能。

液化石油气供应基地是城镇公用设施的重要组成部分，应符合城镇总体规划和城镇燃气发展规划的要求。液化石油气供应基地的规模应按照城镇规划，根据供应用户的类别、数量及用气情况等因素综合确定。

一、液化石油气储配站的任务及功能

根据需要，液化石油气储配站一般可以完成接收、储存、灌装及残液回收等项任务。同时，为满足运行、管理的需要，储配站还应具有储罐之间的倒罐、储罐的升压、排污、投产与置换、残液处理及钢瓶检验、维修等功能。

（一）接收

接收是指将运输来的液化石油气送入（或卸入）储罐的工艺过程。当采用管道运输方式时，一般是利用管道末端的剩余压力，经过滤、计量后，将液化石油气送入储罐。当采用槽车或槽船运输时，应根据具体情况采用不同的方法将液化石油气卸入储罐。

（二）储存

储存是储配站的主要功能之一。应根据气源供应、运输方式及运距、用户用气情况等因素综合考虑，选择储存方式、储罐类型及数量等。液化石油气供应基地的储罐个数一般不应少于2个，以备检修或发生故障时，保障供气。

（三）灌装

灌装是指将液化石油气按规定的重量灌装到钢瓶、汽车槽车或铁路槽车中的工艺过程。一般城镇液化石油气储配站主要灌装钢瓶和汽车槽车。根据灌装量的大小可选择不同的灌装工艺及设备。

（四）残液回收

残液回收也是储配站的一项重要任务。为安全起见，液化石油气用户不得自行处理残液。在储配站，利用残液回收装置将残液集中收集，储存在残液罐中，可在站内作为燃料使用或集中外运做燃料或化工原料。

二、液化石油气的装卸

储配站接收液化石油气或灌装槽车时可以采用不同的装卸方式，应根据需要和各种装卸方式的特点选择。大型储配站还可以采用两种以上的装卸方式联合工作。

（一）利用地形高程差所产生的静压差卸车

利用地形高程差卸车的原理如图8-5所示。将准备卸车的铁路槽车停放在高处，储罐设置在低处。卸车时，将两者的液相和气相管道连接，在高程差足够的条件下，铁路槽车中的液化石油气即可流入储罐。

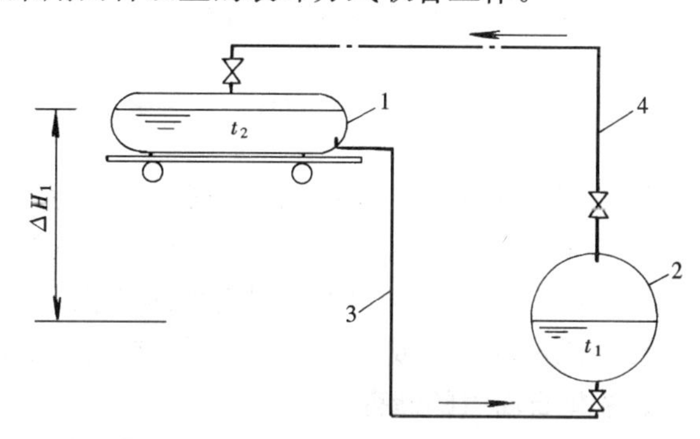

图8-5 利用地形高程差卸车的原理图

1—火车槽车；2—固定储罐；3—液相管；4—气相管

当铁路槽车和储罐的温度相同，高程差达到15～20m时，即可采用这种方式卸车。

利用地形高程差卸车的方式经济、简便，但受到地形条件的限制，卸车速度也比较慢。

（二）利用泵装卸

利用泵装卸液化石油气的工艺流程如图8-6所示。

操作时，首先将槽车与储罐气液相管连接。在卸车时，打开阀门2和3，开启泵，槽车中的液态液化石油气在泵的作用下，经液相管进入储罐中；装车时，关闭阀门2和3，打开阀门1和4，在泵的作用下储罐中的液化石油气由储罐进入槽车。在装或卸车过程中，气相管的阀门始终打开，以使两容器的气相空间压力平衡，加快装卸车的速度。

利用泵装卸液化石油气是一种比较简便的方式，它不受地形影响，装卸车速度比较快。采用这种方式时，应注意保证液相管道中任何一点的压力都不得低于相应温度下的液化石油气的饱和蒸气压，以防止吸入管内的液化石油气气化而形成“气塞”，使泵空转。

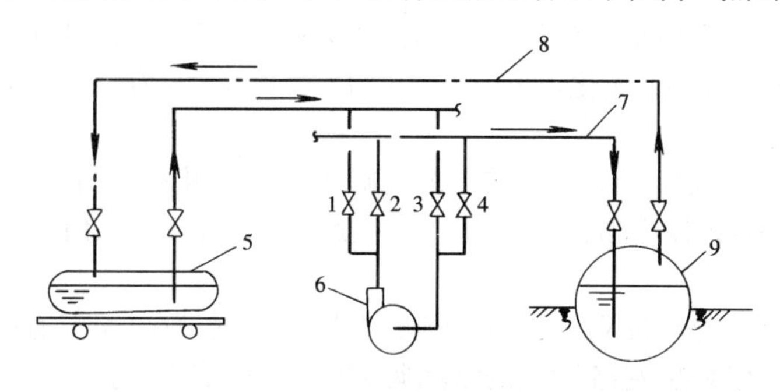

图8-6 利用泵装卸车的工艺流程

1、2、3、4—阀门；5—槽车；6—泵；7—液相管；8—气相管；9—储罐

（三）利用压缩机加压装卸

利用压缩机装卸液化石油气的工艺流程如图8-7所示。操作时，也应先将槽车与储罐气液相管连接。在卸车时，打开阀门2和3，开启压缩机，储罐中的气态液化石油气经压

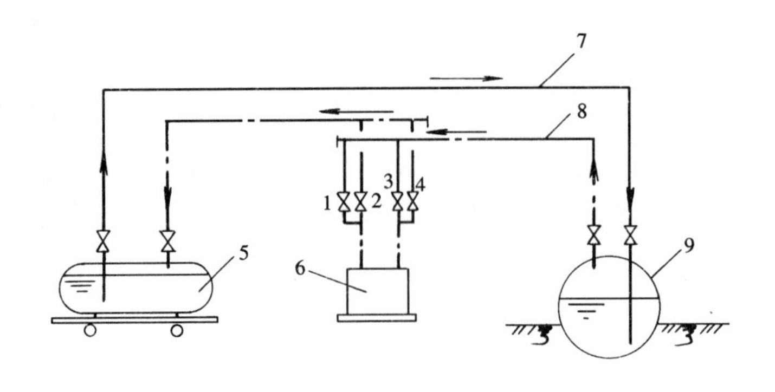

图 8-7 利用压缩机加压装卸车的工艺流程

1、2、3、4—阀门；5—槽车；6—压缩机；
7—液相管；8—气相管；9—储罐

缩机加压，经气相管进入槽车中；槽车中的液态液化石油气在气相空间的压力下，经液相管流入储罐。当槽车内液化石油气卸完后，应关闭阀门 2 和 3，打开阀门 1 和 4，将槽车中的气态液化石油气抽出，压入储罐。装车时，关闭阀门 2 和 3，打开阀门 1 和 4，在压缩机的作用下，液化石油气由储罐进入槽车。

利用压缩机装卸液化石油气是比较常用的方式。这种方式流程简单，能同时装、卸几辆槽车，并可将槽车完全倒空；但装卸车时耗电量比较大，操作、管理比较复杂。

此外，还有利用压缩气体或利用加热液化石油气进行装卸的，这些装卸方式过程复杂，需要使用惰性气体或热水、蒸汽等，在实际工程中很少采用。

三、液化石油气的储存

液化石油气的储存是液化石油气供应系统的一个重要环节。储存方式与储存规模应考虑多种因素综合确定。

（一）液化石油气的储存方法

1. 按储存的液化石油气形态分

（1）常温压力液态储存（全压力式储存） 利用液化石油气的特性，在常温下对气态液化石油气加压使其液化并储存称为常温压力储存；储气设施不需要保温。由于采用常温加压条件保持液化石油气的液体状态，所以用于运输、储存液化石油气的容器为压力容器，亦称全压力式储罐。

（2）低温常压液态储存（全冷冻式储存） 利用液化石油气的特性，在常压下对气态液化石油气进行冷却使其液化、储存，称为低温常压储存。储气设施为常压，但为了维持液化石油气液体状态，储气设施需要保温，储罐称为全冷冻式储罐。一般运输液化石油气的槽船上常采用这种技术。

（3）较低压力、较低温度储存（半冷冻式储存） 综合全压力式和全冷冻式两种方法的特点，在较低压力下将液化石油气降温、液化，采用较低压力、带保温的储存设施（半冷冻式储罐）进行储存和运输。

（4）固态储存 将液化石油气制成固态块状储存在专门的设施中。固态液化石油气的携带和使用方便，适于登山、野营等。但这种技术难度大、费用高，一般只在特殊需要时采用。

2. 按空间相对位置分

（1）地层岩穴储存 将液化石油气储存在天然或人工的地层结构中。这种储存方式具有储存量大、金属耗量及投资少等优势，但能否寻找到合适的储存地层是这一技术的关键。

（2）地下金属罐储存 分为全压力式、全冷冻式和半冷冻式等。一般是将金属罐设置在钢筋混凝土槽中，储罐周围应填充干砂；主要在地面情况限制不适合设置地面储罐时采用。为保证安全，需在液化石油气储罐周围的干砂中设置燃气泄漏报警装置。

（3）地上金属罐储存　一般采用固定或活动金属罐储存液化石油气。这种储存方式具有结构简单、施工方便、储罐种类多、便于选择等优点。但地上储罐受气温影响较大，在气温较高的地区，夏季需要采取降温措施。在城镇液化石油气供应系统中，目前使用最多的是将液化石油气以全压力式储存在地上的固定金属罐中。近年来，部分企业采用了液化石油气全冷冻式储存装置。

（二）液化石油气储罐的一般设计参数

1. 储存天数与储存容积

液化石油气供应基地的储存天数主要取决于气源情况和气源厂到供应基地的运输方式等因素，如气源厂的个数、距离远近、运输时间长短、设备检修周期等。储罐的储存容积要由供气规模、储存天数决定。

储罐的储存容积可由下式计算：

$$V=\frac{nKG_{\mathrm{d}}}{\rho_{\mathrm{y}}\varphi_{\mathrm{b}}} \tag{8-7}$$

式中　V——总储存容积，m^3；

n——储存天数，d；

K——月高峰系数（推荐 $K=1.2\sim1.4$）；

G_{d}——年平均日用气量，kg/d；

ρ_{y}——储罐最高工作温度下的液化石油气密度，kg/m^3；

φ_{b}——最高工作温度下储罐的允许充装率，一般取 0.9。

在正常情况下，液化石油气的运输周期或管道事故后的修复时间小于气源厂的检修时间。因此，一般按气源厂的个数和检修时间考虑储存天数即可。

2. 储罐的设计压力

液化石油气储罐的设计压力应按储罐最高工作温度下液化石油气的饱和蒸气压和一部分附加压力来考虑，即：

$$P=P_{\mathrm{b}}+\Delta P \tag{8-8}$$

式中　P——储罐设计压力，MPa；

P_{b}——储罐最高工作温度下的饱和蒸气压，MPa；

ΔP——附加压力，MPa。

当储罐上不设置冷却水喷淋装置时，其最高工作温度可按当地的极端最高气温选取；当储罐上设置冷却水喷淋装置、可在夏季高温时采用喷淋水降温时，其最高工作温度可取40℃。

附加压力一般包括压缩机或泵工作时加给储罐的压力及管道输送的液化石油气进入储罐时的剩余压力。

3. 储罐的容积充满度（也称允许充装率）

液态液化石油气的容积膨胀系数较大，随着温度的升高，液态液化石油气的容积会膨胀。在任一温度下，储罐或钢瓶允许的最大灌装容积是指当液化石油气的温度达到最高工作温度时，其液相体积的膨胀恰好充满整个储罐或钢瓶。如果过量灌装，液态液化石油气体积膨胀产生的压力可能破坏容器，因此，过量灌装非常危险。

任一温度下，灌装储罐或钢瓶时，最大灌装容积 V 与储罐或钢瓶的几何容积 V_0 的比值称为该温度下储罐或钢瓶的容积充满度 K。

$$K=\frac{V}{V_0}\times 100\% \quad (8\text{-}9)$$

式中 K——储罐的容积充满度，%；

V——灌装温度下液化石油气的最大灌装容积，m^3；

V_0——储罐或钢瓶的几何容积，m^3。

假设当液化石油气的工作温度升高，达到最高工作温度 T 时，其液相体积膨胀，恰好充满整个储罐或钢瓶，则任一灌装温度下储罐的容积充满度 K 还可用下式表示：

$$K=\frac{V}{V_0}\times 100\%=\frac{G\cdot\rho_y}{G\cdot\rho}\times 100\%=\frac{\rho_y}{\rho}100\% \quad (8\text{-}10)$$

式中 G——灌装温度下液化石油气的最大灌装重量，kg；

ρ——灌装温度下的液化石油气密度，kg/m^3；

ρ_y——最高工作温度下的液化石油气密度，kg/m^3。

任一灌装温度下储罐的最大灌装容积 V 为：

$$V=KV_0=\frac{G}{\rho}=\frac{\rho_y}{\rho}V_0 \quad (8\text{-}11)$$

任一灌装温度下储罐的最大灌装重量 G 为：

$$G=\rho KV_0=\rho_y V_0 \quad (8\text{-}12)$$

显然，储罐或钢瓶的充满度与液化石油气的组分、灌装温度和储罐的最高工作温度有关。

在储罐及钢瓶的灌装过程中，考虑到操作及制造中的各种误差，一般只允许灌装最大允许灌装重量 G 的 0.9 倍，即允许灌装重量为：

$$G'=0.9\rho_y V_0=\omega V_0 \quad (8\text{-}13)$$

式中 G'——灌装温度下液化石油气的允许灌装重量，kg；

ω——灌装系数。

储罐或钢瓶的超量灌装可能会在其运输和使用过程中发生危险，因此，必须对储罐或钢瓶的灌装量严加控制。

四、液化石油气灌装工艺

将液化石油气按规定的重量灌装到钢瓶中的工艺过程称为灌装。钢瓶的灌装工艺一般包括空、实瓶搬运、空瓶分拣处理、灌装及实瓶分拣处理等环节。根据灌装规模和机械化程度不同，各环节的内容和繁简程度也不相同。

（一）按灌装原理分

1. 重量灌装

重量灌装是指靠控制灌装重量来控制储罐及钢瓶的容积充满度的灌装方法。

2. 容积灌装

容积灌装是指靠控制灌装容积来控制储罐及钢瓶的容积充满度的灌装方法。

（二）按机械化、自动化程度分

1. 手工灌装

手工灌装方式一般适用于日灌装量较小、异型瓶较多时。手工灌装过程中，全部手动操作，工人劳动强度大，灌装精度差，液化石油气泄漏损失比较大，有时作为灌瓶站的备用灌装方式。手工灌装工艺流程图如图 8-8 所示，手工灌瓶系统如图 8-9 所示。

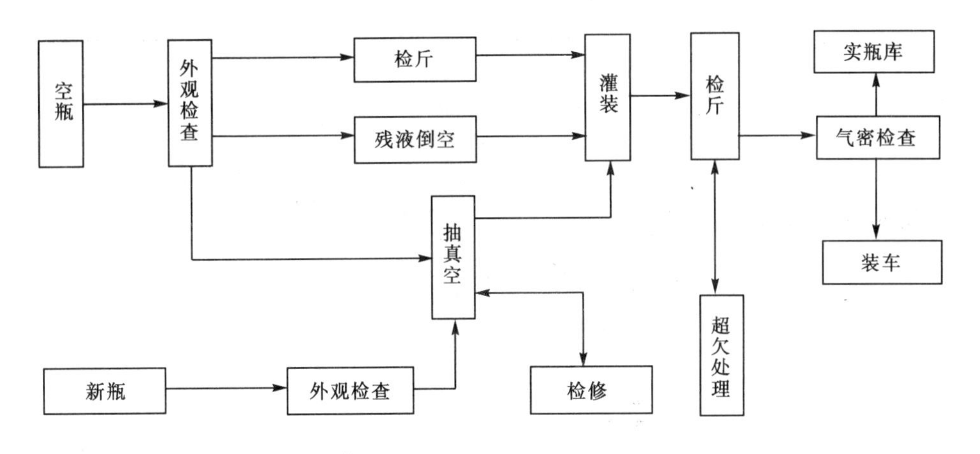

图 8-8　手工灌装工艺流程框图

2. 半机械化、半自动化灌装

半机械化、半自动化灌装是指在手工灌装方式中加入了自动停止灌装的装置。这种方法与手工灌装相比，可以比较精准地控制灌装量，提高了灌装精度，减少了过量灌装的可能和液化石油气的泄漏。

3. 机械化、自动化灌装

机械化、自动化灌装是指灌装及钢瓶运送、停止灌装等均自动完成的灌装方法。当日灌装量较大时，一般采用机械化、自动化灌装方式，使用机械化灌装转盘进行操作。机械化、自动化灌装工艺流程图如图 8-10 所示，机械化灌装机组如图 8-11 所示。

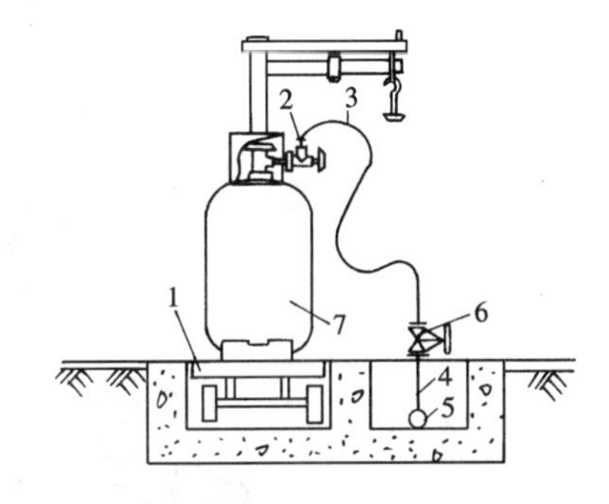

图 8-9　手工灌瓶系统

1—普通台秤；2—手工灌装嘴；3—软管；4—液相支管；5—液相干管；6—截止阀；7—钢瓶

灌装钢瓶是储配站的主要生产活动。目前常用的是用烃泵灌装、用压缩机灌装或泵与压缩机联合工作三类灌装方式。

汽车槽车的灌装是在专门的汽车槽车装卸台（或灌装柱）上进行的。汽车槽车的装卸台应设置罩棚，罩棚的高度应比汽车槽车高度高 0.5m；罩棚通常采用钢筋混凝土结构；每个装卸台一般设置两组装卸柱，当装卸量较大时，可设置两个汽车槽车装卸柱。

液化石油气的灌装工艺成熟，技术设备国产化程度高，规格全，便于选择使用。

五、残液回收

残液是指液化石油气中 C_5 以上碳氢化合物，它们在使用过程中一般不能自然气化。从用户运回的钢瓶中，会有一定量的残液，待检修和报废的钢瓶中也会有液化石油气或残液，这些液化石油气或残液需要从钢瓶中倒出来。因此，液化石油气储配站应设置残液倒空回收系统。根据要倒空和回收的残液量多少，可以选择人工或机械倒空方式。

图 8-12 所示为正压法残液人工倒空回收系统工艺流程图。倒空时，先启动压缩机，将残液罐中的气相液化石油气抽出，加压送入钢瓶。再将倒空用的连接嘴连接到钢瓶角阀上，开启钢瓶角阀和阀门 1，使钢瓶与储罐气相连通，钢瓶内气相压力升高。然后关闭阀门 1，打开阀门 2，并将钢瓶倒置，残液由钢瓶排出至残液罐。当残液排空后，关闭阀门

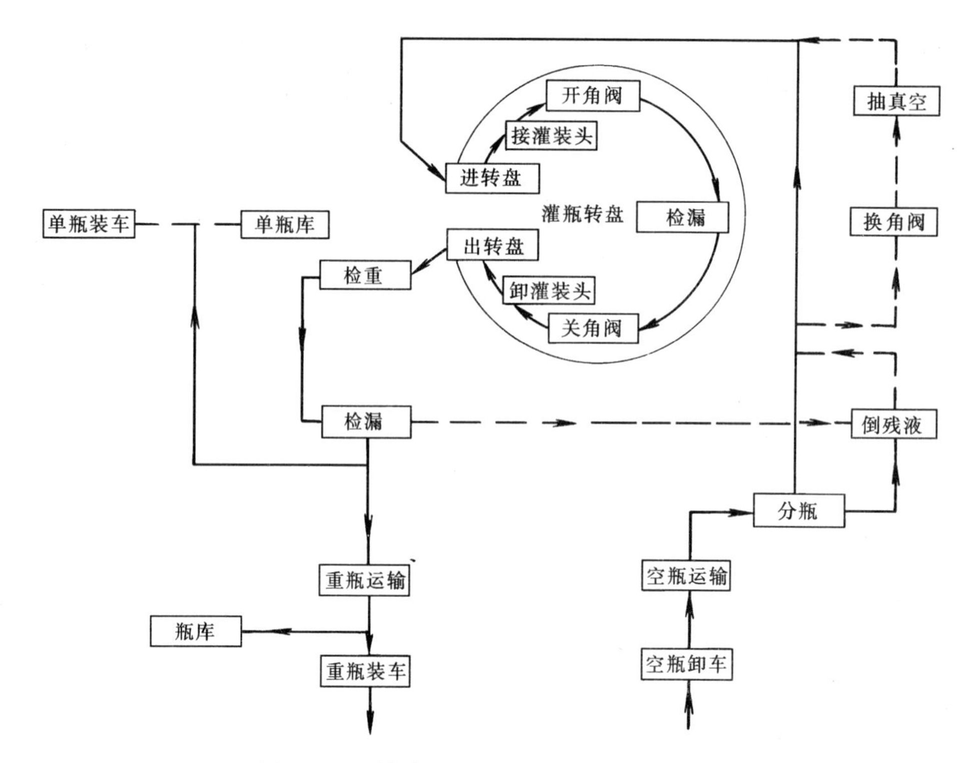

图 8-10　机械化、自动化灌装工艺流程框图

图 8-11　液化石油气灌装转盘机组

2 及钢瓶角阀，将钢瓶翻转立正，取下连接嘴，残液倒空过程结束。

残液倒空回收还可以采用抽真空法和引射器法等。

残液罐的储存容积一般按 5～10d 的残液回收量计算，并应符合液化石油气储罐的设计要求。

储配站回收的残液可在站内使用（用作残液锅炉的燃料）或集中外运销售（用作化工原料）。

六、液化石油气的供应基地选址与平面布置

液化石油气供应基地的站址应选择在所在地区全年最小频率风向的上风侧，远离居住区、村镇、学校、工业区和影剧院、体育馆等人员集中的地区；地势应平坦、开阔，不易积存液化石油气，以减少事故隐患和危害；同时，应避开地震带、地基沉陷、废弃矿井及不良地质地带。

液化石油气供应基地在节约用地、保证安全间距的前提下，必须分区布置，以便于安全管理和生产运行。液化石油气供应基地一般包括生产区、生活辅助区。生产区包括储罐区、灌装区；生活辅助区包括生产及生活管理、维修及材料区、动力供应系统等。

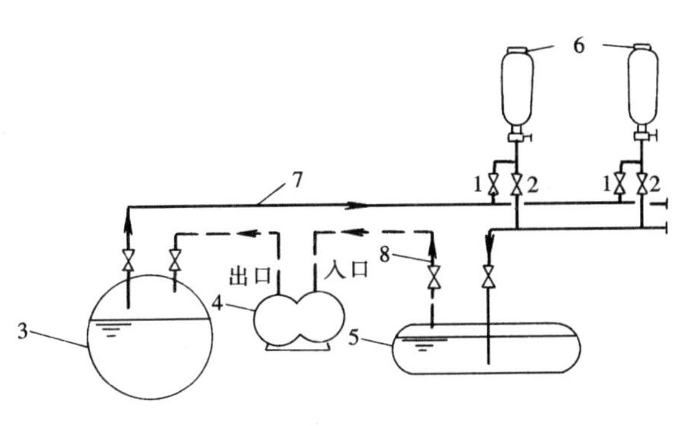

图 8-12　正压法残液人工倒空回收系统工艺流程

1、2—阀门；3—储罐；4—压缩机；5—残液罐；6—钢瓶；7—液相管；8—气相管

液化石油气供应基地的四周和生产区与辅助区之间应设置不低于 2m 的不燃烧实体围墙。生产区与辅助区至少应各设置 1 个单独的对外出入口，出入口宽度不应小于 4m。

生产区宜布置在站区全年最小频率风向的上风侧或上侧风侧，选择通风良好的地段。生产区严禁设置地下、半地下建、构筑物，以防止液化石油气积存；生产区内的地下管（缆）沟必须填满干砂。

储罐或罐区周围应设置高度为 1m 的实体围墙作为防液堤，并与周围的建筑物、构筑物、堆场等保证必要的防火间距。

灌装区钢瓶装卸台前及汽车槽车装卸柱前，应留有较宽敞的汽车回车场地；灌瓶间与瓶库房内储存的实瓶量应有所控制，一般储存计算月 1～2d 的平均日灌瓶量即可保证连续供气。

生活辅助区的布置应在满足安全、防火要求的前提下，以方便生产管理和职工生活为主。

图 8-13 所示为某储配站平面图。

七、工艺流程

储配站的工艺流程因液化石油气的接收、储存、灌装及残液回收、分配方式的不同而有所差异。采用常温压力式储存方式的液化石油气供应基地工艺流程如图 8-14 所示。

图 8-15 所示为采用槽船运输、低温常压储存方式的液化石油气储配站操作流程简图。

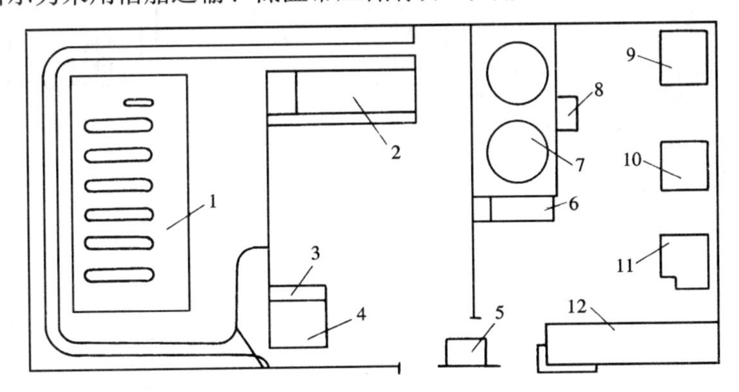

图 8-13　某储配站平面图

1—储罐区；2—灌瓶间、压缩机房；3—汽车槽车装卸台；4—汽车槽车库；5—门卫；6—修理间、空压机房；7—消防水池；8—消防泵房；9—锅炉房；10—变、配电间；11—汽车库；12—综合楼

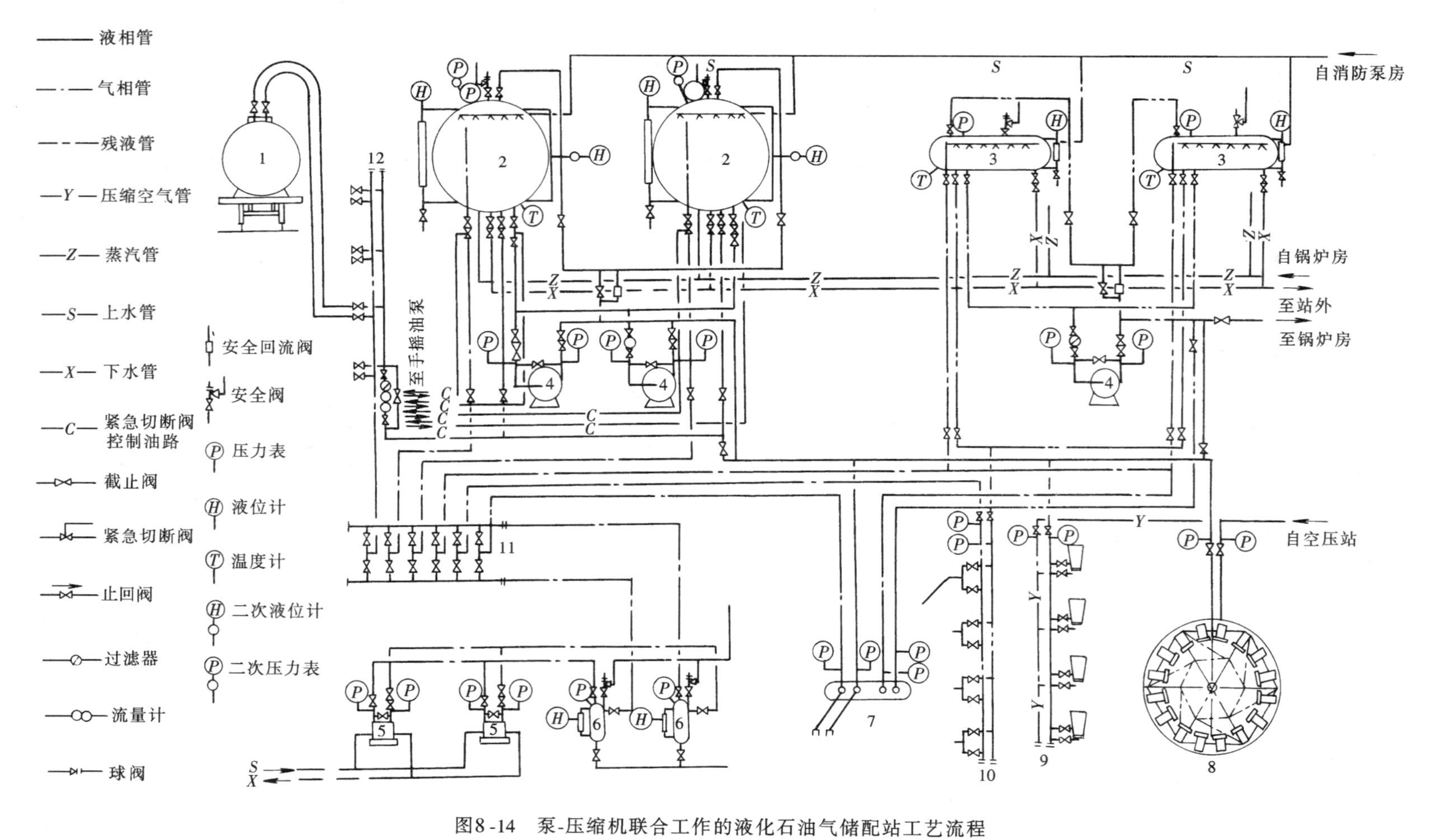

图8-14 泵-压缩机联合工作的液化石油气储配站工艺流程

1—铁路槽车；2—固定储罐；3—残液罐；4—泵；5—压缩机；6—气液分离器；7—汽车槽车装卸台；8—机械化灌装转盘；9—手工灌装台；10—残液倒空架；11—气相阀门组；12—铁路槽车装卸栈桥

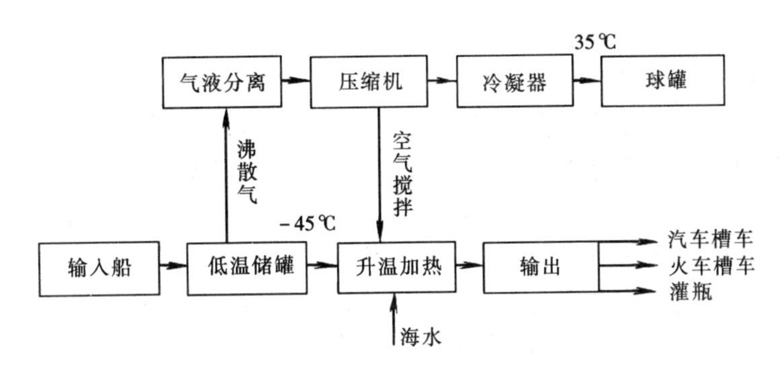

图 8-15　低温储存液化石油气储配站流程简图

第三节　液化石油气的用户供应

一、液化石油气的气化方式

根据液化石油气的气化原理及特点，液化石油气的气化过程可分为自然气化和强制气化两类。

（一）自然气化

液化石油气自然气化是指液态液化石油气吸收自身的显热和通过容器壁吸收周围介质的热量而进行气化的过程，如图 8-16 所示。

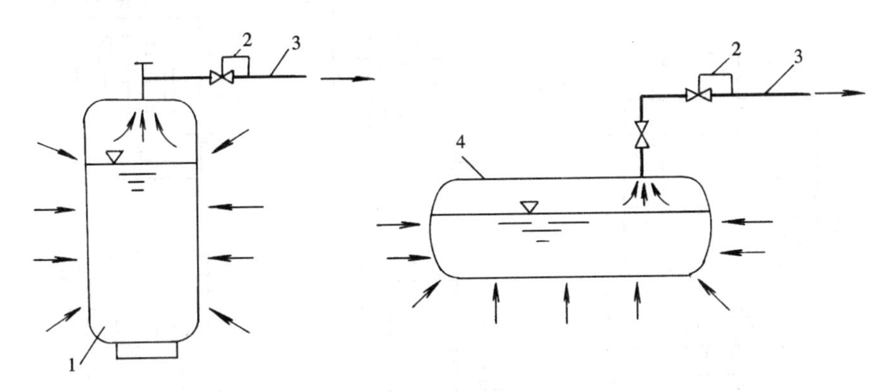

图 8-16　自然气化示意图

1—钢瓶；2—调压器；3—气相管道；4—储罐

当装有液化石油气的容器放置在某一环境中，且尚未从容器中导出气体时，容器中液体的温度与外界环境温度相同，容器内气相压力为该温度下液化石油气的饱和蒸气压。当从容器中导出气态液化石油气时，容器内气相压力下降，液态液化石油气为保持原有的平衡状态而不断气化：液态液化石油气首先吸收自身的显热而气化，液相温度随之降低，并与周围环境温度产生温差；该温差使周围环境与容器中的液态液化石油气沿容器壁的湿表面产生热传递（气相空间部分导热量相对较小），这部分热量使液态液化石油气的气化得以继续。

容器自然气化能力的大小受到液温、压力、液化石油气液量及组分的影响。对不同容积的容器，其最大气化能力应在不同工况及环境温度等条件下实验测定。在缺乏实测资料时，可借鉴已有的经验数据，根据实际使用情况加以修正。

自然气化过程的特点是：

（1）气化过程中有组分的变化。液化石油气多为两种或两种以上成分组成的混合物，在自然气化过程中，液相组分中低沸点的组分容易气化，将先行导出；在余下的液相组分中，高沸点组分所占比例越来越大。因此，在自然气化过程中，导出的气态液化石油气组分和容器中剩余的液态液化石油气组分都是变化的。

（2）具有一定的气化能力适应性。在自然气化过程中，容器中的液态液化石油气的气化能力，在一定范围内，可以随用气量的变化而变化。通过实验，可以看到：当导出的气态液化石油气量大时，自然气化过程加快；当导出的气体量减少或不再导出时，容器内的气化过程减慢或停止。

（3）自然气化过程中主要依靠传热获得气化潜热，因此容器中液化石油气的液温一般低于环境温度，气化出的气态液化石油气在环境温度下处于过热状态。加之自然气化过程一般气化量比较小、输送距离比较短。所以，自然气化方式不必考虑再液化问题。

（二）强制气化

强制气化是指人为地加热从容器中引出的液态液化石油气使其气化的方法。气化是在专门的气化装置（气化器）中进行的。加热液化石油气的热媒通常使用热水或蒸汽，也可采用电加热或火焰加热方式。图 8-17 所示为气化器结构示意图。

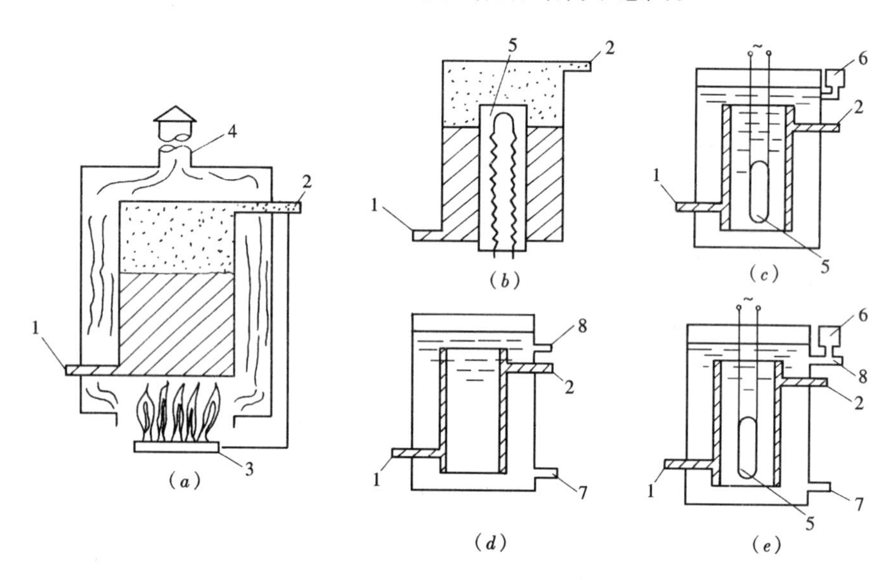

图 8-17 气化器结构示意图

(*a*) 直接火焰加热式；(*b*) 电加热式；(*c*) 电加热式（热水中间介质）；
(*d*) 热水加热式；(*e*) 电加热或热水加热两用式
1—液相入口；2—气相出口；3—燃烧器；4—烟道；5—电加热元件；
6—热水中间介质液位计；7—热水进口；8—热水出口

1. 强制气化过程的特点

（1）气化过程中没有组分的变化。由于气化过程采用液相导出强制气化，所以气化后的气态液化石油气组分与液态液化石油气组分相同。气化过程中，气态液化石油气组分及热值稳定。

（2）气化能力大。强制气化可以在较小的气化装置内产生大量的气态液化石油气，但需要消耗外界能源（如电、热能及液化石油气等）。

（3）有再液化问题。液化石油气气化后如果仍以气化时的压力输送，当输送距离较远时，气态液化石油气可能再液化。因此，一般要以过热状态输送或降低输送压力。

2. 强制气化的主要方式

（1）自压气化。图 8-18 所示为自压气化原理示意图。自压气化是利用储罐内液化石油气自身的压力，将液态液化石油气经液相管 4 送入气化器 2，使其在与储罐相同的压力下气化。气化后的气态液化石油气进入气相管 5，由调压器 3 调节到管道要求的压力，输送给用户使用。当用户用气量减少或停止用气时，气化出的气态液化石油气经气相旁通管 6，部分或全部流回储罐。

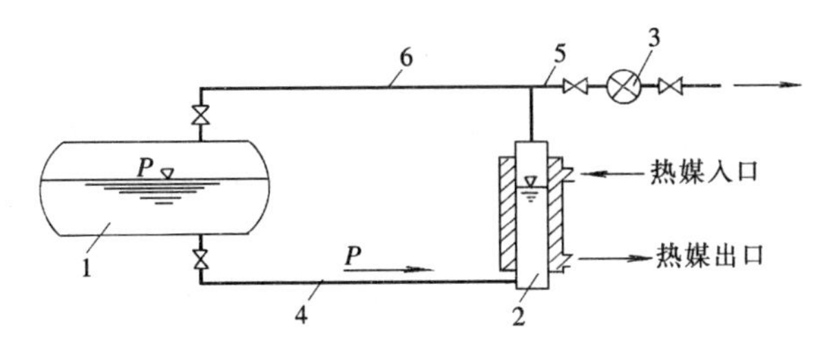

图 8-18　自压气化过程示意图

1—储罐；2—气化器；3—调压器；
4—液相管；5—气相管；6—气相旁通管

（2）加压气化。加压气化原理如图 8-19 所示，用泵将储罐中的液态液化石油气抽出，加压后送入气化器 2，气化后的气态液化石油气进入气相管 7，由调压器 3 调节到管道要求的压力，输送给用户使用。当用户用气量减少或停止用气时，气化器导出的气态液化石油气减少或不导出。气化器内气相空间的压力上升，将送入气化器的部分或全部液态液化石油气压回进口管 6 和 5，经旁通回流管 8 流回储罐。气化器内液面下降，液体与气化器壁的传热面积减小，气化速度减慢。加压气化装置的气化量可以随用气量的大小而改变。

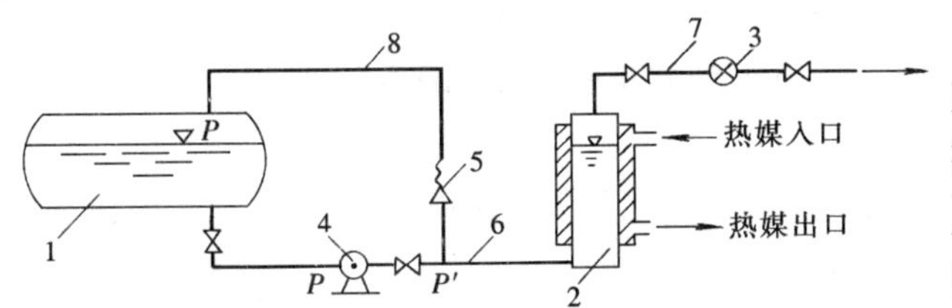

图 8-19　加压气化过程示意图

1—储罐；2—气化器；3—调压器；4—泵；5—过流阀；
6—液相管；7—气相管；8—旁通回流管

（3）减压气化。减压气化原理如图 8-20 所示，利用储罐内液化石油气自身的压力将液态液化石油气经减压阀 4 减压后，送入气化器进行气化。气化器内的液面高度随用气量的增减而升降，气化能量可以适应用气量的变化。当用户停止用气时，气化器内的压力达到控制压力时，液体经回流阀 5 流回储罐。

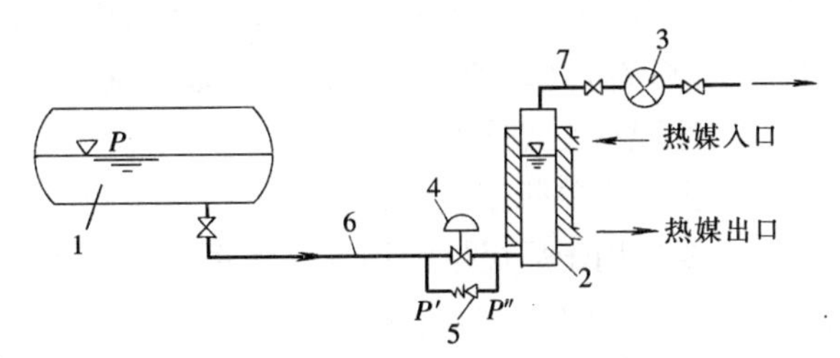

图 8-20　减压加热气化过程示意图

1—储罐；2—气化器；3—调压器；4—减压阀；
5—回流阀；6—液相管；7—气相管

二、液化石油气钢瓶供应

（一）液化石油气瓶装供应站

液化石油气瓶装供应站是城镇中专门用于向居民及商业用户供应液化石油气钢瓶的站点。按照供应站中液化石油气气瓶总容积 V 分为三级站点，如表 8-2 所示。

瓶装液化石油气供应站的分级 **表 8-2**

名称	气瓶总容积（m^3）
Ⅰ级站	$6<V\leqslant20$
Ⅱ级站	$1<V\leqslant6$
Ⅲ级站	$V\leqslant1$

其中，Ⅰ、Ⅱ级站宜采用敞开或半敞开式建筑，应设置实体围墙与其他建、构筑物隔开，并保持规范所规定的防火间距；Ⅲ级站可以设在建筑物外墙毗邻的单层专用房间，并符合安全要求。

供应站应邻近公路，以便于运瓶车辆出入方便；瓶装供应站一般设置在供应区域的中心，供应半径不宜超过 0.5～1.0km；服务用户以 5000～7000 户为宜，一般不超过 10000 户，总建筑面积一般为 160～200m^2。

液化石油气瓶装供应站一般由瓶库、营业室及修理间等构成。

1. 瓶库

瓶库用于存放液化石油气实瓶及回收的空瓶，分设实瓶区和空瓶区。瓶库四周应建有不燃烧的实体围墙，该围墙平台高度应与运瓶车辆的车厢高度相匹配。瓶库前须设有运瓶车的回车场地，以方便钢瓶的装卸。

在估算液化石油气供应站实瓶库存量时，一般按日销售量并加大 10％～20％作为钢瓶日周转量计算。

2. 营业室及修理间

营业室及修理间办理交费及钢瓶、燃具简单维修事宜。一般设置在大门附近，并应与钢瓶运输车的进出不发生矛盾，有条件时可分别设置不同出入口。

3. 其他生活及辅助用房

其他辅助用房应以方便使用并靠近营业维修区为宜。

（二）钢瓶用户

液化石油气钢瓶单瓶或瓶组供应因其投资少、使用灵活等特点，在居民及商业用户中得到广泛应用。通常，钢瓶及瓶组供应多采用自然气化方式。这类用户的小时用气量一般小于 0.5～0.7kg/h。商业用户宜采用瓶组供气，但钢瓶的个数不宜过多，否则会导致安全性差、管理不便等问题。

液化石油气单瓶使用设备一般由钢瓶、调压器（液化石油气减压阀）、燃具和连接管组成，主要适用于居民生活用气。使用时，打开钢瓶角阀，液化石油气借本身的压力（一般为 0.3～0.7MPa），经过调压器，压力降至 2.5～3.0kPa 进入燃具燃烧。

钢瓶及燃具等一般应放置在厨房或单独的房间内，房间室温不应超过 45℃；不得安装在卧室、地下室、半地下室或通风不良的场所。钢瓶放置地点应便于更换钢瓶和进行安全检查。一般将钢瓶置于室内，以保证液化石油气气化时所需要的热量和安全管理，减少残液量。为防止钢瓶过热、瓶内压力过高，钢瓶与燃具、采暖炉、散热器等应保证 1m 以上的水平距离。钢瓶与燃具之间应采用耐油、耐压胶管连接，胶管长度一般不大于 2m。

除单瓶供应外，部分用户还可采用双瓶供气。双瓶供应时，一般一个钢瓶工作，另一个为备用瓶。当工作瓶内的液化石油气用完后，备用瓶开始工作，空瓶则用实瓶替换。如果两个钢瓶间装有自动切换调压器，当工作瓶中的气用完后，调压器会自动切换至另一个钢瓶。

双瓶供应时，钢瓶与燃具不得布置在同一房间，有时可将钢瓶置于室外。当钢瓶置于室外时，应尽量使用以丙烷为主要成分的液化石油气，以减少气温对气化过程的影响，减少残液量。同时，钢瓶不得放置在建筑物的正面或运输频繁的通道内，并应设置金属箱、罩或专门的小室等钢瓶保护装置。金属箱距建筑物门、窗等处保证必要的距离。钢瓶与燃具之间一般使用金属管道连接。

瓶装液化石油气以自然气化方式供气时，用户用气高峰时间不宜过长，一般以连续、大量用气时间不超过 3h 为宜，这样才能充分利用液化石油气自然气化的优势。

连续、大量用气会导致容器壁面温度降低，影响液态液化石油气中气泡的产生及剥离，从而使气化能力下降；当周围环境温度低、湿度大时，还会使容器外壁结霜，进一步恶化通过容器壁的传热。所以，应根据用户的用气量大小选择适宜的钢瓶容量及个数。

三、液化石油气的管道供应

液化石油气的管道供应适用于居民住宅区、商业用户、小型工业企业用户。一般由气化站或混气站供气。气化站的主要任务是将液态液化石油气在进行自然气化或强制气化后，用管道将气态液化石油气送至用户使用，用户使用的燃具为液化石油气燃具。混气站是将气态液化石油气与空气按一定的比例混合成性质及热值接近天然气的混合气体后，经管道输送到用户，用户使用的燃具为天然气燃具。

气化站与混气站中，液化石油气的储存容量一般按计算月平均日的 2～3d 用气量确定。气化站与混气站一般设置在居民区用气负荷中心，站址选择及站内布置、与其他建筑物、构筑物间的距离等必须符合规范要求。

（一）液化石油气的自然气化管道供应

自然气化管道供应适用于用气量不大的系统，这种系统投资少、运行费用低。一般采用 50kg 钢瓶的瓶组或小型储罐供气。当输气距离较短、管道阻力较小时，气化站通常采用高低压调压器，管道供气压力为低压。当输气距离较长（超过 200m 时），采用低压供气不经济时，气化站可设置高中压调压器或自动切换调压器，中压供气，在用户处二次调压。设置高低压调压器的瓶组供应系统如图 8-21 所示。

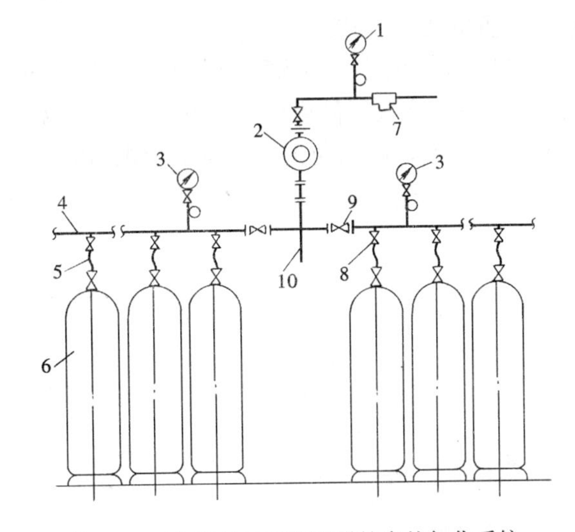

图 8-21　设置高低压调压器的自然气化系统

1—低压压力表；2—高低压调压器；3—高压压力表；4—集气管；5—高压软管；6—钢瓶；7—备用供应口；8—阀门；9—切换阀；10—泄液阀

瓶组供应的气化站适用于居民住宅楼（30～80 户为宜）、商业用户及小型工业用户。气化站通常设置两组钢瓶瓶组，由自动切换调压器控制瓶组的工作和待用。当工作的瓶组中钢瓶内液化石油气量减少、压力降低到最低供气压力时，调压器自动切换至

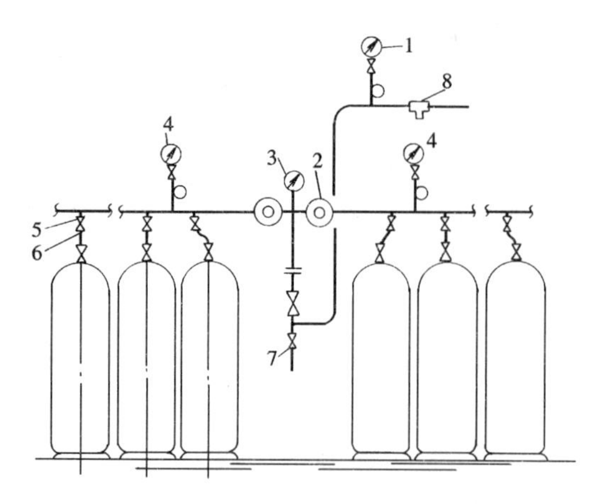

图 8-22　设置自动切换调压器的自然气化系统

1—中压压力表；2—自动切换调压器；3—压力指示计；4—高压压力表；5—阀门；6—高压软管；7—泄液阀；8—备用供应口

待用瓶组，系统如图 8-22 所示。

瓶组供应系统的钢瓶配置数量，应根据用户高峰用气时间内平均小时用气量、高峰用气持续时间和钢瓶单瓶的自然气化能力计算确定。备用瓶组的钢瓶数量应与使用瓶组的钢瓶数量相同。

瓶组供应系统的钢瓶总容量不超过 $1m^3$（相当于 8 个 50kg 钢瓶）时，可以将瓶组设置在建筑物附属的瓶组间或专用房间内，房间室温不应低于 0℃；当钢瓶总容量超过 $1m^3$ 时，应将瓶组设置在独立的瓶组间内。

（二）液化石油气的强制气化管道供应

液化石油气的强制气化管道供应方式的特点是：供气量与供应半径较大。但要注意气态液化石油气的输送温度不得低于其露点温度，以避免气态液化石油气在管道中的再液化。

液化石油气的强制气化站可以采用金属储罐或 50kg 钢瓶的瓶组。在强制气化系统中，储罐或钢瓶瓶组只起储存作用，液态液化石油气要在专门的气化器中进行气化。

强制气化的供气系统根据输送距离的大小可以选择中压供气或低压供气两种方式。与自然气化管道供应方式一样，当采用中压供气时，在用户处需要进行二次调压。

储罐的设计总容量可以计算月平均 3d 的用气量确定；当采用瓶组供应系统时，钢瓶的配置数量应按 1～2d 的计算月最大日用气量确定，其他要求与自然气化管道供应方式中对瓶组设置的要求一致。

对于城镇居民小区及商业用户，由于其用气量较大，所需储气总容积一般大于 $4.0m^3$。此时，多采用储罐供应系统。储罐可以设置在地上，也可以设置在地下。地上储罐操作管理方便，但当受到场地及安全距离的限制时，可以将储罐置于地下。

储罐强制气化的供气规模可达几千户，供应系统如图 8-23 所示。

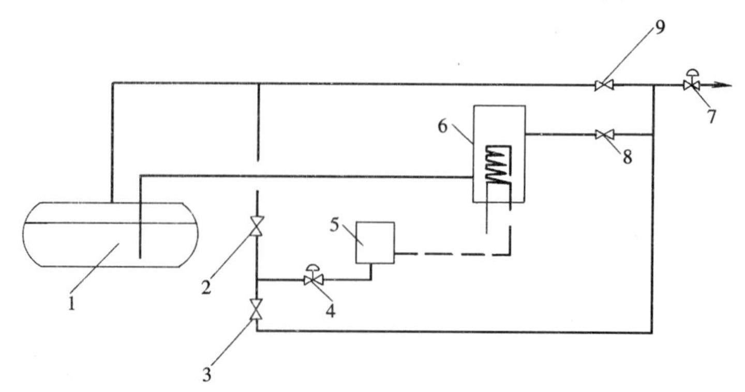

图 8-23　强制气化的储罐供应系统

1—储罐；2、3、8、9—阀门；4、7—调压器；5—热水器；6—气化器

（三）液化石油气混空气管道供应

液化石油气混空气作为中小城镇的气源，与人工煤气相比，具有投资少、运行成本低、建设周期短、供气规模弹性大的优点；与液化石油气自然气化和强制气化管道供应相比，由于混合气的露点比液化石油气低，即使在寒冷地区也可以保证常年供气。同时，这种系统还适于作为城镇天然气到来之前的过渡气源，在天然气到来之后，混气站仍可作为调峰或备用气源留用。如果混气站是作为过渡气源建设时，还应该考虑与规划气源的互换性；以保证在改用天然气后，燃气分配管道及附属设备、用户燃具等可以不需要更换而继续使用。

液化石油气混气站由液化石油气储罐、蒸发器、混合器、计量仪表与管道组成。

液化石油气与空气的混合比例应保证安全并满足燃气互换性的要求，混合气体中液化石油气的体积百分含量必须高于其爆炸上限的 2 倍，即当液化石油气的爆炸上限为 10% 时，混合气中液化石油气的含量不得低于 20%。

根据供气规模的大小，混气站可选择不同的混气方式和设备。国内液化石油气混空气供应站的供气规模已达 2～10 万户。液化石油气混空气供应方式主要有利用引射器的混气系统、利用比例调节的混气系统及流量主导控制混气系统三种。

1. 利用引射器的混气系统

利用引射器的混气系统包括液态液化石油气强制气化过程和气态液化石油气与空气的混合过程两部分。引射式混气供应系统如图 8-24 所示。

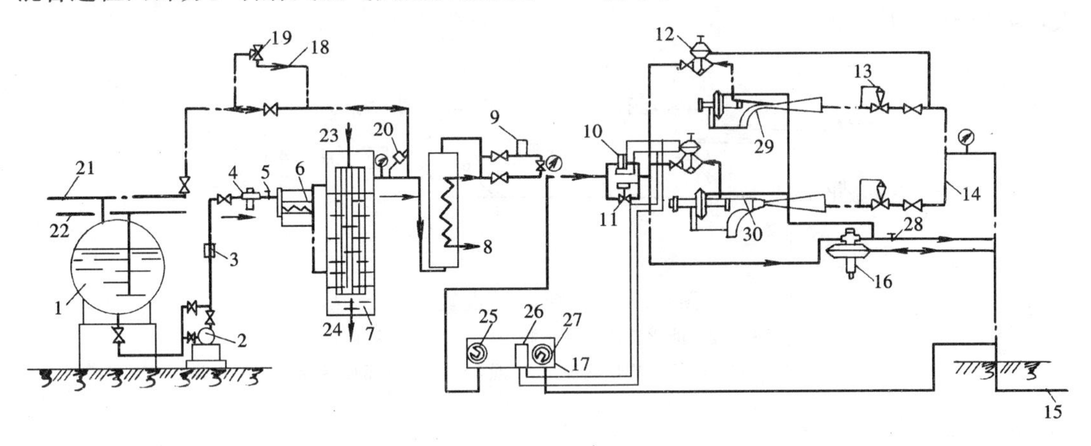

图 8-24 引射式混气供应系统

1—储罐；2—泵；3、22—液相管；4—过滤器；5—调节阀；6—浮球式液位调节器；7—气化器；8—过热器；9—调压器；10—孔板流量计；11—辅助调压器；12—切断阀；13—低压调压器；14—集气管；15—燃气分配管道；16—指挥器；17—仪表盘；18、21—气相管；19—泄流阀；20—安全阀；23—热媒入口；24—热媒出口；25—自记式温度计；26—自记式流量计；27—自记式压力计；28—调节阀；29—小流量引射器；30—大流量引射器

液态液化石油气从储罐 1 经泵 2、液相管 3 导入气化器 7 进行强制气化。从气化器中出来的气态液化石油气经过热器 8、调压器 9 进入引射器 29 或 30。自引射器喷嘴喷出的高速气流从周围大气中吸入空气，一起进入引射器混合管与扩散管，经充分混合后，混合气进入供气管网。

引射器的启闭根据负荷变化可采用自动或半自动方式进行。大小流量引射器各一台，可适应不同用气量的变化。当用气量为零时，混气装置不工作，阀12关闭；当有用气量时，集气管14中的压力降低，使阀12开启，小流量引射器29开始工作；当用气量继续增加，指挥器16开始工作，增加引射器喷嘴的流通面积，提高供气量；当小流量引射器29的生产能力达到最大时，孔板流量计10产生的压差使大流量引射器30开启。当用气量减少时，集气管14中的压力升高，引射器逐个停止工作。

混合气的质量由热值仪进行监测，也可用热值标识灯（本生灯）估测。

为调节混气装置的生产能力，可采用不同尺寸的多个引射器，每个引射器都装有薄膜传动的针形阀，以改变引射器的生产能力。根据用气量的变化，引射器可自动开启或停止运行。混气系统一般应通过低压储气罐（缓冲罐）与低压管道连接，以保证后续管道内燃气压力的稳定。

引射式混合系统的特点是设备简单、操作方便，能自动保持混合气的组分不变；由于靠气态液化石油气引射空气，所以在混气过程中不需要消耗外界能源。

2. 利用比例调节的混气系统

自动比例式混气系统原理如图8-25所示，将液态液化石油气强制气化，产生的气态液化石油气经调压、计量后与高压空气按一定的比例混合后送入供气管网，其混合比例由调节装置自动进行调节。

这种装置适用于气态液化石油气压力较低而要求混合气压力较高的情况。输气管道可选择高、中压系统。自动比例式混气系统的特点是混合气压力高，但设备复杂、耗电量大，适合于大型混气站。

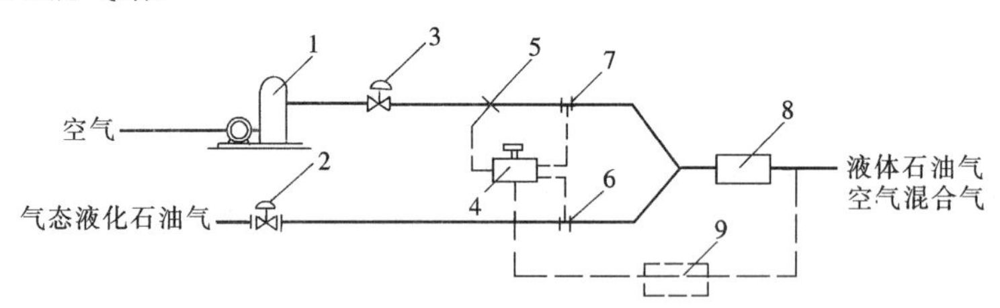

图8-25　自动比例式混气系统

1—空气压缩机；2—液化石油气调压器；3—空气调压器；4—调节装置；5—调节阀；6、7—流量孔板；8—混合器；9—辅助调节装置

3. 流量主导控制混气系统

流量主导控制混气系统原理如图8-26所示，将空气经过过滤器由压缩机送入混气室；液态液化石油气强制气化后，气态液化石油气通过调压、计量进入混气室。气态液化石油气与空气的流量、压力及温度数据通过流量传感器1，2、压力传感器4，5和温度传感器6，7传输到集中控制系统的可编程序控制器。然后将气态液化石油气的流量转换为标准流量，按设定的混气比，计算出空气的流量，由控制器发出指令，设定流量控制阀3的开启位置，控制空气流量。当用户用气量变化时，通过气动阀9，8将信号反馈至液化石油气系统，引

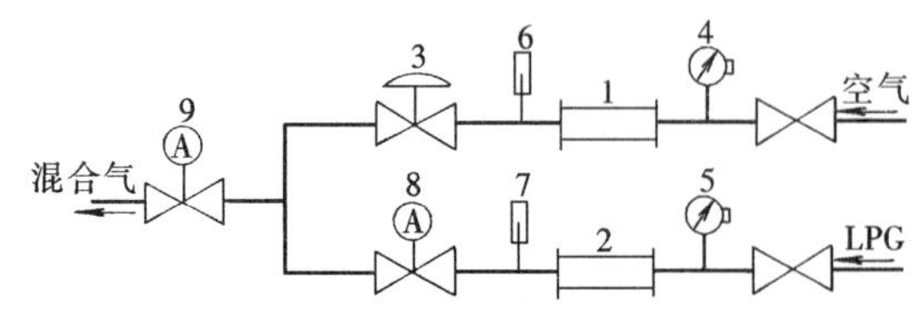

图8-26　流量主导控制混气系统

1、2—流量计；3—流量控制阀；4、5—压力传感器；6、7—温度传感器；8、9—气动阀

起液化石油气的流量、压力变化。可编程序控制器根据变化信号，调整空气流量。空气与气态液化石油气按比例进入混气室内充分混合后送入后续高、中压管道系统。

流量主导控制混气系统的工作原理就是根据气态液化石油气的流量，计算、控制空气的流量，以保证稳定的混气比例。系统的特点是结构简单，唯一的机械活动部分是流量控制阀；系统自动化程度高，避免了低流量时混气比例不准确、热值波动的现象；可编程序控制器能根据液化石油气的热值变化调整混气比例。

液化石油气混空气供应系统在我国中小城镇发展很快，供气规模及混气方式选择余地较大；设备国产化程度的逐步提高，降低了混气系统的投资，促进了这种技术的应用。

思 考 题

1. 液化石油气如何选择运输方式？液态液化石油气在管道内流动时，为什么要限制最大流速？

2. 液化石油气常用的装卸方式有哪几种？什么情况下适宜选择泵与压缩机联合工作？

3. 为什么要严格控制储罐及钢瓶的容积充满度？灌装钢瓶作业时怎样控制灌装量？

4. 液化石油气的自然气化和强制气化过程有什么区别？两种气化方式各有哪些特点？

5. 如何根据供气规模等因素选择液化石油气管道供应的方式？

第九章　燃气燃烧基本理论

燃烧计算是燃气燃烧应用的基础，它为工业及民用燃烧设备的设计提供可靠的依据。燃气燃烧计算通常包括三方面内容：确定燃气的热值；计算燃烧所需的空气量及产生的烟气量；确定燃烧温度。有时为了了解燃烧设备的实时运行工况，还需要根据仪器测得的烟气成分进行过剩空气系数的计算。

第一节　燃气的燃烧计算

一、燃烧及燃烧反应计量方程式

对于气体燃料来说，燃烧是指气体中的可燃成分（C_mH_n、H_2、CO 等）在一定条件下与氧发生激烈的氧化作用，并产生大量的热和光的物理化学反应过程。

燃烧反应计量方程式是进行燃烧计算的依据。它可以表示出燃烧前后，燃气中的各可燃物质与其燃烧产物之间的量值比例关系。

任何一种形式的碳氢化合物 C_mH_n 的燃烧反应方程式都可以用以下通式表示：

$$C_mH_n + \left(m + \frac{n}{4}\right)O_2 = mCO_2 + \frac{n}{2}H_2O + \Delta H \tag{9-1}$$

式中　ΔH——1molC_mH_n完全燃烧后所放出的热量。

二、燃气热值的确定

1m^3燃气完全燃烧后，其烟气被冷却至初始温度所放出的热量称为该燃气的热值，单位为 kJ/m^3。对于液化石油气，热值单位也可以用 kJ/kg。

由于碳氢化合物 C_mH_n 中含 H，所以燃气燃烧后有 H_2O 产生。水的气化潜热很大（100℃的气化潜热为 2257kJ/kg；20℃的气化潜热为 2454kJ/kg），这就意味着水蒸气冷凝时会释放出大量的热。根据燃烧烟气中 H_2O 的排出状态不同，燃气的热值可以分为高热值和低热值：当 H_2O 以气体状态排出时，燃烧所放出的热量称之为低热值；当 H_2O 以凝结水状态排出时，蒸汽中所含的潜热得以释放，此种状态下所放出的热量称之为高热值。显然，燃气的高热值在数值上大于其低热值，差值为水蒸气的气化潜热。

某些单一可燃气体的热值如表 9-1 所示。

某些单一可燃气体的热值（kJ/m^3，标准状况）　　表 9-1

热值＼气体	H_2	CO	CH_4	C_3H_8	C_4H_{10}	C_3H_6	$n-C_4H_{10}$[1]	$i-C_4H_{10}$
低热值	10794	12644	35906	87667	93244	117695	123649	122857
高热值	12753	12644	39842	93671	101270	125847	133885	133048

[1] 正丁烷 $n-C_4H_{10}$和异丁烷 $i-C_4H_{10}$是同分异构体，它们的分子结构不同，性质不同，是两种不同物质。“正”表示无支链，“异”表示一端的第二个碳原子上有两个甲基，其余为直链。

实际使用的燃气通常是含有多种可燃组分的混合气体。混合气体的热值可以直接由实验的方法测定，也可以用各单一气体的热值根据混合法则按下式进行计算：

$$H = H_1 r_1 + H_2 r_2 + \cdots\cdots + H_n r_n \tag{9-2}$$

式中 H——燃气（混合气体）的高热值或低热值，kJ/m³；

H_1、H_2、……H_n——燃气中各可燃组分的高热值或低热值，kJ/m³；

r_1、r_2、……r_n——燃气中各可燃组分的体积百分含量，%。

一般情况下，焦炉煤气的低热值大约为 16000～17000kJ/m³，天然气大约为 36000～46000kJ/m³，气态液化石油气大约为 88000～120000kJ/m³。

在燃烧设备中，烟气中的水蒸气通常是以气体状态排出的，因此实际工程中可以利用的是燃气的低热值。为了充分利用烟气中大量存在的水蒸气所具有的潜热并降低排烟显热损失，更先进的燃烧换热设备可以装配烟气的冷凝热回收装置，把烟气冷却至其露点温度以下排放，这时燃烧设备利用的是燃气的高热值。

三、燃烧所需空气量

燃气燃烧所需的氧气一般是从空气中直接获得的。若不考虑空气中含有的少量的二氧化碳和其他稀有气体，干空气的容积成分可按含氧气 21%、氮气 79%计算。在燃气的燃烧过程中要供给适量的空气，过多或过少都会对燃烧产生不利影响。

（一）理论空气需要量

理论空气需要量是指按燃烧反应计量方程式，1m³（或 kg）燃气完全燃烧所需要的空气量，是实现燃气完全燃烧所需要的最小空气量，单位为 m³/m³ 干燃气[1]或 m³/kg。

干空气中 N_2 与 O_2 的容积比为：

$$\frac{r_{N_2}}{r_{O_2}} = \frac{79}{21} = 3.76 \tag{9-3}$$

因此，碳氢化合物 C_mH_n 在空气中燃烧的反应通式可写为：

$$C_mH_n + \left(m+\frac{n}{4}\right)O_2 + 3.76\left(m+\frac{n}{4}\right)N_2 = m\,CO_2 + 3.76\times\left(m+\frac{n}{4}\right)N_2 + \frac{n}{2}H_2O \tag{9-4}$$

已知 C_mH_n 的分子式，就可以求得其完全燃烧所需的理论空气量。

当燃气组分已知时，根据各组分的反应方程式，可按以下通式计算燃气燃烧所需的理论空气量：

$$V_0 = \frac{1}{0.21}\left[0.5H_2 + 0.5CO + \sum\left(m+\frac{n}{4}\right)C_mH_n + 1.5H_2S - O_2\right] \tag{9-5}$$

式中 V_0——理论空气需要量，m³/m³ 干燃气；

H_2、CO、C_mH_n、H_2S——1m³ 燃气中各种可燃组分的体积百分含量，%；

O_2——1m³ 燃气中所含氧气的体积百分含量，%。

---

[1] 工程应用中有湿燃气与干燃气之分。由于天然气中含有一定水蒸气成分，所谓 1m³ 湿燃气是指燃气的总体积为 1m³，其中包含水蒸气所占体积（实际的燃气成分小于 1m³）。1m³ 干燃气则是指燃气成分的体积是 1m³，而与其共存的还有若干水蒸气，因此 1m³ 干燃气的实际体积是大于 1m³ 的。由于以干燃气为计量基准不会受到燃气含湿量变化的影响，因此 1m³ 干燃气的概念被广泛应用。本书亦然，1m³ 干燃气暗含了另含相应含湿量的意义，如非特殊说明，均简称 1m³ 燃气。

一般情况下，燃气的热值越高，燃烧所需的理论空气量就越多，还可以用以下近似公式进行估算。

对于天然气和液化石油气：$$V_0=\frac{0.268H_l}{1000} \tag{9-6}$$

对于人工煤气：$H_l<10500\mathrm{kJ/m^3}$时，$$V_0=\frac{0.209H_l}{1000} \tag{9-7}$$

$H_l>10500\mathrm{kJ/m^3}$时，$$V_0=\frac{0.26H_l}{1000}-0.25 \tag{9-8}$$

（二）实际空气供给量

由于燃气与空气的混合很难达到完全均匀，如果在实际燃烧装置中只供给理论空气量，则很难保证在有限的时间、空间内燃气与空气的充分接触，因而不能实现完全燃烧。因此实际供给的空气量一般应大于理论空气需要量，即要供应一部分过剩空气。过剩空气的存在增加了燃气分子与空气分子接触的机会，也增加了其相互作用的机会，从而促使燃气燃烧完全。

实际供给的空气量 V 与理论空气需要量 V_0 之比称为过剩空气系数 α，即：

$$\alpha=\frac{V}{V_0} \tag{9-9}$$

在燃烧过程中，正确选择和控制 α 值的大小是十分重要的，α 过小或过大都会导致不良后果：α 过小会导致不完全燃烧，造成能源的浪费和对环境的污染；α 过大则使烟气体积增大，炉膛温度与烟气温度降低，导致换热设备换热效率的降低与排烟热损失的增大，同样造成能源的浪费。因此，先进的燃烧设备一般在保证完全燃烧的前提下，尽量使 α 值趋近于 1，而随时掌握燃烧设备的 α 值又是监测其运行工况的重要手段。

实际中，α 的取值决定于所采用的燃烧方法及燃烧设备的运行状况。在工业用气设备中，α 一般控制在 1.05～1.20；在民用燃具中 α 一般控制在 1.3～1.8。

四、燃烧产物的计算

燃气燃烧后的产物就是烟气。当只供给理论空气量时，燃气完全燃烧后产生的烟气量称为理论烟气量。理论烟气的组分包括 CO_2、H_2O 和 N_2。燃气中如果还含有一定的硫分，则在它们的燃烧产物中还含有 SO_2。进行气体分析时，CO_2 和 SO_2 的含量经常合在一起，而产生 CO_2 和 SO_2 的化学反应式也有许多相似之处，因此通常将 CO_2 和 SO_2 合称为三原子气体，用符号 RO_2 表示。当有过剩空气时，烟气中除上述组分外还含有过剩空气，这时的烟气量称为实际烟气量。如果燃烧不完全，则除上述组分外，烟气中还将出现 CO、CH_4、H_2 等可燃组分。

根据燃烧反应方程式可以计算出燃气中各可燃组分单独燃烧后产生的理论烟气量，求和即可得到该燃气的理论烟气量。

（一）理论烟气量（$\alpha=1$ 时）

1. 三原子气体体积

$$V_{RO_2}=V_{CO_2}+V_{SO_2}=CO_2+CO+\Sigma mC_mH_n+H_2S \tag{9-10}$$

式中 V_{RO_2}——三原子气体体积，$\mathrm{m^3/m^3}$ 干燃气；

V_{CO_2}、V_{SO_2}——CO_2 和 SO_2 的体积，$\mathrm{m^3/m^3}$ 干燃气。

2. 水蒸气体积

$$V_{H_2O}^0 = H_2 + H_2S + \Sigma \frac{n}{2} C_m H_n + 1.20 (d_g + V_0 d_a) \tag{9-11}$$

式中 $V_{H_2O}^0$——理论烟气中水蒸气的体积，m^3/m^3干燃气；

1.20——水蒸气的比容，m^3/kg；

d_g、d_a——燃气、空气的含湿量，kg/m^3干燃气。

3. 氮气体积

$$V_{N_2}^0 = 0.79V_0 + N_2 \tag{9-12}$$

式中 $V_{N_2}^0$——理论烟气中氮气的体积，m^3/m^3干燃气；

N_2——燃气中所含氮气的体积，m^3/m^3干燃气。

4. 理论烟气总体积

$$V_f^0 = V_{RO_2} + V_{H_2O}^0 + V_{N_2}^0 \tag{9-13}$$

式中 V_f^0——理论烟气量，m^3/m^3。

不同种类燃气的理论烟气量也可按以下近似公式进行估算：

(1) 天然气、石油伴生气、液化石油气：$V_f^0 = \frac{0.239H_l}{1000} + a$ (9-14)

式中 a——修正系数，对于天然气 $a=2$；石油伴生气 $a=2.2$；液化石油气 $a=4.5$。

(2) 焦炉煤气：$V_f^0 = \frac{0.272H_l}{1000} + 0.25$ (9-15)

(3) 低热值小于 12600kJ/m^3的人工煤气：$V_f^0 = \frac{0.173H_l}{1000} + 1.0$ (9-16)

(二) 实际烟气量（$\alpha>1$ 时）

如果忽略过剩空气带入的 H_2O，则实际烟气量即理论烟气量与过剩空气量之和。

$$V_f = V_f^0 + (\alpha - 1)V_0 \tag{9-17}$$

(三) 烟气的密度

标准状况下，烟气的密度可按下式计算：

$$\rho_f^0 = \frac{\rho_g + 1.293\alpha V_0 + (d_g + \alpha V_0 d_a)}{V_f} \tag{9-18}$$

式中 ρ_f^0——标准状态下烟气的密度[1]，kg/m^3；

ρ_g——燃气的密度，kg/m^3。

五、运行中过剩空气系数的计算

过剩空气系数的大小是衡量燃烧设备性能及工作状况的重要指标。然而，实际运行过程中，燃烧设备的过剩空气系数往往与设计值并不时时相符。因此，常常需要通过对烟气成分的分析计算来确定运行状态的过剩空气系数值，并及时对燃烧设备的运行工况做出调整，以达到高效节能的要求。过剩空气系数的计算，通常需要借助于分析仪器测得烟气中的氧气及三原子气体的含量。

如前所述，过剩空气系数是实际空气量和理论空气量之比，即：

---

[1] 实际烟气的密度与烟气的温度有关。

$$\alpha = \frac{V}{V_0} = \frac{V}{V - \Delta V} = \frac{1}{1 - \frac{\Delta V}{V}} \tag{9-19}$$

式中　ΔV——过剩空气量，m^3/m^3干燃气。

完全燃烧时，过剩 O_2 含量 V_{O_2} 可以由烟气中自由氧的体积百分含量 O'_2 确定，即：

$$V_{O_2} = O'_2 \cdot V_f \tag{9-20}$$

而空气中 O_2 的体积含量是 21%，所以过剩空气量为：

$$\Delta V = \frac{V_{O_2}}{0.21} \tag{9-21}$$

将式（9-20）代入式（9-21）中，得：

$$\Delta V = \frac{O'_2}{0.21} V_f \tag{9-22}$$

同时，燃烧所用的实际空气量 V 可以通过烟气中由空气带入的 N_2 体积 $V_{N_{2,a}}$ 来确定：

$$V_{N_{2,a}} = N'_{2,a} \cdot V_f \tag{9-23}$$

式中　$N'_{2,a}$——烟气中由空气带入的 N_2 的体积百分含量，%。

而空气中 N_2 的体积含量是 79%，所以实际空气量为：

$$V = \frac{V_{N_2,a}}{0.79} = \frac{N'_{2,a}}{0.79} V_f \tag{9-24}$$

将式（9-23）和式（9-24）代入式（9-20）中得：

$$\alpha = \frac{1}{1 - \frac{\frac{O'_2}{0.21} V_f}{\frac{N'_{2,a}}{0.79} V_f}} = \frac{1}{1 - \frac{79}{21} \frac{O'_2}{N'_{2,a}}} \tag{9-25}$$

或

$$\alpha = \frac{21}{21 - 79 \frac{O'_2}{N'_{2,a}}} \tag{9-26}$$

式(9-26)中

$$N'_{2,a} = N'_2 - N'_{2,g} \tag{9-27}$$

式中　N'_2——烟气中 N_2 的总体积百分含量，%；

$N'_{2,g}$——烟气中由燃气带入的 N_2 的体积百分含量，%。

而

$$r'_{N_{2,g}} = \frac{V_{N_{2,g}}}{V_f} = \frac{N_2}{\frac{V_{RO_2}}{RO'_2}} = \frac{N_2 \cdot RO'_2}{V_{RO_2}} \tag{9-28}$$

式中　$V_{N_{2,g}}$——烟气中由燃气带入的 N_2 的体积，m^3/m^3干燃气；

N_2——燃气中所含氮气的体积，m^3/m^3干燃气。

所以

$$N'_{2,a} = N'_2 - N'_{2,g} = N'_2 - \frac{N_2 \cdot RO'_2}{V_{RO_2}} \tag{9-29}$$

将式（9-29）代入式（9-26）中，就得到完全燃烧时过剩空气系数的计算公式：

$$\alpha = \frac{21}{21 - 79 \frac{O'_2}{N'_2 - \frac{N_2 \cdot RO'_2}{V_{RO_2}}}} = \frac{21}{21 - 79 \frac{O'_2}{N'_2 - \frac{N_2 \cdot RO'_2}{CO_2 + CO + \Sigma m C_m H_n + H_2S}}} \tag{9-30}$$

当燃气中 N_2 含量很少时，可认为 $N'_{2,g}\approx 0$，则

$$N'_{2,a}=N'_2 \tag{9-31}$$

而完全燃烧时烟气中

$$RO'_2+O'_2+N'_2=1 \tag{9-32}$$

所以

$$N'_{2,a}=N'_2=1-(RO'_2+O'_2) \tag{9-33}$$

将上式（9-33）代入式（9-26）得：

$$\alpha=\frac{21}{21-79\dfrac{O'_2}{1-(RQ'_2+O'_2)}} \tag{9-34}$$

式中的 RO'_2 和 O'_2 均由烟气分析而得。

在燃烧设备运行期间，只要用气体分析仪测出烟气中的氧气含量 O'_2 和三原子气体含量 RO'_2，就可以计算出过剩空气系数，从而了解到炉内的燃烧工况。

六、燃烧温度及烟气焓温图

（一）燃气燃烧温度

燃气燃烧时所放出的热量加热燃烧产物（烟气），使之能达到的温度称为燃气的燃烧温度。它由燃烧过程的热量平衡来确定。

一定比例的燃气和空气进入炉内燃烧，它们带入的热量包括两部分：由燃气和空气带入的物理热（燃气和空气的热焓 I_g 和 I_a）；燃气的化学热（热值 H_l）。而热平衡的支出项包括：烟气带走的物理热（烟气的焓 I_f）；向周围介质散失的热量 Q_2；由于不完全燃烧而损失的热量 Q_3；烟气中的 CO_2 和 H_2O 在高温下分解所消耗的热量 Q_4。由此可列出燃烧过程的热平衡方程：

$$H_l+I_g+I_a=I_f+Q_2+Q_3+Q_4 \tag{9-35}$$

式中 H_l——燃气的低热值，kJ/m^3；

I_g——燃气的物理热，kJ/m^3；

I_a——$1m^3$ 燃气完全燃烧时由空气带入的物理热，kJ/m^3；

I_f——$1m^3$ 燃气完全燃烧后所产生的烟气的焓，kJ/m^3。

其中：

$$I_g=(c_g+1.20c_{H_2O}d_g)\ t_g \tag{9-36}$$

$$I_a=\alpha V_0\ (c_a+1.2c_{H_2O}d_a)\ t_a \tag{9-37}$$

$$I_f=(V_{RO_2}c_{RO_2}+V_{H_2O}c_{H_2O}+V_{N_2}c_{N_2}+V_{O_2}c_{O_2})\ t_f \tag{9-38}$$

式中 c_g、c_{H_2O}、c_a、c_{RO_2}、c_{N_2}、c_{O_2}——分别为燃气、水、空气、三原子气体、氮和氧在 $0\sim t_f$℃的平均定压容积比热，$kJ/(m^3\cdot K)$；

t_g、t_a、t_f——燃气、空气、烟气的温度，℃；

V_{RO_2}、V_{H_2O}、V_{N_2}、V_{O_2}——$1m^3$ 燃气完全燃烧后所产生的三原子气体、水蒸气、氮、氧的体积，m^3/m^3。

由此可以得到烟气温度：

$$t_f=\frac{H_l+(c_g+1.2c_{H_2O}d_g)t_g+\alpha V_0\ (c_a+1.2c_{H_2O}d_a)t_a-Q_2-Q_3-Q_4}{V_{RO_2}c_{RO_2}+V_{H_2O}c_{H_2O}+V_{N_2}c_{N_2}+V_{O_2}c_{O_2}} \tag{9-39}$$

以上 t_f 即为燃气的实际燃烧温度 t_{act}。可见其影响因素很多，很难精确地计算。

为了比较燃气在不同条件下的热力特性，假设出多种简化了的热平衡条件，从而得到

不同定义的燃烧温度。

1. 热量计温度 t_c

假设燃烧过程在绝热条件下（$Q_2=0$）进行，且完全燃烧（$Q_3=0$），忽略烟气成分的高温分解（$Q_4=0$），由燃气和空气带入的全部热量完全用于加热烟气本身，这时烟气所能达到的温度称为热量计温度 t_c，即：

$$t_c=\frac{H_l+(c_g+1.2c_{H_2O}d_g)t_g+\alpha V_0(c_a+1.2c_{H_2O}d_a)t_a}{V_{RO_2}c_{RO_2}+V_{H_2O}c_{H_2O}+V_{N_2}c_{N_2}+V_{O_2}c_{O_2}} \tag{9-40}$$

2. 燃烧热量温度 t_{ther}

在上述假设条件下，若不计燃气和空气带入的物理热（$I_g=I_a=0$），并且假设 $\alpha=1$，得到的烟气温度称为燃烧热量温度 t_{ther}，即：

$$t_{ther}=\frac{H_l}{V_{RO_2}c_{RO_2}+V^0_{H_2O}c_{H_2O}+V^0_{N_2}c_{N_2}} \tag{9-41}$$

可见，t_{ther}只与燃气组成有关，即只取决于燃气性质，所以它是燃气的热工特性之一，是从燃烧温度的角度评价燃气性质的一个指标。

3. 理论燃烧温度 t_{th}

在绝热且完全燃烧的条件下，所得到的烟气温度称为理论燃烧温度 t_{th}，即：

$$t_{th}=\frac{H_l+(c_g+1.2c_{H_2O}d_g)t_g+\alpha V_0(c_a+1.2c_{H_2O}d_a)t_a-Q_4}{V_{RO_2}c_{RO_2}+V_{H_2O}c_{H_2O}+V_{N_2}c_{N_2}+V_{O_2}c_{O_2}} \tag{9-42}$$

t_{th}是燃气燃烧过程控制的一个重要指标，它表明某种燃气在一定条件下燃烧，其烟气所能达到的最高温度。

4. 实际燃烧温度 t_{act}

实际燃烧温度与理论燃烧温度的差值随工艺过程和炉窑结构的不同而不同，很难精确地计算出来。人们根据长期的实践经验，得出了实际燃烧温度的经验公式：

$$t_{act}=\mu\cdot t_{th} \tag{9-43}$$

式中　μ——高温系数。对于一般燃气工业炉窑可取 $\mu=0.65\sim0.85$；无焰燃烧器的火道可取 $\mu=0.9$。

（二）烟气的焓温图

在进行工业炉和锅炉热力计算时，需要知道烟气在不同温度下的焓。烟气和空气的焓，是指 $1m^3$燃气燃烧所生成的烟气及所需的理论空气量在等压条件下从 0℃加热到烟气温度 t_f℃时所需要的热量，单位为 kJ/m^3。

$1m^3$燃气燃烧后所生成的烟气在不同温度下的焓等于理论烟气的焓与过剩空气的焓之和，即：

$$I_f=I^0_f+(\alpha-1)I^0_a \tag{9-44}$$

式中　I_f——烟气的焓，kJ/m^3；

I^0_f——理论烟气的焓，kJ/m^3；

I^0_a——理论空气的焓，kJ/m^3。

其中：

$$I^0_f=(V_{RO_2}c_{RO_2}+V_{H_2O}c_{H_2O}+V^0_{N_2}c_{N_2})t_f \tag{9-45}$$

$$I_a^0 = V_0 (c_a + 1.2 c_{H_2O} d_a) t_a \tag{9-46}$$

由于燃烧设备中各部分的过剩空气系数 α 不完全一样（越接近排烟口，α 值越大），烟气的焓也需要分别计算。在热力计算中，一般根据式（9-44）先编制出烟气焓温表，再绘出焓温图，如图 9-1 所示。利用烟气的焓温图，可以方便地查得在不同 α 时，不同温度下烟气的焓 I_f；反之，在一定温度下，若已知烟气的焓值，也可确定此时的 α 值。

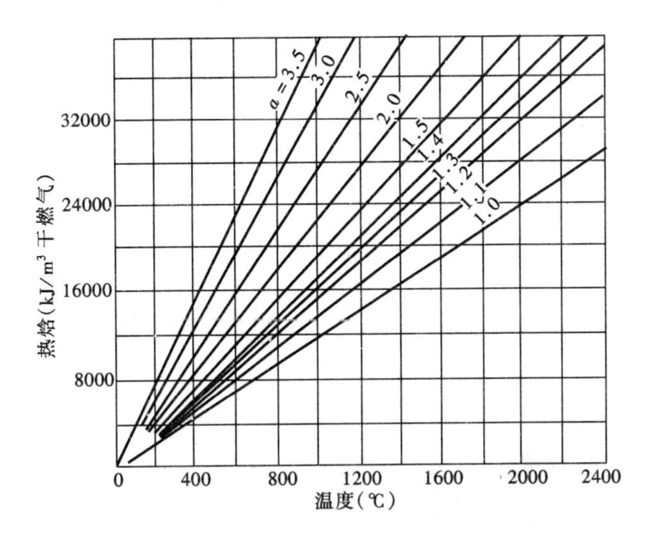

图 9-1 燃烧产物的焓温图

【例 9-1】 已知天然气的容积成分如下：CH_4，92.1%；C_2H_6，3%；C_3H_8，1.5%；$i-C_4H_{10}$，0.05%；$n-C_4H_{10}$，0.05%；CO_2，2%；N_2，1%；O_2，0.3%。天然气与空气的温度 $t_g = t_a = 20$℃；空气的含湿量 $d_a = 10\text{g/m}^3$，天然气的含湿量不计。

试求：

（1）天然气的高热值及低热值；

（2）燃烧所需理论空气量；

（3）完全燃烧时的烟气量（$\alpha=1$ 和 $\alpha=1.2$ 时）；

（4）热量计温度（$\alpha=1$ 和 $\alpha=1.2$ 时）。

解：查附录得各组分参数如下：

项目 组分	含量（%）	高热值（kJ/m³）	低热值（kJ/m³）	密度（kJ/m³）	理论空气量（m³/m³）	理论烟气量（m³/m³）
CH_4	92.10	39842	35906	0.72	9.52	10.52
C_2H_6	3.00	70351	64397	1.36	16.66	18.16
C_3H_8	1.50	101270	93244	2.01	23.80	25.80
$i-C_4H_{10}$	0.05	133048	122857	2.69	30.94	34.44
$n-C_4H_{10}$	0.05	133885	123649	2.70	30.94	34.44
CO_2	2.00	0	0	1.98	0.00	1.00
N_2	1.00	0	0	1.25	0.00	1.00
O_2	0.30	0	0	1.43	0.00	1.00

（1）求天然气的高热值和低热值

根据混合法则，按式（9-2）求得：

$$H_h = H_{h_1} r_1 + H_{h_2} r_2 + \cdots\cdots + H_{h_n} r_n$$

$$= 39842 \times 0.921 + 70351 \times 0.03 + 101270 \times 0.015 + 133048 \times 0.0005 + 133885 \times 0.0005$$

$$= 40458 \text{kJ/m}^3$$

$$H_l = H_{l_1} r_1 + H_{l_2} r_2 + \cdots\cdots + H_{l_n} r_n$$

$$= 35906 \times 0.921 + 64397 \times 0.03 + 93244 \times 0.015 + 122857 \times 0.0005 + 123649 \times 0.0005$$

$$= 36523 \text{kJ/m}^3$$

（2）求理论空气需要量

由所含组分计算，按式（9-5）求得：

$$V_0 = \frac{1}{21\%}\left[0.5H_2 + 0.5CO + \Sigma\left(m + \frac{n}{4}\right)C_m H_n + 1.5H_2S - O_2\right]$$

$$= \frac{1}{21\%} \times \left[\left(1 + \frac{4}{4}\right) \times 92.1\% + \left(2 + \frac{6}{4}\right) \times 3\% + \left(3 + \frac{8}{4}\right) \times 1.5\% + \left(4 + \frac{10}{4}\right) \times 0.1\% - 0.3\%\right]$$

$$= 9.65 \text{m}^3/\text{m}^3 \text{ 干燃气}$$

如果按照式（9-6）进行估算，则：

$$V_0 = \frac{0.268 H_l}{1000} = \frac{0.268 \times 36523}{1000} = 9.79 \text{m}^3/\text{m}^3 \text{ 干燃气}$$

相对误差为：$\frac{9.79-9.65}{9.65} \times 100\% \approx 1.4\%$

（3）求完全燃烧时的烟气量

1）理论烟气量（$\alpha=1$ 时）

三原子气体体积按式（9-10）求得：

$$V_{RO_2} = V_{CO_2} + V_{SO_2} = CO_2 + CO + \Sigma m C_m H_n + H_2S$$

$$= 2\% + 1 \times 92.1\% + 2 \times 3\% + 3 \times 1.5\% + 4 \times 0.1\% = 1.05 \text{m}^3/\text{m}^3 \text{ 干燃气}$$

水蒸气体积，按式（9-11）求得：

$$V_{H_2O}^0 = H_2 + H_2S + \Sigma \frac{n}{2} C_m H_n + 1.2(d_g + V_0 d_a)$$

$$= \frac{4}{2} \times 92.1\% + \frac{6}{2} \times 3\% + \frac{8}{2} \times 1.5\% + \frac{10}{2} \times 0.1\% + 1.2 \times (0 + 9.65 \times 0.01)$$

$$= 2.11 \text{m}^3/\text{m}^3 \text{ 干燃气}$$

氮气体积，按式（9-12）求得：

$$V_{N_2}^0 = 0.79 V_0 + N_2 = 0.79 \times 9.65 + 0.01 = 7.63 \text{m}^3/\text{m}^3 \text{干燃气}$$

理论烟气总体积，按式（9-13）求得：

$$V_f^0 = V_{RO_2} + V_{H_2O}^0 + V_{N_2}^0 = 1.05 + 2.11 + 7.63 = 10.79 \text{m}^3/\text{m}^3 \text{干燃气}$$

如果按照式（9-14）进行估算，则：

$$V_f^0 = \frac{0.239 H_l}{1000} + a = \frac{0.239 \times 36523}{1000} + 2 = 10.73 \text{m}^3/\text{m}^3 \text{干燃气}$$

相对误差为：$\frac{10.79-10.73}{10.79}\times100\%\approx0.6\%$

2）实际烟气量（$\alpha=1.2$ 时），

按式（9-17）求得：

$$V_f=V_f^0+(\alpha-1)V_0=10.77+(1.2-1)\times9.65=12.70\mathrm{m^3/m^3}\text{ 干燃气}$$

（4）求热量计温度

查附录1得20℃温度下各气体的定压容积比热如下表所示：

20℃时部分气体定压容积比热 [kJ/(m³·K)]

气体类别	CH_4	C_2H_6	C_3H_8	C_4H_{10}	CO_2	N_2	O_2
数值	1.560	2.291	3.040	3.815	1.619	1.299	1.308

燃气的平均定压容积比热按混合法则计算：

$$c_g=\sum c_i r_i=1.56\times0.921+2.291\times0.03+3.04\times0.015+3.815\times0.001+1.619\times0.02$$
$$+1.299\times0.01+1.308\times0.003=1.605\mathrm{kJ/(m^3\cdot K)}$$

由于平均比热随温度的不同而变化，因此热量计温度必须经过试算才能确定。

1）当 $\alpha=1.0$ 时假设热量计温度为2000℃，查附录1，得该温度下各气体的定压容积比热如下表所示：

2000℃时部分气体定压容积比热 [kJ/(m³·K)]

气体类别	CO_2	H_2O	N_2	O_2
数值	2.424	1.934	1.482	1.541

根据式(9-40)，

$$t_c=\frac{H_l+(c_g+1.2c_{H_2O}d_g)t_g+\alpha V_0(c_a+1.2c_{H_2O}d_a)t_a}{V_{RO_2}c_{RO_2}+V_{H_2O}c_{H_2O}+V_{N_2}c_{N_2}}$$

$$=\frac{36523+(1.605+0)\times20+10.77\times(1.303+1.20\times1.485\times0.01)\times20}{1.03\times2.424+2.11\times1.934+7.63\times1.482}$$

$$=2060℃$$

此计算值与假设温度相比较，相对误差值为：

$\frac{2060-2000}{2000}\times100\%=3\%$，可以认为是合适的。

若设热量计温度为2050℃，则该温度下各气体的定压容积比热如下表所示：

2050℃时部分气体定压容积比热 [kJ/(m³·K)]

气体类别	CO_2	H_2O	N_2	O_2
数值	2.431	1.942	1.484	1.543

则 $$t_c=\frac{H_l+(c_g+1.2c_{H_2O}d_g)t_g+\alpha V_0(c_a+1.2c_{H_2O}d_a)t_a}{V_{RO_2}c_{RO_2}+V_{H_2O}c_{H_2O}+V_{N_2}c_{N_2}}$$

$$=\frac{36523+(1.605+0)\times20+10.77\times(1.303+1.20\times1.485\times0.01)\times20}{1.03\times2.431+2.11\times1.942+7.63\times1.484}$$

$$=2055℃$$

此计算值与假设温度相比较，相对误差值为：

$$\frac{2055-2050}{2050}\times 100\%=0.05\%。$$

2）当 $\alpha=1.2$ 时假设热量计温度为 1800℃，查附录 1 得该温度下各气体的定压容积比热如下表所示：

1800℃时部分气体定压容积比热［kJ/（m³·K）］

气体类别	CO_2	H_2O	N_2	O_2
数值	2.395	1.897	1.470	1.532

则
$$t_c=\frac{H_l+(c_g+1.2c_{H_2O}d_g)t_g+\alpha V_0(c_a+1.2c_{H_2O}d_a)t_a}{V_{RO_2}c_{RO_2}+V_{H_2O}c_{H_2O}+V_{N_2}c_{N_2}+V_{O_2}c_{O_2}}$$

$$=\frac{36523+(1.605+0)\times 20+1.2\times 10.77\times(1.303+1.20\times 1.485\times 0.01)\times 20}{1.03\times 2.395+2.14\times 1.897+9.16\times 1.470+(1.2-1)\times 9.65\times 0.21\times 1.532}$$

$$=1789℃$$

此计算值与假设温度相比较，相对误差值为：

$\frac{1800-1789}{1800}\times 100\%=0.6\%$，认为是合适的。

［总结］　完成此例题，可以增加以下几点工程概念：

（1）一种典型天然气的热值为 36500kJ/m³，约合 10kWh/m³。

（2）天然气的高低热值相差约 10%$\left(本例\frac{H_h}{H_l}\approx 111\%\right)$，其差值即为水蒸气的气化潜热。可见，如果能降低燃烧烟气的排放温度，使其中的水蒸气全部或部分冷凝，将可以回收其中大量的潜热，对于提高燃气利用效率很有帮助。

（3）燃烧 1m³天然气所需的理论空气量约为 10m³，产生的烟气量约为 11m³。烟气中的主要成分是 N_2（体积占到 70%以上），而 $CO_2<10\%$；$H_2O<20\%$。天然气燃烧的理论烟气成分的比例约为 $N_2:H_2O:CO_2\approx 7:2:1$。

（4）气体的平均比热随温度的不同而变化，因此燃烧温度必须经过逐次试算逼近，才能确定。

（5）天然气的热量计温度为 2000℃左右，而当 $\alpha=1.2$ 时则降为 1800℃左右，原因是未参加反应的过剩空气吸收了有限的燃烧放热，使烟气总体温度降低。

第二节　燃 气 燃 烧 过 程

一、燃气燃烧反应机理

（一）化学反应

分子运动论是经典物理学的重要基础理论，它把物质的宏观现象和微观本质联系起来，使人类正确认识到了物质的结构和运动的一般规律。分子运动论从物质的微观结构出发来阐述热现象规律，也是研究化学反应的重要基础。

分子运动论的主要内容有三点：

（1）一切物体都是由大量分子构成的，分子之间有空隙；

（2）分子处于永不停息的无规则运动状态，这种运动称为热运动；

（3）分子间存在着相互作用着的分子力（引力和斥力）。

实际上，构成物质的基本单元是多种的，或是原子（金属），或是离子（盐类），或是分子（有机物）。由于这些微粒做热运动时遵从相同的规律，在热力学中统称分子。

化学键是分子或晶体内相邻原子（或离子）间强烈的相互作用，存在于离子化合物、共价化合物、金属单质等的原子（或离子）间。化学反应通常和化学键的形成与断裂有关。化学反应的实质就是旧的化学键断裂，分子破裂成原子，原子重新排列组合形成新的化学键从而生成新物质的过程。

古典化学动力学是从分子的观点出发，用化学反应方程式来研究化学反应的。但实验表明，绝大多数化学反应的机理都是十分复杂的，它们并不是按照反应方程式由反应物一步就获得生成物的。

（二）基元反应速率理论

反应物分子通过一次碰撞即直接转化为生成物分子的反应称为基元反应。而绝大多数的化学反应都不是基元反应，往往中间要经历若干个基元反应过程，产生各种中间活性产物（或称活化中心），才能最后转化为生成物。

根据分子运动论的观点，反应物分子之间的“碰撞”是反应进行的必要条件，但并不是所有“碰撞”都会引起反应。是否能反应还取决于能量等因素，与碰撞时具体变化过程密切相关。

碰撞理论是研究化学反应速率最早提出的理论，由德国的 Max Trautz 及英国的 William Lewis 在 1916 年及 1918 年分别提出，主要适用于气体双分子基元反应，其基本假设如下：

（1）分子为硬球型；

（2）反应物分子必须相互碰撞才能发生反应；

（3）分子之间发生反应，碰撞只是必要条件，只有发生有效碰撞的分子才能发生反应，反应速率的快慢与单位时间内的有效碰撞次数成正比；

（4）只有那些能量超过普通分子平均能量且空间方位适宜的活化分子的碰撞（即“有效碰撞”）才能起反应。

根据分子运动论的观点，构成物体的大量分子时刻处于无规则的热运动中，分子之间的碰撞时刻都在发生，但不是每次的碰撞都可以发生反应。只有能量足够高的分子在适宜空间方位的碰撞过程中能够打破旧的化学键的束缚，才可能发生原子（或离子）的重新组合而形成新的物质。而不具备这种能量的分子之间的碰撞只不过是互不伤害的跳来蹦去而已。能够发生化学反应的碰撞称为有效碰撞，而具有较高能量，能够发生有效碰撞而引起化学反应的分子称为活化分子。

由反应物分子到达活化分子所需的最小能量称为活化能，不同反应需要有不同的活化能。反应的活化能越低，则在指定温度下活化分子数越多，反应就越快。

（三）化学反应速率

化学动力学上用“化学反应速率”的概念来反映化学反应进行的快慢。在化学反应进行过程中，反应物与生成物的浓度或质量都在不断变化，反应进行得越快，单位时间内反应物消耗就越多，生成物也越多。既然化学反应进行的快慢与反应物或生成物的量随时间的变化快慢有关，那么就可以用反应物或生成物浓度 C 随时间 t 的变化率来表示化学反应速率。定义化学反应速率：

$$v = \left|\frac{\mathrm{d}C}{\mathrm{d}t}\right| \tag{9-47}$$

化学反应速率可以用任何一种反应物的反应速率或生成物的生成速率来表示。尽管利用不同反应物或生成物计算得到的化学反应速率的数值可能不相等，但它们之间存在着简单的单值函数关系。该函数关系可以利用化学计量比[1]表示。例如，对于已配平的化学反应方程式

$$a\mathrm{A} + b\mathrm{B} = x\mathrm{X} + y\mathrm{Y} \tag{9-48}$$

按不同物质计算得到的反应速率之间存在如下关系：

$$\frac{v_{\mathrm{A}}}{a} = \frac{v_{\mathrm{B}}}{b} = \frac{v_{\mathrm{X}}}{x} = \frac{v_{\mathrm{Y}}}{y} \tag{9-49}$$

按照不同物质的浓度变化计算得到的化学反应速率，其数值大小是不同的。因此，在进行定量分析时，必须明确指出化学反应速率是按照哪一种反应物或生成物计算得到的。

1. 化学反应速率与浓度的关系——质量作用定律

1867 年，古德博格（G. M. Guldberg）和瓦格（P. Wage）发现，在一定温度下，化学反应速率正比于参加反应的所有反应物浓度的乘积，这一关系被称为质量作用定律。近代实验证明，质量作用定律只适用于基元反应，因此该定律可以更严格地表述为：基元反应的反应速率与各反应物的浓度的一定幂次的乘积成正比，其中各反应物的浓度的幂次即为基元反应方程式中该反应物的化学计量数。例如，对于上述基元反应方程式（9-51），可以得到按照反应物 A 计算的化学反应速率表达式：

$$v_{\mathrm{A}} = \frac{\mathrm{d}C_{\mathrm{A}}}{\mathrm{d}t} = kC_{\mathrm{A}}^{\mathrm{a}}C_{\mathrm{B}}^{\mathrm{b}} \tag{9-50}$$

式中　k——化学反应速率常数。

2. 化学反应速率与温度的关系——阿累尼乌斯定律

关于温度对化学反应速率的影响以及活化能的概念，最早由瑞典科学家阿累尼乌斯（Arrhenius）于 1889 年提出。通过对不同温度下的等温反应进行实验研究，他发现化学反应速率常数 k 的大小主要取决于温度和反应物的性质，可用下述函数关系表示，即著名的阿累尼乌斯定律：

$$k = k_0 \exp\left(-\frac{E}{RT}\right) \tag{9-51}$$

式中　k_0——仅取决于反应物性质的常数；

R——通用气体常数 R=8.314J/（mol・K）；

E——反应物的活化能；

---

[1] 已配平的化学反应方程中反应物及生成物之间的数量比例关系，称为化学计量比（stoichiometric ratio）。同一化学反应，随着化学方程式的写法不同，各组分的化学计量系数（stoichiometric coefficient）也不相同，但其比例（即化学计量比），则永远不变。

T——温度。

于是，化学反应速率的表达式可以写为：

$$v_A = -\frac{dC_A}{dt} = k_0 C_A^{\alpha} C_B^{\beta} \exp\left(-\frac{E}{RT}\right) \tag{9-52}$$

（四）链反应

有一些反应在低温下仍然可以以很高的化学反应速率进行，例如乙醚蒸气和磷等物质在低温下氧化会产生冷焰。按照碰撞理论，$2H_2 + O_2 = 2H_2O$ 的反应，需要 3 个富有能量的分子同时碰撞才能发生，然而这种可能性很小。但实际上，一定条件下，这个反应却可以极快的速度瞬间完成而形成爆炸。再比如，实验证明，干燥的 CO 与空气（或 O_2）的混合物在 700℃以下是不发生反应的，但当混合物中引入少量水分或氢气时反应却可以剧烈发生。以上这些现象都是热活化分子碰撞理论所不能解释的，于是在 20 世纪初逐步发展起了链反应理论。

物质能量在分子间的分布总是不均匀的，总存在一些不稳定的分子。参与反应的物质中的这些不稳定分子在碰撞过程中就不断率先变成了化学上很活跃的质点——活化中心。这些活化中心大多是不稳定的自由原子和游离基。活化中心与稳定分子相互作用的活化能是不大的，从而使化学反应避开了高能的障碍。因此，通过活化中心来进行反应，比原来的反应物直接反应容易得多。

通过活化中心与稳定分子的反应，又会不断形成新的中间活性产物。因此，一旦中间活性产物形成，不仅本身发生化学反应，还会导致一系列新的活化中心的生成，就像链锁一样，一环扣一环地相继发展，使反应一直继续下去，直到反应物消耗殆尽或通过外加因素使链环中断。每一个反应都会相继经历链产生、链传递和链终止的过程。

燃烧反应过程中，如果每一链环都有两个或更多个活化中心可以引出新链环，链形分支，使反应速度急剧增长，这种链反应称为支链反应。燃烧反应都属于支链反应，一旦着火，即具有不断分支、自动加速的特性。

燃烧反应的过程很复杂，人们只对最简单的氢和氧的反应机理较为清楚。实验表明，在氢和氧的混合气体中，存在一些不稳定的分子，它们在碰撞过程中不断变成化学上很活跃的自由原子和游离基——活化中心（H、O、OH 基）。一个 H_2分子与任意一个分子 M 碰撞受到激发，产生两个 H 原子，它们具有未成对的电子，称为自由基，以符号 H・表示。通过活化中心进行反应，比原来的反应物直接反应容易很多。

最初的活化中心可能是按下列方式得到的：

$$H_2 + O_2 \longrightarrow OH \cdot + OH \cdot \tag{9-53}$$

$$H_2 + M \longrightarrow H \cdot + H \cdot + M \tag{9-54}$$

$$O_2 + O_2 \longrightarrow O_3 + O \cdot \tag{9-55}$$

式中　M——与不稳定分子碰撞的任一稳定分子。

活化中心与稳定分子相互作用的活化能是不大的，故在系统中可发生以下反应：

$$H \cdot + O_2 \longrightarrow O \cdot + OH \cdot \tag{9-56}$$

$$O \cdot + H_2 \longrightarrow H \cdot + OH \cdot \tag{9-57}$$

$$OH \cdot + H_2 \longrightarrow H \cdot + H_2O \tag{9-58}$$

在上面三个基元反应中，式（9-56）的反应较式（9-57）、式（9-58）慢一些，因此它的反应速度是决定性的。氢和氧的链锁反应可以用如下的枝状图来表示：

$$H + O_2 \begin{cases} \nearrow O + H_2 \begin{cases} \nearrow H \\ \searrow OH + H_2 \begin{cases} \nearrow H \\ \searrow H_2O \end{cases} \end{cases} \\ \searrow OH + H_2 \begin{cases} \nearrow H_2O \\ \searrow H \end{cases} \end{cases}$$

从一个氢原子和一个氧分子开始，最后生成两个水分子和三个新的氢原子。新的氢原子又可以成为另一个链环的起点，使链反应继续下去；也可能在气相中或在容器壁上销毁。销毁的方式可以是：

$$2H\cdot + M \longrightarrow H_2 + M \tag{9-59}$$

$$H\cdot + OH\cdot + M \longrightarrow H_2O + M \tag{9-60}$$

如果上述链环中形成的三个活化中心都销毁了，链反应就在这个环上中断。

二、着火（点火）

（一）着火

所谓着火，通常是指由于能量（或活化中心）的积聚，预混的可燃气体自发发生燃烧反应的起始瞬间，又称自燃。按照着火现象的不同成因，可以分为热力着火（或热自燃）和支链着火（或链锁自燃）。

1. 热力着火

燃烧反应是放热反应，反应释放的热量加热未燃的反应物使其温度升高而着火燃烧，从而可以使反应持续下去。但燃烧反应的最初启动必须具备一定的能量条件，即必须有一个能量积聚的吸热准备过程。同时，燃烧反应释放的能量除了会有一部分加热未燃的反应物，还必然存在着向周围环境的散热。因此，只有当燃烧放热大于向环境的散热时，能量才能够不断积聚而引发反应的持续进行。燃烧反应一旦引发，通常其反应速率很快，燃烧过程可以在整个可燃气体空间瞬间完成。预混可燃气体从开始反应到发生着火所需要的这段时间，称为热力着火的感应期。任何着火过程都有一定的感应期，在此期间进行着着火前的反应准备。不同可燃气体的感应期长短是不同的。例如氢气的感应期为 0.01s，而甲烷则需要若干秒。

关于热力着火最典型的工程应用就是柴油机的压燃着火过程。

2. 支链着火

实验证明，大多数碳氢化合物在空气中所起的燃烧反应都可以用热力着火理论进行解释。但是也有不少的现象无法用热力着火理论成功解释。例如，氢气和空气的混合物着火浓度极限的实验结果与热力着火理论分析的结果正好相反；低压下，氢和氧的混合气，其着火的临界压力与温度的关系曲线也不像热力着火理论所预示的那样单调下降，而是呈现“Z”字形的“着火半岛”曲线；许多液态燃料在低压和温度只有 200～300℃时会短时间产生微弱的淡蓝色冷焰，却不会引发熊熊燃烧。

德国化学家博登斯坦（Max Bodenstein，1871～1942 年）在 1913 年曾提出链式反应的概念。1927 年以后，谢苗诺夫（Николáй Николáевич Семёнов，1896～1986 年）系统地研究了链反应机理。谢苗诺夫认为，化学反应有着极为复杂的过程，在反应过程中有可能形成多种“中间产物”。在链式反应中，这种“中间产物”就是“自由基”。“自由基”的数量和活性决定着反应的方向、历程和形式。链反应不仅有简单的直链反应，还会形成复杂的“分支”，所以，谢苗诺夫还提出了“分支链式”反应的新概念。谢苗诺夫通过研究，丰富和发展了链式反应的理论，奠定了分支链式反应的理论基础和实验基础。谢苗诺夫把链式反应机理用于燃烧和爆炸过程的研究，揭示出燃烧和爆炸的本质。

链反应理论认为，化学反应的自动加速并不一定只是依靠系统内热量的积聚、温度的升高或活化分子数量的增加来实现；通过链反应积累活化中心也能使化学反应自动加速，直至发生着火甚至爆炸。

（二）点火

除了在一定条件下会自发进行的自燃着火外，在实际工程中更广泛采用的是用强制点火的方式引燃可燃气体混合物。常见的点火源有电火花、小火焰及电热线圈等。若要点火能够成功，首先应使局部的可燃气体着火燃烧，形成初始的火焰中心，然后还要保证初始火焰中心能向其他未燃区传播开去。与柴油机压燃热力着火相对，汽油机的火花塞点火则是很好的电子点火的例子。下面以电火花点火为例说明点火成功所必需的条件。

把两个电极放在可燃混合气体中，通电打出火花释放出一定能量，使可燃混合物开始燃烧，称为电火花点火。电火花可以使局部气体温度急剧上升，因此火花区可当作灼热气态物体，成为点火热源。当放电电极间隙内的可燃混合物的浓度、温度和压力一定时，若要形成初始火焰中心，放电能量必须达到一最小值。这个必要的最小放电能量称为最小点火能 E_{min}。初始火焰中心形成以后，火焰就要向四周传播。若电极间的距离过小，则会增大初始火焰中心向电极的散热，以至于火焰不能向周围未燃气体有效传播。因此，电极间的距离不宜过小。当电极间距小到无论多大的火花能量都不能使可燃气体点燃时，这个最小距离就称之为熄火距离 d_q。

图 9-2 表示出了点火能与点火电极间距之间的关系。另外，最小点火能 E_{min} 及熄火距离 d_q 的最小值一般都在靠近化学计量混合比之处；同时 E_{min} 及 d_q 随混合物中燃气含量的变化曲线均呈 U 形，如图 9-3 所示。由图 9-3 可看出，天然气所需点火能高，而且点火浓度范围也窄，因此较难点着；而含氢量较高的人工煤气则易于点火。

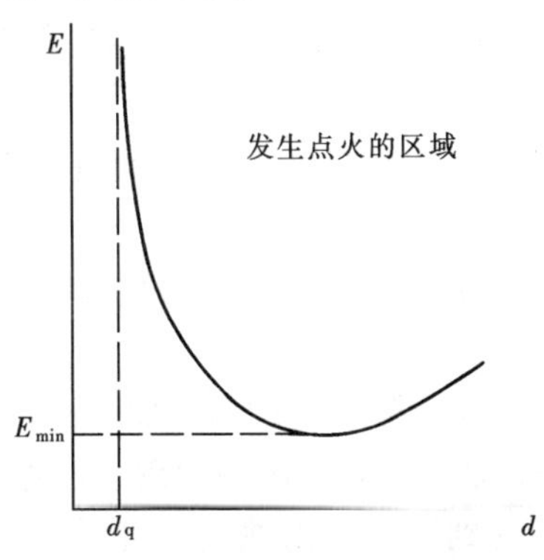

图 9-2　点火能与电极间距的关系曲线

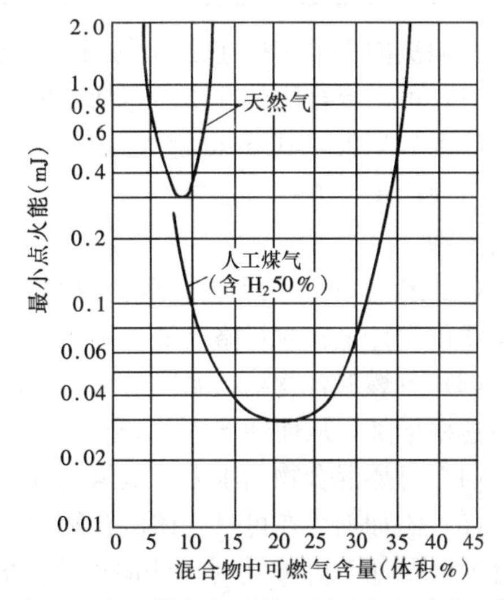

图 9-3　人工煤气与天然气最小点火能的比较

三、燃气燃烧的火焰传播

（一）火焰的传播方式

火焰的传播有三种形式：正常的火焰传播、爆炸和爆燃。燃气在工业与民用燃烧设备中的燃烧过程都属于正常火焰传播过程，在工程中常见的是紊流状态下的火焰传播。

当某一局部可燃混合物被点燃后，在着火处就形成一层极薄的燃烧焰面。这层焰面燃烧放出大量热量，加热临近的可燃气体混合物，使其温度升高，当达到着火温度时，就开始着火形成新的焰面。这样，焰面就不断向未燃气体方向移动，使每层气体都相继经历加热、着火和燃烧的过程，从而把燃烧扩展到整个混合气体中去，这种现象就称为（正常）火焰的传播。

（二）火焰传播速度 S_n

火焰在管内静止或层流可燃气体混合物中的传播速度与气流向管壁的散热有关。管径越大，管壁散热对火焰传播速度的影响就越小，火焰传播速度就越大。当管径大到一定程度时，可以近似认为散热影响消失，这时火焰传播速度趋近于一最大值，该值称为法向火焰传播速度 S_n。法向火焰传播速度的物理意义是单位时间内在单位火焰面积上所燃烧的可燃混合物体积，有时也称为燃烧速度。

在一定温度、压力下，法向火焰传播速度 S_n 的大小由可燃混合物的物理化学特性决定，它是一个物理化学常数。在静止介质或层流气流下，可燃混合物的 S_n 很小，一般为每秒若干厘米。即使对 S_n 最大的氢气，其数值也只有每秒几米而已。单一可燃气体与空气的混合物在常温时的 S_n^{max} 如表 9-2 所示。

单一可燃气体与空气混合物在常温时的 S_n^{max}　　　　**表 9-2**

单一气体化学式	H_2	CO	CH_4	C_2H_2	C_2H_4	C_2H_6	C_3H_6	C_3H_8	C_4H_8	C_4H_{10}
最大火焰传播速度 S_n^{max}（m/s）	2.80	0.56	0.38	1.52	0.67	0.43	0.50	0.42	0.46	0.38
最大火焰传播速度时一次空气系数	0.57	0.46	0.90	—	0.85	0.90	0.90	1.00	1.00	1.00

影响法向火焰传播速度 S_n 的因素主要有以下几个方面：

（1）可燃混合物的性质　包括可燃混合物的导热系数及分子结构等。通常可燃混合物的导热系数越大，其 S_n 也越大。从分子结构上看，越是不饱和的碳氢化合物，S_n 越大。其一般规律是：$(S_n^{max})_{炔烃} > (S_n^{max})_{烯烃} > (S_n^{max})_{烷烃}$。但所有的烃类燃气的 S_n 值并无数量级的差别。

（2）燃气浓度　所有可燃混合物的 S_n 随浓度的变化均呈倒 U 形，最大值出现在燃气含量比化学计量比含量略高处。

（3）可燃混合物初始温度　随可燃混合物初始温度的升高，燃烧温度增加，带来化学反应速率增加，从而使 S_n 显著增大。

（4）可燃混合物的压力　碳氢化合物-空气混合物的 S_n 随压力的增大而减小。

（5）添加剂　在可燃气体混合物中加入添加剂可以增大或减小火焰传播速度。当加入惰性冲淡剂如 N_2、CO_2 时，法向火焰传播速度 S_n 会受到影响。惰性气体含量越多，S_n 下降越多。但有些气体如 He、Ar 等，其本身导温系数较大，它们的掺入可以显著提高可燃混合气体的导温系数，也可能使 S_n 提高。另外，添加活化剂可以显著提高 S_n 值。如 CO 燃烧时，加入含量小于 10%的水蒸气，S_n 随水蒸气含量的增加而显著增加。当水蒸气含量超过 10%时，S_n 就不再增加了。

（三）火焰传播浓度极限

在燃气-空气混合物中，只有当燃气与空气的比例在一定极限范围之内时，火焰才有可能传播。能使火焰持续不断传播所必需的最低燃气浓度，称为火焰传播浓度下限；能使火焰持续不断传播所必需的最高燃气浓度，称为火焰传播浓度上限。上限和下限之间就是火焰传播浓度极限范围。

火焰传播浓度极限又称为着火浓度极限。由于火焰传播浓度极限范围内的可燃气体混合物，在一定条件下（例如在密闭空间内）会瞬间完成着火而形成爆炸，因此火焰传播浓度极限又称为爆炸极限。一些常用单一气体在常温常压下的爆炸极限如附录 2 所示。

影响火焰传播浓度极限的因素主要有以下几个方面：

（1）燃气在纯氧中着火燃烧时，火焰传播浓度极限范围扩大；

（2）提高燃气-空气混合物温度，火焰传播浓度极限范围扩大；

（3）提高燃气-空气混合物压力，火焰传播浓度极限范围扩大；

（4）燃气中加入惰性气体时，火焰传播浓度极限范围缩小；

（5）含尘量、含水蒸气量以及容器形状和壁面材料等因素，有时也会影响火焰传播浓度极限。例如，在氢气-空气混合物中引入金属微粒，能使火焰传播浓度极限范围扩大，并能降低其着火温度。

四、燃烧过程的强化

在工程上，为了满足工艺的需要或是提高加热效率，往往需要对基本的燃烧过程进行一定强化，以获得较高的加热温度、减小炉膛空间和加热时间。强化燃烧过程主要应从提高温度和加强气流混合两方面来考虑。

（一）预热燃气和空气

预热燃气和空气，可以提高火焰传播速度，从而提高燃烧温度，增大燃烧强度。在实际工程中，常利用烟气余热预热空气。这样既可以使燃烧得到强化，又能够提高燃烧设备的热效率。

还可以将燃烧产生的部分高温烟气重新引回燃气-空气入口处，使之与尚未着火的或正在燃烧的燃气-空气混合，以提高反应区温度，从而增大燃烧强度。合适比例的回流循环烟气，不但可以强化燃烧，还可以有效降低排烟中的有害气体成分（如氮氧化物）的生成量。

（二）加强气流紊动

燃气燃烧的化学反应速度要远大于燃气分子与氧气分子之间的相互扩散混合的速度，因此，制约燃烧速度提高的主要因素是燃气-空气之间的混合过程。如果能够提高燃气-空气之间混合的强度，将会极大提高燃烧速度。

工程上应用最广的方法是采用旋转气流来提高气流混合强度。在气体从喷口喷出之前，使其产生旋转运动，因此从喷口流出的气体除了有轴向和径向分速度外，还具有切向分速度。旋转运动导致径向和轴向压力梯度的产生，它们反过来又影响流场。在旋转强烈时，轴向反压力可以达到相当大的程度，甚至沿轴向发生反向流动，产生内部回流区。图 9-4 所示即为旋转流场的示意图。

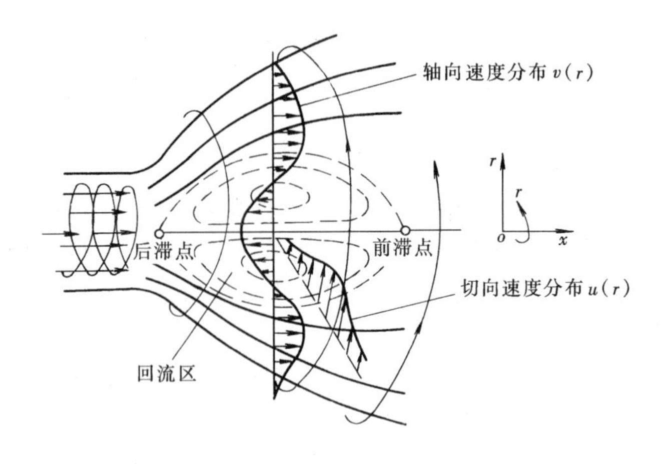

图 9-4　旋转流场示意图

采用旋转气流可以大大改善混合过程。产生旋流的常见方法主要有以下两种：使气流切向进入主通道；在轴向管道中设置导流叶片，使气流旋转。

第三节　燃气燃烧方法

燃气燃烧的过程可以分为两个阶段：首先是燃气与氧气进行物理性混合接触的过程。只有达到了分子层级的均匀混合，并且燃气的浓度达到了火焰传播浓度极限的要求，才完成了发生化学反应的物质准备；之后是燃气燃烧的过程。通常，燃气燃烧的化学反应速度很快，燃前的混合情况就决定了完成整个燃烧过程的快慢。为了加速燃烧过程，可以在点火之前就预先进行燃气与空气的掺混，这样的燃烧方式称为预混燃烧。

通常用一次空气系数 α' 表示预混空气量的多少：

$$\alpha' = \frac{V'_a}{V_0} \tag{9-61}$$

式中　V'_a ——预混空气量，m^3/m^3；

V_0 ——燃烧所需理论空气量，m^3/m^3。

根据燃气与空气在燃烧前的混合情况，燃气的燃烧分为三种基本方式，即扩散式燃烧、部分预混式燃烧和完全预混式燃烧。

一、扩散式燃烧

如果在点燃前，燃气与空气不相接触（$\alpha'=0$），而燃烧所需的氧气完全依靠扩散作用从周围大气中获得，燃气与空气在接触面处边混合边燃烧，这种燃烧方式称为扩散式燃烧。

流态不同，扩散的方式也不同。在层流状态下，扩散燃烧依靠分子扩散作用使周围氧气进入燃烧区；而在紊流状态下，则主要依靠紊流扩散作用来获得燃烧所需的氧气。由于扩散的方式不同，两种流态下的火焰结构有很大的差异。

（一）层流扩散火焰结构

燃料燃烧所需的全部时间通常由两部分组成，即氧化剂和燃料之间发生物理性接触所需的时间和进行化学反应所需要的时间。由于分子扩散进行得比较缓慢，其速度远低于燃烧的化学反应速度，因此层流扩散燃烧的速度由氧的扩散速度决定。由于燃烧反应只在燃料与氧气有效接触的火焰面上进行，而燃烧的化学反应进行得很快，因此火焰焰面很薄。

图 9-5 所示为层流扩散火焰的结构。燃气从喷口流出，着火后出现一圆锥形火焰面。在焰面以内为燃气，焰面以外是静止的空气。氧气从外部扩散到焰面，燃气从内部扩散到焰面，燃烧反应在焰面上进行；燃烧产物不断从焰面向内、外两侧扩散。

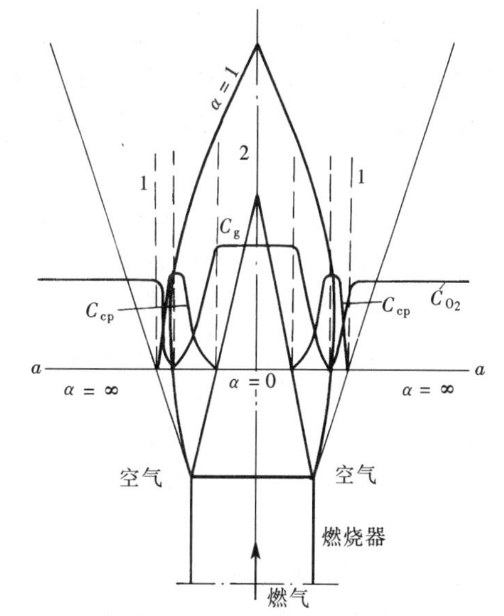

图 9-5 层流扩散火焰的结构

1—外侧混合区（烟气+空气）；

2—内侧混合区（烟气+燃气）；

C_g—燃气浓度；C_{cp}—燃烧产物浓度；

C_{O_2}—氧气浓度

图 9-5 还表示出 a-a 截面上氧气、燃气和燃烧产物的浓度分布情况：氧气浓度从静止的空气层朝着焰面方向逐步降低，至火焰面降为零；燃气浓度则从射流核心朝焰面方向逐步降低，至火焰面处降为零。燃气和空气的混合比等于化学计量比的那层表面便是火焰焰面，所有的燃烧反应均在火焰面上进行。即在焰面上 $\alpha=1$，而不可能大于或小于 1；在焰面上，燃烧产物的浓度最大，然后向内、外两侧逐步降低。

火焰锥顶与喷口之间的距离称为火焰长度或火焰高度。对于层流扩散火焰，其火焰高度与燃气流量成正比，而与气体的扩散系数成反比，有如下关系：

$$L \propto \frac{vd^2}{D} \tag{9-62}$$

式中 L——层流扩散火焰高（长）度；

v——燃气流速；

d——燃气出口直径；

D——气体的扩散系数。

（二）层流扩散火焰向紊流扩散火焰的过渡

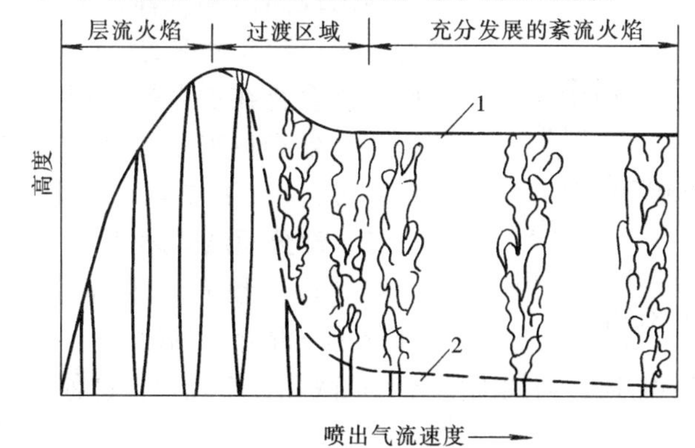

图 9-6 层流扩散火焰向紊流扩散火焰的过渡

1—火焰长度终端曲线；2—层流火焰终端曲线

图 9-6 所示为扩散火焰由层流向紊流状态过渡的过程：当燃气流量逐渐增加时，火焰中心的气流速度也逐渐加大；但氧气向焰面的扩散仍属分子扩散，扩散速度基本未变，这就使焰面的收缩点离喷口越来越远，火焰的长度不断增加。这时，火焰的表面积增大，单位时间内燃烧的燃气量也就增加了。但是，当气流速度增加至某一临界值时，气体流

动状态由层流过渡为紊流，火焰顶点开始跳动。若气流速度再增加，则火焰本身也开始扰动。这时，扩散过程由分子扩散转变为紊流扩散，燃气与空气的混合加剧，燃烧过程得到强化，燃烧速度加快，因此火焰的长度便相应缩短。随着气流扰动程度的加剧，火焰开始丧失稳定性，火焰发生间断，甚至完全脱离喷口。

在紊流扩散火焰中无法区分焰面和其他部分，在整个火炬内都进行着燃气与空气的混合、预热和化学反应。这种火焰的形状和长度完全取决于燃气与空气的流动方向（交角）和流动特性，火焰长度与气流速度无关。

（三）扩散火焰中的多相过程

一般来说，燃气火焰是不发光的透明火焰，但实际中会发现扩散火焰往往呈现出明亮的淡黄色。这不是气体燃料本身燃烧形成的，而是由于燃料气在高温缺氧的环境下发生热分解而产生的固体碳的颗粒燃烧造成的。

碳氢化合物进行扩散燃烧时，可能出现两个不同的燃烧区域：一个是真正的扩散火焰，它是从燃烧器出口向上伸展的一个很薄的反应层，不发光；另一个是光焰区，其中有固体碳粒的燃烧，呈现出明亮的淡黄色光焰。

通过分析层流扩散火焰中气体浓度和温度的变化情况（见图 9-7），可以找出光焰出现的原因：直线 A 表示火焰的外表面，直线 B 表示火焰的内表面。火焰的厚度很小。混合好的燃气与氧气在反应区消耗尽，氧气浓度 C_{O_2} 在火焰内表面处降为零，而燃气浓度 C_g 则在火焰外表面降为零。进行燃烧反应的火焰面内温度最高，并且由于散热而向内外两侧迅速下降。若在纵坐标上取一点相当于燃气开始分解的温度 t_a，则该温度的等温线与气体温度曲线相交于一点 a。在点 a 的右边与火焰内表面之间将是一个只有燃气而没有氧气的高温地带。此区域内的燃气温度高于其热分解温度（更高于其着火温度），却得不到燃烧所必需的氧气而无法燃烧，只能发生热分解。

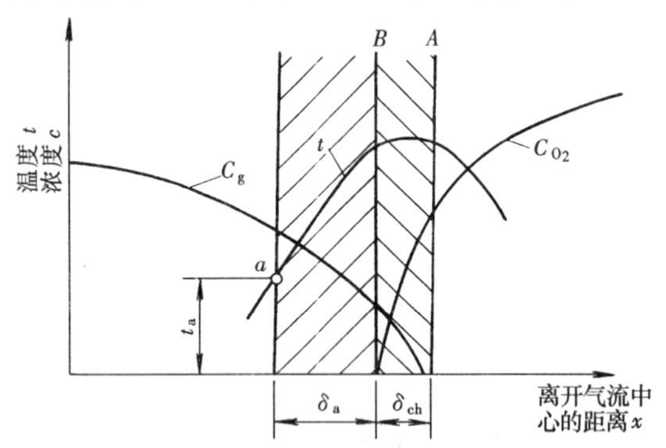

图 9-7　层流扩散火焰中气体浓度和温度的变化

A—反应区的外表面；B—反应区的内表面；C_{O_2}—氧气浓度曲线；C_g—燃气浓度曲线；t—温度曲线；t_a—燃气开始热分解的温度；δ_{ch}—反应区的厚度；δ_a—热分解区的厚度

碳氢化合物在分解区内发生着碳氢化合物的脱氢过程和碳原子的积聚过程。最后生成相当多的固体炭粒，像雾一般分散在气体中。在扩散火焰中的碳粒，一旦接触到氧气，便出现固体和气体之间的燃烧过程。炭粒燃烧呈现的淡黄色光焰，是碳氢化合物在扩散燃烧时的一个特征。如果炭粒来不及燃尽而被燃烧产物带走，就形成所谓煤烟。

二、部分预混式燃烧

在燃烧前预先混入部分空气，一部分预先混合好的燃气-空气混合物流出火孔即可燃烧，而其余的燃气则需通过与周围空气的扩散混合燃烧掉。这种燃烧方式称为部分预混式燃烧。

扩散式燃烧容易产生煤烟，燃烧温度也相当低。但当预先混入一部分燃烧所需的空气后，火焰就变得清洁，燃烧得以强化，火焰温度也提高了。因此部分预混式（$0<\alpha'<1$）

燃烧应用广泛。

（一）部分预混层流火焰

图 9-8 所示为部分预混层流火焰结构，它由内焰和外焰构成。首先，一次空气中的氧与燃气在内焰进行反应，形成不发光的淡蓝色锥形火焰。由于一次空气量小于燃烧所需的全部空气量，因此在蓝色锥体上仅仅进行一部分燃烧。剩余的燃气在内焰面外部，按扩散方式与空气混合而燃烧。一次空气越少，外锥就越大。如果二次空气及其他的条件都能满足要求，则在该区完成燃烧，并生成二氧化碳和水蒸气。

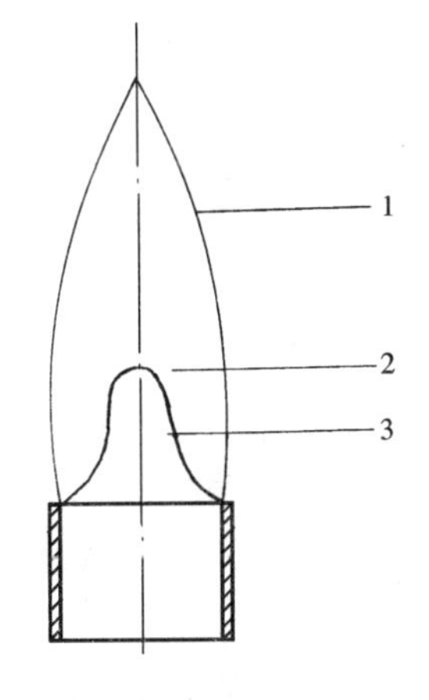

图 9-8　部分预混层流火焰的结构
1—外焰；2—内焰；3—未燃气体

内焰的出现是有条件的：若可燃气体混合物中燃气的浓度大于着火浓度上限，火焰不可能向中心传播，内焰就不会出现，从而成为扩散式燃烧；若混合物中燃气浓度低于着火浓度下限，则该气流根本不可能燃烧。氢燃烧出现内焰的一次空气系数范围相当大，而甲烷和其他碳氢化合物燃烧出现内焰的一次空气系数范围较窄。

含有较多碳氢化合物的燃气进行燃烧时，外焰可能出现两种情况：当一次空气量不足时，由于碳氢化合物在高温下分解，生成的游离碳呈炽热状态，扩散火焰就成为发光火焰；当一次空气量较多时（$\alpha'>0.4$），碳氢化合物在反应区内转化为含氧的醛、乙醇等，扩散火焰可能是透明而不发光的。

（二）部分预混层流火焰的稳定

层流时，沿管道横截面上气体的速度按抛物线分布。火孔中心气流速度最大，至管壁处降为零。在火焰根部，靠近壁面处气流速度逐渐减小至零，但火焰并不会传到燃烧器里去，因为该处的火焰传播速度因管壁散热也减小了。

火焰面上任一点的气流法向分速度均等于法向火焰传播速度。另一方面，该点还有一个切向分速度，使该处的质点向上移动。因此，在焰面上不断进行着下面质点对上面质点的点火。

离开火孔，气流速度会逐渐变小；而越靠近火孔，则火孔壁的散热作用越明显，从而使火焰传播速度降低。那么在离开火孔处，必定存在气流速度大于火焰传播速度的 1 点（见图 9-9），气流速度小于火焰传播速度的 2 点。在 1 点处，气流法向分速度大于该点的法向火焰传播速度，$v_n>S_n$，气流切向分速度将使焰面向上移动；而在 2 点处，气流法向分速度小于该点的法向火焰传播速度，$v_n<S_n$，焰面将向下移动。由此可知，在点 1 和点 2 之间必定存在一个气流速度与法向火焰传播速度相等的点 3，在点 3 上焰面稳定，而且没有分速度，$f=0$。这就是说，在燃烧器出口的周边上，存在一个稳定的水平焰面，它是燃气-空气预混气流的点火源，又称点火环。点火环使层流部分预混火焰根部得以稳定。

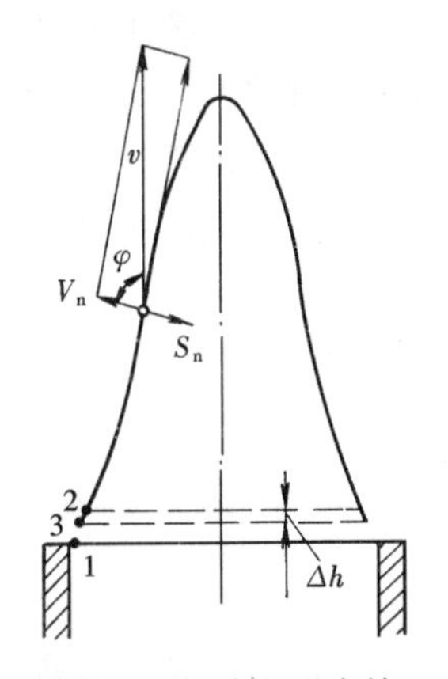

图 9-9　部分预混火焰内焰表面上的速度分析

点火环的存在是有条件的：如果燃烧强度不断增大，

气流速度等于法向火焰传播速度的平衡点就逐渐靠近火孔出口，点火环逐渐变窄，最后消失。

火焰脱离燃烧器出口，在一定距离以外燃烧的现象称为离焰。若气流速度再增大，火焰将被吹熄，称为脱火。如果混合气流速度不断减小，蓝色锥体越来越低，最终由于气流速度小于火焰传播速度，火焰将缩进燃烧器向内传播，称为回火。离焰、脱火与回火都是不稳定燃烧的现象，应用中应尽力避免。

对于某一定组成的燃气-空气混合物，在燃烧时必定存在一个火焰稳定的上限，气流速度超过此上限值便产生脱火现象，该上限称为脱火（速度）极限；另一方面，燃气-空气混合物的流速减小到某一极限值时，便会产生回火现象，该极限值称为回火（速度）极限。只有当混合物的速度在脱火极限和回火极限之间时，火焰才能稳定。

图 9-10 是按试验资料绘出的天然气-空气混合物燃烧时的稳定范围。从图中可以看出，火孔直径对脱火和回火极限影响较大。燃烧器出口直径较小时，管壁散热作用增大，回火可能性减小；反之，燃烧器出口直径越大，气流向外的散热就越小，火焰传播速度就越大，脱火极限就越高。

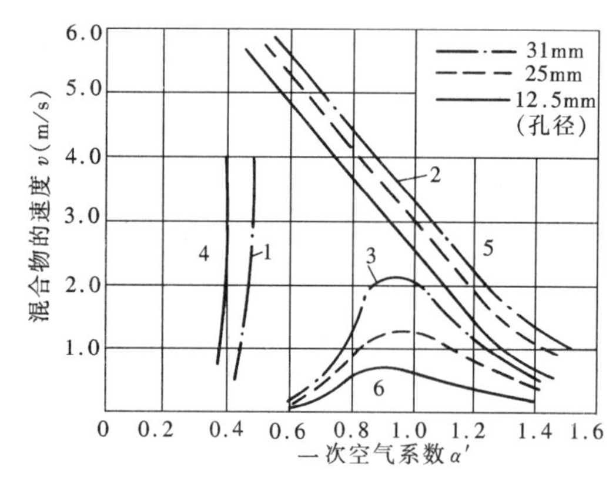

图 9-10 天然气和空气的燃烧稳定范围

1—光焰曲线；2—脱火曲线；3—回火曲线；4—光焰区；5—脱火区；6—回火区

当一次空气系数较小时，由于碳氢化合物的热分解，形成碳粒和煤烟，会引起不完全燃烧和污染。因此，部分预混式燃烧的一次空气系数 α' 不宜过小。

火焰传播速度与气流出口速度的大小决定了火焰是否稳定：燃气的火焰传播速度越大，脱火和回火曲线的位置就越高。因此，火焰传播速度较大的人工煤气容易回火，而火焰传播速度较小的天然气则容易脱火。对于同一种燃料，一次空气系数 α' 与火孔热强度 q 则集中反映了二者的变化情况，是影响火焰稳定的主要因素。相同火孔热强度下，$\alpha'=1$ 时，火焰传播速度达最大值，回火极限速度也达最大值；无论 α 增大还是减小，火焰传播速度都将减小，从而导致回火极限速度减小。α' 增大，点火环的点火能力将减弱，从而脱火极限速度下降。在相同一次空气系数下，火孔热强度 q 增大将导致气流速度增大，脱火性增强；同时导致燃烧温度升高，火焰传播速度增大，从而使回火与离焰曲线的位置上移。

火焰稳定性还受周围空气组成的影响：如周围大气中氧含量减少，会使混合气体的燃烧速度降低，从而就增加了脱火的可能性。

火焰周围空气的流动对火焰的稳定有不利的影响，这种影响的强弱取决于周围气流的速度和气流与火焰之间的角度等因素。

（三）部分预混紊流火焰

当可燃混合气流从层流变为紊流时，火焰发生显著变化：部分预混紊流火焰的结构与层流火焰相比，其长度明显地缩减，而且顶部较圆；焰面由光滑变为皱曲，可见火焰厚度增加，火焰总表面积也相应增加，燃烧得到强化。当紊动尺度很大时，焰面将强烈扰动，气体各个质点离开焰面，分散成许多燃烧的气体微团并随着可燃混合物和燃烧产物的流动而不断飞散，最后完全燃尽。这时焰面变为由许多燃烧中心组成的一个燃烧层，其厚度取决于在该气流速度下质点燃尽所需的时间。

紊流火焰可分为三个区，见图 9-11：焰核是燃气-空气混合物尚未点燃的冷区；焰面为着火与燃烧区，大约90%的燃气在这里燃烧；在燃尽区完成全部燃烧过程，这个区的边界是看不见的，要通过气体分析来确定。

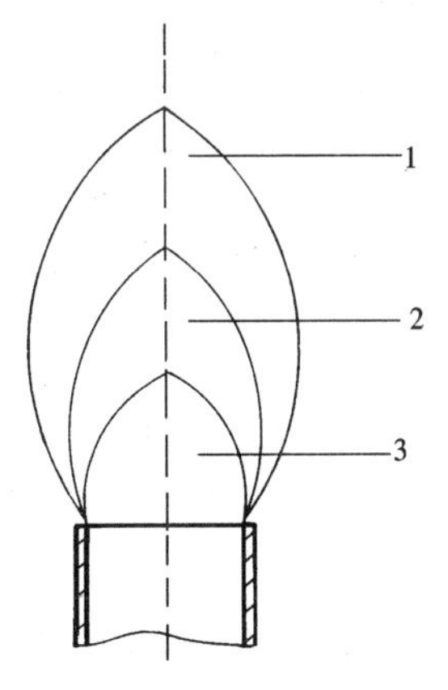

图 9-11　紊流火焰的结构
1—燃尽区；2—焰面；
3—焰核

（四）部分预混紊流火焰的稳定

在紊流条件下，可燃预混气体的流速较之层流有极大提高，其流速往往接近或超过稳定燃烧的脱火极限。而对于同种燃气来说，虽然随着气流混合强度的加剧火焰传播速度也得以提高，但与流速的增大相比毕竟有限。因此，对于部分预混紊流火焰的稳定，主要考虑的是如何防止脱火现象的发生。

为了使火焰稳定，应当在局部区域保持气流速度和火焰传播速度的平衡。可以从改变气流的速度着手，用流体力学的方法进行稳焰；也可以从改变火焰传播速度着手，用热力学或化学的方法进行稳焰。

为了防止脱火，最常用的方法是在燃烧器出口设置一个点火源，可以对可燃混合气体连续点火。点火源可以是连续作用的人工点火装置，如炽热物体或稳定的辅助点火小火焰。另外，也可以在可燃预混气流中设置钝体稳焰器，造成炽热的燃烧产物回流到火焰根部而形成点火源。图 9-12 所示为各种形状的钝体稳焰器。它们是圆棒，或以尖端迎着气流的 V 形棒、锥体，或垂直放在气流中的平盘、鼓形盘等。

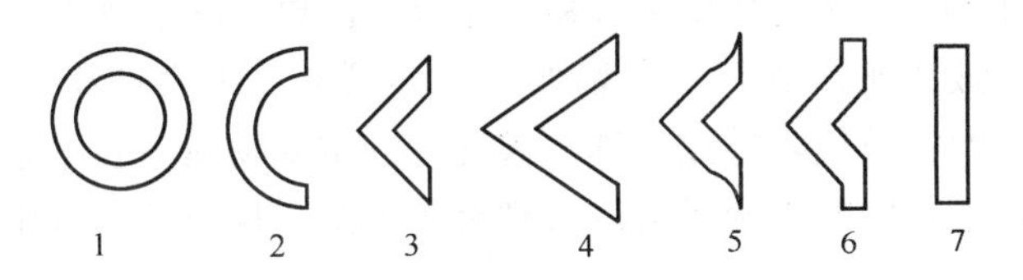

图 9-12　各种形状的钝体稳焰器

三、完全预混式燃烧

完全预混式燃烧是在部分预混式燃烧的基础上发展起来的。它是按一定比例先将燃气和空气均匀混合，再经燃烧器火孔喷出进行燃烧。由于预先混合均匀，可燃混合气一到达燃烧区就能在瞬间燃烧完毕，燃烧火焰极短且不发光，常常看不到，故也称为无焰燃烧。

由于预先混合均匀，所以完全预混式燃烧能在较小的过剩空气系数下（通常 $\alpha=1.05\sim1.10$）实现完全燃烧，因此燃烧温度可以很高。

完全预混火焰的传播速度很快，火焰稳定性较差，很容易发生回火。为了防止回火，必须尽可能使气流的速度场均匀，以保证在最低负荷下各点的气流速度都大于火焰传播速度。采用小火孔，增大火孔壁对火焰的散热，从而降低火焰传播速度，是防止发生回火的有效措施。小火孔燃烧器在热负荷不是很大的民用燃具上有着广泛的应用；但对于热强度很大的工业燃烧器，大量的小火孔会大大地增加燃烧器头部尺寸，就变得不合适了；此时，可以采用水冷却燃烧器头部的方式来加强对火焰的散热，从而降低火焰传播速度。

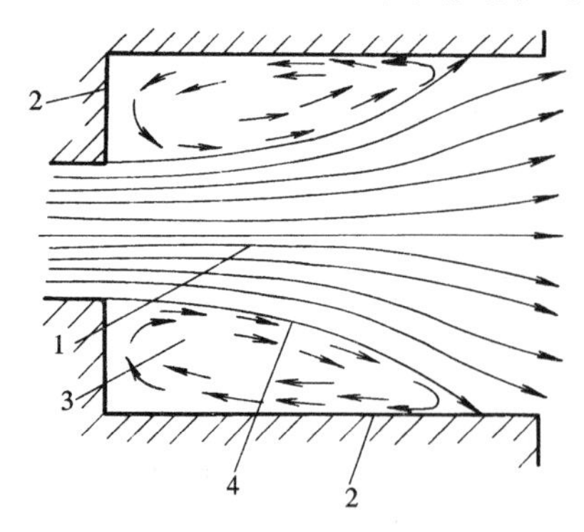

图 9-13　火道工作简图

1—混合物扩张区；2—火道边界；3—回流区；4—回流边界表面

完全预混式燃烧，由于在燃烧前预混了大量空气，使预混气流出口速度大大提高。当负荷较大时，也有出现脱火的可能。工业上的完全预混式燃烧器，常常用一个紧接的火道来稳焰。混合均匀的燃气-空气混合物经火孔进入火道时，由于流通截面突然扩大，在火道入口处形成了高温烟气回流区，如图 9-13 所示。火道由耐火材料做成，近似于一个绝热的燃烧室，可燃气体在此燃烧可以达到很高的燃烧温度。回流烟气不仅将混合物加热，同时也是一个稳定的点火源。回流的高温烟气和炽热的火道壁面都起到了很好的稳焰作用。

※第四节　燃气燃烧污染的控制

随着人们对生存环境的日益关注，燃烧所产生的污染问题越来越受到重视。燃气虽为较清洁的燃料，但通过在高温下的燃烧，产生的部分燃烧产物仍然会对人体和大气环境产生危害；燃烧过程也不可避免地会产生噪声。只有清楚诸多污染产生的原因，才能采取有效的措施对其危害加以控制。

一、烟气污染

燃烧烟气中的有害物主要包括 CO、NO、SO_2、CO_2等。CO、NO 和 SO_2均具有较大的毒性，其中 NO 和 SO_2在大气环境中容易氧化成毒性更大的 NO_2和 SO_3，对人体危害很大，应严格控制其排放水平。碳氢化合物的燃烧不可避免地会产生 CO_2，其本身没有毒性，但却是造成大气温室效应，导致全球气候变暖的重要物质。正常条件下，城镇燃气都经过脱硫净化处理，燃料中的含硫量可以得到有效控制，排放的烟气中 SO_2数量很少。

（一）CO

CO 是人类最早认识到的燃烧污染物，是无色无味的气体。CO 进入人体后，会很快与血液中的血色素结合成一氧化碳血色素（COHb），阻碍氧随血液的输送，从而会造成人体组织缺氧，进而引起各种疾病甚至死亡。

CO 的形成是碳氢化合物燃烧过程中的主要反应过程之一。研究表明，燃料中最初所含有的碳都将生成 CO，CO 是由含碳燃料氧化而必然产生的一种中间产物。因此，控制 CO 排放的注意力应集中在如何使 CO 再完全氧化，而不是集中在限制它的形成上。

在烃燃料火焰中，通常 OH 基团的浓度较高。CO 转化成 CO_2的反应几乎完全基于以下的基本反应式：

$$CO + OH \longleftrightarrow CO_2 + H \tag{9-63}$$

而 CO 与氧气直接进行氧化反应成 CO_2的速度是很慢的，在许多情况下式（9-64）的反应可以忽略不计。

$$CO + O_2 \longrightarrow CO_2 + O \tag{9-64}$$

燃烧过程中提供足够的氧气并保持充分的接触反应，以及高温条件，都有利于 CO 向 CO_2的转化，使 CO 的浓度降低。

（二）NO_x

燃气燃烧过程中生成的 NO_x几乎都是 NO。NO 是无色无味的气体，微溶于水，在空气中易氧化为有窒息性臭味的红棕色气体 NO_2。NO 与血液中的血色素的亲和力约为 CO 的数百倍，同样会造成人体组织的缺氧甚至窒息。此外，NO 还有致癌作用，对细胞分裂及遗传信息的传递亦有不良影响。由 NO 氧化而来的 NO_2毒性比 NO 高 4～5 倍，危害更大。NO_2还会参与光化学烟雾的形成，产生极强的大气污染。除了对人体健康产生危害，NO_2对森林和农作物的损害也相当大的。NO_2侵入植物机体会损坏机体的细胞和组织，阻碍代谢。

NO_2对人的最低致死量为 100ppm，相当于 CO 在 1000ppm 以上或 SO_2在 300ppm 以上的毒性。由 NO_2生成的硝酸与 SO_2生成的硫酸等一起形成的酸雨中，NO 约占整个来源的 40%。酸雨不仅对人、植物有严重危害，对水源、建筑物等都有严重的污染和侵蚀损害。

固定燃烧装置排放的 NO_x中 90%～95%为 NO，因此研究 NO_x的生成机理及抑制途径主要是指 NO 而言。NO 生成途径有以下三种：

1. 热力型 NO（Thermal-NO，简称 T-NO）

T-NO 是空气中的氮分子与氧分子在高温下生成的。由于 NO 生成反应所需活化能高于燃气可燃成分与氧反应的活化能，故 NO 生成速度较燃烧反应慢，因此在火焰面内不会大量生成 NO。NO 大量生成是在火焰面的下游。特别是焰面下游局部高温、局部氧浓度大和烟气停留时间长的那些地方，更容易生成 NO。

NO 的生成速度可用如下一组不分支链反应来说明：

$$O + N_2 \overset{k_1}{\longleftrightarrow} NO + N \tag{9-65}$$

$$N + O_2 \overset{k_2}{\longleftrightarrow} NO + O \tag{9-66}$$

按照化学反应动力学的方法，可以得到 NO 生成速度的公式：

$$\frac{d[NO]}{dt} = 3 \times 10^{14}[N_2][O_2]^{1/2}e^{-542000/RT} \tag{9-67}$$

式中　[NO]、$[N_2]$、$[O_2]$——分别为 NO、N_2、O_2 的浓度。

由式(9-67)可知，影响 T-NO 生成的主要因素为燃烧温度、氧气浓度及烟气在高温区停留的时间。

2. 快速型 NO(Prompt-NO，简称 P-NO)

P-NO 是在燃料浓度较大，氧浓度较低时产生的。因此，要降低 P-NO 只要供给足够的氧气就可以了。P-NO 产生于火焰面内，是富碳化氢类燃料燃烧时特有的现象。通常 P-NO 生成量比 T-NO 生成量小一个数量级。P-NO 的生成与温度关系不大。

3. 燃料型 NO(Fuel-NO，简称 F-NO)

F-NO 是以化合物形式存在于燃料中的氮原子被氧化而生成的，其生成温度为 600～900℃，具有中温生成特性。由于气体燃料中 N 的化合物含量很少，故 F-NO 可以不考虑。

可见，气体燃料燃烧所生成的NO绝大部分是T-NO。因此，抑制NO_x排放主要从降低燃烧温度、降低烟气中过剩氧浓度和缩短烟气在高温区的停留时间入手；从运行角度来看，影响NO生成的主要参数是过剩空气系数和燃烧热负荷。

(1) 过剩空气系数的影响：随着过剩空气系数的变化，燃烧温度与烟气中过剩氧气浓度也发生变化，这两者的变化是影响NO生成量的主要因素。因此，过剩空气系数对NO的生成量有显著影响。

(2) 燃烧热负荷的影响：一般认为，燃烧热负荷的变化会引起火焰温度的改变，进而对NO生成量也产生影响。除了甲醇，其他燃料的NO排放浓度均随着热负荷的增加而增加。

(三) CO_2

空气中CO_2的含量约为0.03%，它是绿色植物进行光合作用不可缺少的原料。但由于人类活动（主要是化石燃料燃烧）的影响，近年来CO_2排放量猛增。CO_2气体不能透过长波红外辐射，具有隔热和吸热的作用。它在大气中增多就像形成了一个无形的玻璃罩，使太阳辐射到地球上的热量无法正常向外层空间散失，从而形成温室效应，使地球表面温度升高，全球气候变暖；会带来冰川融化，海平面上升；气候反常，海洋风暴增多；增加土地干旱，沙漠化面积增大；地球上的病虫害增多等严重恶果。

随着人们对地球环境变暖问题的关注，CO_2的减排已成为世界各国共同承担的责任。提高能源利用效率，减少燃料燃烧消耗量，从而从总量上减少污染的排放，是应对燃烧污染问题的根本途径——节能及环保。

二、噪声污染

声音是由物体（固体、液体和气体）的振动而产生的。当声音干扰了人们休息、学习和工作，就成为噪声。噪声被列为国际三大公害（大气污染、水污染和噪声污染）之一。目前，世界各国都在采取各种措施对噪声污染严加控制。由燃烧装置产生的噪声往往是巨大而持续的，对操作环境以及临近环境都造成很大影响，必须采取有效的措施进行防控。

(一) 噪声来源

燃烧系统中的噪声主要来源于风机、气流和火焰，可分为机械噪声、空气动力噪声、燃烧噪声。

1. 机械噪声

机械噪声主要来源于燃烧及辅助设备的机械振动。在功率较大的燃烧装置上，为了获得燃烧所需的空气，往往采用鼓风机鼓风，或是为了维持炉膛负压而在烟道中安装引风机排风。风机运转时，会产生强烈的噪声，包括由轴承转动、机械传动以及机组运转时的不平衡所产生的摩擦噪声；风机及风管本身振动所产生的噪声；电机的冷却风扇噪声、电磁噪声等，共同成为燃烧系统中非常重要的噪声源。

2. 空气动力噪声

燃烧系统中的气流形成紊流，在出现速度和压力的剧烈脉动时，便产生了噪声。由于这种波动具有随机性，因此气流噪声是宽频带噪声。按其产生机理不同，可分为射流噪声、涡流噪声以及边界层噪声。这三种噪声中含有各种频率的噪声，当相邻振源的频率相近时，还会引起共振，使振幅增大，发出很大的噪声。

在空气动力噪声中，射流噪声是最常见的一种噪声源。燃气或空气向炉内的射流以及燃烧装置排气放空等都存在射流噪声问题，其形成机理和抑制方法都已成为当代环境工程中的重要研究课题。

3. 燃烧噪声

燃烧反应引起局部区域物质成分波动，进而引发气流速度和压力的变化而产生噪声。均匀混合的层流火焰是无声的，燃烧噪声来源于气流的紊动和局部区域组分的不均匀。

燃烧噪声的大小与燃烧强度成正比。通过改变燃烧器喷嘴的结构和排列方式，例如以多个小火孔代替一个大火孔，使燃料以细股喷出，可以降低噪声的强度。

（二）噪声的消除与控制

控制噪声污染应该从噪声源、传声途径和影响对象三个环节综合考虑。

1. 控制噪声声源

控制噪声声源是控制噪声的最根本、最有效的途径，常采用的方法有以下几种：

（1）提高风机装配精度，消除不平衡性并注意维护保养以减少机械噪声；选用低噪声的传动装置，避免电机及管道的直联而又无声学处理。

（2）改变喷嘴形状减少噪声的产生：相同出口截面积的花形喷嘴和多孔喷嘴较单孔喷嘴产生的噪声小。由于花形喷嘴加工困难，工程上常采用多孔喷嘴，特别是对中压引射式燃烧器更为合适。此外，降低燃气的压力和喷嘴的出口流速，不仅可以减少射流噪声，而且还可降低燃烧噪声。

（3）减少燃烧器热负荷，可以减少噪声：当一个燃烧器的热负荷为 Q 时，其声功率 W 为：

$$W = kQ^2 \tag{9-68}$$

若将燃烧器数目增为 n 个，每个燃烧器的热负荷为 $\frac{Q}{n}$，则整个声功率为：

$$W' = nk\left(\frac{Q}{n}\right)^2 = \frac{1}{n}W \tag{9-69}$$

可见，降低单个燃烧器负荷，可以降低噪声功率。此外，合理选择燃烧器设计参数和注意运行工况的调整，使燃烧器稳定工作，也是减少噪声的有力措施。

2. 控制噪声传播途径

如果由于条件限制，难以从声源上避免噪声的产生，就需要在噪声传播途径上采取措施加以控制。采取吸音、消音、隔音和阻尼等措施来降低和控制噪声的传播，是常见的噪声控制手段，也可以达到很好的效果。常用的减噪装置有：

（1）吸声材料　通常使用的吸声材料有玻璃棉、矿渣棉、毛棉绒、毛毡、木丝板和吸声砖等。这些材料内部具有许多微小的间隙和连续的孔洞，有良好的通气性能。当声波入射到其表面时，将顺着这些孔隙进入材料内部并引起孔隙中的空气和材料细小纤维的振动。因为摩擦和黏滞阻力的作用，相当一部分声能转化为热能而被消耗掉。

（2）隔声罩　将发出噪声的机器（如风机）等完全封闭在一个隔声罩内，防止噪声向外传播。在隔声罩内衬以多孔性吸声材料，当声波在微型孔道内通过时，利用摩擦和黏滞阻力把声能消耗掉。为防止机器噪声通过连接管路传出罩外，管路需要采用柔性连接。

（3）消声器(声学滤波器)　管道中使用的消声器是靠声阻抗的变化来阻止声波自由通

过，部分反射回声源，来减少噪声。常用的方法是改变导管横截面和增加旁侧支管。

3. 在噪声接收点进行防护

控制噪声的最后一种手段是在接收点进行保护。当其他措施不能实现时，或只有少数人在噪声环境中工作时，个人防护是既经济又有效的措施。常用的防护装置有耳塞、耳罩、头盔等。

第五节　燃 气 的 互 换 性

一、燃气互换性与燃具适应性

任何燃具都是按一定燃气成分设计的。当燃气成分发生变化而导致其热值、密度和燃烧特性发生变化时，燃具燃烧器的热负荷、燃烧稳定性、火焰结构、烟气中有害成分的含量等燃烧工况就会改变。

设某一燃具以 a 燃气为基准进行设计，由于某种原因要以 s 燃气置换 a 燃气，如果燃烧器此时不加任何调整而能保证燃具正常工作，则表示 s 燃气可以置换 a 燃气，或称 s 燃气对于 a 燃气而言具有“互换性”。a 燃气称为“基准气”，s 燃气称为“置换气”。但是，互换性并不总是可逆的，即 s 燃气能置换 a 燃气，并不代表 a 燃气一定能置换 s 燃气。

根据燃气互换性的要求，当气源供给用户的燃气性质发生改变时，置换气必须对基准气具有互换性，否则就不能保证用户安全、经济地用气。可见，燃气互换性是对燃气供应单位提出的要求，它限制了燃气性质的任意改变。

两种燃气是否能够互换，并非只决定于燃气性质本身，它还与燃烧器及其他部件的性能有密切关系。一般来说，燃烧器即使在不做任何调整的情况下，也能适应燃气成分的某些改变。

所谓燃具适应性，是指燃具对于燃气性质变化的适应能力。决定燃具适应性的主要因素是燃烧器的性能，但是燃具的其他性能（例如，二次空气的供给情况，敞开燃烧还是封闭燃烧等）也影响其适应性。因此，通常所讲的适应性应理解为燃具的适应性，而不单单是燃烧器的适应性。

研究燃气互换性与燃具适应性问题具有重要意义：它最大限度地从扩大使用各种气源的角度对燃气供应单位和燃具制造单位同时提出了要求。对于燃具制造企业来说，首先应当致力于提高各种燃具的工艺效率、热效率和卫生指标，但与此同时必须注意扩大燃具的适应性，有时甚至需要“牺牲”一些其他方面的效益。在设计和调整燃具时，除了以基准气为主要对象外，还应预先估计到可能使用的置换气，以便有针对性地采取措施扩大燃具的适应性。

一般工业燃具的互换性问题相对容易解决，因此，探讨燃气互换性时主要关注其对配有引射式大气燃烧器的民用燃具的影响。

二、燃气互换性的判定

在城市燃气事业发展初期，大多以煤制气为气源，制气方法单一，燃气组分变化很小，并不存在燃气互换问题。最初，燃气用于照明，只需用光度一个参数来控制燃气质量。以后，燃气用于加热，开始用热值来控制燃气质量。随着燃气供应规模的扩大，气源类型逐渐增多，燃气组分变化范围加大，以致用热值这个参数已经不能控制燃气质量。

1926年，意大利工程师华白提出了反映热值和相对密度两个因素的华白指数，并以它作为控制燃气质量的参数。随着气源种类的进一步增多，燃气组分更为复杂，单用华白指数仍不足以控制燃气质量，于是各国系统地开展了燃气互换性的研究，根据燃气燃烧特性来确定互换性判定指数。国际上互换性判定方法很多，但以美国燃气协会（AmericanGas Association，简称 A. G. A）判定方法和法国燃气公司德尔布（Delbourg）法最有影响。二者的共同点是以大量的实验数据为基础，进行理论分析和归纳，得出具有普遍意义的互换性判定指数和判定方法。

两种燃气是否可以互换，最基本的方法是通过实验手段来确定。燃气互换性试验一般都在特制的控制燃烧器上进行。各国所用的控制燃烧器形式虽然不同，但都是产生本生火焰的大气式燃烧器；各国对互换条件的要求不同，有些限制较严，有些限制较宽；各国所进行实验的对象和深广度也不同，有些针对热值高的燃气，有些只考虑回火因素，有些只考虑离焰因素，因而每个经验公式都具有局限性。

（一）华白指数法

当以一种燃气置换另一种燃气时，首先要保证热负荷在互换前后不发生大的改变。当燃烧器喷嘴前压力不变时，燃气流量不变，燃具热负荷 Q 与燃气热值 H 成正比，与燃气相对密度的平方根 $\sqrt{s}$ 成反比。定义华白数

$$W = \frac{H}{\sqrt{s}} \tag{9-70}$$

式中　W——华白数或称热负荷指数，kJ/m^3；

H——燃气热值，kJ/m^3，按照各国习惯，有些取用高热值，有些取用低热值；

s——燃气相对密度（设空气的相对密度为1）。

这样，燃具热负荷 Q 就与华白数 W 成正比，即：

$$Q = kW \tag{9-71}$$

式中　k——比例常数。

华白数是代表燃气特性的一个参数。假设有两种燃气的热值和密度均不相同，但只要它们的华白数相等，就能在同一燃气压力下和同一燃具上获得同一热负荷。如果其中一种燃气的华白数比另一种大，则其所能达到的热负荷也大。因此，华白数又称热负荷指数。

喷嘴前压力的变化会影响到燃气流量，从而影响燃烧器热负荷。燃烧器热负荷与喷嘴前压力的平方根 $\sqrt{p}$ 成正比。定义广义华白数

$$W_1 = W \cdot \sqrt{p} = H\sqrt{\frac{p}{s}} \tag{9-72}$$

式中　W_1——广义华白数；

p——喷嘴前压力，Pa。

显然，燃烧器热负荷与广义华白数也成正比。

当燃气性质改变时，除了引起热负荷改变外，还会引起燃烧器一次空气系数的变化。根据大气式燃烧器引射器的特性，一次空气系数 α' 与 $\sqrt{s}$ 成正比，与理论空气需要量 V_0 成正比。由于 V_0 与燃气热值 H 成反比，而由式（9-72）可知 W 与 H 成正比，因此 α' 与 H 成反比。这样，一次空气系数 α' 就与华白数 W 成反比，即：

$$\alpha' = k' \frac{1}{W} \tag{9-73}$$

式中　k'——比例常数。

可以得出一个重要结论：如果两种燃气具有相同的华白数，则在互换时能使燃具保持相同的热负荷和一次空气系数。如果置换气的华白数比基准气大，则在置换时燃具热负荷将增大，而一次空气系数将减小；反之，则燃具热负荷将减小，一次空气系数将增大。

华白数是在互换性问题产生初期所使用的一个互换性判定指数。各国一般规定，在两种燃气互换时华白数 W 的变化不大于±（5%～10%）。

在互换性问题产生的初期，由于置换气和基准气的化学、物理性质相差不大，燃烧特性比较接近，因此用华白数这个简单的指标就足以控制燃气互换性。但随着气源种类的不断增多，出现了燃烧特性差别较大的两种燃气的互换问题，这时单靠华白数就不足以判断两种燃气是否可以互换。在这种情况下，除了华白数以外，还必须引入火焰特性这样一个较为复杂的因素。所谓火焰特性，可定义为产生离焰、黄焰、回火和不完全燃烧的倾向性，它与燃气的化学、物理性质直接有关，但到目前为止还无法用一个单一的指标来表示。

（二）燃烧特性判定法

表示燃烧特性最形象的方法是在以燃烧器火孔热强度 q_p 为纵坐标，以一次空气系数 α' 为横坐标的坐标系上作出离焰、回火、黄焰和燃烧产物中CO极限含量曲线。这四条曲线总称为燃气燃烧特性曲线（见图9-14）。不同的燃气在同一燃具上通过实验所作出的燃烧特性曲线不同，这就明显地表示这两种燃气具有不同的燃烧特性。根据这两套特性曲线的相对位置，就可以看出这两种燃气对离焰、回火、黄焰和不完全燃烧的不同倾向性。

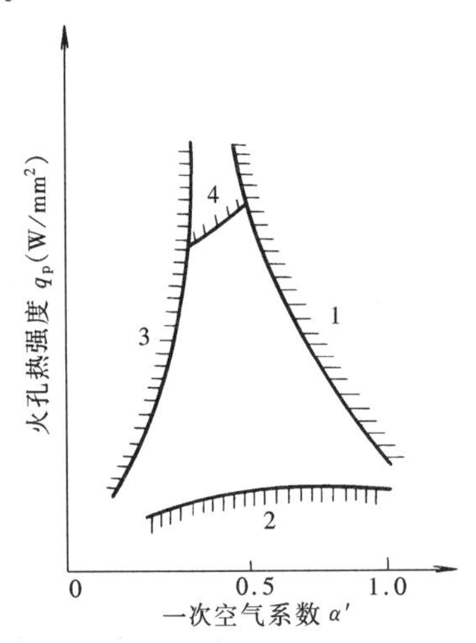

图9-14　燃烧特性曲线

1—离焰极限；2—回火极限；3—黄焰极限；4—CO极限含量

同一种燃气在不同燃具上作出的特性曲线也是不同的，这是因为火孔大小、排列、材料等因素对特性曲线有影响。但是只要两种燃具的基本结构相同，那么不同燃气在这两种燃具上所作出的特性曲线的相对位置仍能保持不变。特性曲线的这一性质非常重要，它表明两种燃气如果在该种典型燃具上能够互换，那么在其他类似燃具上也能够互换。

在燃气温度不变的情况下，某一燃具的运行工况取决于燃气的燃烧特性、火孔热强度和一次空气系数。前一因素决定了特性曲线在 q_p-α' 坐标系上的位置，而后两因素决定了燃具运行点在 q_p-α' 坐标系上的位置。只有当运行点落在特性曲线范围之内时，燃具的运行工况才认为是满意的。当燃气性质（燃气成分）改变时，燃气燃烧特性和华白数同时改变。燃气燃烧特性的改变引起特性曲线位置的改变，华白数的改变引起燃具运行点的改变。从互换性角度来讲，当以一种燃气置换另一种燃气时，应保证置换后燃具的新工作点落在置换后新的特性曲线范围之内。

【例 9-2】 标准状况下，天然气热值 $H_a=41\text{MJ/m}^3$，密度为 0.82kg/m^3，压力 $P_a=1800\text{Pa}$，在大气式燃烧器上的正常工作点在 $q_a=9.3\text{W/mm}^2$，$\alpha_a=0.6$ 处。现用另一种燃气置换，后者的热值 $H_s=115\text{MJ/m}^3$，密度为 1.95kg/m^3。

计算：(1) 置换后新工作点的 q_s 和 α_s；(2) 若允许改变压力，热负荷维持原值时的燃气压力。

解：(1) 基准气的相对密度 $\rho_a=\frac{0.82}{1.293}=0.63$；置换气的相对密度 $\rho_a=\frac{1.95}{1.293}=1.51$；

基准气的华白数 $W_a=\frac{H}{\sqrt{s}}=\frac{42}{\sqrt{0.63}}=51.7$；置换气的华白数 $W_s=\frac{115}{\sqrt{1.51}}=93.6$

$$\frac{q_s}{q_a}=\frac{93.6}{51.7}=1.81;\quad \frac{\alpha_{s'}}{\alpha_{a'}}=\frac{W_a}{W_s}=\frac{51.7}{93.6}=0.55$$

∴ $q_s=1.81q_a=1.81\times9.3=16.8$；$\alpha_{s'}=0.55\alpha_{a'}=0.55\times0.6=0.33$

(2) 热负荷维持原值，则广义华白数 $W_{1a}=W_{1s}$

即
$$W_a\cdot\sqrt{p_a}=W_s\cdot\sqrt{p_s}$$

∴
$$p_s=\left(\frac{W_a}{W_s}\right)^2\cdot p_a=0.55^2\times1800=545\ \text{Pa}$$

根据图 9-14 可以立即知道某种燃具对于某种燃气的适应程度。此外，还可以通过这种曲线图来选择燃烧器最佳运行工况，确定合理的火孔单位面积热强度和一次空气系数。然而，要针对为数众多的燃具和燃气作出许多稳定曲线、黄焰极限曲线和 CO 极限曲线，试验工作量是很大的，也是难以做到的。因此，就要求通过系统研究得出一些可靠的指数来判定燃气互换性。

(三) A. G. A 指数判定法

美国燃气协会（A. G. A）对热值大于 32000kJ/m^3（800Btu/ft^3）[1]的燃气的互换性进行了系统研究，用各种试验燃烧器试验燃烧性能，得出离焰、回火、黄焰三个互换指数来判别互换后火焰的稳定性。以后的试验表明，这些互换指数对热值低于 32000kJ/m^3 的燃气也有一定的适用性。

1. 离焰互换指数 I_L

以燃气互换后火孔热强度 q_s 下的一次空气系数 α'_s 与互换后 q_s 下的离焰极限一次空气系数之比 α'_{sL}，表示离焰互换指数 I_L：

$$I_L=\frac{\alpha'_s}{\alpha'_{sL}} \tag{9-74}$$

推导得离焰互换指数：

$$I_L=\frac{K_a}{\frac{f_s a_s}{f_s a_a}\left(K_s-\lg\frac{f_a}{f_s}\right)} \tag{9-75}$$

式中 K_a、K_s ——基准气和置换气的离焰极限常数，可由各单一气体的离焰常数 F（见表 9-3）按加和性求得，$F_i=K_i\rho_r$

[1] A. G. A 互换性判定法中许多系数的选定与英制单位密切相关。

$$K = \frac{F_1 r_1 + F_2 r_2 + \cdots\cdots}{\rho_{\text{rmin}}} \tag{9-76}$$

r_1、r_2 ——基准气和置换气中各单一组分的容积成分，%；

f_a、f_s ——基准气和置换气的一次空气因数，$f = \frac{\sqrt{\rho_r}}{H_h}$；

a_a、a_s ——基准气和置换气完全燃烧，平均每释放 105kJ（100Btu）热量所消耗的理论空气量。

单一气体的离焰常数 *F* 和消除黄焰所需的最小空气量 *T*　　表 9-3

气体名称	分子式	F	T
氢	H_2	0.600	0
一氧化碳	CO	1.407	0
甲烷	CH_4	0.670	2.18
乙烷	C_2H_6	1.419	5.80
丙烷	C_3H_8	1.931	9.80
商品丁烷	$75\%C_4H_{10}+25\%C_6H_6$	2.414	15.30
纯丁烷	C_4H_{10}	2.550	16.85
乙烯	C_2H_4	1.768	8.70
丙烯	C_3H_6	2.060	13.00
苯	C_6H_6	2.710	52.00
发光物	$75\%C_2H_4+25\%C_6H_6$	2.000	19.53
氧	O_2	2.900	−4.76
二氧化碳	CO_2	1.080	—
氮	N_2	0.688	—
乙炔	C_2H_2		17.40

在预先算出基准气和置换气的 f、a 和 K 后，即能用离焰互换指数 I_L 判定这两种燃气是否可以互换。从理论上讲，$I_L < 1$，就能获得稳定火焰；$I_L > 1$ 就发生离焰现象。

2. 回火互换指数 I_F

$$I_F = \frac{K_s f_s}{K_a f_a}\left(\frac{H_s}{39940}\right)^{0.5} \tag{9-77}$$

A. G. A 用很多置换气在各种典型燃具上作了试验，确定了为防止回火所必需的 I_F 极限值。

3. 黄焰互换指数 I_Y

燃气互换后某热负荷下的一次空气系数与互换后该热负荷下的黄焰极限一次空气系数 α'_{sy} 之比，称为黄焰互换指数 I_Y：

$$I_y = \frac{\alpha'_s}{\alpha'_{sy}} = \frac{f_s a_a}{f_a a_s}\frac{\alpha'_{ay}}{\alpha'_{sy}} \tag{9-78}$$

式中　α'_y ——基准气和置换气的黄焰极限一次空气系数，

$$\alpha'_y = \frac{\sum r_i T_i}{V_0 + 7r_{in} - 26.3r(O_2)} \tag{9-79}$$

T_i ——各单一气体为消除黄焰而需的最小空气量，见表 9-3；

V_0 ——燃气的理论空气需要量；

r_{in} ——燃气中氮和二氧化碳的容积成分；

$r(O_2)$ ——燃气中氧的容积成分。

用 s 燃气去置换 a 燃气时，把用以上公式计算的结果，与表 9-4 比较，只有当 I_L、I_F、I_Y 三个指数同时符合所规定的范围时，才能置换。

对于各种天然气的互换极限表 **表 9-4**

互换指数	高发热值天然气			高甲烷天然气			高惰性天然气		
	适　合	勉强适合	不适合	适　合	勉强适合	不适合	适　合	勉强适合	不适合
I_L	<1.0	1.0～1.12	>1.12	<1.0	1.0～1.06	>1.06	<1.0	1.0～1.03	>1.03
I_F	<1.18	1.18～1.2	>1.2	<1.18	1.18～1.2	>1.2	<1.18	1.18～1.2	>1.2
I_Y	>1.0	1.0～0.7	<0.7	>1.0	1.0～0.8	<0.8	>1.0	1.0～0.9	<0.9

4. 德尔布判定法

法国燃气公司从 1950 年开始进行燃气互换性研究，到 1956 年获得比较完善的成果。大量试验表明，当不同燃气在同一燃烧器上燃烧时，离焰、回火和 CO 三条曲线主要取决于与内焰高度有关的因素，而黄焰曲线则与内焰高度无关。因此可以用一个参数来表示离焰、回火和 CO 互换特性，而用另一个参数来表示黄焰互换特性。当然，前一个参数比后一个参数重要得多。

经过大量试验，研究主持人德尔布博士选择校正华白数 W' 和燃烧势 CP 作为判定的两个指数，并以在 W'-CP 坐标系上的曲线图来表示燃气允许互换的范围。各项指数如下：

（1）校正华白数

$$W' = k_1 k_2 \frac{H}{\sqrt{s}} \tag{9-80}$$

式中　H——燃气高热值，kJ/m^3；

s——燃气相对密度。

校正系数 k_1 与燃气中的 H_2、C_mH_n 和 CO_2 的体积百分含量有关。校正系数 k_2 与燃气中的含氧量有关。

（2）燃烧势（Combustion Potential）

燃烧势是反映预混火焰内焰高度的指数，又称燃烧速度指数。其定义如下：

$$CP = u \frac{H_2 + 0.3CH_4 + 0.7CO + \nu \sum aC_mH_n}{\sqrt{s}} \tag{9-81}$$

式中　a——各种碳氢化合物的系数；

u——由于燃气中含氧量及含氢量不同而引入的系数；

ν——由于燃气中含氢量不同而引入的系数。

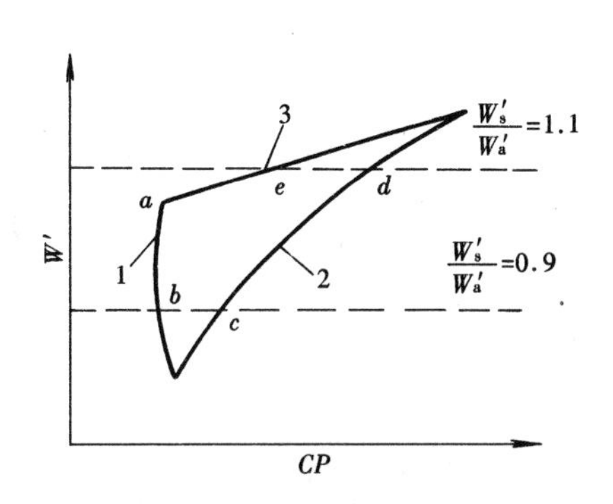

图 9-15　德尔布互换图
1—等离焰线；2—等回火线；3—等 CO 线

用具有不同 W' 和燃烧势（CP）值的燃气在典型燃具上进行试验，就可以在 W'-CP 坐标系上作出等离焰线、等回火线和等 CO 线。这三条曲线所限定的范围就是具有不同 W' 和 CP 值的燃气在该燃具上的互换范围。将城市燃气管网中实际应用的所有典型燃具的互换图合并在同一坐标系上，其内部界限所组成的范围就是满足所有典型燃具要求的互换范围（见图 9-15）。华白数的允许波动范围一般为±(5%～10%)。这样，在 W'-CP 坐标系上就可以作出两条平行于 CP 轴的直线，一条为华白数允许变化上限$\left(图 9\text{-}15 中\dfrac{W'_s}{W'_s}=1.1 的直线\right)$，另一条为华白数允许变化下限$\left(图 9\text{-}15 中\dfrac{W'_s}{W'_s}=0.9 的直线\right)$。由等离焰线、等回火线、等 CO 线和两条华白数允许变化曲线所限定的范围 *abcde* 就是燃气允许互换范围，又称德尔布互换图。

思 考 题

1. 天然气燃烧产生的烟气中主要成分的比例如何？

2. 能否根据烟气中的氧含量估算过剩空气系数的大小？

3. 火焰是如何传播的？影响火焰传播速度的因素有哪些？

4. 强化燃烧的基本途径有哪些？

5. 层流扩散火焰的结构是怎样的？各种气体成分是如何分布的？

6. 火焰的本质是什么？扩散火焰为什么会发出明亮的黄颜色光？影响火焰传播速度的因素有哪些？

7. 部分预混火焰的结构是怎样的？内焰与外焰有什么不同？燃烧的高温区在哪里？

8. 预混火焰为什么能稳定？其实质是什么？预混火焰的稳定范围是什么？

9. 扩散火焰会不会发生回火的现象？为什么完全预混火焰既容易发生回火又容易发生脱火？稳定预混火焰的途径有哪些？

10. 燃烧会产生哪些污染？CO 与 NO 的生成机理与生成条件有哪些不同？

11. 如何控制燃烧噪声的污染？

12. 什么是华白数、燃烧势？判断燃气能否互换的常用方法有哪些？各种方法的本质是什么？

第十章　燃气燃烧应用装置

用来实现燃烧过程的设备，统称为燃烧装置。燃烧器是进行燃气与空气混合，实现燃烧反应的核心设备，在工业上常称为燃气烧嘴；集合了送风设备、调节控制机构和燃烧器的紧凑整体又称为燃烧机。

第一节　燃气燃烧器的技术要求与分类

一、技术要求

（1）能够达到所要求的热负荷，满足正常的加热要求。

（2）燃烧稳定：当燃气压力和热值在正常范围变动时，不会发生回火和脱火等不稳定燃烧现象。

（3）燃烧完全，热效率高，对环境污染小：严格控制污染气体的排放量，符合国家标准的要求；较高水平的燃烧效率，有助于控制温室气体 CO_2 的排放量。

（4）结构紧凑，金属耗量低：结构紧凑，便于燃烧器的布置；规模化生产则必须考虑金属耗量，以控制生产成本。

（5）工况调节方便，噪声低。

二、分类及应用

不同的应用场合需要相适应的燃烧方法，因而燃气燃烧器的类型各式各样，常见的分类方法有如下三种。

（一）按一次空气系数分类

（1）扩散式燃烧器：燃气在点火前不预混空气，一次空气系数 $\alpha'=0$；

（2）部分预混式燃烧器，又称作大气式燃烧器：燃烧前，燃气中预先混入一部分空气，燃烧所需其余空气后续供入，通常一次空气系数 $\alpha'=0.45\sim0.75$；

（3）完全预混式燃烧器，又称为无焰燃烧器：燃烧所需的全部空气与燃气在点火前预先充分混合，一次空气系数 $\alpha'\geqslant1.0$。

（二）按空气的供应方式分类

（1）自然引风式燃烧器：依靠炉膛负压将环境空气吸入燃烧区域进行燃烧；

（2）鼓风式燃烧器：采用鼓风设备将空气强制送到燃烧反应区；

（3）引射式燃烧器：通常利用燃气高速流动形成的负压引射空气进行混合；也可用空气射流引射燃气。

（三）按燃气供应压力分类

（1）低压燃烧器：燃气压力在 5000Pa 以下；

（2）高（中）压燃烧器：燃气压力高于 5000Pa。

第二节　扩散式燃烧器

按照扩散式燃烧方法设计的燃烧器称为扩散式燃烧器。扩散式燃烧器的一次空气系数$\alpha'=0$，燃烧所需要的空气全部在燃烧过程中供给。根据空气供给方式的不同，扩散式燃烧器又可分为自然引风式和强制鼓风式两种。自然引风式，依靠自然抽力，扩散供给空气，多用于民用，简称为扩散式燃烧器；强制鼓风式，依靠鼓风机供给空气，多用于工业，简称为鼓风式燃烧器。

一、自然引风扩散式燃烧器

（一）自然引风扩散式燃烧器的构造及工作原理

最简单的扩散式燃烧器是在一根钢管上钻一排火孔而制成的，如图 10-1 所示。燃气在一定压力下进入管内，经火孔逸出后从周围空气中获得氧气而燃烧，形成扩散火焰。

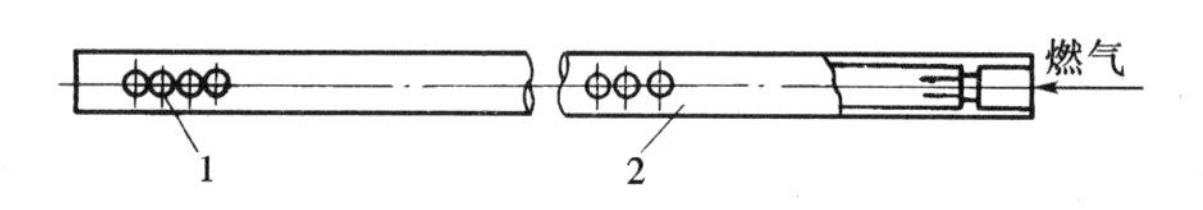

图 10-1　直管式扩散燃烧器
1—火孔；2—燃气管

根据加热工艺的需要，自然引风式扩散燃烧器可以做成多种形式，如图 10-2 和图 10-3 所示。

（二）自然引风扩散式燃烧器的特点及应用范围

自然引风扩散式燃烧器结构简单，制造方便，具有燃烧稳定，不会回火且点火容易，调节方便等优点；可利用低压燃气，不需要鼓风，无动力消耗。

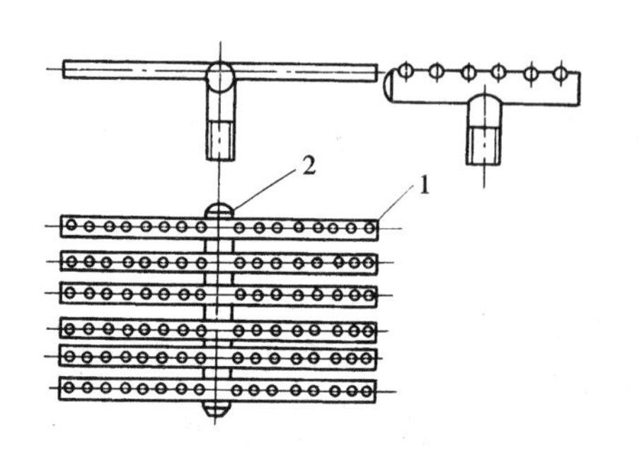

图 10-2　排管扩散式燃烧器
1—排管；2—集气管

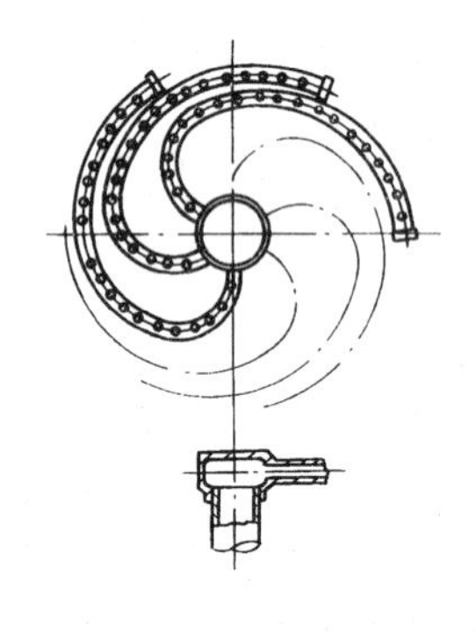

图 10-3　涡卷式扩散燃烧器

但是这种燃烧器燃烧热强度低，火焰长，需要较大的燃烧空间；容易产生不完全燃烧，甚至冒黑烟。为使燃烧完全，必须供给较多的过剩空气；当过剩空气系数较大时，燃烧温度低，排烟热损失大。

自然引风扩散式燃烧器主要适用于温度要求不高，但要求温度均匀、火焰稳定的场合，如用于沸水器、热水器、纺织业和食品业中的加热及在小型采暖锅炉中用作点火器。有些工业窑炉要求火焰具有一定亮度或某种保护性气氛时，也可采用自然引风扩散式燃烧器；由于结构简单，临时性加热设备也常采用此类燃烧器。

层流扩散式燃烧器一般不适用于天然气和液化石油气。因为这两种燃气燃烧速度慢，容易产生不完全燃烧和烟炱。

（三）自然引风扩散式燃烧器的设计计算

自然引风式扩散燃烧器的形式虽然很多，但其计算均是以动量定理、连续性方程及火焰的稳定性为基础，目的是确定火孔直径、数目、间距及燃烧器前燃气所需要的压力。最简单的直管式扩散燃烧器的设计计算步骤如下所述：

（1）选取火孔直径 d_p。一般取 $d_p = 1 \sim 4$ mm：火孔太大不容易燃烧完全，火孔太小又容易被堵塞。

（2）选取火孔间距 s。火孔间距以保证顺利传火和防止火焰合并为原则，一般取 $s = (8 \sim 13)d_p$。

（3）根据自然引风扩散燃烧稳定范围，由表 10-1 选取火孔热强度 q_p，计算火孔出口速度 v_p。

$$v_p = \frac{q_p}{H_l} \times 10^6 \tag{10-1}$$

式中 v_p——火孔出口速度，m/s；

q_p——火孔热强度，kW/mm²；

H_l——燃气低热值，kJ/m³。

一般扩散燃烧器火孔设计参数　　表 10-1

燃气种类	人工煤气				天然气				液化石油气			
火孔直径 d_p (mm)	1	2	3	4	1	2	3	4	1	2	3	4
火孔额定热强度 q_p (kW/mm²)	0.93～1.05	0.46～0.58	0.23～0.28	0.17～0.23	0.46	0.35	0.23	0.12	0.12	0.03	0.017	0.009
火孔中心距离 s (mm)	(8～13) d_p											
火孔深度 H (mm)	(1.5～20) d_p											

（4）计算火孔总面积 F_p。

$$F_p = \frac{Q}{q_p} \tag{10-2}$$

式中 F_p——火孔总面积，mm²；

Q——燃烧器热负荷，kW。

（5）计算火孔数目 n。

$$n = \frac{F_p}{\frac{\pi}{4} d_p^2} \tag{10-3}$$

（6）计算燃烧器头部燃气分配管截面积 F_g。为使燃气在每个火孔上均匀分布，以保证每个火孔的火焰高度整齐，头部截面积应不小于火孔总面积的两倍，即：

$$F_g \geqslant 2F_p \tag{10-4}$$

（7）计算燃烧器前所需要的燃气压力 h。通常燃气在头部流动的方向与火孔垂直，故燃气在头部的动压不能利用，这时头部所需要的压力为：

$$h = \frac{1}{\mu_{\mathrm{p}}^2} \cdot \frac{v_{\mathrm{p}}^2}{2} \rho_{\mathrm{g}} \frac{T_{\mathrm{g}}}{273} + \Delta h \tag{10-5}$$

式中 h——头部所需力压，Pa；

μ_{p}——火孔流量系数，与火孔的结构特性有关，在管子上直接钻孔时，$\mu_{\mathrm{p}}=0.65\sim0.70$；在管子上直接钻较小的孔时（$d_{\mathrm{p}}=1\sim1.5\mathrm{mm}$），当 $\frac{l}{d_{\mathrm{p}}}=0.75$ 时，$\mu_{\mathrm{p}}=0.77$；当 $\frac{l}{d_{\mathrm{p}}}=1.5$ 时，$\mu_{\mathrm{p}}=0.85$（l—火孔深度），对于管嘴，当 $\frac{l}{d_{\mathrm{p}}}=2\sim4$ 时，$\mu_{\mathrm{p}}=0.75\sim0.82$，对于直径小、孔深浅的火孔，取较小值；

v_{p}——火孔出口速度，m/s；

ρ_{g}——燃气密度，$\mathrm{kg/m^3}$；

T_{g}——火孔前燃气温度，K；

Δh——炉膛压力，Pa，当炉膛为负压时，Δh 取负值。

为了保证火孔的热强度 q_{p}，即保证火孔出口速度 v_{p}，燃气供应压力 H 必须等于头部所需的压力 h。如果 $H>h$，可用阀门或节流圈减压。节流圈与最近一个火孔之间的距离不应小于燃气分配管内径的 12 倍。根据节流原理，截流孔面积为：

$$F = 0.707 \frac{Q}{\mu H_l} \sqrt{\frac{\rho_{\mathrm{g}}}{H-h}} \tag{10-6}$$

式中 F——截流圈过流面积，$\mathrm{m^2}$；

H——燃气供气压力，Pa；

μ——截流孔流量系数，一般取 0.62。

（8）布置火孔和绘制燃烧器简图。

二、鼓风扩散式燃烧器

（一）鼓风扩散式燃烧器的构造及工作原理

在鼓风式燃烧器中燃气燃烧所需要的全部空气均由鼓风机一次供给，但燃烧前燃气与空气并不实现预混，因此燃烧过程并不属于预混燃烧，而为扩散燃烧。

鼓风式燃烧器的燃烧强度与火焰长度由燃气与空气的混合强度决定。为了强化燃烧过程和缩短火焰长度，常采取各种措施来加速燃气与空气的混合，例如，将燃气分成很多细小流束射入空气流中或采用空气旋流等。根据强化混合过程所采取的措施及工艺对火焰的要求，鼓风式燃烧器可以做成套管式、旋流式、平流式等各种式样。图 10-4 和图 10-5 所示分别是中心供气蜗壳式旋流燃烧器和边缘蜗壳式旋流燃烧器。

（二）鼓风扩散式燃烧器的特点及应用范围

与自然引风扩散式燃烧器相比，鼓风式燃烧器燃烧热强度大，火焰长短可调节。与热负荷相同的引射式燃烧器相比，其结构紧凑，体形轻巧，占地面积小。另外，鼓风式燃烧器要求燃气压力低，热负荷调节范围大，能适应正压炉膛，容易实现粉煤-燃气或油-燃气联合燃烧；还可以采用预热空气或燃气，预热温度甚至可接近燃气着火温度，因此可以极大地提高燃烧温度，这对高温工业炉来说是很必要的。

鼓风式燃烧器需要鼓风，耗费电能。燃烧室容积热强度通常比完全预混燃烧器小，火焰较长，因此需要较大的燃烧室容积。另外，鼓风式燃烧器本身不具备燃气与空气按比例

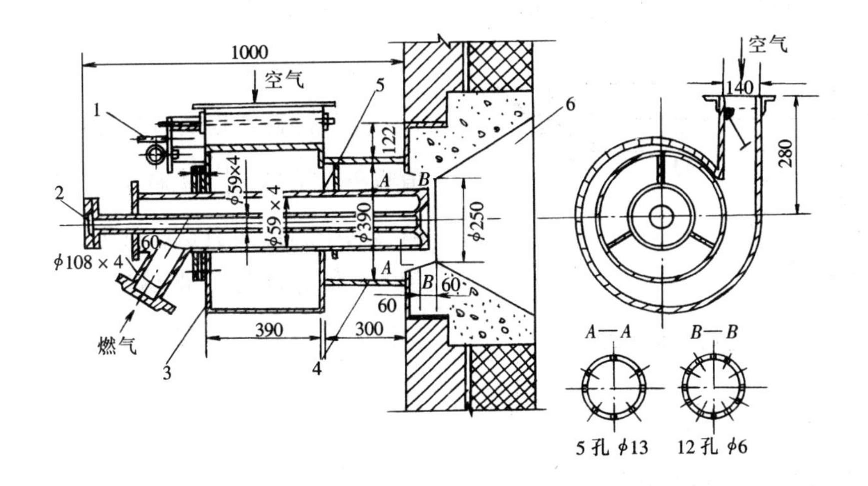

图 10-4　中心供气蜗壳式旋流燃烧器

1—调风板手柄；2—观火孔；3—蜗壳；4—圆柱形空气通道；5—燃气分配管；6—火道

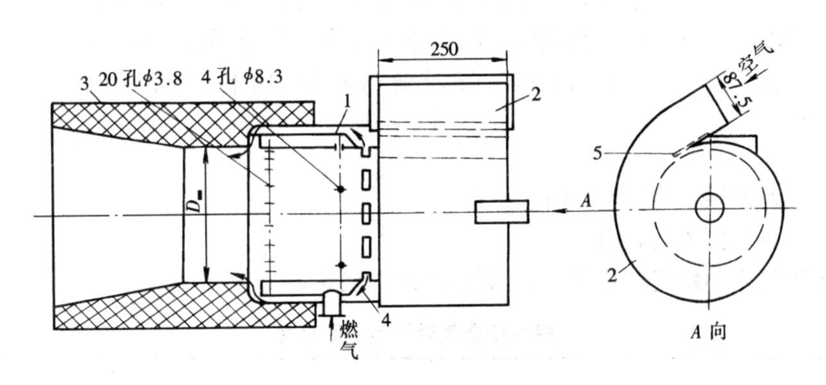

图 10-5　边缘供气蜗壳式旋流燃烧器

1—燃气分配室；2—蜗壳；3—火道；4—冷空气室；
5—空气调节板

变化的自动调节特性，需配置自动比例调节装置，主要用于各种工业炉及锅炉中。

（三）鼓风扩散式燃烧器的设计计算

鼓风式燃烧器的种类很多，其计算方法也略有差异，设计中主要考虑使空气、燃气两股气流在有限的空间内充分混合。下面以蜗壳式燃烧器为例介绍鼓风式燃烧器的设计计算方法。

1. 空气系统计算

（1）计算圆柱形空气通道直径（喷头直径）（见图 10-6）

$$D_p=\sqrt{\frac{4Q}{\pi\cdot q_p}} \tag{10-7}$$

式中　D_P——空气通道直径，m；

Q——燃烧器热负荷，kW；

q_p——圆柱形通道截面假想平均热强度，与燃气种类、燃烧器形式、负荷调节比等有关，通常取 $q_p = (35 \sim 40) \times 10^3 \mathrm{kW/m^2}$。

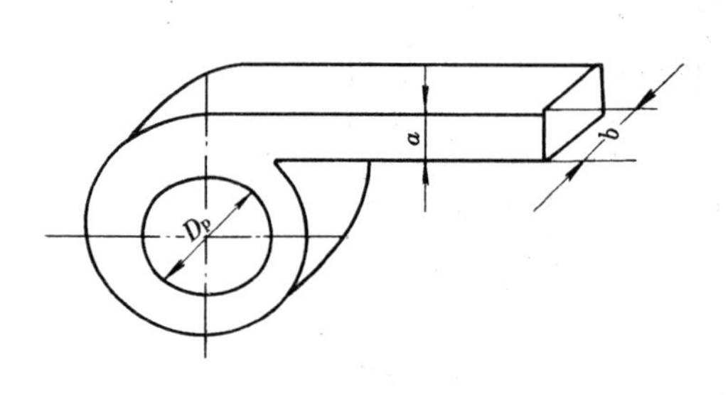

图 10-6　等速蜗壳供气示意图

（2）确定蜗壳结构比$\frac{ab}{D_p^2}$

空气的旋转程度与蜗壳结构比有关。a 值越小，结构比$\frac{ab}{D_p^2}$就越小，空气流相对于燃烧器中心轴的力矩就越大，旋转程度也越大，混合就进行得越快，火焰也越短。但随着$\frac{ab}{D_p^2}$的减小，旋转程度增大，阻力损失将增大。为此，通常取$\frac{ab}{D_p^2}=0.35 \sim 0.4$。

根据结构比$\frac{ab}{D_p^2}$就可以确定蜗壳尺寸。

（3）确定空气实际通道的宽度

由于空气流的旋转，空气在通道内是按螺旋形向前流动的。因此，在圆柱形通道中心形成了一个回流区。由于存在回流区，所以空气并非沿整个圆柱形通道向前流动，而只是沿边缘环形通道向前流动（见图 10-7）。环形通道的宽度按下式计算：

$$\Delta = \frac{D_p - D_{bf}}{2} \tag{10-8}$$

式中　Δ——环形通道宽度，cm；

D_{bf}——回流区直径，cm。

回流区的尺寸与蜗壳结构有关，可按表 10-2 确定。

蜗壳供空气时的回流区尺寸　　**表 10-2**

蜗壳结构比$\frac{ab}{D_p^2}$	0.6	0.45	0.35	0.2
回流区直径与喷头直径比①$\frac{D_{bf}}{D_p}$	0.41	0.41	0.47	0.69
回流区面积与喷头面积比$\left(\frac{D_{bf}}{D_p}\right)^2$	0.167	0.167	0.22	0.48

① 这种燃烧器的喷头直径与空气通道直径相等。

（4）计算空气的实际流速

空气在环形通道内螺旋运动的速度按下式计算：

$$v_a = \frac{1}{0.36} \frac{\alpha V_0 L_g}{\frac{\pi}{4}(D_p^2 - D_{bf}^2)} \frac{1}{\sin\beta} \frac{T_a}{273} \tag{10-9}$$

式中　v_a——空气螺旋运动的实际速度，m/s，其气流轴线与燃烧器轴线的交角为 $90° - \beta$；

α——过剩空气系数；

V_0——理论空气需要量，$\mathrm{m^3/m^3}$；

L_g——燃气耗量，$\mathrm{m^3/h}$；

T_a——空气温度，K；

β——空气螺旋运动的平均上升角，其值与蜗壳结构有关，按表 10-3 确定。

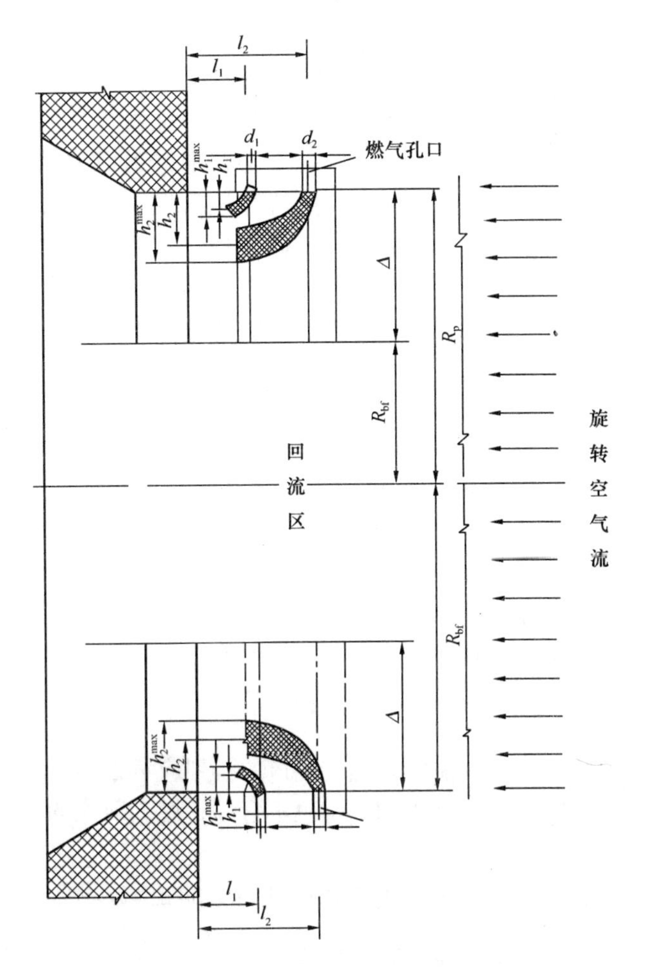

图 10-7　旋转空气流中燃气射流的位置

空气螺旋运动的平均上升角　　　　**表 10-3**

切向供气	$\frac{ab}{D_p^2}$	0.35	0.25	0.20
	β	35°	25°	22°
蜗壳供气	$\frac{ab}{D_p^2}$	0.6	0.45	0.35
	β	33°	31°	29°

（5）计算燃烧器前空气所需的压力

$$H_a=\frac{v_a^2}{2}\rho_a+(\zeta-1)\frac{v_{in}^2}{2}\rho_a \tag{10-10}$$

式中　H_a——燃烧器前空气所需的压力，Pa；

ζ——空气入口动压下的阻力系数，对蜗壳供气，$\frac{ab}{D_p^2}=0.35$ 时，$\zeta=2.8\sim2.9$；

对切向供气，$\frac{ab}{D_p^2}=0.35$ 时，$\zeta=1.8\sim2.0$；

v_{in}——燃烧器入口的空气流速，m/s。

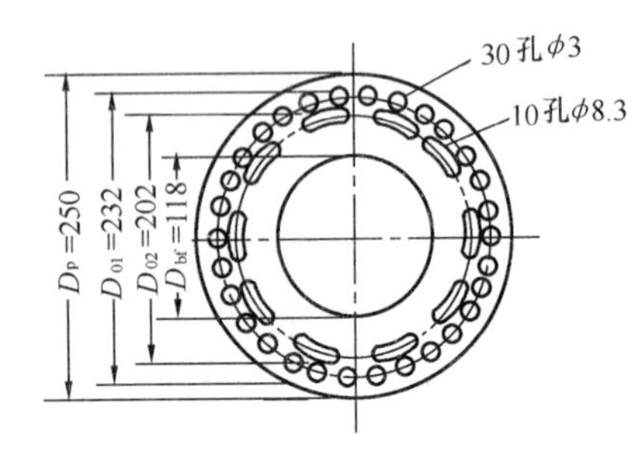

图 10-8 燃气流束在空气流中的分布

2. 燃气系统计算

合理的燃烧器结构应使燃气射流均匀地分布在空气流中，应严格防止燃气射流在空气射流中相互重叠(见图 10-8)。根据射流穿透理论，当射流孔径不同时，射流穿透深度不同。计算时把环形空气通道分成若干假想环，然后选取不同的燃气孔口直径及数目，使燃气按需要量进入每个假想环中，与该假想环内的空气进行混合。

(1)计算燃气分配室截面积

$$F'_g=\frac{1}{0.0036}\frac{L_g}{v'_g} \tag{10-11}$$

式中 F'_g——燃气分配室截面积，mm^2；

v'_g——燃气分配室内燃气的流速，m/s，一般取 $v'_g=15\sim20$m/s。

(2)计算射流穿透深度

如果燃气孔口布置在同一燃气总管上，则燃气孔口的出口速度相等。改变孔口直径，可以改变射流穿透深度。对不同直径的孔口存在下列关系：

$$\frac{d_1}{d_2}\approx\frac{h_1}{h_2} \tag{10-12}$$

为了使燃气均匀地分布在空气流中，燃气孔口的排列应考虑以下原则：在空气流中的各燃气射流应有一定的间隙，彼此既不相交，也不合并；燃气射流的流量和与其接触的空气流量之间应保持一定的比例。

燃气射流与空气混合的完善程度取决于孔口到喷头的距离，距离越远，混合越均匀。燃气与不预热的空气混合时，混合基本完善的距离是：$\frac{v_g}{v_a}=5$ 时，$l=30d_g$；$\frac{v_g}{v_a}=10$ 时，$l=50d_g$(d_g 一燃气孔口直径)。

空气旋转时，空气通道中间存在回流区，空气只能沿边缘环形通道向前流动。在环形通道内，由于空气旋转，空气的主要质量集中在环形通道的边缘上，其宽度约为 0.5Δ。因此，燃气的主要质量也应分布在这一区域内。这样，可保证燃气在最小的过剩空气条件下完全燃烧。

图 10-9 所示为单股射流与主气流相交流动的示意图。实验研究表明，距离喷嘴 h 处的射流直径 D_j 与绝对穿透深度[1] h 的比值为常数。

$$\frac{D_j}{h}=0.75 \tag{10-13}$$

因此，射流边界的最大穿透深度：

$$h^{max}=h+0.5D=1.375h \tag{10-14}$$

式中 h^{max}——射流边界最大穿透深度，mm；

h——射流穿透深度，mm；

D——射流直径，mm。

[1] 当射流轴线与主气流方向一致时，喷嘴出口平面到射流轴线之间的法向距离 h 定义为绝对穿透深度。

燃气孔口一般排成两排，于是可得：

$$h_2^{max} = 0.5\Delta \tag{10-15}$$

$$h_2 = \frac{0.5}{1.375}\Delta = 0.36\Delta \tag{10-16}$$

$$\begin{aligned} h_1^{max} &= 0.8(h_2^{max} - D_2) \\ &= 0.8 \cdot (1.375 - 0.75)h_2 \\ &= 0.18\Delta \end{aligned} \tag{10-17}$$

$$h_1 = 0.13\Delta \tag{10-18}$$

(3)确定燃气孔口的数目

每排燃气孔口的最大数目以射流达到穿透深度时，不使流束重叠为条件。在上升角为 β 的旋转空气流中，燃气射流达到穿透深度时，其直径为：

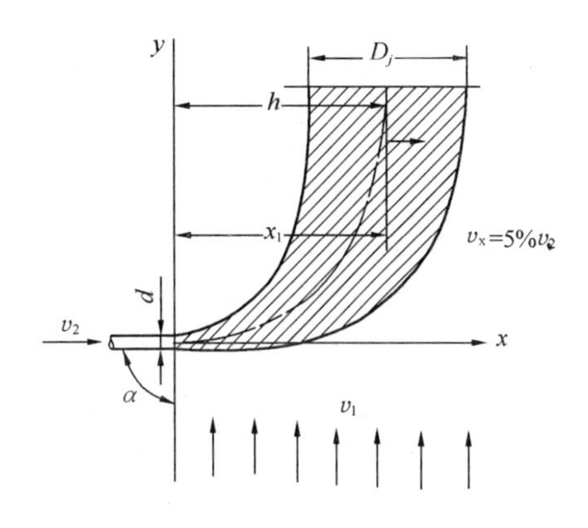

图 10-9　相交气流中的射流

$$D = \frac{0.75h}{\sin\beta} \tag{10-19}$$

因此，防止射流重叠，射流最小间距应为：

$$s_{min} \geqslant \frac{0.75h}{\sin\beta} \tag{10-20}$$

每排燃气孔口的最大数目 Z_{max} 为：

$$Z_{max} \leqslant \frac{\pi(D_p - 2h)}{s_{min}} \tag{10-21}$$

式中　$\pi(D_p - 2h)$——燃气射流穿透深度为 h 时，每排燃气射流轴心所在圆的周长。

(4)确定每排燃气孔口直径

燃气孔口为两排时：大直径孔口的燃气流量约占燃气总量的 70%，小直径孔口的燃气流量约占燃气总量的 30%。由于各排燃气孔口均分布在同一个燃气分配室上，所以，各排孔口的燃气出口速度都相等。因此，大直径孔口的面积应占孔口总面积的 70%，而小直径孔口应占 30%。首先计算大直径孔口，其孔口面积为：

$$0.7F = z_2 \frac{\pi d_2^2}{4} \tag{10-22}$$

燃气孔口的总面积为：

$$F = \frac{\varepsilon_F L_g}{v_g} \tag{10-23}$$

$$d_2 = 0.9K_s \frac{\varepsilon_F L_g}{z_2 h_2 v_a}\sqrt{\frac{\rho_g}{\rho_a}} \tag{10-24}$$

然后根据射流穿透深度计算公式(10-25)计算小直径孔口，再根据 $F_1 = 0.3F$ 计算小孔口数目，最后计算孔口间距，并校核流股是否合并。

$$\frac{h}{d_p} = K_s \frac{v_p}{v_a}\sqrt{\frac{\rho_g}{\rho_a}}\sin\alpha \tag{10-25}$$

式中　h——头部所需压力，Pa；

d_p ——火孔直径，mm；

K_s ——系数；

α ——燃气射流与空气流的交角；

v_p ——火孔出口的燃气流速，m/s；

v_a ——空气流经火道最小截面的速度，m/s；

ρ_g ——燃气密度，kg/m^3；

ρ_a ——空气密度，kg/m^3。

(5)计算燃烧器前燃气所需压力

$$H_g = \frac{1}{\varepsilon_H}\frac{1}{\mu_g^2}\frac{v_g^2}{2}\rho_g \tag{10-26}$$

式中 H_g ——燃气所需压力，Pa；

ε_H ——压缩系数；

μ_g ——燃气孔口流量系数。

【例 10-1】 设计一直管式扩散燃烧器。已知：人工煤气参数：热值 H_l =17618kJ/m^3、燃气密度 ρ_g =0.47 kg/m^3；燃气压力 P =800Pa，火孔前燃气温度 T_g=313K，燃烧器热负荷 Q=23.3kW，燃烧室压力为 Δp =0Pa。

解：

(1) 选择火孔直径 d_p=2mm、火孔间距 $s=8d_p$=16mm、火孔深度 $h=(1.5\sim 2.)d_p = 3\sim 4$mm。

(2) 由表 10-1 选取火孔热强度 q_p=0.49kW/mm^2，按式（10-1）计算火孔出口速度：

$$v_p = 10^6\frac{q_p}{H_l} = \frac{10^6\times 0.49}{17618} = 27.8\text{m/s}$$

(3) 按式（10-2）计算火孔总面积：

$$F_p = \frac{Q}{q_p} = \frac{23.3}{0.49} = 47.6\ \text{mm}^2$$

(4) 火孔数目：

$$n = \frac{F_p}{\frac{\pi}{4}d_p^2} = \frac{47.6}{0.785\times 2^2} \approx 15\text{个}$$

(5) 按式（10-3）计算头部燃气分配管截面积

$$F_g = 2F_p = 2\times 47.6 = 95.2\text{mm}^2$$

圆管时，头部燃气分配管内径

$$d_g = \sqrt{\frac{F_g}{\frac{\pi}{4}}} = \sqrt{\frac{95.2}{0.785}} \approx 11\text{mm}$$

选 $DN15$[1] 加厚钢管，外径为 21.3mm，壁厚为 3.25mm，内径为 14.8mm，壁厚可满足火孔深度要求。

---

[1] 公称直径（DN，Diamètre Nominal）。具有同一规格公称直径的管件的外径相等。一般管子生产时为了统一命名而将管子外径做了规定，使用压力不同时壁厚做调整。压力高的壁厚内径小，反之压力低的壁薄内径较大。常用公称直径有 DN15、20、25、32、40、50、65、80、100、125、150、175、200 等规格。

(6) 按式 (10-5) 计算燃烧器头部所需压力 p_g，取火孔流量系数 $\mu_p=0.7$，则头部所需压力为：

$$p_g=\frac{1}{\mu_p^2}\cdot\frac{v_p^2}{2}\rho_g\frac{T_g}{273}+\Delta p=\frac{1}{0.7^2}\cdot\frac{27.8^2}{2}\times 0.47\times\frac{313}{273}+0=425\text{Pa}$$

由于 $P>p_g$，故应安装调节装置。如果安装截流圈调压，则根据式 (10-6) 计算截流孔径

$$F=0.707\frac{\Phi}{\mu H_l}\sqrt{\frac{\rho_g}{P-p_g}}=0.707\times\frac{23.3}{0.62\times 17618}\sqrt{\frac{0.47}{800-425}}=5.3\times 10^{-5}\text{m}^2$$

$$d=\sqrt{\frac{4F}{\pi}}=1000\times\sqrt{\frac{4\times 5.3\times 10^{-5}}{3.14}}=8.2\text{mm}$$

(7) 布置火孔和绘制燃烧器简图 (见图 10-10) 火孔布置一排，则火管长 $L_p=(n-1)s=(15-1)\times 16=224\text{mm}$，调节阀与其最近的火孔距离应不小于 $12d_g=12\times 14.8=177.6\text{mm}$，取为 180mm。

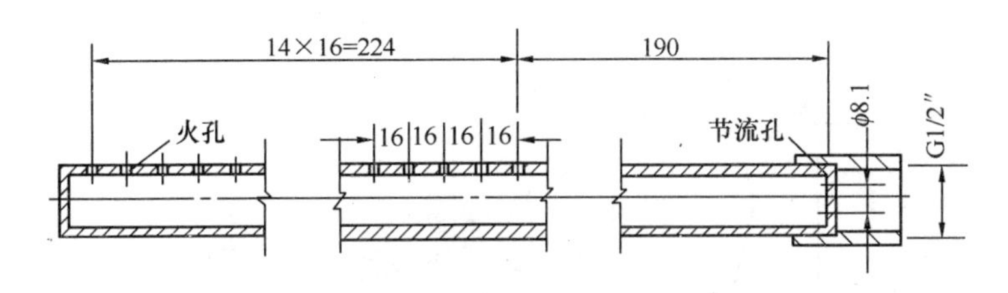

图 10-10 【例 10-1】计算结果

第三节 大气式燃烧器

按照部分预混燃烧方法设计的燃烧器称为大气式燃烧器，其一次空气系数 $0<\alpha'<1$ 。根据燃气压力的不同，分为低压引射式与高（中）压引射式两种。前者多用于民用燃具，后者多用于工业燃烧装置。

一、大气式燃烧器的构造、工作原理及基本方程

大气式燃烧器通常由引射器及头部两部分组成，其结构如图 10-11 所示。

在实际应用中，大气式燃烧器的一次空气系数 α' 通常为 0.45～0.75。根据燃烧室工作状况的不同，过剩空气系数 α 通常在 1.3～1.8 范围内变化。

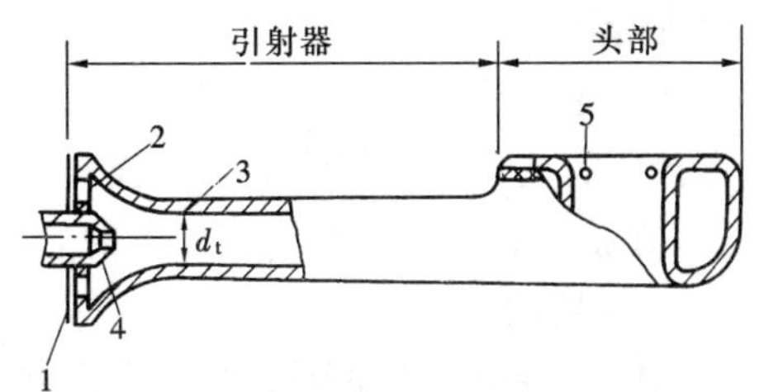

图 10-11 大气式燃烧器示意图

1—调风板；2—一次空气口；3—引射器喉部；4—喷嘴；5—火孔

(一) 引射器

1. 引射器的结构

图 10-12 所示为引射器，燃气在一定压力下，以一定流速从喷嘴流出，进入吸气收缩管，燃气靠本身的能量吸入一次空气。在引射器的混合管内燃气和一次空气混合，然后，经头部火孔流出进行燃烧。当燃气

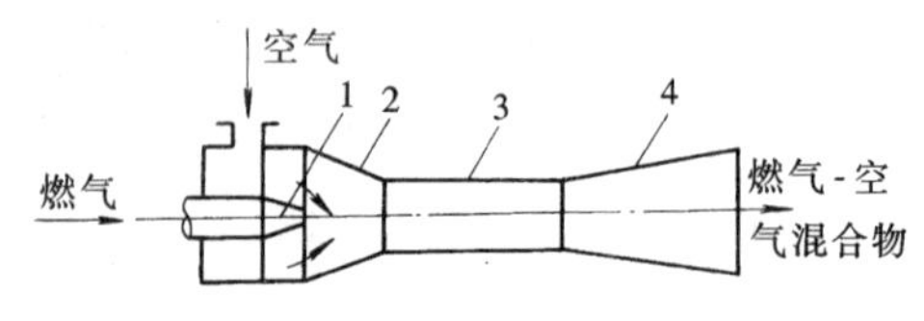

图 10-12　引射器示意图

1—喷嘴；2—吸气收缩管；3—混合管；4—扩压管

压力不足时，也可利用加压空气（如用鼓风机或压缩空气）引射燃气来完成燃烧前的预混。

引射器的作用有以下三方面：以高能量的气体引射低能量的气体，并使两者混合均匀，在大气式燃烧器中通常是以燃气从大气中引射空气；在引射器末端形成所需的剩余压力，用来克服气流在燃烧器头部的阻力损失，使燃气-空气混合物在火孔出口获得必要的速度，以保证燃烧器稳定工作；输送一定的燃气量，以保证燃烧器所需的热负荷。

2. 引射器的工作原理

常用吸气低压引射器的工作原理如图 10-13 所示。

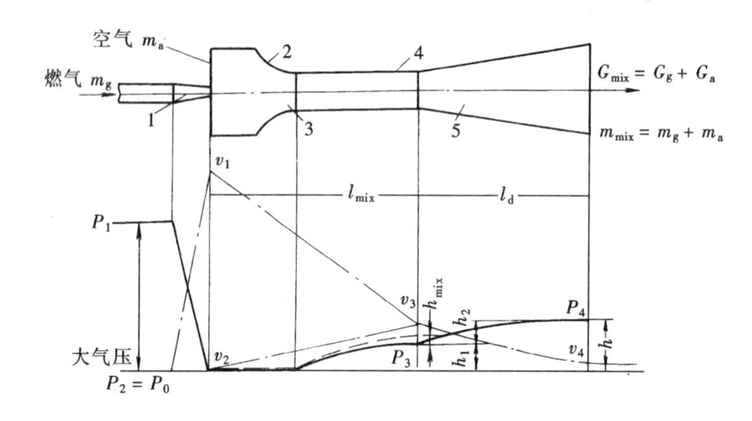

图 10-13　常用吸气低压引射器的工作原理

1—喷嘴；2—吸气收缩管；3—喉部；4—混合管；5—扩压管

压力为 P_1、质量流量为 m_g 的燃气通过喷嘴，压力由 P_1 降至 P_2，而流速则升高到 v_1。高速燃气具有很大的动能，由于气流的动量交换，便将质量流量为 m_a 的一次空气以 v_2 的速度吸进引射器。动量交换的结果是燃气流速降低，空气流速增高。同时，在吸入段，燃气的静压降至与空气压力相等，并等于大气压力，即 $P_2 = P_0 =$ 常数。

气流经喉部进入混合管时，速度分布非常不均匀，在流动过程中燃气动压头进一步减少，其中一部分传给空气使空气动压增大，一部分用来克服流动中的阻力损失，另一部分则转化为静压力。经过混合管内的充分混合，在混合管出口速度场呈均匀分布，燃气-空气混合物的速度达到 v_3，静压力从 P_2 升高到 P_3。

在扩压管内，混合气体的动压进一步转化为静压，速度从 v_3 降至 v_4，压力从 P_3 升至 P_4。在扩压管出口，混合气体总的静压力为 h，该静压力即为头部所需的静压力。

3. 引射器的形式

常用的三种引射器的形状及尺寸比例如图 10-14 所示。其中 1 型引射器为最佳，能量损失系数 K 值最小，但引射器最长。2 型和 3 型引射器阻力较大，但长度较短。当喷嘴前燃气压力较高，允许有较大的能量损失时，可采用后两种形式。

4. 常压吸气低压引射器的基本方程

引射器计算的基础是动量定理、连续性方程及能量守恒定律，可得：

（1）喷嘴方程：

$$H\mu^2 = \frac{v_1^2}{2}\rho_g \tag{10-27}$$

式中 H——喷嘴前燃气压力，Pa；

μ——喷嘴流量系数；

v_1——喷嘴出口的燃气速度，m/s；

ρ_g——燃气密度，kg/m³。

（2）引射器特性方程式：

$$\frac{h}{H} = \frac{2\mu^2}{F} - \frac{K\mu^2(1+u)(1+us)}{F^2} \tag{10-28}$$

式中 h——引射器出口的静压力，Pa；

F——无因次面积，为喉部和喷嘴出口的面积比，即 $F = \frac{F_t}{F_j}$，它是引射器计算的基本参数；

u——质量引射系数，$u = \frac{m_a}{m_g}$ 为燃气与引射空气的质量流量之比；

us——容积引射系数，s 为燃气相对密度，$us = \frac{L_a}{L_g}$；

K——能量损失系数。引射器形状、尺寸及阻力特性不同时，能量损失系数 K 值也不相同，参照图 10-14 选取。

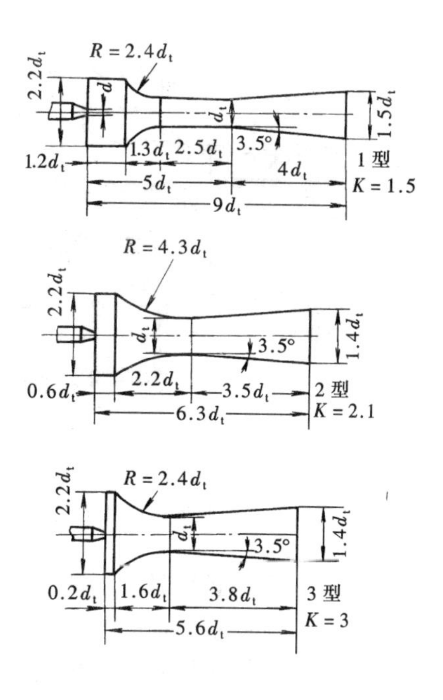

图 10-14　常用的三种常压引射器

根据节能要求，引射器应按最佳工况设计，即当 $F = F_{op}$ 时，对应于给定的引射系数 u，应获得最大的 $\frac{h}{H}$ 值。可以推导出引射器最佳工况所对应的最佳无因次面积：

$$F_{op} = K(1+u)(1+us) \tag{10-29}$$

最大无因次压力：

$$\left(\frac{h}{H}\right)_{max} = \frac{\mu^2}{F_{op}} \tag{10-30}$$

（二）头部

1. 燃烧器头部的形式

燃烧器头部的作用是将燃气-空气混合物均匀地分布到各火孔上，并进行稳定和完全的燃烧。为此要求头部各点混合气体的压力相等，二次空气能均匀地分布到每个火孔上。此外，头部容积不宜过大，否则灭火噪声很大。根据用途不同，大气式燃烧器头部可做成多火孔头部和单火孔头部两种。

民用燃具大多数使用多火孔头部。图 10-15 所示为铸铁锅炉上使用的典型大气式燃烧器。

2. 燃烧器头部的基本方程

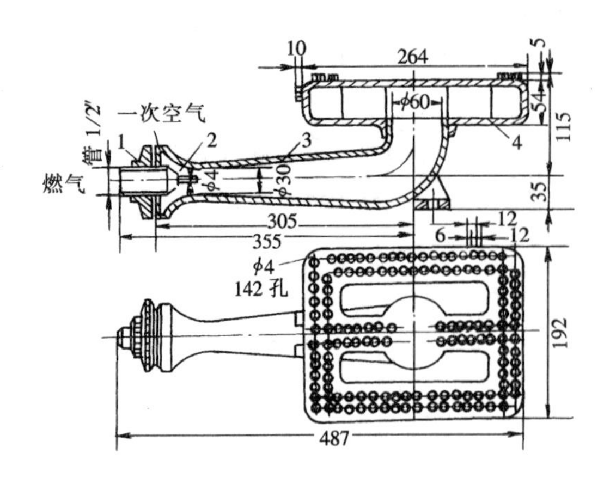

图 10-15 铸铁锅炉上使用的大气式燃烧器

1—调风板；2—喷嘴；3—引射器；4—头部

为了保证达到设计的火孔出口气流速度和火孔热强度，燃气-空气混合物在头部必须具有一定的静压力。该静压力由引射器提供，用来克服混合物从头部逸出时的能量损失。

混合物从头部逸出时的能量损失由流动阻力损失、气流通过火孔被加热而产生气流加速的能量损失及火孔出口动压头损失三部分组成。头部必须具有的静压力可以表示为：

$$h=\Delta p_1+\Delta p_2+\Delta p_3=K_1\frac{v_p^2}{2}\rho_{mix} \tag{10-31}$$

式中 h ——头部必须具有的静压力（引射器出口的静压力），Pa；

Δp_1 ——流动阻力损失，Pa；

Δp_2 ——因气体膨胀而产生气流加速的能量损失，Pa；

Δp_3 ——火孔出口动压头损失，Pa；

K_1 ——燃烧器头部的能量损失系数；

$$K_1=\zeta_p+2\times\left(\frac{273+t}{273}\right)-1 \tag{10-32}$$

ζ_p ——火孔阻力系数

$$\zeta_p=\frac{1-\mu_p^2}{\mu_p^2} \tag{10-33}$$

μ_p ——火孔流量系数，按式（10-5）取用；

v_p ——火孔出口气流速度（m/s）；

ρ_{mix} ——燃气-空气混合物密度，kg/m³。

（三）低压引射大气式燃烧器的基本方程

由喷嘴方程及头部特性方程可得低压引射式大气燃烧器特性方程：

$$\frac{h}{H}=\mu^2K_1\frac{(1+u)(1+us)F_1^2}{F^2} \tag{10-34}$$

由引射器的特性方程及低压引射式大气燃烧器的特性方程可得：

$$(1+u)(1+us)=\frac{2F}{K+K_1F_1^2} \tag{10-35}$$

从式（10-35）可以看出，燃烧器的引射能力只与燃烧器的结构有关，而与燃烧器的工作状况无关，即引射系数不随燃烧器热负荷的变化而变化。这一特性称为引射式燃烧器的自动调节特性。式（10-35）是低压引射式大气燃烧器的基本计算公式。

燃烧器的最佳工况相应于引射器的最佳工况，将式（10-29）代入式（10-35）可得最佳燃烧器参数：

$$F_{lop}=\sqrt{\frac{K}{K_1}} \tag{10-36}$$

将式（10-29）及式（10-36）式代入式（10-35）并令

$$X=\frac{F_1}{F_{lop}} \tag{10-37}$$

$$A=\frac{K_1(1+u)(1+us)F_jF_{lop}}{F_p} \tag{10-38}$$

或

$$A=\frac{K(1+u)(1+us)F_j}{F_pF_{lop}} \tag{10-39}$$

可得

$$AX^2-2X+A=0 \tag{10-40}$$

$$X=\frac{1-\sqrt{1-A^2}}{A} \tag{10-41}$$

式（10-41）是燃烧器计算的一个判别式。

如果 $A=1$，则 $X=1$，即 $F_1=F_{lop}$，表明燃烧器计算工况与最佳工况一致；

如果 $A>1$，则 X 无实数解，表明燃烧器不能保证所要求的引射能力；

如果 $A<1$，则表明燃烧器有多余的燃气压力。为了缩小燃烧器尺寸，可以非最佳工况作为计算工况或采用图中长度较短的引射器。非最佳工况设计应确定合适的火孔出口速度以保证燃烧的稳定。按非最佳工况设计，一般，天然气、液化石油气与焦炉煤气达到稳定燃烧的工况判别数 A 分别为 $0.42\leqslant A\leqslant 0.55$、$0.65\leqslant A\leqslant 0.81$ 和 $A\geqslant 0.7$。

二、大气式燃烧器的特点及应用范围

大气式燃烧器比自然引风扩散式燃烧器火焰短、火力强、燃烧温度高；可以燃烧各种性质的燃气，燃烧比较完全，燃烧效率比较高；可燃用低压燃气。由于空气依靠燃气引射吸入，所以不需要送风设备。与鼓风扩散式燃烧器相比，节省动力，调节方便；引射式燃烧器具有自动调节特性，当燃烧器热负荷在一定范围变动时，一次空气系数能自行稳定在设计值；与全预混燃烧器相比，大气式燃烧器热负荷调节范围宽，适应性强，可以满足较多工艺的需要。

大气式燃烧器的火焰稳定性不及扩散式燃烧器，且不适于正压炉膛。由于只预混了燃烧所需的部分空气，而不是全部空气，故火孔热强度、燃烧温度虽比自然引风扩散式燃烧器高，但仍受限制，不能满足某些工艺的要求。当热负荷较大时，多火孔燃烧器的机构比较笨重。

多火孔大气式燃烧器应用非常广泛，在家庭及商业用户中的燃具，如家用燃气灶、热水器、沸水器及食堂灶上用得最多，在小型锅炉及工业炉上也有应用。单火孔大气式燃烧器在中小型锅炉及某些工业炉上也广泛应用。

三、大气式燃烧器的设计计算

大气式燃烧器的计算，包括头部计算和引射器计算。

（一）头部计算

头部的设计计算以保证稳定燃烧为原则。一个设计合理的头部，必须使火焰不出现离焰、回火和黄焰，并使火焰特性满足加热工艺的需要。计算内容及步骤如下：

（1）选取火孔热强度 q_p 或火孔出口速度 v_p，确定燃烧火孔总面积 F_p

火孔的燃烧能力通常可由火孔热强度 q_p 或燃气-空气混合物离开火孔的速度 v_p 来表

示。在设计燃烧器头部时，正确选择火孔的燃烧能力是很重要的。为了保证燃烧工况的稳定，通常是根据燃烧稳定范围曲线（也可参照表 10-4），在离焰和回火曲线所确定的参数范围内，选取合适的 q_p 或 v_p 值。二者之间有如下关系：

$$q_p = \frac{H_l v_p}{(1+\alpha' V_0)} \times 10^{-6} \tag{10-42}$$

式中 q_p——火孔热强度，kW/mm^2；

H_l——燃气低热值，kJ/m^3；

α'——一次空气系数；

V_0——理论空气需要量，m^3/m^3；

v_p——火孔出口气流速度，m/s。

大气式燃烧器常用设计参数 **表 10-4**

燃气种类		炼焦煤气	天然气	液化石油气
火孔尺寸（mm）	圆孔 d_p	2.5～3.0	2.9～3.2	2.9～3.2
	方孔	2.0×1.2	2.0×3.0	2.0×3.0
		1.5×5.0	2.4×1.6	2.4×1.6
火孔中心间距 s（mm）		(2～3) d_p		
火孔深度 h/mm		(2～3) d_p		
额定火孔热强度 q_p（W/mm^2）		11.6～19.8	5.8～8.7	7.0～9.3
额定火孔出口流速 v_p（m/s）		2.1～3.7	1.1～1.4	1.3～1.6
一次空气系数 α'		0.55～0.60	0.60～0.65	0.60～0.65
喉部直径与喷嘴直径之比 d_t/d		5～6	9～10	15～16
火孔面积与喷嘴面积之比 F_p/F_j		44～50	240～320	500～600

（2）确定燃烧火孔总面积 F_p

根据所选的 q_p 或 v_p，可以确定燃烧火孔总面积。

$$F_p = \frac{Q(1+\alpha' V_0)}{H_l v_p} \tag{10-43}$$

式中 F_p——火孔总面积，mm^2；

Q——燃烧器热负荷，kW。

或

$$F_p = \frac{Q}{q_p} \tag{10-44}$$

（3）确定火孔尺寸与数目

在热负荷一定的情况下，火孔尺寸的大小，会影响到火孔热强度 q_p 或火孔出口速度 v_p 的值，从而影响燃烧的稳定性。根据火焰传播及燃烧稳定理论可知，火孔尺寸越大，火焰传播速度越快，越容易回火；火孔尺寸越小，火焰传播速度越慢，越容易脱火。

根据燃气性质的不同，可由表 10-4 查得相应的火孔尺寸范围，进行选取。

根据火孔总面积 F_p 及选定的火孔尺寸，可以确定火孔数目。然后根据表 10-4 可以确定孔深及火孔排列。

(4) 头部截面积计算

为了使气流均匀分布到每个火孔上，保证各火孔的火焰高度一致，要求头部截面积和容积大一些。但是，头部容积过大，点火前会积存大量空气，灭火时会积存大量燃气-空气混合物，从而容易产生点火和灭火时的回火噪声。通常取头部截面积为火孔总面积的两倍以上。当头部较长时，为了减小头部容积，头部截面沿气流方向可做成渐缩形，并保证任一点的截面积为该点以后火孔总面积的两倍以上。

(5) 一次空气口面积

一般可取

$$F' = (1.5 \sim 2.0)F_{p} \tag{10-45}$$

(6) 二次空气口面积

设计燃烧器头部时，必须保证有足够的二次空气供应到火焰根部。二次空气不足将出现不完全燃烧，而过多又会降低燃烧效率，气流过大会吹熄和吹斜火焰。

敞开燃烧的大气式燃烧器的二次空气截面积按下式计算：

$$F'' = (550 \sim 750)Q \tag{10-46}$$

式中 F''——二次空气口的截面积，mm^2。

(7) 火焰高度计算

火焰内锥与冷表面接触时，由于焰面温度突然下降，燃烧反应中断，便会形成化学不完全燃烧，烟气中将出现烟炱和一氧化碳。这对于民用燃具是不允许的。在设计燃烧器头部时，计算火焰高度是很重要的。

内焰高度

$$h_{ic} = 0.86Kf_{p}q_{p} \times 10^{3} \tag{10-47}$$

式中 h_{ic}——火焰的内锥高度，mm；

f_p——一个火孔的面积，mm^2；

K——与燃气性质及一次空气系数有关的系数，见表 10-5。

各种燃气的 K 值 **表 10-5**

燃气种类	一次空气系数 α'									
	0.1	0.2	0.3	0.4	0.5	0.6	0.7	0.8	0.9	0.95
丁　烷	—	—	—	0.28	0.23	0.19	0.16	0.13	0.11	—
天然气	—	0.26	0.22	0.18	0.16	0.15	0.13	0.10	0.08	—
炼焦煤气	0.23	0.19	0.16	0.12	0.09	0.07	0.06	0.06	0.07	0.08

外焰高度

$$h_{oc} = 0.86n_{1}\frac{sf_{p}q_{p}}{\sqrt{d_{p}}} \times 10^{3} \tag{10-48}$$

式中 h_{oc}——火焰外锥高度，mm；

n——火孔排数；

n_1——燃气性质对外锥高度影响的系数：对天然气，$n_1 = 1.0$；对丁烷，$n_1 = 1.08$；对焦炉煤气，$d_p = 2$ mm，$n_1 = 0.5$；

$d_p = 3$ mm，$n_1 = 0.6$；

$d_p = 4$ mm，$n_1 = 0.77 \sim 0.78$；

(热强度较大时取较大值)；

s——火孔净距对外锥高度影响的系数，见表 10-6。

火孔净距对外锥高度影响的系数 *s* 值 **表 10-6**

火孔净距(mm)	2	4	6	8	10	12	14	16	18	20	22	24
s	1.47	1.22	1.04	0.91	0.86	0.83	0.79	0.77	0.75	0.74	0.74	0.74

（二）引射器计算

1. 燃气流量计算

$$L_g = \frac{3600Q}{H_l} \tag{10-49}$$

式中 L_g——燃气流量，m^3/h。

2. 喷嘴计算

喷嘴直径

$$d = \sqrt{\frac{L_g}{0.0035\mu}\sqrt[4]{\frac{s}{H}}} \tag{10-50}$$

式中 d——喷嘴直径，mm；

μ——喷嘴流量系数；

s——燃气的相对密度，

$$s = \frac{\rho_g}{\rho_a} \tag{10-51}$$

H——喷嘴前燃气压力，Pa；

喷嘴截面积

$$F_j = \frac{\pi}{4}d^2 \tag{10-52}$$

3. 计算引射系数

质量引射系数

$$u = \frac{m_a}{m_g} = \frac{\alpha' V_0 \rho_a}{\rho_g} = \frac{\alpha' V_0}{s} \tag{10-53}$$

式中 u——质量引射系数。

容积引射系数

$$us = \frac{L_a}{L_g} \tag{10-54}$$

式中 us——容积引射系数。

4. 选取引射器形式

根据图 10-14 选取一种引射器形式，确定能量损失系数 K 。

5. 按式（10-36）计算最佳燃烧器参数

6. 按式（10-38）或式（10-39）计算 A 值

7. 按式（10-41）计算 X 值

8. 按式（10-37）计算引射器喉部面积及直径

9. 根据图 10-12，按照所选引射器类型确定引射器其他部分尺寸

10. 绘制燃烧器图

【例 10-2】 设计一双眼灶用的燃烧器。

已知：燃烧器热负荷 $Q = 3.2$ kW，气源为天然气，热值 $H_l = 35800$ kJ/m^3，燃气密

度 $\rho_g = 0.74\ \mathrm{kg/m^3}$，相对密度 $s = 0.57$，理论空气需要量 $V_0 = 9.48\ \mathrm{m^3/m^3}$，燃气压力 $H = 2000\ \mathrm{Pa}$。

解：

1. 头部计算

（1）计算火孔总面积 F_p　选取火孔热强度 $q_p = 8 \times 10^{-3}\ \mathrm{kW/mm^2}$，确定燃烧火孔总面积

$$F_p = \frac{Q}{q_p} = \frac{3.2}{8 \times 10^{-3}} = 400\ \mathrm{mm^2}$$

（2）计算火孔数目 n　选取圆火孔 $d_p = 3\ \mathrm{mm}$，一个火孔的面积 $f_p = 7.07\ \mathrm{mm^2}$

$$n = \frac{F_p}{f_p} = \frac{400}{7.07} \approx 57\text{孔}$$

（3）火孔排列　火孔布置成两排，内圈火孔面积占30%，外圈占70%。内圈孔数 $n_1 = 17$ 孔，外圈孔数 $n_2 = 40$ 孔。

内圈火孔和外圈火孔轴线与燃烧器平面夹角为60°，火孔间距为：

$$s = 2.5d_p = 2.5 \times 3 = 7.5\ \mathrm{mm}$$

（4）计算火孔深度 h

$$h = 2.5 \times d_p = 2.5 \times 3 = 7.5\ \mathrm{mm}$$

（5）确定头部尺寸　头部截面 F_h

$$F_h = 2\frac{F_p}{2} = 2 \times \frac{400}{2} = 400\ \mathrm{mm}$$

相应的头部气流分配室直径 $D_h = 22.6\ \mathrm{mm}$。

（6）计算头部能量损失系数 K_1　选取火孔流量系数 $\mu_p = 0.7$，火孔阻力系数 $\zeta_p = \frac{1-\mu_p^2}{\mu_p^2} = \frac{1-0.7^2}{0.7^2} = 1.04$，混合气体在火孔口的温度 $t = 100$ ℃。

按式（10-32）计算 K_1

$$K_1 = \zeta_p + 2 \times \frac{273+t}{273} - 1 = 1.04 + 2 \times \frac{273+100}{273} - 1 = 2.8$$

2. 引射器计算

（1）按式（10-53）计算引射系数。

$$u = \frac{a'V_0}{s} = \frac{0.6 \times 9.48}{0.57} = 10$$

（2）选取引射器形式　选取图10-14中的1型引射器，其能量损失系数 $K = 1.5$。

（3）按式（10-49）和式（10-50）计算喷嘴直径。

燃气流量为　$$L_g = \frac{3600Q}{H_l} = \frac{3.2 \times 3600}{35800} = 0.32\ \mathrm{m^3/h}$$

$$d = \sqrt{\frac{L_g}{0.0035\mu}}\sqrt[4]{\frac{s}{H}} = \sqrt{\frac{0.32}{0.0035 \times 0.7}} \times \sqrt[4]{\frac{0.57}{2000}} = 1.5\ \mathrm{mm}$$

相应喷嘴截面积 $F_j = \frac{\pi}{4}d^2 = \frac{\pi}{4} \times 1.5^2 = 1.8\ \mathrm{mm^2}$

（4）按式（10-36）计算最佳燃烧器参数。

$$F_{lop} = \sqrt{\frac{K}{K_1}} = \sqrt{\frac{1.5}{2.8}} = 0.73$$

（5）按式（10-38）或式（10-39）计算 A 值。

$$A = \frac{K(1+u)(1+us)F_j}{F_p F_{lop}} = \frac{1.5\times(1+10)\times(1+10\times0.57)\times1.8}{400\times0.73} = 0.62$$

$A<1$，说明燃气压力有剩余，故以非最佳工况为计算工况。

（6）按式（10-41）计算 X 值。

$$X = \frac{1-\sqrt{1-A^2}}{A} = \frac{1-\sqrt{1-0.62^2}}{0.62} = 0.35$$

（7）按式（10-37）计算引射器喉部面积及直径。

$$F_1 = XF_{lop} = 0.35\times0.73 = 0.2555$$

$$F_t = F_1 F_p = 0.2555\times400 = 102.2\ \text{mm}^2$$

$$d_t = \sqrt{\frac{4}{\pi}F_t} = \sqrt{\frac{4}{\pi}\times102.2} = 11.4\ \text{mm}$$

取喉部直径 $d_t = 12$ mm

（8）根据图 10-14，按照所选引射器类型确定引射器其他部分尺寸并绘制燃烧器图见图 10-16。

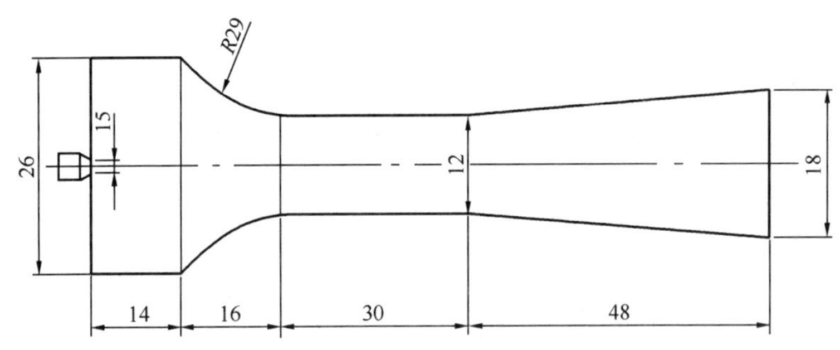

图 10-16 【例 10-2】引射器计算图

（9）外焰高度 由表 10-6 查得 $s = 1.18$，按式（10-48）计算。

$$h_{oc} = 0.86m_1\frac{sf_p q_p}{\sqrt{d_p}}\times10^3$$

$$= 0.86\times2\times1.0\times\frac{1.18\times7.07\times8\times10^{-3}}{\sqrt{3}}\times10^3$$

$$= 66\ \text{mm}$$

为了保证燃烧充分，火孔出口与加热对象之间的垂直高度应满足

$$h > h_{oc}\sin60^\circ = 57\ \text{mm}。$$

第四节 完全预混式燃烧器

按照完全预混燃烧方法设计的燃烧器称为完全预混式燃烧器。它是在部分预混式燃烧的基础上发展起来的。在燃烧之前，即供给完成燃烧所需的全部空气（即 $\alpha=\alpha'=1$），并使燃气与空气充分混合，再经燃烧器火孔喷出进行燃烧。由于预先混合均匀，所以完全预

混式燃烧能在较小的过剩空气系数下（通常取$\alpha=1.05\sim1.10$）实现完全燃烧，燃烧温度可以很高。

一、完全预混式燃烧器的构造及工作原理

（一）完全预混式燃烧器的构造

完全预混式燃烧器由混合装置及头部两部分组成。根据燃烧器头部结构的不同，完全预混式燃烧器可分三种：有火道头部结构；无火道头部结构；用金属网或陶瓷板稳焰器做成的头部结构。

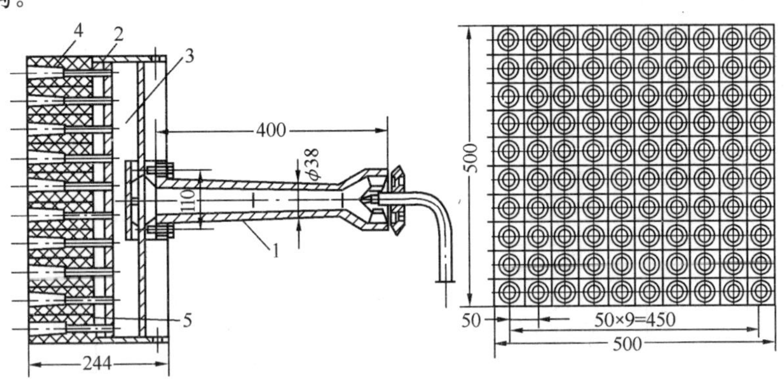

图 10-17　板式完全预混式燃烧器

1—引射管；2—钢管；3—气流分配室；4—火道；5—隔热层

完全预混式燃烧火焰传播速度很快，火焰稳定性较差，很容易发生回火。为了防止回火，必须尽可能使气流的速度场均匀，以保证在最低负荷下各点的气流速度都大于火焰传播速度。采用小火孔增强散热，是防止回火的有效措施，在热负荷不是很大的民用燃具上有着广泛的应用。图 10-17 所示为一典型的小火孔板式完全预混燃烧器。对于热负荷很大的工业燃烧器，为了控制燃烧器头部总面积，通常采用附加的散热措施来加强对火焰的散热，从而降低火焰传播速度，如图 10-18 所采用的空冷和水冷的方式。

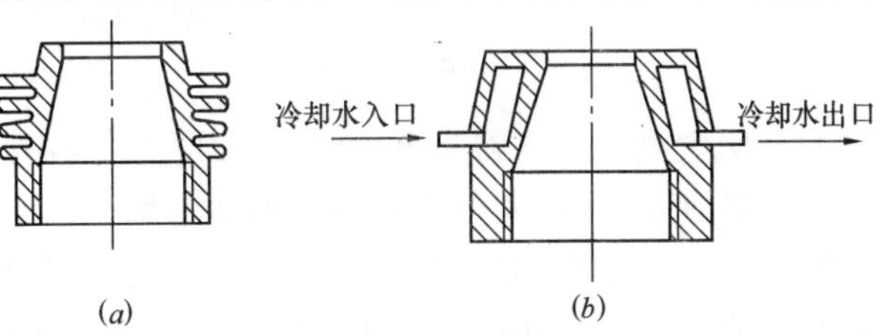

图 10-18　圆锥形喷头

（a）空气冷却；（b）水冷却

完全预混式燃烧，由于在燃前预混了大量空气，使预混气流出口速度大大提高。当负

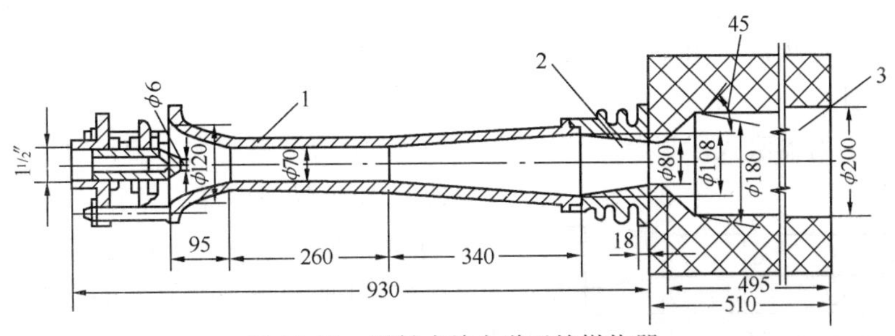

图 10-19　引射式单火道无焰燃烧器

1—引射器；2—喷头；3—火道

荷较大时，也有出现脱火的可能。工业上的完全预混式燃烧器，常常用一个紧接的火道通过回流高温烟气和炽热火道壁来稳焰，如图 10-19 所示。

混合均匀的燃气-空气混合物经火孔进入火道时，由于流通截面突然扩大，在火道入口处形成了高温烟气回流区。回流烟气不仅将混合物加热，同时也是一个稳定的点火源。火道由耐火材料做成，近似于一个绝热的燃烧室，可燃气体在此燃烧可以达到很高的燃烧温度。高温回流烟气和赤热的火道壁面都起到了很好的稳焰作用。

（二）负压吸气引射器的形状及工作原理

全预混燃烧需引射大量空气，为了提高引射能力，常采用高压引射器。高压引射器多数属于负压吸气的引射器，工作原理如图 10-20 所示。

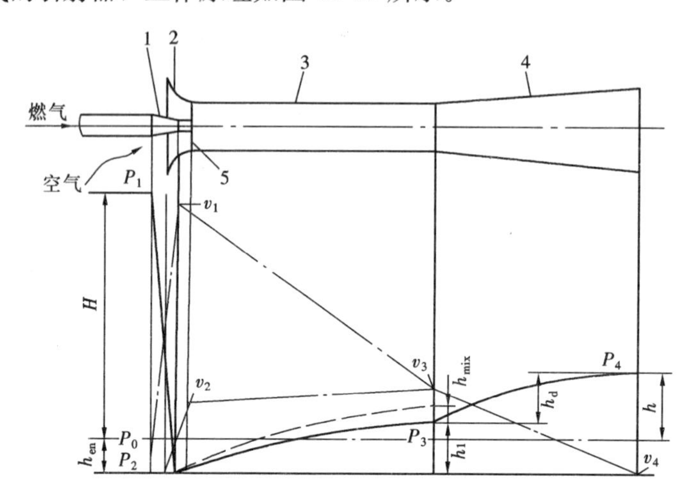

图 10-20　高压引射器的工作原理

1—喷嘴；2—吸气收缩管；3—混合管；4—扩压管；5—喉部

负压吸气高压引射器与常压吸气低压引射器不同的是：前者的吸气收缩管较小，被吸入的空气流速 v_2 比较大，故其动量不能忽略。由于空气流速比较大，在吸入段产生了阻力损失 h_{en}，因而吸入段的压力不能维持常数且等于大气压力，而是低于大气压力。这类引射器与常压引射器相比，由于空气流速与燃气流速相差较少，因此减少了在混合管内的气流撞击损失，有利于引射效率的提高。但其吸气收缩管的形状要有利于空气的吸入，在此不应产生过多的附加压力损失，否则将降低引射效率。

在高压引射器中，喷嘴前后燃气的压力变化较大，因此燃气从喷嘴流出时必须考虑其可压缩性。燃气、空气及其可燃混合物在混合管内的压力变化不大，可不考虑气体的可压缩性。燃气流出喷嘴后，由于气体膨胀，温度便降低，但这一变化对可燃混合物密度的影响可以忽略不计。

负压吸气引射器吸入段形状不合理时，将使其阻力损失增大，使得负压吸气引射器效率不如常压吸气引射器。所以，吸入段的设计要十分谨慎。为了使空气平稳地进入吸气段，并且具有均匀的速度场，引射器的形状应如图 10-21 所示。

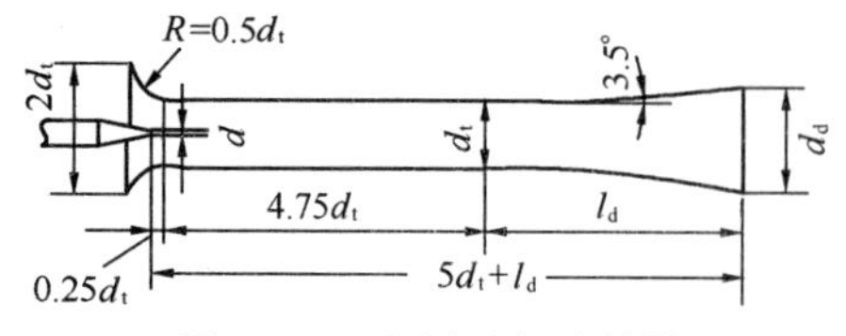

图 10-21　负压吸气引射器

（三）负压吸气高压引射器的基本方程

负压吸气高压引射器的计算公式与常压吸气低压引射的计算公式虽有不同，但推导过程极为相似，可得负压吸气高压引射器特性方程。

$$\frac{h}{\varepsilon_H H}=\frac{2\mu^2}{\varepsilon_F F}-\frac{\mu^2 K}{(\varepsilon_F F)^2}(1+u)(1+us)\chi'' \qquad (10\text{-}55)$$

其中

$$\chi''=1-\frac{K_2}{K}B \qquad (10\text{-}56)$$

$$B=\frac{u^2 s}{(1+u)(1+us)} \qquad (10\text{-}57)$$

$$K_2=\frac{2\mu_{en}^2-1}{\mu_{en}^2} \qquad (10\text{-}58)$$

式中 h——引射器出口的静压力，Pa；

ε_H——考虑燃气可压缩性而引入的校正系数；

H——喷嘴前燃气压力，Pa；

μ——喷嘴流量系数；

F——无因次面积，为喉部和喷嘴出口的面积比，即 $F=\frac{F_t}{F_j}$，它是引射器计算的基本参数；

u——质量引射系数，$u=\frac{m_a}{m_g}$ 为燃气与引射空气的质量流量之比；

us——容积引射系数，s 为燃气相对密度，$us=\frac{L_a}{L_g}$；

K——能量损失系数。引射器形状、尺寸及阻力特性不同时，能量损失系数 K 值也不相同，参照图 10-22 选取。

高压引射器的最佳无因次面积

$$(\varepsilon_F F)_{op}=K(1+u)(1+us)\chi'' \qquad (10\text{-}59)$$

高压引射器的最佳无因次压头

$$\left(\frac{h}{\varepsilon_H H}\right)_{op}=\frac{\mu^2}{(\varepsilon_F F)_{op}} \qquad (10\text{-}60)$$

如果燃气压力小于 20000Pa，则压缩系数可忽略不计。

类似于低压引射式大气燃烧器，可得到：

$$(1+u)(1+us)=\frac{2F}{K+K_1F_1^2}\frac{\varepsilon_F\chi''}{\chi'} \qquad (10\text{-}61)$$

其中 $\chi'=1-\frac{K_2}{K+K_1F_1^2}B$ (10-62)

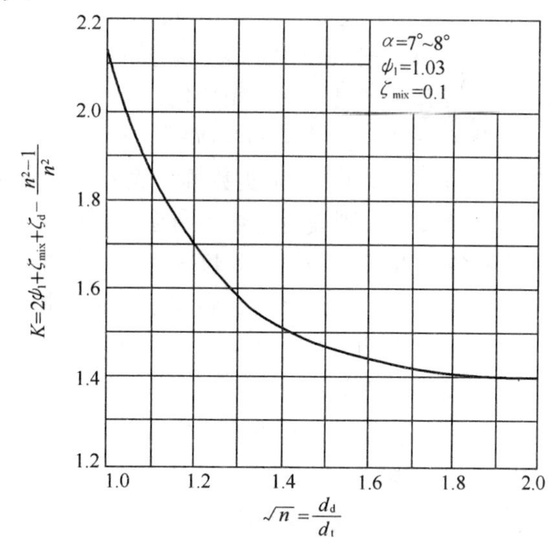

图 10-22 能量损失系数 K

$$\chi''=1-\frac{\varepsilon_F F h_{ba}}{2\mu^2\varepsilon_H H} \qquad (10\text{-}63)$$

由式（10-61）可知，χ'' 取决于燃烧室的背压，负背压有利于空气的吸入，正背压不利于空气的吸入。燃烧室背压较小时，$\chi'=1$ 。

由式（10-59）可知，燃烧器的引射能力 u 不仅与燃烧器的几何尺寸有关，还受工况 ε_F 、背压 χ'' 及能量损失系数 K 和 K_1 的影响。

从上述分析可知，严格地说高压引射器是没有自动调节特性的。引射能力在下列条件下要发生变化：（1）当 K_1 、K 和 K_2 随燃烧器工况改变时；（2）当燃烧室与空气吸入口之间存在压力差时；（3）当燃气在高（中）压下工作时；（4）当燃气和空气预热温度发生变化而引起相对密度发生变化时；（5）当燃气成分发生变化时。

尽管如此，在一定的负荷变化范围内，工程上仍可近似认为引射式燃烧器具有自动调节特性。

类似于低压引射式大气燃烧器，根据燃烧器最佳工况与引射器最佳工况的一致性，并忽略背压的影响（$\chi''=1$），可以得到：

$$F_{lop}=\sqrt{\frac{K}{K_1}}\sqrt{\chi''} \tag{10-64}$$

将式（10-57）和式（10-62）代入式（10-59），并令

$$X=\frac{F_1}{F_{lop}} \tag{10-65}$$

$$A_1=\frac{K_1(1+u)(1+us)F_jF_{lop}}{F_p}\frac{1}{\varepsilon_F} \tag{10-66}$$

或

$$A_1=\frac{K(1+u)(1+us)F_j}{F_pF_{lop}}\frac{1}{\varepsilon_F} \tag{10-67}$$

可得

$$A_1X^2-2X+A_1=0 \tag{10-68}$$

$$X=\frac{1-\sqrt{1-A_1^2}}{A_1} \tag{10-69}$$

式（10-69）是高压引射式燃烧器计算的判别式，它与低压引射式燃烧器判别式的不同在于 A_1 值随燃气压力 H 而变化。

如果 $A=1$ ，则 $X=1$ ，即 $F_1=F_{lop}$ ，表明燃烧器计算工况与最佳工况一致；

如果 $A>1$ ，则 X 无实数解，表明燃烧器不能保证所要求的引射能力；

如果 $A<1$ ，则表明燃烧器有多余的燃气压力。为了缩小燃烧器尺寸，可以非最佳工况作为计算工况或采用图中长度较短的引射器。

二、完全预混式燃烧器的特点及应用范围

完全预混式燃烧器火焰短、燃烧热强度大，因而可缩小燃烧室体积；燃烧温度高，容易满足高温工艺要求；过剩空气少（$\alpha=1.05\sim1.10$），用于工业炉直接加热工件，不会引起工件的过分氧化；设有火道，容易燃烧低热值燃气。完全预混式燃烧器燃烧完全，化学不完全燃烧较少，节约能源。另外，可以采用引射器引射空气，不需鼓风，节省动力。

完全预混式燃烧器火焰稳定性差，尤其是发生回火的可能性大，因此调节范围较小。为保证燃烧稳定，要求燃气热值及密度要稳定。为防止回火，头部结构比较复杂和笨重。由于燃气与空气全预混，火孔出口流量明显增大，因而噪声大，特别是高负荷时更是如此。主要应用于工业加热装置上。

三、完全预混式燃烧器的设计计算

完全预混式燃烧器的设计计算也是包括头部与引射器的计算两部分，计算方法与大气

式燃烧器类似。

※第五节　燃气燃烧装置的自动控制

气体燃料易燃、易爆，具有毒性，因此，在使用气体燃料时，必须保证安全。在燃烧的全过程中，从点火、燃烧运行到紧急情况的处理，进行可靠的自动控制与调节，尽量减少人为因素的参与，可以有力地确保燃气燃烧装置运行的安全性、可靠性与经济性，同时节省了人力。自动与安全控制装置现已广泛地应用于工业与民用的燃气燃烧装置上。

燃气燃烧设备上的自动与安全装置主要包括自动点火装置、自动控制装置及安全控制装置三部分。

一、自动点火装置

应用于各类燃烧设备上的自动点火装置的形式很多，常用的主要有以下三种：

(一) 电火花点火

电火花点火，即利用点火装置产生的高压电在两电极间隙产生的电火花来点燃燃气。目前在民用燃具上使用的几乎都是电火花点火方式。

电火花点火装置可分为单脉冲点火装置和连续电脉冲点火装置两种形式。

1. 单脉冲电火花点火装置

所谓单脉冲电火花点火装置是指每操作一次燃具点火开关，点火装置只产生一个电脉冲火花。主要用于小负荷的民用灶具。典型的单脉冲点火装置是压电陶瓷点火装置，图10-23是其原理图。

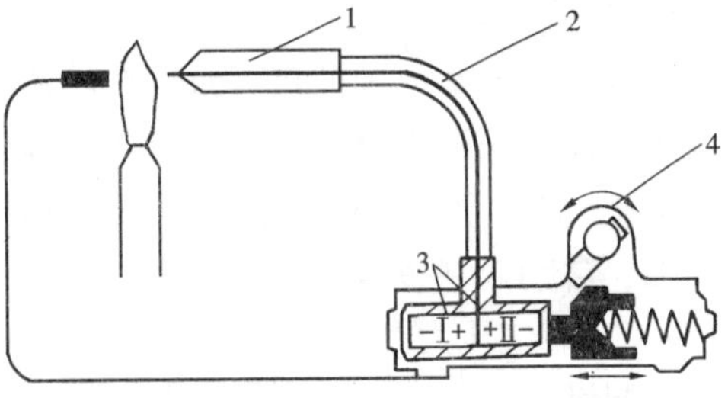

基于压电效应原理，当压电材料受压时会在其表面产生电荷，电荷量与所受压力成正比。压电陶瓷即是一种具有非常高的压电系数的压电材料。如图10-23所示，借助外力使压电陶瓷Ⅰ与Ⅱ相冲击，可以输出8～18kV的高压，击穿电极间隙4～6mm，产生电火花，并用以点燃燃气。

图10-23　单脉冲压电陶瓷点火装置
1—绝缘陶瓷；2—高压导线；
3—压电陶瓷；4—撞锤机构

2. 连续电脉冲点火装置

连续脉冲点火大致可分为可控硅式和电压开关管式两种形式，它们的工作原理基本相同，唯一不同的是在放电频率的控制形式上。图10-24所示是两种连续电脉冲点火的电路原理。

图10-24 (*a*) 工作原理是：点火开关S闭合，由R_1、V_1和T_1初级线圈组成的振荡电路起振，经T_1的次级线圈升压，二极管V_2整流后，一路到电容C_1储能，另一路通过R_2对C_2进行充电。因双向触发二极管V_3的阻断特性，当C_2两端的电压达到V_3的开通电压时，V_3导通，C_2储存的能量击发可控硅导通，C_1通过可控硅V_4和T_2的初级线圈回路放电。在T_2的次级线圈中感应出一个高压脉冲，击穿两极间隙产生一个电火花。C_2在触发V_4后，因其端电压低于V_3的开通电压，V_3关断，电路进行第二次充放电过程。改变R_2、C_2的大小，可以改变高压放电火花的放电频率。

图10-24 (*b*) 工作原理基本上与图10-24 (*a*) 相同，不同是在电火花放电频率的控

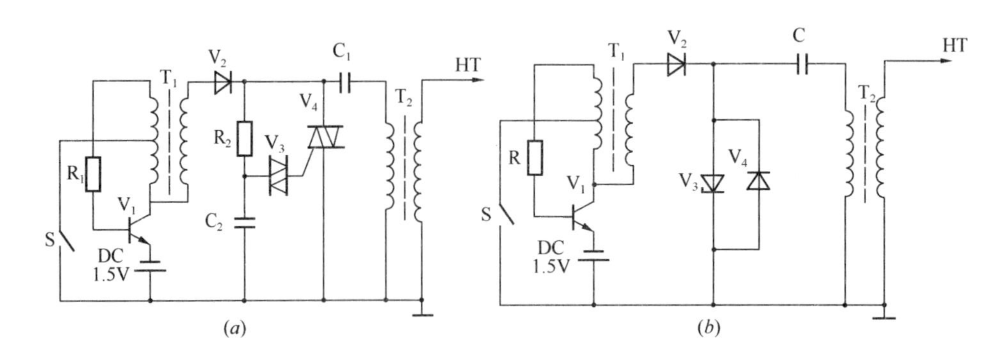

图 10-24　连续电脉冲点火装置

（*a*）可控硅式；（*b*）电压开关管式

制上。本线路利用一只电压开关管的通断来控制放电频率。当 C_1 充电储能，电压开关管 V_3 两端电压达到其开通电压时，其立即导通，C_1 通过 V_3、T_2 的初级线圈回路放电，在 T_2 的次级线圈中感应出一个高压电脉冲。此时，V_3 两端电压降低，即关断，电路进行第二次充放电过程，此线路的放电频率基本不可调，放电频率的快慢完全取决于 V_3 的电压开关值。

（二）炽热丝点火

利用电流将电阻丝加热至炽热状态，使通过它的可燃混合气流被点燃。由于可以实现对气流的连续点火，因此点火可靠。

（三）小火点火

大流量气流增大了散热，致使小的初始火焰中心不易形成。在功率较大的各类工业燃烧器上，往往采用小火焰点火的方式，即先利用电火花或炽热丝等方式点燃燃气流量较小的点火燃烧器，形成小的燃烧火焰，然后再利用小火焰较容易地实现对主气流的点火。

二、自动控制装置

（一）燃气压力控制器

控制燃气压力，通常用燃气调压器来实现。为避免管路燃气压力波动影响燃烧装置的运行工况，对大多数燃气工业窑炉及燃气锅炉、热水器来说，都应在炉前安装燃气调压器，保持燃烧器入口压力的稳定。

（二）燃气流量控制器

在燃气调压器中薄膜仅一面与燃气接触，靠背压的变化使阀芯位移；而在流量调节器中，则要利用安装在阀前的节流孔板的前后压力，使其作用在薄膜的上下两侧，靠流量改变时产生的压差变化推动阀芯。

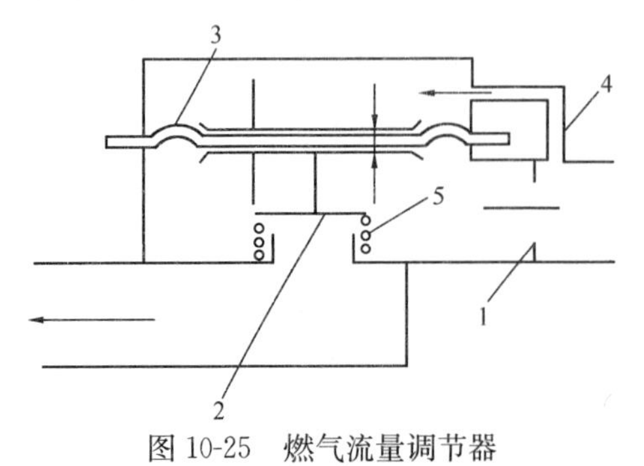

图 10-25　燃气流量调节器

1—节流孔板；2—阀芯；3—薄膜；4—连通管；5—弹簧

燃气流量调节器的构造如图 10-25 所示。根据节流原理，节流元件前后的压差与通过的流量成正比。当燃气流量超过设定值时，孔板前后产生的压差增大，薄膜上下负荷变化而向下移动，阀口燃气流通面积减小，从而使燃气流量恢复至设定值。

（三）燃气-空气比例混合调节器

由于鼓风式燃烧器本身不具备燃气与空气成比例变化的自动调节特性，为保证合适的空燃比，从而保证稳定的燃烧工况，往往在鼓风式燃烧器上配备燃气-空气比例混合调节装置。

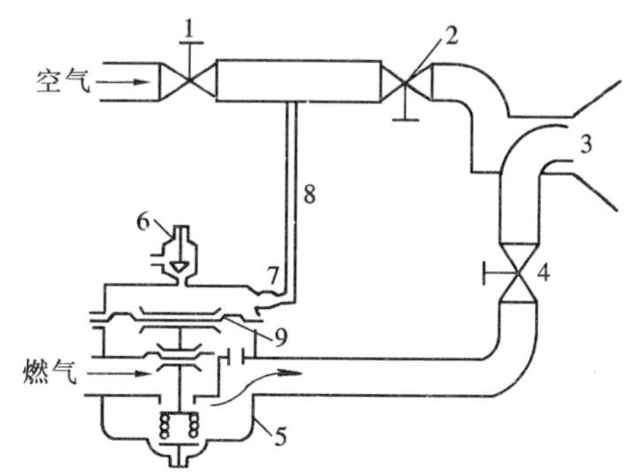

图 10-26 燃气-空气混合比例调节装置

1—改变生产率的阀；2—空气调节阀；3—双管混合式燃烧器；4—燃气调节阀；5—燃气调压器；6—节流装置；7—喷嘴；8—脉冲管；9—薄膜

图 10-26 所示的是气动比例调节装置。其工作原理如下：当阀 1 关小，空气量减少，阀 1 后压力降低，通过脉冲管 8 经喷嘴 7 使薄膜上部空间压力也降低。燃气调压器的阀芯上升，燃气量随之减少，从而使两者按设定的比例混合。确定气量比例的平衡压力是靠节流装置 6 来实现的。由于燃气压力完全取决于空气压力的变化，因此燃烧器的热负荷随空气压力而变。这样，保证鼓风机供气压力稳定就变得很重要。否则，燃烧工况就无法保持稳定。

此外，还有电动、液动及机械等比例混合调节装置。

（四）燃气阀组

很多燃烧加热设备都具备温度自动控制功能，通过自动调节燃气流量，适应负荷的波动。比例阀克服了一般电动阀门响应时间较长、易受压力波动的缺点，成为燃气流量控制的首选。图 10-27 所示为一种结构形式的燃气比例阀。

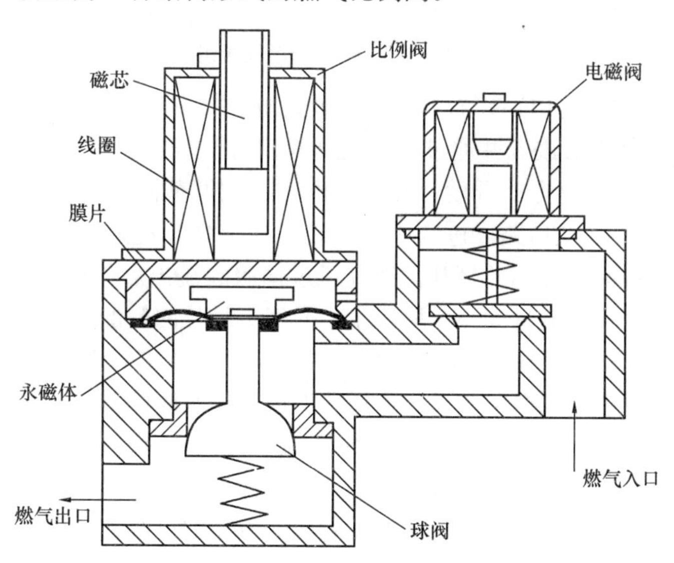

图 10-27 燃气比例阀

所谓比例是指通过的燃气流量与输入执行机构的电流或电压大小成比例。比例阀大致有压力型和流量型两种。压力型比例阀输出的是一个稳定的压力，其原理类似于调压器，所不同的是将调压器的平衡弹簧换成了可以调节磁力大小的磁力线圈，通过改变线圈电流的大小来改变磁力的大小，从而获得所需的燃气压力输出，再通过其后孔径一定的喷嘴获得一个稳定的流量。流量型比例阀输出的是一个稳定的流量，其原理类似于一个稳流阀，通过节流元件产生的与流量信号成正比的压差信号，作用于膜片的两侧产生一个推力，磁力线圈产生的磁力与此推力相平衡，从而获得一个稳定的流量输出。两种比例阀的共同点就是燃气流量不受进口燃气压力的影响，不同点在于燃气流量一个依赖于喷嘴，一个不受喷嘴孔径的影响。

图 10-28 是用于燃气采暖炉的带比例调节功能的燃气阀组，它由两个电磁阀 EV1、EV2、一个电磁比例调节阀及一个伺服阀组成。电磁阀 EV1 的作用是切断燃气，特别是在控制器发出紧急关断指令时。EV2 的作用是控制燃气是否可以进入调节阀。电磁比例调节阀的作用是通过改变比例调节阀芯的位置来改变中介气室中的压力，进而控制伺服阀的开度。伺服阀用于调节燃气流量。燃气阀组的工作原理如下：

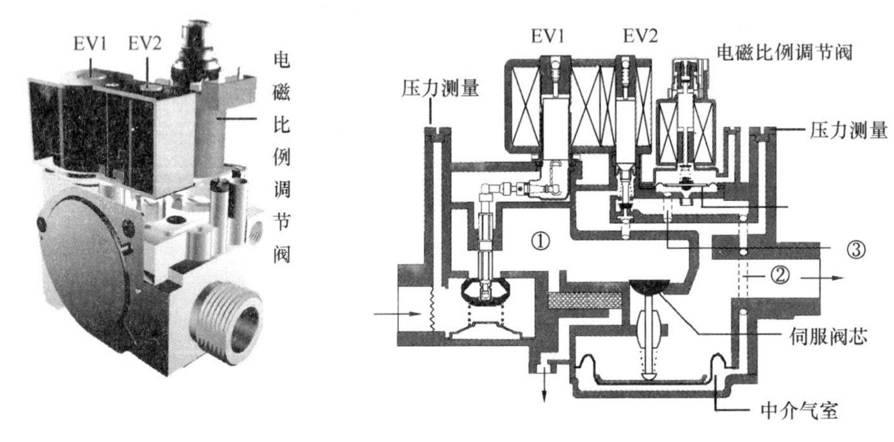

图 10-28　壁挂炉燃气阀组

（1）当电磁阀 EV1 得电后将打开，燃气通过电磁阀 EV1 直至空间①，此时如电磁阀 EV2 不开启，则燃气无法进入并通过电磁比例调节阀。

（2）当电磁阀 EV2 得电打开后，此时如电磁比例调节阀的阀芯处于关闭状态，则燃气首先通过电磁阀 EV2 经通路②进入中介气室。在中介气室内压力的作用下，克服弹簧力使伺服阀的阀芯被向上推起并打开。燃气通过伺服阀流出燃气阀组，此时为最大流量。伺服阀开度的大小（燃气流量大小）取决于中介气室膜片两侧的压力差。

（3）在电磁阀 EV2 打开的情况下，如电磁比例调节阀芯处于某一个开度，则此时将有一部分燃气通过电磁比例调节阀，经通道③泄放到伺服阀的下游，进而使得中介气室中的压力下降，在弹簧的作用下，伺服阀将关小，燃气流量降低。

由此可见，只要改变电磁比例调节阀的开度，即可有效控制伺服阀的开度，进而达到调节燃气流量的目的。而改变电磁比例调节阀线圈电流即可改变阀的开度。

另外，当燃气压力发生波动时，伺服阀也可起到自动稳压的作用。当阀组上游压力增高时，电磁比例调节阀的阀芯膜片下侧的压力将增高，使得调节阀开度增大，进而使得伺服阀关小，对压力的升高给予了补偿。相反的情况下原理相同，当阀组出口压力降低时，中介气室膜片上侧压力降低，因此使得伺服阀开大，对阀组出口压力的降低给予了补偿。

三、安全控制装置

在燃气燃烧设备上安装自动控制装置的目的是在发生异常现象时能及时切断燃气，以避免事故的发生，保证燃气燃烧的安全及可靠。

（一）水-气联动控制

在燃气热水器、沸水器等热水加热设备中，必须装有水量不足安全装置，以防止发生干烧而烧坏燃具。水-气联动安全装置能够实现断水的同时及时切断燃气通路，使火熄灭。常用的有压差式和水流开关式两类。

1. 压差式水-气联动装置

图 10-29 所示为压差式水-气联动装置的工作原理。在供水管中设一节流孔（或者文丘里管），将薄膜两侧的腔室分别接到节流孔前后（或文丘里管的喉部和出口）位置。当水流过节流孔（或文丘里管）时，薄膜两侧产生压差，致使薄膜向左位移，克服燃气阀的弹簧力而顶开燃气阀盘，燃气进入主燃烧器燃烧；水流停止时节流孔前后压差消失，在弹簧力作用下燃气阀关闭，从而保证燃烧器在没有水流时停止燃烧。文丘里管比节流孔的阻力损失要小，特别是在低水压工作的时候，文丘里管的优势很明显。

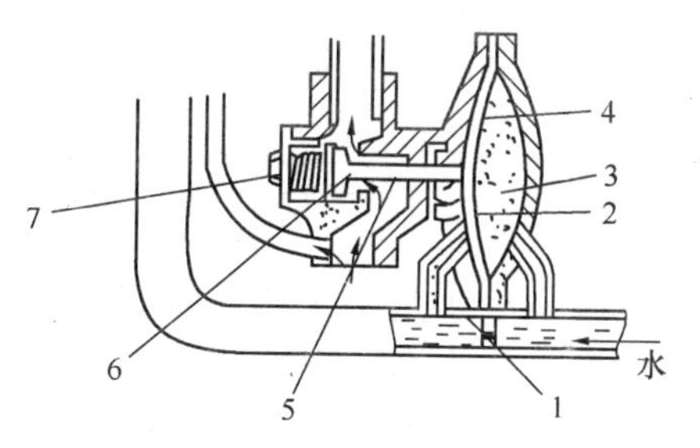

图 10-29　差压式水-气联动装置工作原理
1—节流孔；2—气腔(低压侧)；3—水腔(高压侧)；4—薄膜；5—阀杆；6—燃气阀；7—弹簧

差压式水膜阀的膜片两侧压差与水流量的平方成正比，因此将膜片与一个调节阀芯连接在一起，就可以形成一个稳流阀。当流量增大时，膜片两侧的压差也增大，膜片带动阀芯运动减小阀口开度，从而减小流量；反之，当流量减小时，阀的开度会增大，从而保持流量的稳定。对于非恒温型热水器，这种稳流作用可使热水器的水温比较稳定。

压差式水-气联动装置是机械式的，结构较复杂，要求的启动水压较高，水路阻力损失较大，不宜用于 10L/min 以上的大容量热水器上。

2. 水流开关式水-气联动装置

水流开关式水-气联动装置是在水路中设置一个水流传感器，通过水路中带磁极的转子随水流旋转，使水管外的霍尔片产生一个电信号，再根据这个电信号控制燃气管路中的电磁阀的开启，达到水-气联动的目的。

水流开关式是电气式的，启动水压低，水路系统阻力小，体积小，在 10L/min 以上的大容量热水器上已普遍采用。

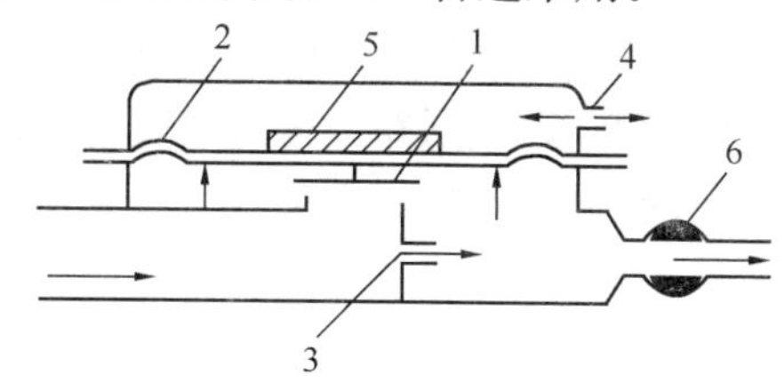

图 10-30　防止燃气压力不足的安全装置
1—阀芯；2—薄膜；3—小孔；
4—呼吸孔；5—重块；6—旋塞

（二）预防燃气压力不足的安全装置

如果流向燃烧装置的燃气压力不足，容易发生火焰熄灭，燃气继续流出，积聚而形成爆炸混合物。因此，需要安装预防燃气不足的安全装置，其构造如图 10-30 所示。当燃气量不足而压力下降时，靠重块力量使阀芯 1 下降，关闭燃气通路，同时关闭后面的旋塞 6。燃气通过小孔 3 流入阀后，薄膜下压力升高而将阀芯重新打开。当燃气流量足够，即阀芯开度足够大时，阀后旋塞 6 才能打开。这样，燃气才能重新通过安全装置。如果旋塞 6 不关闭，就没有足够的压力顶开阀芯 1，安全装置处于关闭状态，从而提供了双重保险。而小孔 3 的孔径是极小的，通过它流出的燃气量极少，不致引起危险。

（三）预防空气不足的安全装置

在使用鼓风式燃烧器的工业炉上装设预防空气不足的安全装置，目的是当鼓风机发生故障，空气中断或空气不足时，可关断燃气。

（1）薄膜式预防空气不足安全装置（见图 10-31）这种安全装置的主要作用原理是采用空气-燃气连锁阀。当空气量不足时，则薄膜上的弹簧力大于薄膜下部空间的空气压力，这时由薄膜带动的阀杆 3 将燃气阀芯 2 关闭。

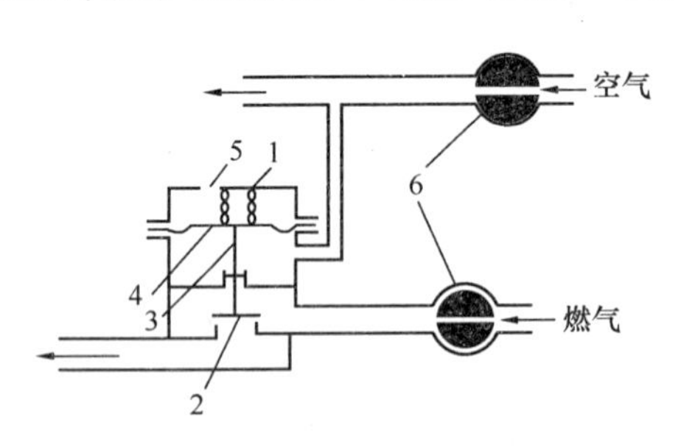

图 10-31　预防空气不足的安全装置

1—弹簧；2—阀芯；3—阀杆；4—薄膜；5—呼吸孔；6—旋塞

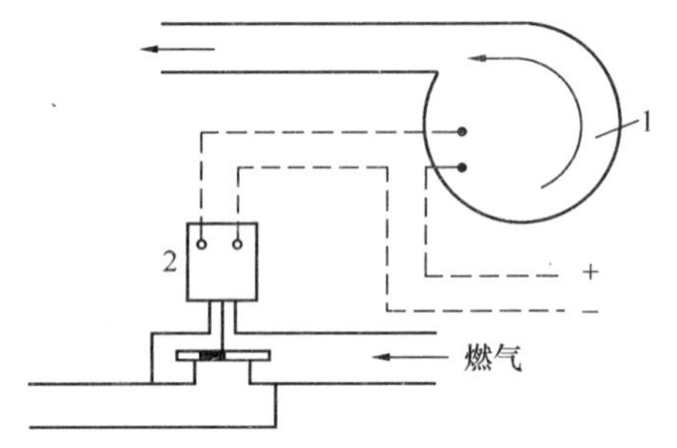

图 10-32　预防空气中断安全装置

1—鼓风机；2—电磁阀

（2）电磁阀控制的预防空气中断的安全装置（见图 10-32）它能预防鼓风机断电引起的事故。当电流中断时，电磁阀直接切断燃气；若电流恢复，电磁阀重新开启，让燃气通过。它的作用与鼓风机的风量及风压无关。

（四）止回阀及安全切断阀

在采用鼓风式燃烧器的炉窑上，供应的空气压力大于燃气压力时，为防止空气逆流进入燃气管道中形成爆炸混合物，在燃气管道上可装设止回阀；还可在燃烧器前的管路上设置压力传感器，当燃气压力太高或太低时，引起安全切断阀动作，停止燃气的通入。

（五）熄火保护装置

熄火保护装置是燃气燃烧控制系统中重要的组成部分之一。当燃烧设备内的火焰熄灭时，它能自动切断燃气，防止未燃气体继续进入燃烧设备，以避免发生爆炸事故。

根据检测原理不同，常见的熄火保护装置有如下几种：

1. 火焰离子探针熄火保护装置

高温火焰中的气体会发生电离而具有导电性能。金属导体探针置于火焰中，则回路导通。火焰一旦熄灭，电流消失，与之相连的电磁阀动作，切断燃气通路。该种装置使用电磁阀作执行元件，动作非常迅速，可靠性好。图 10-33 所示为目前燃气热水器上普遍使用的火焰离子探针式快速安全装置。

2. 光电式熄火保护装置

在工业燃烧器上最常用光电管来检测火焰发出的光信号。过去采用的火焰检测元件通常是接受红外线辐射。由于灼热炉膛与火焰的红外线很容易相互混淆，所以现在都利用火焰的紫外线辐射作为信号。因为紫外线光电管具有较窄的灵敏范围，约 2000～3000Å，可减少其他辐射源的干扰。气体和由火焰的紫外线辐射强度比炉膛的辐射强度大得多，这就消除了对火焰检测元件的干扰。紫外线火焰检测元件的布置如图 10-34 所示。

紫外线火焰检测元件必须很准确地对准气体火焰的紫外线辐射区，才能保证检测元件的正常工作。检测元件内装有一个指示器，能反映紫外线辐射强度的变化，并发出信号，经放大后及时关闭或开启燃气电磁阀。

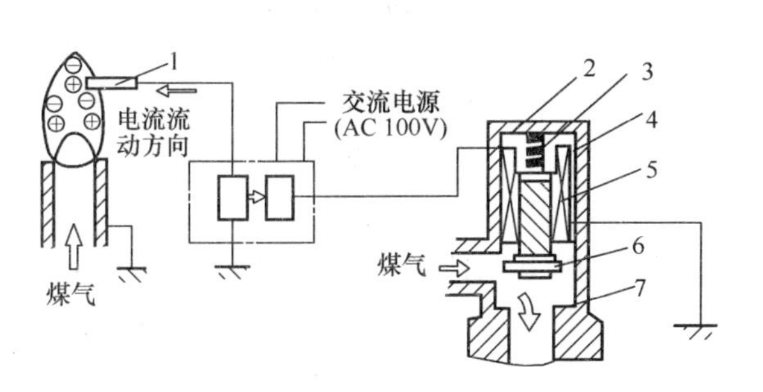

图 10-33 火焰探针式快速安全装置

1—火焰离子探针；2—电磁阀；3—弹簧；4—线圈；5—法兰；6—阀；7—阀座

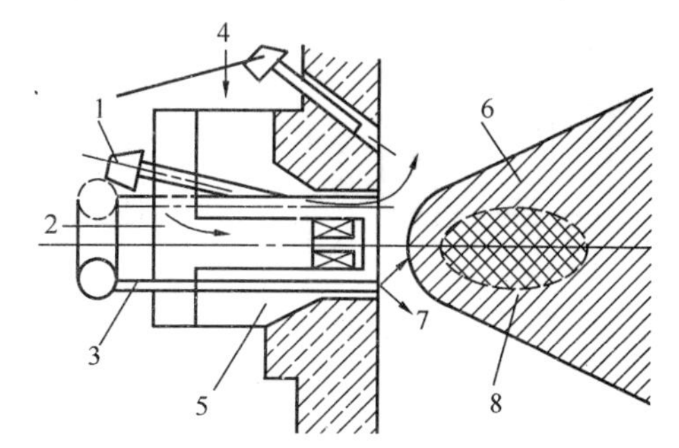

图 10-34 火焰紫外线辐射区与火焰检测元件的布置

1—火焰检测元件（充氮二极管）；2——次空气；3—气枪；4—二次空气；5—调风器；6—天然气火焰；7—天然气；8—紫外线辐射区

除光电管外，还可以用光电池、光敏电阻等一系列元件作传感元件。其主要优点是可靠性好，动作迅速，而且可与自动点火、各种自动保护及报警等功能兼容。但由于其制作复杂、成本较高，并且要引入交流电，因此只限于用在工业燃烧装置以及高档民用燃具中。

（六）过热保护装置

为防止燃具在使用中因意外原因造成自身温度过高而引起周围环境温度升高发生事故，常在燃具机壳附近装设过热保护装置。

在家用快速热水器以及采暖炉上，正常情况下，换热器出口水温由控制器控制，保证其在用户设定的范围内。为防止出水温度过高而发生意外烫伤事故，通常在出水管路上装设有过热保护装置。当测点温度过高时，熄火保护装置回路断开，电磁阀关闭，切断燃气通路。

图 10-35 所示为双金属片控制的过热保护开关。当温度升高达到上限值 T_{lime}时，在热应力的作用下双金属片产生变形，推动开关断开电路，迫使热水器停止工作。某些过热保护开关断开后，须采用人工手动的方式将过热保护开关复位。

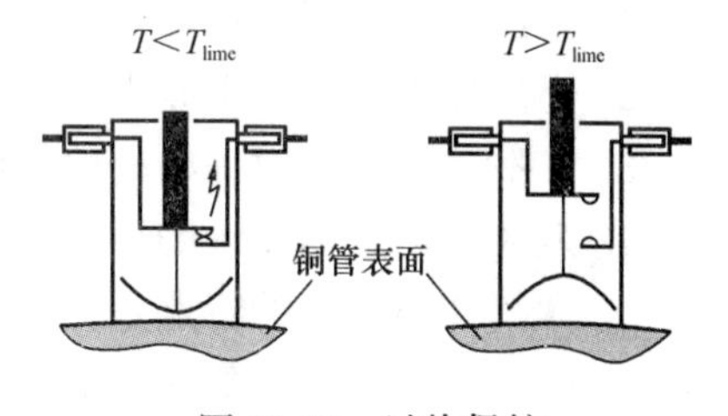

图 10-35 过热保护

（七）风压开关

在强制排烟系统中，为确保系统排烟顺畅，实时监测风机的运转状况和烟气的通畅与否是非常重要的。一般情况下，风机运转状况可从风机转速与风机所产生的风压两方面进行监测。直流风机比较容易进行转速监测。但强制排烟系统一般采用交流风机，转速基本恒定，这时采用的方法通常是检测风机产生的风压。

利用文丘里管和风压开关的组合可以实现对烟气排放的监测，如图 10-36 所示。在风机出口或烟道中设置文丘里管（文丘里型取压装置），文丘里管喉部和入口处的取压管分别与风压开关（压差开关）的两侧腔室相连。其工作过程如下：

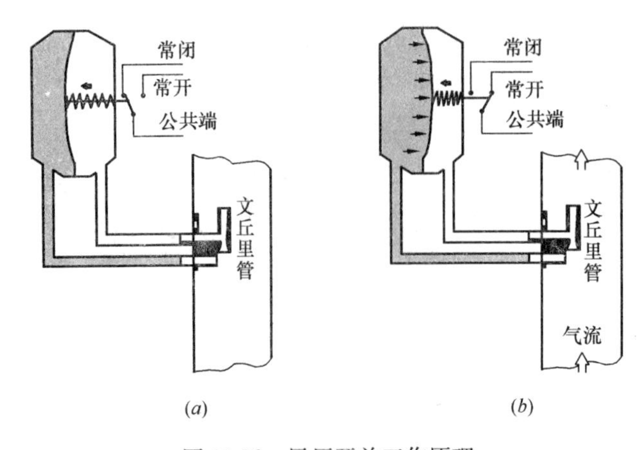

图 10-36 风压开关工作原理
(a) 风机停转（或流量过小）；(b) 风机正常运转

(1) 燃气热水器或采暖炉在启动前（风机运转前）首先检测的是风压开关的状态。此时公共端与常闭端应闭合，如图 10-36 (a) 所示，否则控制系统将判系统故障，热水器或采暖炉将停止启动。

(2) 风机开始运转后，正常情况下气流将在文丘里管上产生压差，该压差用于驱动风压开关。此时，公共端与常开端应闭合，如图 10-36 (b) 所示，表明风压正常(通常情况下，风压开关的转换压差约为 60Pa)。

(3) 在运行过程中，控制器会实时监测风压开关的状态。当发生风机转速过低、风机停转、烟道阻力过大（堵塞）、空气通道阻力过大（堵塞）等情况时，风压开关的压差减小或消失而动作，向控制器发出信号，燃气热水器或采暖炉将停止运行。

很多情况下，如风压开关性能不佳、气流扰动等因素会导致文丘里管所产生的压差满足不了风压开关的动作压差，形成设备无法正常运行，为此很多产品舍弃文丘里管形式而采用单管取压，取压点设置在风机扇叶的边沿。由于扇叶的高速旋转使得这一点的气流速度特别大，从而形成较大的负压，保证风压开关所需风压能正常建立。这种形式只要风机正常运转，就可以获得足够的负压，满足风压开关动作的需要。在烟道堵塞的情况发生时，风机内会产生一定的背压而减少上述负压值，当负压值减少到一定程度时就会导致风压开关动作，停止设备运行。

思 考 题

1. 扩散式燃烧器的特点是什么？典型的应用场合有哪些？
2. 燃烧器设计的基本原则是什么？
3. 扩散式燃烧器设计的一般步骤是什么？设计内容包括哪些？
4. 鼓风式燃烧器设计的核心问题是什么？
5. 大气式燃烧器的特点是什么？典型的应用场合有哪些？
6. 大气式燃烧器头部和引射器的作用分别是什么？设计中如何保证？
7. 最佳无因次面积的含义是什么？
8. 什么是引射式燃烧器的自动调节特性？
9. 设计中如何保证获得需要的一次空气系数？
10. 大气式燃烧器的特点是什么？典型的应用场合有哪些？
11. 保证完全预混式燃烧稳定的常用措施有哪些？
12. 燃气燃烧器的基本技术要求有哪些？
13. 燃气具的常用自动控制装置有哪些？工作原理各是怎样的？

※第十一章　燃气应用新技术

第一节　新型燃烧装置

无论是工业企业用气设备还是民用燃具，都对燃烧器的设计提出了各自独特而具体的要求。其中，如何高效节能、降低用能成本是各方面最为关注的问题；如何在高效燃烧的基础上同时降低对环境的影响则是很重要的社会问题。为了满足不同工艺以及节能和环保的需要，人们在各种最基本燃烧器的基础上，设计开发了各种各样的新型燃烧设备，使燃气应用的范围扩大。

一、旋流燃烧器（包括平焰燃烧器）

旋流燃烧技术是在常规燃烧的基础上发展起来的，在工程燃烧中应用已经相当普遍，成为最基本与最常用到的强化燃烧措施。通过优化旋流燃烧器结构参数可以降低污染物的排放。强旋流与扩展型火道结构结合还可以产生平展火焰，满足某些特殊加热需要。

家用燃气灶旋流燃烧器以其新颖的火盖造型，独特的旋流条形火孔设计，使气流在旋流燃烧过程中产生了较强的切向应力。图 11-1 所示是旋流式燃烧器火盖示意图。与传统的燃烧器相比，它具有火力稳定均匀、火力集中、节约燃气、清洁无黑烟等特点。美国劳伦斯伯克利国家实验室（Lawrence Berkeley National Laboratory）开发出一种超净低旋流燃烧器，简称 UCLSB（Ultra-Clean Low-Swirl Burner）燃烧器，如图 11-2 所示。这种燃烧器在通道四周采用低旋流技术，中央通道保持直流风，NO_x 排放量只有传统燃烧器的 1/10～1/100 左右。除了用于民用，更大直径（>12.7cm）的 UCLSB 型燃烧器已应用于工业热水与蒸汽的制备，并且在电站用汽轮机的应用中显示出了很好的节能和环保潜力。

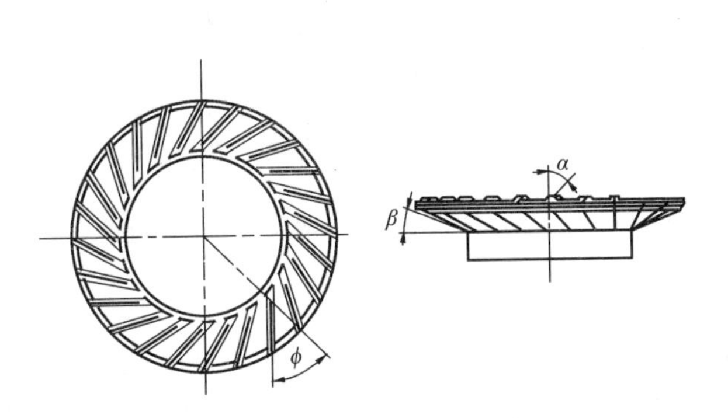

图 11-1　旋流式燃烧器火盖示意图

图 11-2　UCLSB 燃烧器

强旋流的离心力借助于扩张形火道具有附壁流动的特性，可以形成平展的气流。燃气在平展气流中燃烧可以得到与常规的、直的锥形火焰完全不同的圆盘形的薄层火焰。这种

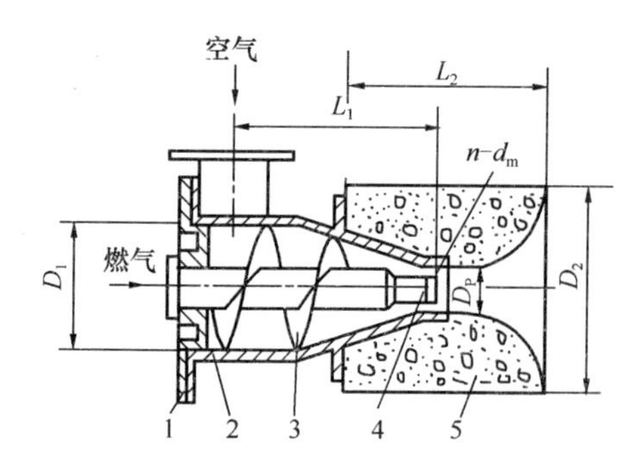

图 11-3　螺旋状长叶片式平焰燃烧器

1—盖板；2—壳体；3—螺旋状叶片；4—燃气喷头；5—火道砖

类型的旋流燃烧器又称为平焰燃烧器，可以满足平面加热的要求。图 11-3 所示为一种平焰燃烧器。

在各种炉窑燃烧器中，平焰燃烧器具有火盘直径大、辐射能力强；工件加热速度快而且均匀，金属氧化烧损低；燃气燃烧完全，产品能耗低；炉腔温度均匀；废气对大气污染程度低（尤其是 NO_x 方面的污染）及炉窑结构简化等显著优点，在钢铁企业被广泛应用于加热炉。

二、低 NO_x 燃烧器

低 NO_x 燃烧器主要是通过降低燃烧温度、燃烧区域内 O_2 浓度，缩短在高温区的停留时间来控制热力型 NO_x 的产生。低 NO_x燃烧器种类很多，常见的有以下几种：

（一）烟气自身再循环型低 NO_x 燃烧器

如图 11-4 所示，它利用燃气和空气的喷射作用将炉内烟气吸入，使烟气在燃烧器内部进行循环。由于烟气混入，降低了燃烧过程中氧气的浓度，从而抑制了 NO_x 的生成。

（二）阶段燃烧型低 NO_x 燃烧器

图 11-5 所示为空气两段供给的阶段燃烧型低 NO_x 燃烧器。燃料与一次空气混合进行的一次燃烧是在 $\alpha'<1$ 的情况下进行的，由于空气不足，燃料过浓，燃烧过程所释放的热量不充分，因此燃烧温度低。一次燃烧空气不足，燃烧过程氧的浓度也低，所以 NO_x 生成受到抑制。一次燃烧完成后，尚未燃尽的燃气与烟气混合物再逐渐与二次空气混合，进行二次燃烧，使燃料达到完全燃烧。二次燃烧时，由于一次燃烧产生的烟气的存在，使得二次燃烧过程的氧浓度与燃烧温度都低，所以也抑制了 NO_x 生成。同理，也可以将燃气分两次供给，实现阶段燃烧。

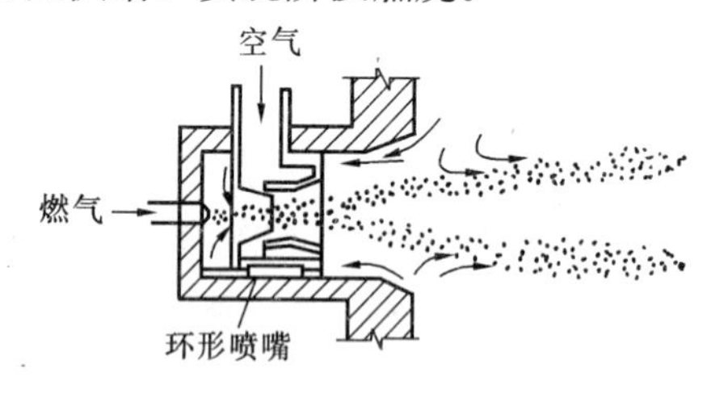

图 11-4　烟气自身再循环型低 NO_x 燃烧器

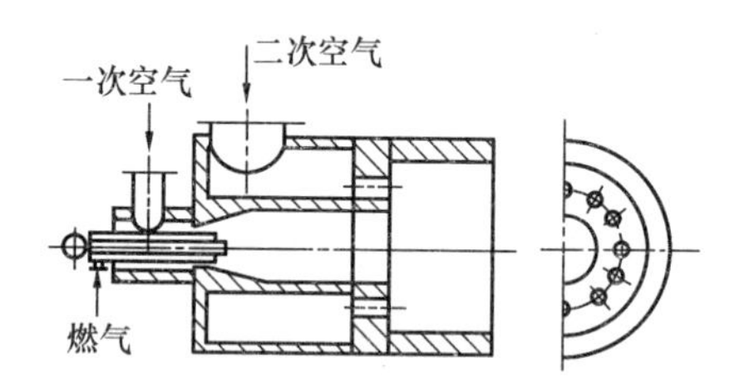

图 11-5　空气两段供给型燃烧器

（三）浓淡火焰对冲型低 NO_x 燃烧器

如图 11-6 所示，该种燃烧器在头部有两种火孔，布置成呈一定角度相对的形式。一种火孔流出的可燃气体混合物燃料过浓，一种火孔流出的混合气体空气过浓。两种火焰对冲混合后，一方过剩的燃气就在另一方过剩的空气中得以完全燃烧。由于浓淡火焰各自都是在偏离化学计量比的情况下进行的燃烧，因此燃烧温度较低，可以较好地抑制 NO_x 的生成。

（四）分割火焰型低 NO_x 燃烧器

最简单的形式是在喷嘴出口处开数道沟槽将火焰分割成若干个小火焰，如图 11-7 所示。分割成小火焰后，火焰总的散热面积增大，燃烧温度降低。同时因小火焰的焰层薄，缩短了烟气停留时间。这些都抑制了 NO_x 生成。

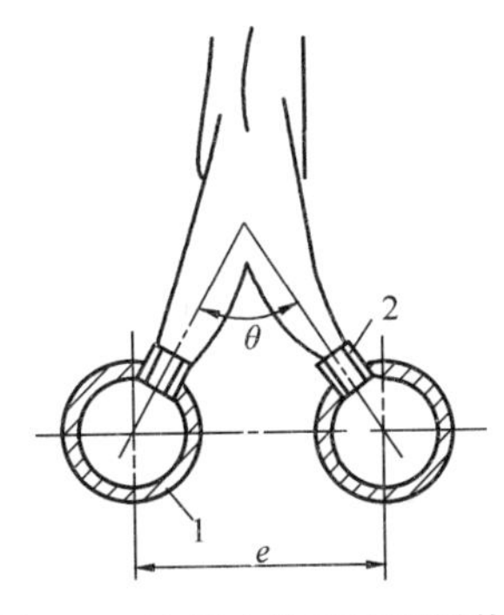

图11-6　浓淡火焰对冲型燃烧器

1—浓火焰火孔；2—淡火焰火孔

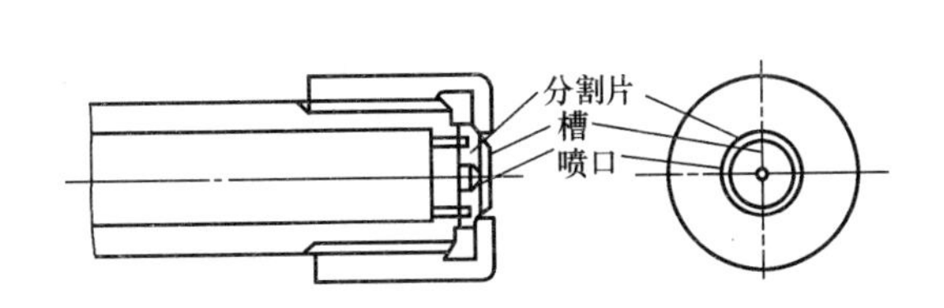

图 11-7　分割火焰型低 NO_x 燃烧器

（五）促进混合型低 NO_x 燃烧器

图 11-8 所示是一种典型的促进混合型燃烧器。由于燃料呈细流与空气垂直相交，故混合快而均匀，燃烧温度也均匀。若干小火焰组成很薄的钟形火焰，火焰很快被冷却，所以燃烧温度低。火焰薄，烟气在高温区停留时间短，NO_x 生成受到抑制。

（六）组合型低 NO_x 燃烧器

组合型低 NO_x 燃烧器是将上述几种抑制原理部分或全部组合在一起而形成的，其结构更复杂，效果则更好些。适用不同燃料、不同用途的低 NO_x 工业燃烧器多属于组合型。

三、高速燃烧器

高速燃烧器主要应用在工业炉上。它以对流传热为基础，利用高温烟气以 100～300m/s 的高速度直接吹向物料表面，高速气流破坏物料表面的气体边界层，使对流传热系数显著增大，从而提高对流传热量。

图 11-9 所示为高速燃烧器的一般结构。它相当于一个鼓风式燃烧器，在其出口增设一个带有烟气喷嘴的燃烧室（火道）。燃气和空气在燃烧室内进行强烈混合和燃烧，完全燃烧的高温烟气以非常高的流速喷进炉内，与

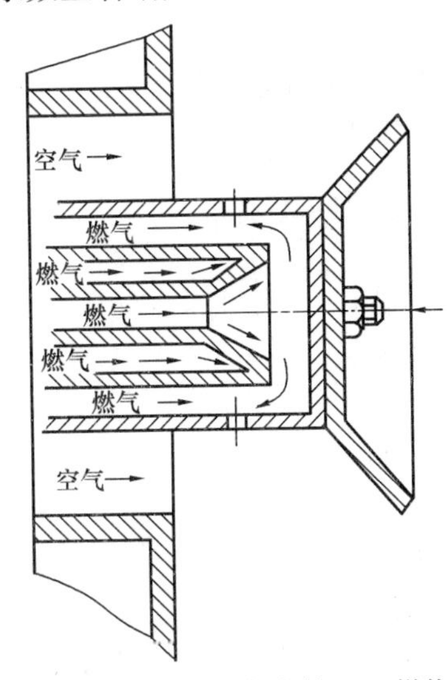

图 11-8　促进混合式低 NO_x 燃烧

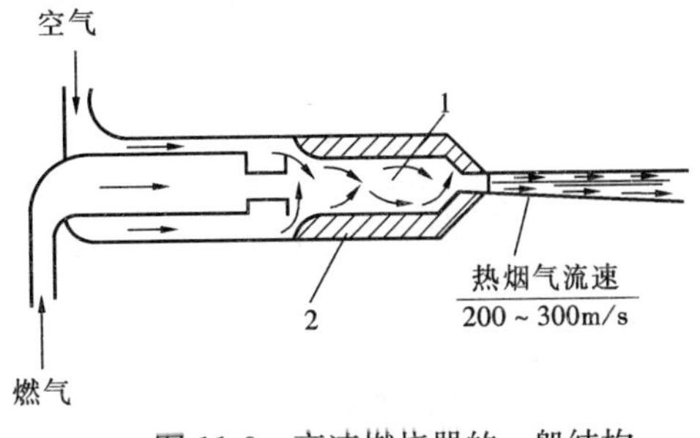

图 11-9　高速燃烧器的一般结构

1—燃烧室（火道）；2—耐火材料

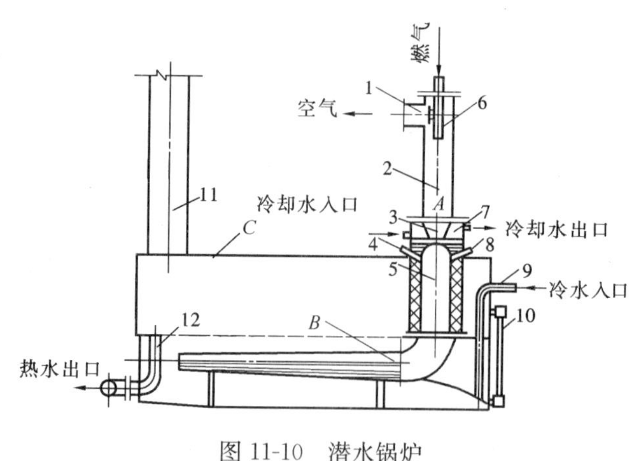

图 11-10　潜水锅炉

1—空气管；2—混合管；3—喷头；4—点火孔；5—火道；6—燃气管；7—冷却水套；8—观察孔；9—给水管；10—液面计；11—排烟道；12—热水出口；A—燃烧器；B—鼓泡管；C—水槽

物料进行强烈的对流换热。

四、浸没燃烧器

浸没燃烧法又称为液中燃烧法，是将燃气与空气预先充分混合，送入燃烧室进行完全燃烧，使燃烧产生的高温烟气直接喷入液体中，从而加热液体的方法。浸没燃烧属于完全预混式燃烧，而其传热过程属于直接接触传热。

浸没燃烧装置主要由燃烧装置、贮槽及排烟装置三部分组成。图 11-10 所示为潜水锅炉，是典型的用于液体加热的浸没燃烧装置。燃气与空气垂直相遇后充分混合，燃烧后的热烟气从鼓泡管喷出后与水槽中的水直接进行热交换，加热后的热水从热水出口排出，而废烟气从排烟道中排走。为了保证燃烧器能在一定的调节范围内稳定地燃烧，采用水冷喷头来抑制回火。

五、双燃料燃烧器

双燃料燃烧器可以单独燃烧一种燃料，也可实现两种燃料的混烧。生产上广泛应用的主要有：煤粉-燃气燃烧器和油-燃气燃烧器两种。燃烧挥发分低的煤粉时，供应一定量燃气可以帮助煤粉着火和燃烧，使火焰稳定。而油-燃气燃烧器的应用更为广泛，目前大多中小型燃烧机都可以实现油气混烧。

图 11-11 所示为煤粉-燃气燃烧器，图 11-12 所示为油—燃气燃烧器。

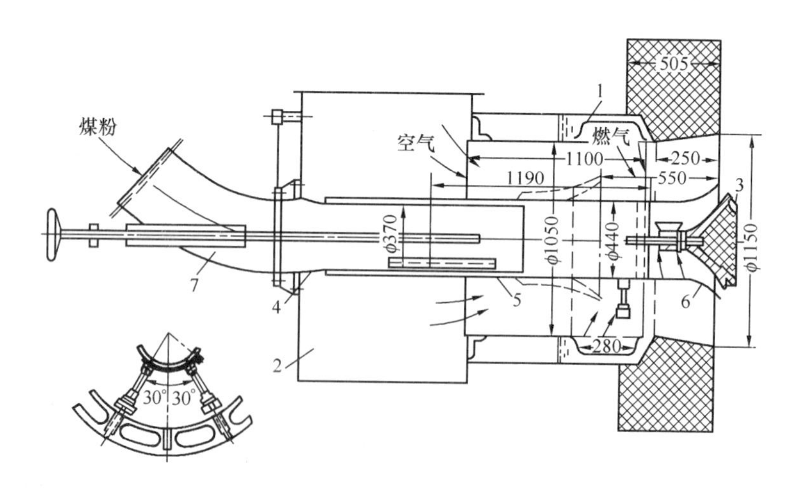

图 11-11　煤粉-燃气燃烧器

1—燃气分配室；2—旋流器；3—分流锥；4—活动管道；5—不动管道；6—出口；7—煤粉供应管道

六、催化燃烧器

催化燃烧是指燃气在固体催化剂表面上进行的燃烧。可燃气体借助催化剂的催化作用，能在低温下实现完全氧化，温度可低于可燃气体的闪点。

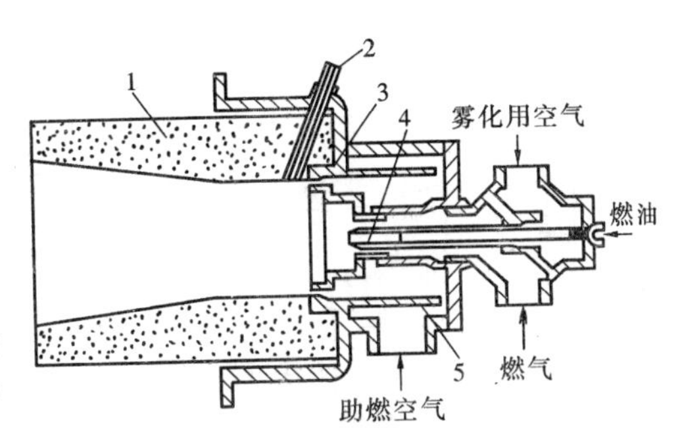

图 11-12　油-燃气燃烧器

1—耐火砌块；2—火焰检测器插入管；3—空气环管喷嘴；4—导流片；5—分布板

烷烃燃烧最活跃的催化活性物质是贵金属钯和铂。甲烷是最稳定的烃类，在通常情况下难于活化或氧化。对于甲烷燃烧来说，常见催化活性物质的催化排列顺序为：Pd＞Pt＞Co_3O_4＞PdO＞Cr_2O_3＞Mn_2O_3＞CuO＞CoO_2＞Fe_2O＞V_2O_5＞NiO＞Mo_2O_3＞TiO_2。对于其他的碳氢化合物和一氧化碳也有类似的排列顺序。

在工业上使用时，通常使上述催化剂附着在惰性载体填料上，使之与气体有较大的接触表面，以便更好地发挥催化剂的作用。常用的载体有硅胶（SiO_2）、铝凝胶（Al_2O_3）、石棉和浮石（钾、钠、钙、镁和铁的硅酸盐）等表面积较大的物质。

1963 年，美国燃气协会提出了扩散式与预混式两种催化燃烧器的基本结构，如图 11-13 所示。20 世纪 80 年代以来，催化燃烧在燃气轮机上的应用备受重视并一直开展研究。

七、脉冲燃烧器

脉冲燃烧器的工作原理与通常的燃烧器不同，它近似于内燃机的燃烧。在脉冲燃烧器中，燃烧和热量的释放是周期性进行的。一个循环周期分四个过程，即燃烧过程、排气过程、吸气过程和再点火过程。

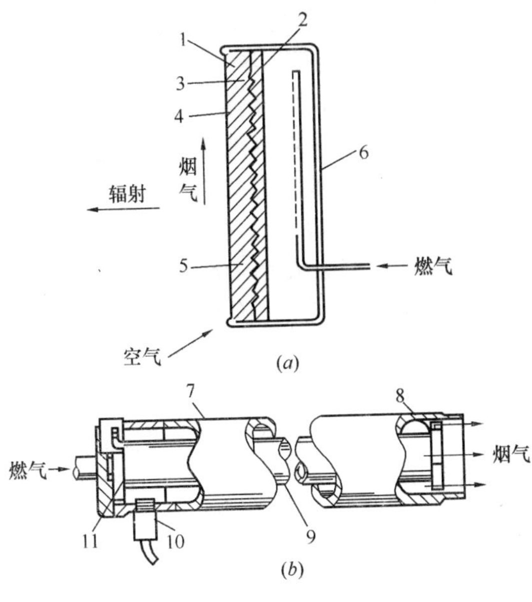

图 11-13　催化燃烧器

(*a*) 低温催化（扩散式）；(*b*) 高温催化（预混式）

1—催化燃烧板正面；2—催化燃烧板背面；3—催化燃烧板；4—催化层；5—电加热器；6—外壳；7—燃烧室；8—陶瓷架；9—反应管；10—点火器；11—金属膜盘

总的来说，脉冲燃烧器可以看作是一台靠自身动力驱动的共鸣器。在系统运行过程中，以振荡形式出现的正压与负压是燃烧器得以持续运行的基础。启动时，燃气依靠自身压力、空气依靠鼓风机送入燃烧室，通过电火花点火；点火后，燃烧室内压力和温度急剧升高。由于燃烧室为正压，促使进气阀关闭，空气和燃气便停止进入，燃烧产物在正压作用下向排烟口（开口端）排出。由于气体排出时存在的惯性，在燃烧室内形成负压，导致进气阀重新开启，燃气和空气靠负压吸入燃烧室（这时已不再需要自身压力或鼓风机）；与此同时，一小部分燃烧产物也从尾管返回到燃烧室。燃气-空气混合物进入燃烧室后即被点燃，并开始下一个燃烧循环。

目前脉冲燃烧器应用最活跃的场合

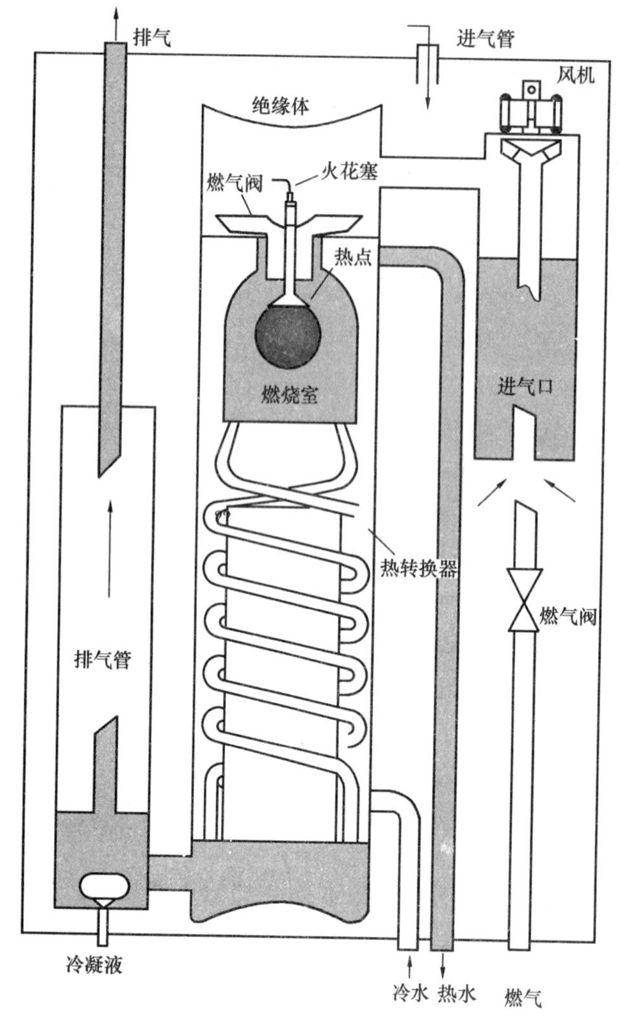

图 11-14　脉冲燃烧热水锅炉工作原理图

是水及液体加热和热风采暖，表现出了很好的环保、节能效应。图 11-14 所示为应用脉冲燃烧器的热水锅炉。

八、富氧燃烧器

普通燃烧器所用的助燃空气均处于自然状态下，其中氧的含量约为 21%。如果采用氧含量较高的空气作为助燃空气即所谓富氧燃烧，又称增氧燃烧（Oxygen Enriched Combustion，简称 OEC）。

由于助燃空气中氧浓度的增加，燃料的燃烧特性有了根本性的改变。与普通的燃烧方式相比，由于富氧燃烧火焰温度高，辐射换热量增强，提高了炉内有效利用热。同时，由于排烟量减少，排烟热损失减小，故提高了设备热效率，从而减少了燃料消耗量。

富氧空气的制取是富氧助燃技术应用中的关键。目前，氧气制备主要有液化空气的精馏（深冷法）、使用各种吸附剂进行变压吸附（PSA 法）和利用选择性透过膜进行分离（膜法）等方法。

一般氧气浓度小于 40%，富氧空气流量小于 $6000m^3/h$，膜法更为经济；而 PSA 法在中等氧浓度（60%～93%）和中小规模范围内较经济；深冷法则在高氧浓度和较大规模情况下使用。因此，富氧燃烧用氧采取膜法制取是最适宜的。

膜法是将助燃空气通过氧气富化膜室，转变成富氧空气。膜是由高分子材料（硅酮橡胶或聚四氟乙烯系）做成的非多孔性膜，厚度约为 $0.1\mu m$，它对氧有选择性透过的能力。膜法富氧技术在制备富氧方面的应用正在迅速增长，并正在取代其他高成本且操作不方便的分离技术。其基本工艺过程如图 11-15 所示。

九、燃气辐射管

对于需要控制炉内气氛的热处理炉，常选用间接加热方法，即燃烧产物与被加热工件相隔离。燃气辐射管就是其中的一种。燃气辐射管主要由管体、烧嘴和废热回收装置所组成，如图 11-16 所示。燃气和空气的进口与燃烧后的烟气出口在同一端，燃

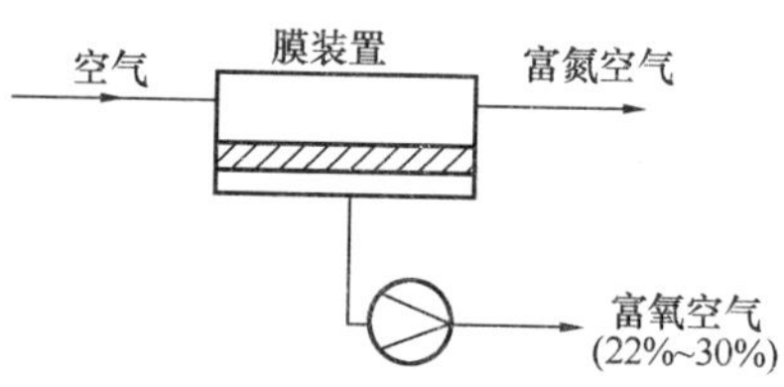

图 11-15　制取富氧空气的膜分离工艺示意图

气通过内管进入，完全燃烧，在内管顶端改变方向，进行燃烧；烟气在加热外管后，在燃烧器头部的热交换器内预热空气，之后被引向排烟管排出。被加热的外管以辐射方式来加热炉窑以及炉内待处理的工件或材料。

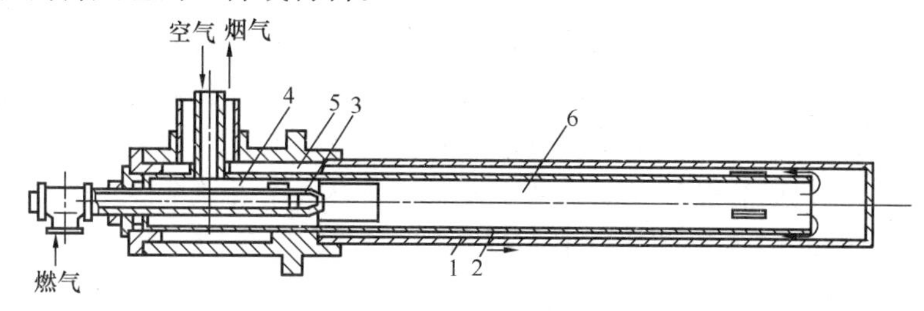

图 11-16　套管式燃气辐射管

1—外管；2—内管；3—燃气喷嘴；4—空气通道；5—烟气通道；6—燃烧区

十、高温空气燃烧器

高温空气燃烧技术（High Temperature Air Combustion，简称 HTAC）是 20 世纪 80 年代末开发的一项新型燃烧技术。通过高效的烟气/空气换热装置，将助燃空气加热到 1000℃以上，将形成一种与常规发光火焰不同的新的燃烧形式。此时几乎观察不到火焰，燃烧异常迅速且稳定，燃烧完全，烟气中的 CO 含量极低。高温燃烧提高了炉内的换热效率，同时，出炉烟气的温度可以降低至 200℃以下，降低了排烟热损失。应用低 NO_x 燃烧技术控制燃料和空气以及炉内烟气的混合过程，在炉内形成氧浓度为 1%～5%的贫氧燃烧环境，可以有效降低 NO_x 排放水平。燃烧实验和工业应用都已表明，该技术最大限度地利用了烟气中的热量，又能保持较低的 CO 与 NO_x 排放水平，使之具有明显的节能与低污染技术优势。

根据空气预热原理，这种燃烧器可分为自身预热式和交替蓄热式，如图 11-17 与图 11-18 所示。

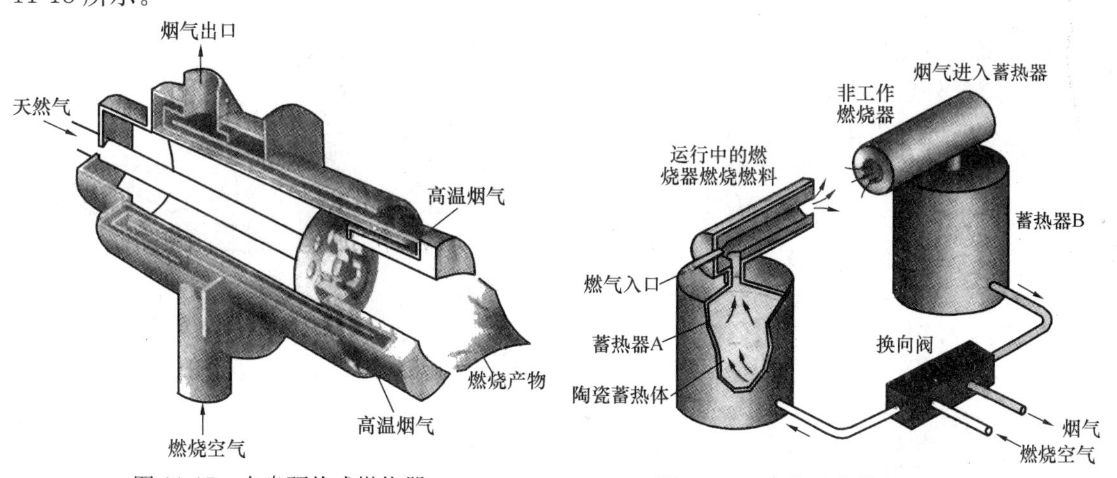

图 11-17　自身预热式燃烧器

图 11-18　陶瓷球交替蓄热式燃烧器

第二节　燃气应用新领域

随着我国天然气勘探与开发力度的加大，以及从国外引进天然气项目（包括海上液化天然气项目）的实施，我国天然气工业已进入全面大发展时期。燃气已开始应用于一些全新的领域，并且显示出了巨大的优越性。

一、燃气发电

天然气是世界公认的电力工业最佳燃料，世界上有近1/3的天然气被用于发电。天然气用于发电主要有两种形式：（1）常规蒸气发电。利用天然气在常规锅炉中燃烧，产生高温高压蒸汽推动蒸汽轮机，从而带动发电机发电。此种发电方式由于效率较低，目前已很少应用。（2）燃气轮机联合循环发电。利用天然气在燃气轮机中直接燃烧做功，使燃气轮机带动发电机发电，此时为单循环发电。再利用燃气轮机产生的高温尾气，通过余热锅炉，产生高温高压蒸汽后推动蒸气轮机，带动发电机发电，此时即为双循环即联合循环发电。

燃气轮机装置是一种以空气及燃气为工质的旋转式热力发动机，它的结构与飞机喷气式发动机一致，也类似蒸汽轮机，主要结构有三部分：燃气轮机（透平或动力涡轮）、压气机（空气压缩机）、燃烧室。其工作原理为：叶轮式压缩机从外部吸收空气，压缩后送入燃烧室，同时燃料（气体或液体燃料）也喷入燃烧室与高温压缩空气混合，在定压下进行燃烧。生成的高温高压烟气进入燃气轮机膨胀做功，推动动力叶片高速旋转，乏气排入大气中或再加以利用。图11-19和图11-20分别是燃气轮机系统原理与燃气轮机装置的典型结构。

二、燃气用于城市供能

将天然气用于城市供能，在工业企业中搞冷、热、电联供是发展燃机热电的最佳领域之一。燃机冷热电联产不仅节能，而且有成熟的低NO_x燃烧技术，是一项具有高效、低污染优势的用气技术。

世界上电力工业正在一定程度上走向小型化、分散化。使用小型燃气轮机、微型燃气轮机、燃气外燃机和燃气内燃机热电联产的污染排放更低于其他利用形式，好于燃气锅炉、直燃机等方式。目前小型燃气轮机、燃气内燃机技术已经极为成熟，甚至比大型燃气

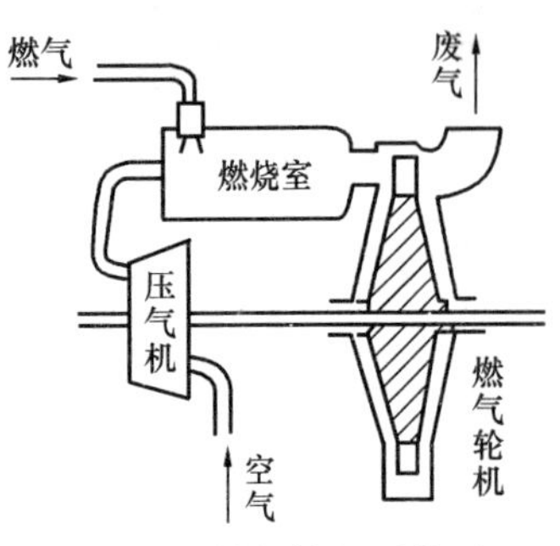

图11-19 燃气轮机系统原理

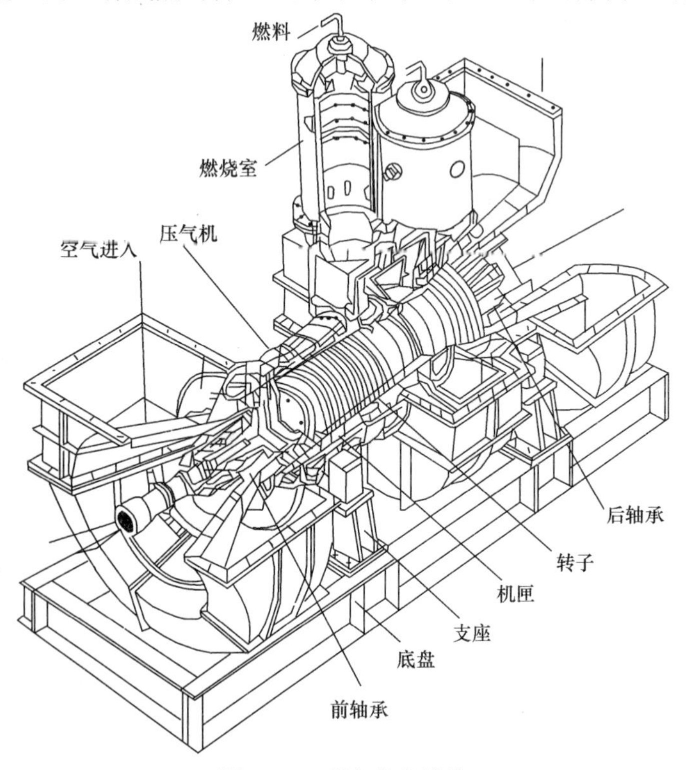

图11-20 燃气轮机结构

轮机还要成熟可靠；分布式冷热电联产已成为世界能源发展的趋势。

冷热电联产是指以燃气为能源，能同时满足区域建筑物内的冷（热）、电需求的一种能源供应系统，通常由发电机组、溴化锂吸收式冷（热）水机组和换热设备组成。冷热电联产系统将高品位能源用于发电，发电机组排放的低品位能源（烟气余热、热水余热）用于供热或制冷，实现能源的梯级利用，提高能源的综合利用率。图 11-21 所示是冷热电三联供系统的原理图。

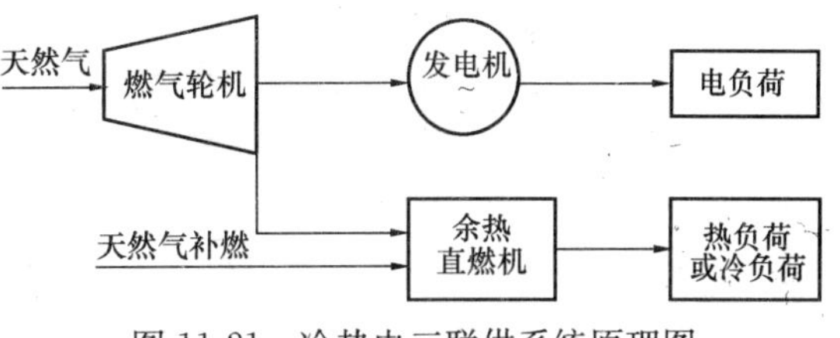

图 11-21　冷热电三联供系统原理图

三、燃气空调

近年来，人们对空调的需求不断增加，用电量也随之剧增，加重了夏季的用电负荷。如果部分改用天然气作驱动能源，不仅能够调整能源结构，降低环境污染，而且能够对电和燃气分别起到削峰、填谷的作用。

广泛应用的天然气直燃型溴化锂吸收式冷热水机组的工作原理及过程如图 11-22 所示。在溴化锂吸收式冷水机组中，以水为制冷剂，以溴化锂溶液为吸收剂，可以制取 7～15℃的冷水供冷却工艺或空气调节过程使用。

利用燃气燃烧作热源，直接加热溴化锂稀溶液，产生高压水蒸气，并被冷却水冷却成冷凝水。在低于大气压力（即真空）环境下，水的沸点降低，可以在很低的温度下沸腾。水在真空环境下大量蒸发带走空调系统的热量，而溴化锂溶液又将水蒸气吸收，将水蒸气中的热量传递给冷却水释放到大气中去。变稀了的溶液经过燃烧加热进行浓缩，分离出的水再次去蒸发，浓溶液再次去吸收，从而形成制冷循环。当冬天需要采暖时，由燃烧加热溴化锂稀溶液产生水蒸气，水蒸气凝结时释放热量，加热采暖用热水，形成供热循环。该机组既可以制冷，又可以供热。如果在高压发生器上再加一个热水换热器，就可以同时提供生活用热水，达到一机三用和省电的目的。

四、燃料电池

燃料电池被公认为是继火电、水电、核电之后第四代发电装置和替代内燃机的动力装置。燃料电池是一次性的电能转换装置，不受卡诺循环的限制，因此与其他常规发电方法比较，具有较高的转换效率。另外，它是温度较低的转化装置，与燃料燃烧相比，释放的污染物极少；在大小和功率等方面可以做成不同的规格；仅需要极少的运动部分，有望成为一种低噪声的、可靠的、且不太需要保养的电力来源，因此受到了世界各国的普遍重视。近年来材料工艺的发展极大地推动了燃料电池技术的发展。

燃料电池运行时必须使用流动性好的气体燃料。低温燃料电池要用氢气，高温燃料电池可以直接使用天然气、煤气。随着燃料电池技术的发展，其应用领域也在不断扩大，在发电及热电联产方面有很大的应用潜力。

燃料电池其实是一种电化学装置，发生电化学反应的实质是氢气的燃烧反应，它是直接将燃料电池的化学能转化为电与热的“冷燃烧”过程。从正极处的氢气中抽取电子（氢气被电化学氧化掉，或称“燃烧”掉了）；这些负电子流到导电的正极，同时，余下的正原子（氢离子）通过电解液被送到负极，通过氧与氢结合成水的简单电化学反应而发电。

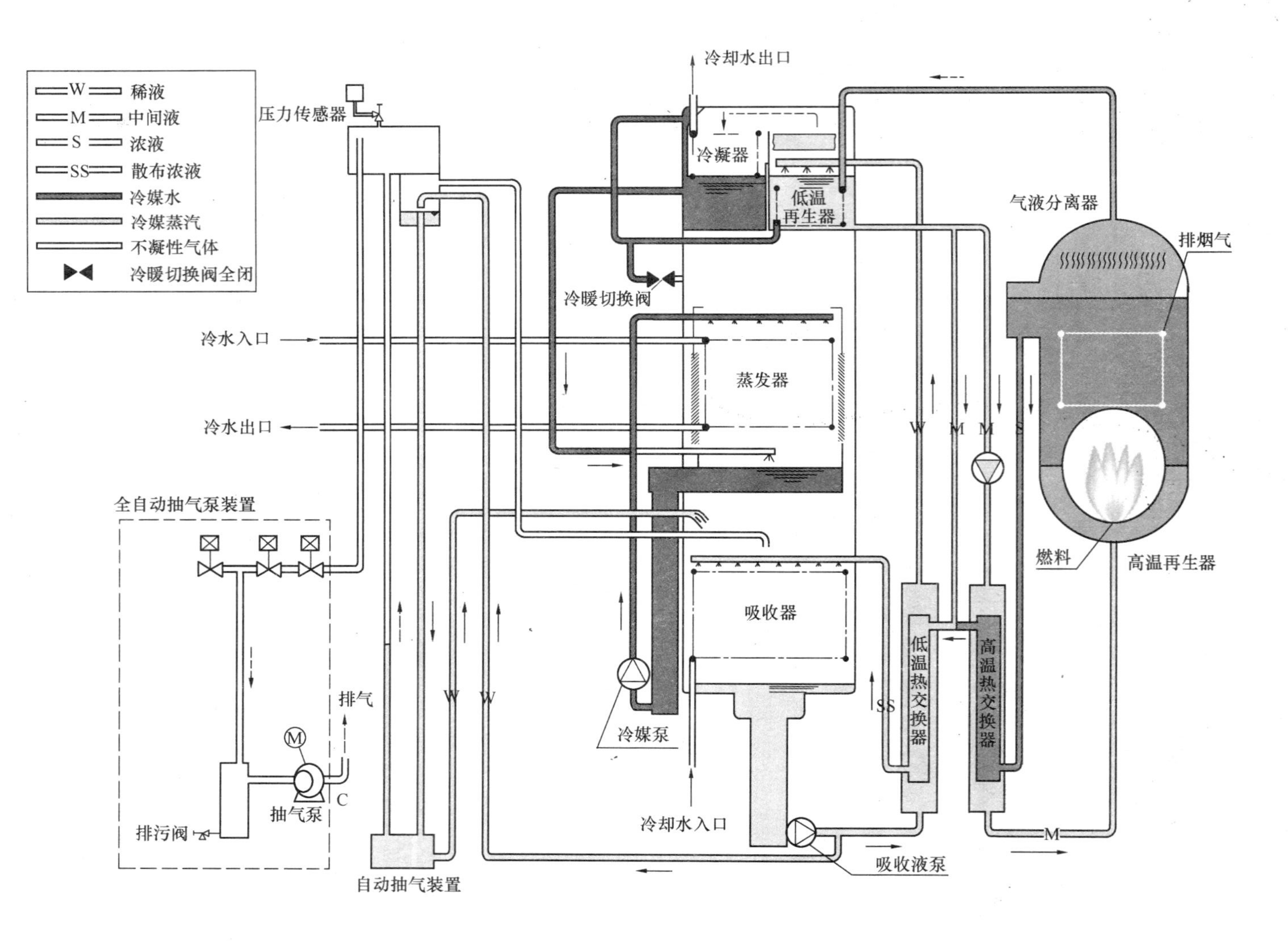

图 11-22　直燃型溴化锂吸收式冷热水机组的系统组成与原理

燃料电池的种类可以多种多样，但都基于一个基本的设计，即它们都含有两个电极：一个负阳极和一个正阴极。两个电极之间是携带有充电电荷的固态或液态电解质。不同于一般电池的是，一般电池的活性物质贮存在电池内部，因此，限制了电池容量。而燃料电池的正、负极本身不包含活性物质，只是个催化转换元件。因此燃料电池是名符其实的把化学能转化为电能的能量转换机器。电池工作时，燃料（氢或通过甲烷、天然气、煤气、甲醇、乙醇、汽油等石化燃料或生物能源重整制取）和氧化剂（氧或空气）由外部供给，进行反应。原则上只要反应物不断输入，反应产物不断排除，燃料电池就能连续地发电。图 11-23 所示是氢-氧燃料电池的基本工作原理图。

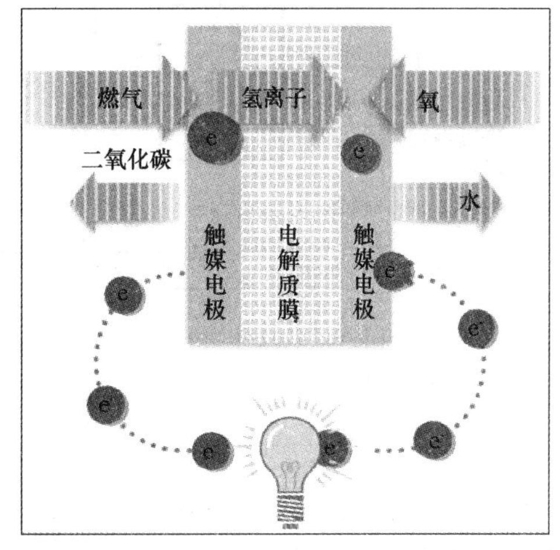

图 11-23　氢-氧燃料电池工作原理

在电极上发生的反应如下：

负极： $$H_2 + 2OH^- \longrightarrow 2H_2O + 2e^- \tag{11-1}$$

正极： $$\frac{1}{2}O_2 + H_2O + 2e^- \longrightarrow 2OH^- \tag{11-2}$$

电池反应： $$H_2 + \frac{1}{2}O_2 = H_2O \tag{11-3}$$

工作时向负极供给燃料（氢），向正极供给氧化剂（空气）。氢在负极分解成正离子 H^+ 和电子 e^-。氢离子进入电解液中，而电子则沿外部电路移向正极。用电的负载就接在外部电路中。在正极上，空气中的氧同电解液中的氢离子吸收抵达正极上的电子而形成水。这正是水的电解反应的逆过程。利用这个原理，燃料电池便可在工作时源源不断地向外部供电，所以也可称它为一种“发电机”。

五、液化天然气的冷量利用

由于运输方便、使用机动的优点，液化天然气已被许多国家作为进口能源的主要形式。在世界天然气贸易中，液化天然气一直是重要的一部分。液化天然气的温度在 −162℃以下，其中蕴含了巨大的冷量。随着我国沿海各地液化天然气接收站的建成运营，进口液化天然气冷能的综合利用已成为非常重要的课题。

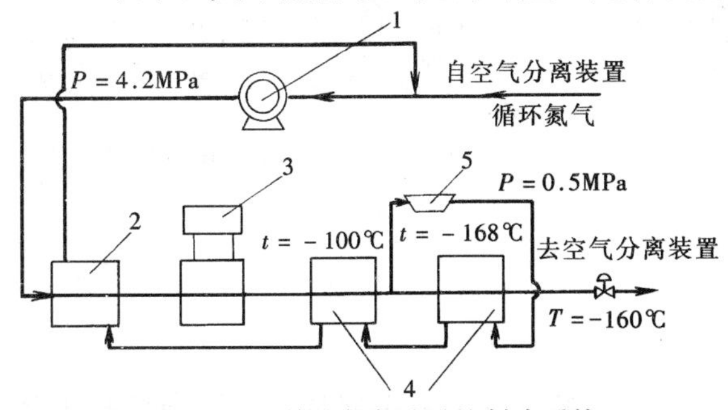

图 11-24　利用膨胀透平的制冷系统

1—氮气涡轮压缩机；2—预冷器；3—氟利昂冷冻机；4—热交换器；5—膨胀透平

目前，液化天然气的冷能已成功地用于空气分离、海水淡化和发电等方面。

（一）空气分离

常用的空气分离法是通过氟利昂冷冻机、膨胀透平将空气液化和分离（见图 11-24），制成液态的氮气、氧气、氩气等，而液化天然气冷能用于

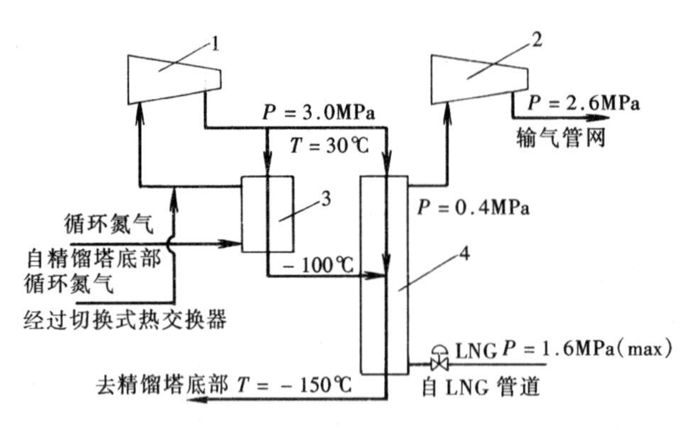

图 11-25　利用 LNG 的冷能进行空气液化、分离系统示意图

1—循环氮气压缩机；2—甲烷压缩机；3—N_2-N_2 热交换器；4—LNG 蒸发热交换器

空气分离则是通过循环氮气的冷却来实现的（见图 11-25）。

利用液化天然气的冷能，循环氮气压缩机可以小型化。另外，因为不需要冷冻机，建设费用也可相应减少。同时，每生产 $1m^3$ 液态氧气的电力消耗也可减少一半。

（二）海水淡化

海水中的盐类含量占 35%，冷却到冰点以下就会结成晶体，取出这些颗粒状晶体后，盐类便与母液分离；再将冰重新溶化就得到淡水。这种海水淡化法需要冷却循环，其流程如图 11-26 所示。利用液化天然气的冷能来实现这种冷却循环可大大节约电力消耗。但由于工艺的原因，目前利用液化天然气的低温淡化海水的方法还局限在较小的规模。

（三）液化天然气（LNG）发电

利用 LNG 冷能发电主要是利用 LNG 的低温冷能使作功工质液化，然后工质经升温气化再进入汽轮机中膨胀作功带动发电机发电。图 11-27 所示为 LNG 冷能发电的原理流程。采用以丙烷为工作流体，天然气直接驱动透平膨胀机的朗肯循环。丙烷液体吸收海水热量气化（常压下丙烷的沸点为−42℃），高压丙烷蒸气驱动丙烷透平膨胀机发电，随后在丙烷冷凝器中放热被冷凝。同时，LNG 吸热气化，驱动天然气透平膨胀机发电。

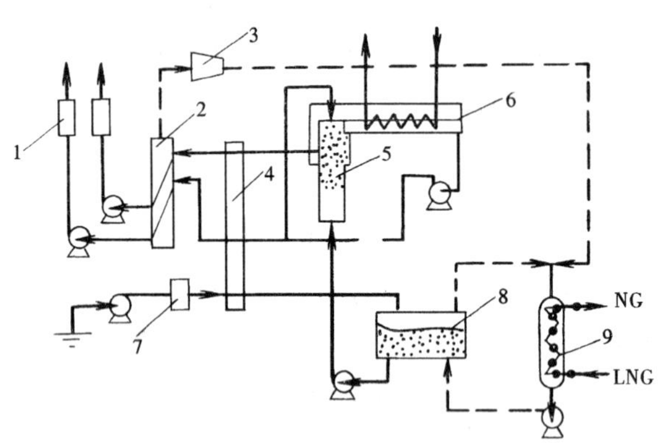

图 11-26　利用 LNG 冷能淡化海水的流程图

1—后处理装置；2—气体分离塔；3—气体分离泵；4—预冷却器；5—净化分离器；6—融解槽；7—预处理装置；8—结晶罐；9—LNG 蒸发器

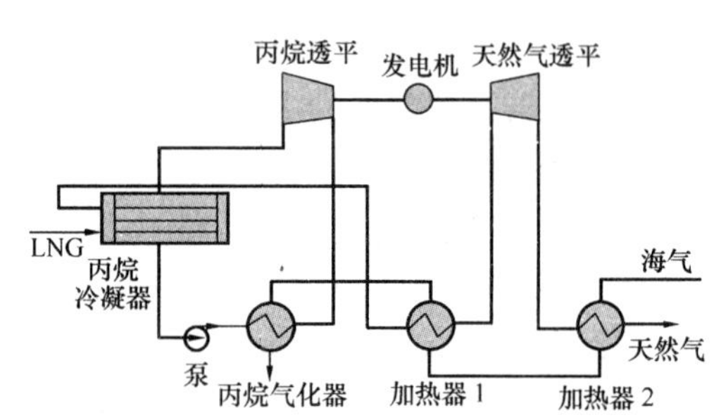

图 11-27　LNG 冷能发电的原理流程

六、燃气汽车

随着我国汽车工业的迅猛发展和汽车保有量的增加，汽车尾气的污染问题越来越突出。以液化石油气和天然气作为代用燃料，可有效降低汽车尾气中的有害成分，尤其是固体颗粒物和 NO_x，是控制城市大气污染的有效措施。

（一）液化石油气汽车

液化石油气燃料汽车不仅可以大幅度减少有害废气的排放量，而且具有低速性能好的优点，最适宜在车辆拥挤、人口密集的大中型城市使用。由于液化石油气在常温条件下，在容器中具有一定的饱和蒸气压，在汽车上可以省却燃料泵。同时气态液化石油气与空气按比例充分混合后可以达到完全燃烧，不像汽油会产生焦油，发动机机油、发火栓也不会沾污，积碳少，对发动机的磨损低，可以延长汽车的使用寿命。液化石油气的辛烷值比汽油高，因此它的抗振能力强，工作稳定，不会听到发动机的突爆声，降低汽车发动机噪声的同时，也提高了汽车发动机的热效率。

液化石油气价格比汽油便宜，燃料成本低。发展液化石油气汽车，既可以调整动力燃料能源结构，缓解汽油供应紧张的问题，又可满足交通事业迅猛发展的需要。

常见 LPG 汽车发动机的供气方式是先将 LPG 减压气化，将气态 LPG 与空气混合后进入气缸。在进气过程中，由于气态 LPG 挤占空气，造成充气效率下降，发动机动力性下降。现在的液态 LPG 喷射技术可以在缸内实现液态 LPG 直接喷射，很好地解决了充气效率下降的问题，发动机的动力性能可以达到甚至超过汽油机。

（二）天然气汽车

天然气汽车始于 20 世纪 30 年代，至今已有 70 多年的历史。我国 20 世纪 50 年代在四川等地曾应用低压气囊储气技术的天然气汽车。但开发应用压缩天然气汽车较晚，20 世纪 80 年代后期，才在四川引进了第一座成套天然气加气和车辆改装设备。

按天然气压力及形态的不同，天然气汽车可分为三类：

（1）低压气囊式天然气汽车　天然气以低压方式充装于汽车顶部的气囊内，直接供给内燃机燃烧，这种充装方式目前已淘汰。

（2）压缩天然气汽车　将压缩天然气储存在车载高压气瓶中，存储压力通常为 15～25MPa，经减压器减压后供给汽车内燃机。目前的天然气汽车基本上指的都是压缩天然气汽车。在 25MPa 情况下，天然气可压缩至原来体积的 1/300，大大降低了储存容积。但储存压力的增大也对压缩天然气汽车技术中的关键设备——储气瓶提出了很高的要求。同时，由于 CNG 的能量密度较低，高压储气瓶质量大，不便携带，限制了车辆的行驶里程。压缩天然气是目前最理想的车用替代能源，其应用技术经数十年发展已趋于成熟。

（3）液化天然气汽车　液化天然气是指常压下、温度为－162℃以下的液态天然气，储存于车载绝热气瓶中，其储存容积可减小约 600 倍；同质量 LNG 的体积仅为 CNG 的一半，能量密度大，适于长距离行驶的汽车。随着天然气低温液化和冷能利用技术的成熟，LNG 汽车发展潜力巨大，是今后车用天然气的主要发展方向。

天然气比空气轻，不会积聚在发动机周围形成点火源。天然气的爆炸极限浓度范围为 5%～15%，其闪点比汽油、柴油高出 15%～33%，因而比汽油、柴油更难点燃。国外所做的汽车撞击、火焰烧烤等实验表明，天然气是一种相当安全的汽车燃料。

由于天然气燃料辛烷值高，可以达到较高的压缩比，也较易与空气混合均匀，因此其燃料本身具有固有的低排放特性。但需要指出的是，燃气汽车并不等于清洁汽车，它的排放优势仅是相对于化油器式发动机汽车而言。要使燃气汽车达到更严格的排放标准，还必须研发更高效的燃气汽车发动机，配合尾气处理装置。影响燃气汽车排放的关键因素主要有以下四个方面：发动机怠速工况时的着火稳定性；高速及高负荷工况混合气的燃烧速率；加速、减速等过渡工况下混合气调制响应特性及燃用浓混合气或稀混合气时的燃烧特性。

思 考 题

1. 典型的新型燃烧装置有哪些？
2. 燃气有哪些有前途的新型应用领域？

附录

附录1 部分气体在标准状态(101325Pa,0℃)下的主要特性值

序号	名称	分子式	分子量 M	千摩尔容积 V_M (m^3/kmol)	气体常数 R (J/kg·K)	密度 ρ (kg/m^3)	相对密度 S (空气=1)	临界温度 T_c (K)	临界压力 P_c (MPa)	热值 (MJ/m^3)		最低着火温度 (℃)	爆炸极限 (体积%)	
										高热值 H_h	低热值 H_l		下限 L_l	上限 L_h
1	甲烷	CH_4	16.043	22.362	518	0.7174	0.5548	190.7	4.641	39.842	35.902	540	5.0	15.0
2	乙烷	C_2H_6	30.070	22.187	276	1.3553	1.048	305.4	4.884	70.351	64.397	515	2.9	13.0
3	乙烯	C_2H_4	28.054	22.257	296	1.2605	0.9748	283.1	5.117	63.438	59.477	425	2.7	34.0
4	乙炔	C_2H_2	26.038		319	1.1709	0.9057	—	—	58.502	56.488	335	2.5	80.0
5	丙烷	C_3H_8	44.097	21.936	188	2.0102	1.554	369.9	4.256	101.266	93.240	450	2.1	9.5
6	丙烯	C_3H_6	42.081	21.990	197	1.9136	1.479	365.1	4.600	93.667	87.667	460	2.0	11.7
7	正丁烷	$n\text{-}C_4H_{10}$	58.124	21.504	143	2.7030	2.090	425.2	3.800	133.886	123.649	365	1.5	8.5
8	异丁烷	$i\text{-}C_4H_{10}$	58.124	21.598	143	2.6910	2.081	408.1	3.648	133.048	122.853	460	1.8	8.5
9	丁烯	C_4H_8	56.108	21.607	148	2.5968	2.008			125.847	117.695	385	1.6	10.0
10	正戊烷	C_5H_{12}	72.151	20.891	115	3.4537	2.671	469.5	3.374	169.377	156.733	260	1.4	8.3
11	戊烯	C_5H_{10}	70.135	21.218	118	3.3055	2.556			159.211	148.837	290	1.4	8.7
12	苯	C_6H_6	78.114	20.361	106	3.8365	2.967			132.259	155.77	560	1.2	8.0
13	氢	H_2	2.016	22.427	413	0.0899	0.0695	33.3	1.297	12.745	10.786	400	4.0	75.9
14	一氧化碳	CO	28.010	22.398	297	1.2506	0.9671	133.0	3.496	12.636	12.636	605	12.5	74.2
15	二氧化碳	CO_2	44.010	22.260	188	1.9771	1.5289	304.2	7.387	—	—	—	—	—
16	二氧化硫	SO_2	64.059	21.882	129	2.9275	2.264			—	—	—	—	—
17	硫化氢	H_2S	34.076	22.180	244	1.5363	1.188			25.348	23.368	270	4.3	45.5
18	氮	N_2	28.013	22.404	296	1.2504	0.967	126.2	3.394	—	—	—	—	—
19	氧	O_2	32.000	22.392	259	1.4291	1.1052	154.8	5.076	—	—	—	—	—
20	空气		28.966	22.400	287	1.2931	1.0000	132.5	3.766	—	—	—	—	—
21	水蒸气	H_2O	18.015	21.629	461	0.833	0.644	647	22.12	—	—	—	—	—

续表

序号	名称	分子式	动力粘度 $\mu \times 10^6$ (Pa·s)	运动粘度 $\nu \times 10^6$ (m^2/s)	定压比热 c (kJ/Nm³·K)	绝热指数 k	导热系数 λ (W/m·K)	理论空气需要量，耗氧量 (Nm^3/Nm^3·干燃气)		燃烧热量温度 (℃)	理论烟气量 (Nm^3/Nm^3·干燃气)			
								空气	氧		CO_2	H_2O	N_2	V_f^0
1	甲烷	CH_4	10.60	14.50	1.545	1.309	0.03024	9.52	2.0	2043	1.0	2.0	7.52	10.52
2	乙烷	C_2H_6	8.77	6.41	2.244	1.198	0.01861	16.66	3.5	2115	2.0	3.0	13.16	18.16
3	乙烯	C_2H_4	9.50	7.45	1.888	1.258	0.01640	14.28	3.0	2343	2.0	2.0	11.28	15.28
4	乙炔	C_2H_2	9.60	8.05	1.909	1.269	0.01872	11.90	2.5	2620	2.0	1.0	9.40	12.40
5	丙烷	C_3H_8	7.65	3.81	2.960	1.161	0.01512	23.80	5.0	2155	3.0	4.0	18.80	25.80
6	丙烯	C_3H_6	7.80	3.99	2.675	1.170	—	21.42	4.5	2224	3.0	3.0	16.92	22.92
7	正丁烷	n-C_4H_{10}	6.97	2.53	3.710	1.144	0.01349	30.94	6.5	2130	4.0	5.0	24.44	34.44
8	异丁烷	i-C_4H_{10}			—	1.144	—	30.94	6.5	2118	4.0	5.0	24.44	34.44
9	丁烯	C_4H_8	7.47	2.81	—	1.146	—	28.56	6.0	—	4.0	4.0	22.56	30.56
10	正戊烷	C_5H_{12}	6.48	1.85	—	1.121	—	38.08	8.0	—	5.0	6.0	30.08	41.80
11	戊烯	C_5H_{10}	6.69	1.99	—	—	—	35.70	7.5	—	5.0	5.0	28.20	38.20
12	苯	C_6H_6	7.12	1.82	3.266	1.120	0.007792	35.70	7.5	2258	6.0	3.0	28.20	37.20
13	氢	H_2	8.52	93.00	1.298	1.407	0.2163	2.38	0.5	2210		1.0	1.88	2.88
14	一氧化碳	CO	1.69	13.30	1.302	1.403	0.02300	2.38	0.5	2370	1.0		1.88	2.88
15	二氧化碳	CO_2	14.30	7.09	1.620	1.304	0.01372	—	—	—				
16	二氧化硫	SO_2	12.30	4.14	1.779	1.272	—							
17	硫化氢	H_2S	11.90	7.63	1.557	1.320	0.01314							
18	氮	N_2	17.00	13.30	1.302	1.402	0.02489							
19	氧	O_2	19.80	13.60	1.315	1.400	0.02500							
20	空气		17.50	13.40	1.306	1.401	0.02489							
21	水蒸气	H_2O	8.60	10.12	1.491	1.335	0.01617							

附录2　燃气管道摩擦阻力计算公式及图表

1. 低压燃气管道摩擦阻力损失计算公式

（1）层流状态：$Re \leqslant 2100$

$$\lambda = \frac{64}{Re}$$

$$\frac{\Delta P}{L} = 1.13 \times 10^{10} \frac{Q_0}{d^4} \nu \rho_0 \frac{T}{T_0}$$

（2）临界状态：$2100 < Re \leqslant 3500$

$$\lambda = 0.03 + \frac{Re - 2100}{65Re - 10^5}$$

$$\frac{\Delta P}{L} = 1.88 \times 10^6 \left(1 + \frac{11.8Q_0 - 7 \times 10^4 d\nu}{23.0Q_0 - 1 \times 10^5 d\nu}\right) \frac{Q_0^2}{d^5} \rho_0 \frac{T}{T_0}$$

（3）湍流状态：$Re > 3500$

1）钢管

$$\lambda = 0.11\left(\frac{\Delta}{d} + \frac{68}{Re}\right)^{0.25}$$

$$\frac{\Delta P}{L} = 6.89 \times 10^6 \left(\frac{\Delta}{d} + 192.2\frac{d\nu}{Q_0}\right)^{0.25} \frac{Q_0^2}{d^5} \rho_0 \frac{T}{T_0}$$

2）铸铁管

$$\lambda = 0.102236\left(\frac{1}{d} + 5158\frac{d\nu}{Q_0}\right)^{0.284}$$

$$\frac{\Delta P}{L} = 6.39 \times 10^6 \left(\frac{1}{d} + 5158\frac{d\nu}{Q_0}\right)^{0.284} \frac{Q_0^2}{d^5} \rho_0 \frac{T}{T_0}$$

式中　ΔP——燃气管道的沿程压力降，Pa；

λ——燃气管道的摩阻系数

L——管道计算长度，m；

Q_0——燃气流量，m^3/h；

d——管道内径，mm；

ρ_0——燃气密度，kg/m^3；

ν——0℃和101.325kPa时燃气的运动黏度，m^2/s；

Δ——管壁内表面的当量绝对粗糙度，mm；

Re——雷诺数；

T——燃气绝对温度，K；

$T_0 = 273K$。

3）塑料管

塑料管低压燃气管道摩擦阻力损失计算公式与钢管相同。

2. 高压和中压燃气管道沿程压力降计算公式

（1）钢管

$$\lambda = 0.11\left(\frac{\Delta}{d} + \frac{68}{Re}\right)^{0.25}$$

$$\frac{P_1^2 - P_2^2}{L} = 1.40 \times 10^6 \left(\frac{\Delta}{d} + 192.2\frac{d\nu}{Q_0}\right)^{0.25} \frac{Q_0^2}{d^5} \rho_0 \frac{T}{T_0}$$

(2) 铸铁管

$$\lambda = 0.102236\left(\frac{1}{d} + 5158\frac{d\nu}{Q}\right)^{0.284}$$

$$\frac{P_1^2 - P_2^2}{L} = 1.30 \times 10^6\left(\frac{1}{d} + 5158\frac{d\nu}{Q_0}\right)^{0.284}\frac{Q_0^2}{d^5}\rho_0\frac{T}{T_0}$$

式中 P_1——燃气管道起端的绝对压力，kPa；

P_2——燃气管道终端的绝对压力，kPa；

其他符号的意义和单位同低压燃气管道摩擦阻力损失计算公式。

(3) 塑料管

聚乙烯燃气管道输送不同种类燃气的最大允许工作压力应符合相关行业标准，中压燃气管道摩擦阻力损失计算公式与钢管相同。

3. 管道水力计算图表

为便于进行燃气管道水力计算，根据计算公式制成计算图表，见附图1～附图4。

计算图表的制作条件及使用说明如下：

(1) 燃气密度在制表时按 1kg/m^3 计，当燃气密度 $\rho_0 \neq 1\text{kg/m}^3$ 时，从图表中查得的压力降应根据实际燃气密度 ρ_0 作如下修正：

低压管道

$$\frac{\Delta p}{L} = \left(\frac{\Delta p}{L}\right)_{\rho_0=1}\rho_0$$

高、中压管道

$$\frac{p_1^2 - p_2^2}{L} = \left(\frac{p_1^2 - p_2^2}{L}\right)_{\rho_0=1}\rho_0$$

(2) 燃气运动黏度：

人工燃气按 $\nu = 25 \times 10^{-6}\text{m}^2/\text{s}$ 计；

天然气按 $\nu = 15 \times 10^{-6}\text{m}^2/\text{s}$ 计；

气态液化石油气按 $\nu = 4 \times 10^{-5}\text{m}^2/\text{s}$ 计。

实际燃气的运动黏度值略有差异时，影响很小，可不作修正。

(3) 钢管的当量绝对粗糙度取 $K = 0.00017\text{m}$。

(4) 计算图表燃气温度以0℃计，当输送燃气的实际温度 T 与此不同时，应作如下修正。

低压管道

$$\left(\frac{\Delta p}{L}\right)_T = \left(\frac{\Delta p}{L}\right)_{T_0}\frac{T}{T_0}$$

高、中压管道

$$\left(\frac{p_1^2 - p_2^2}{L}\right)_T = \left(\frac{p_1^2 - p_2^2}{L}\right)_{T_0}\frac{T}{T_0}$$

式中 T——燃气温度，K；

T_0——标准状态下燃气温度，K。

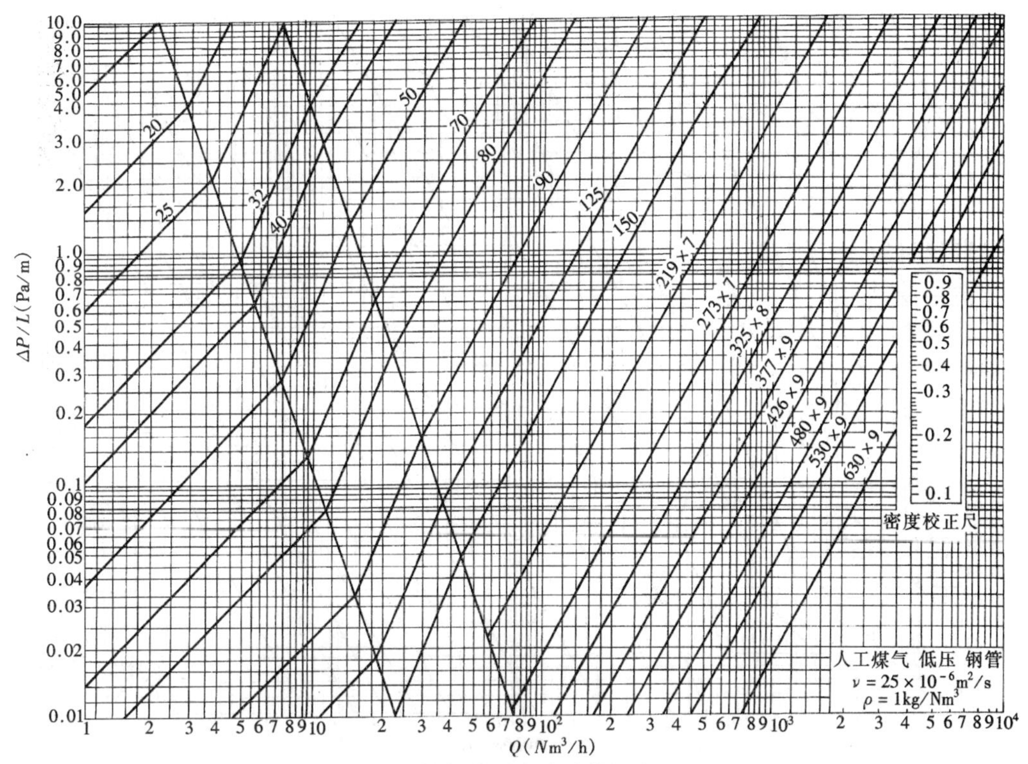

附图 1　燃气管道水力计算图表（一）

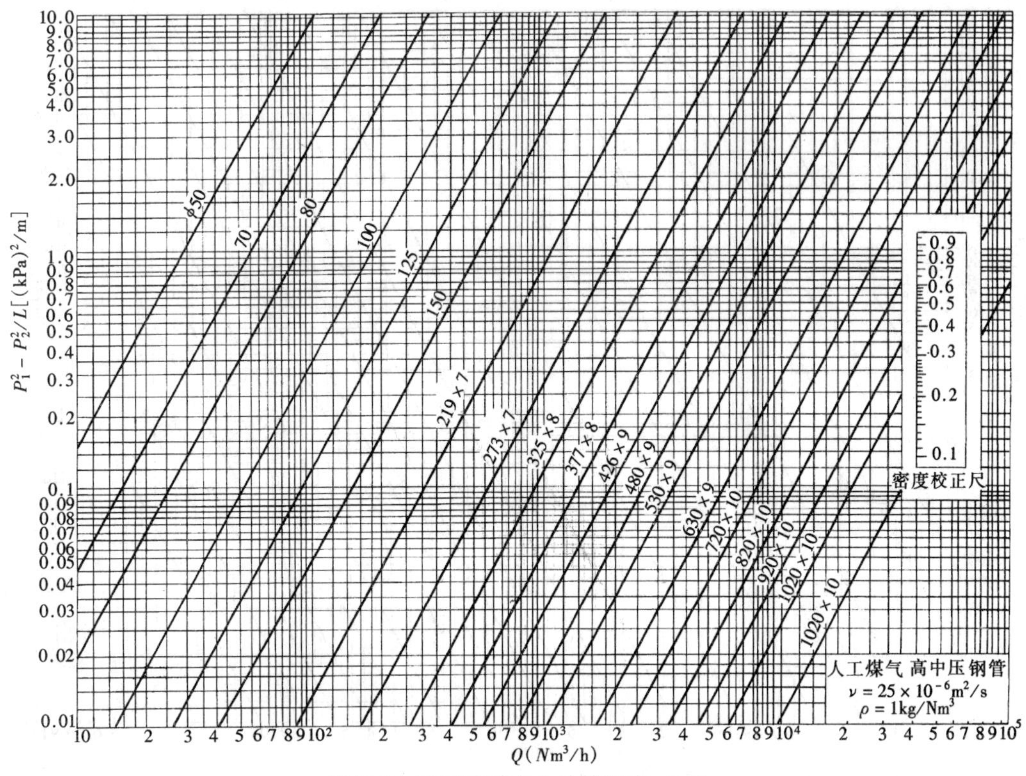

附图 2　燃气管道水力计算图表（二）

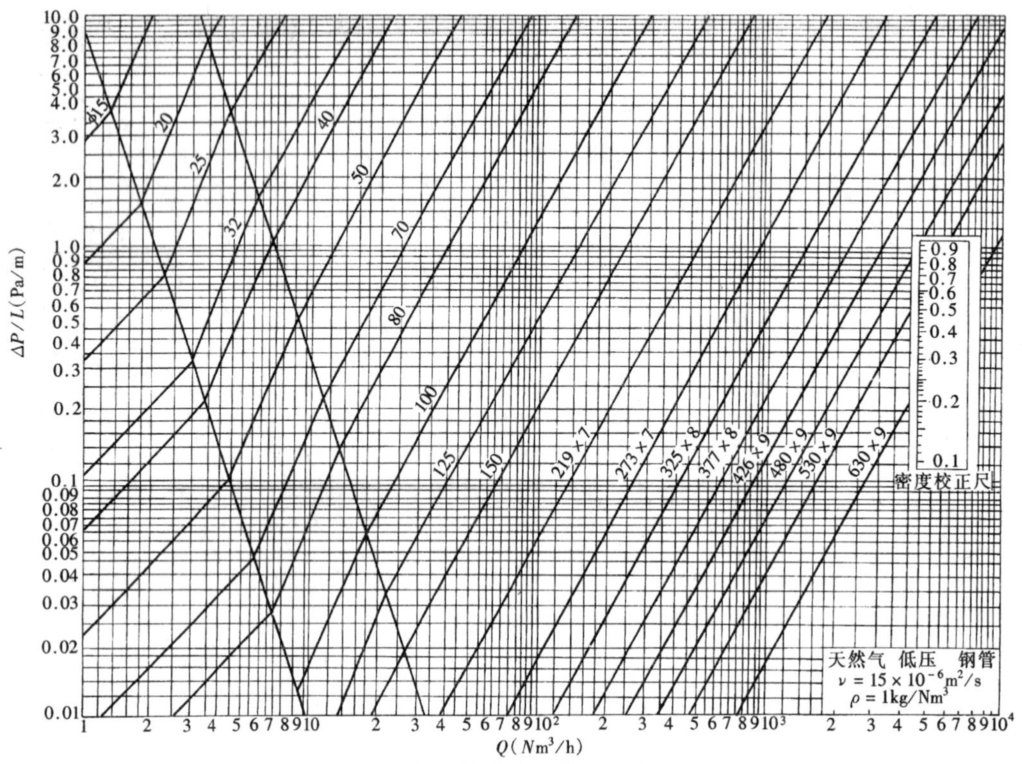

附图 3 燃气管道水力计算图表（三）

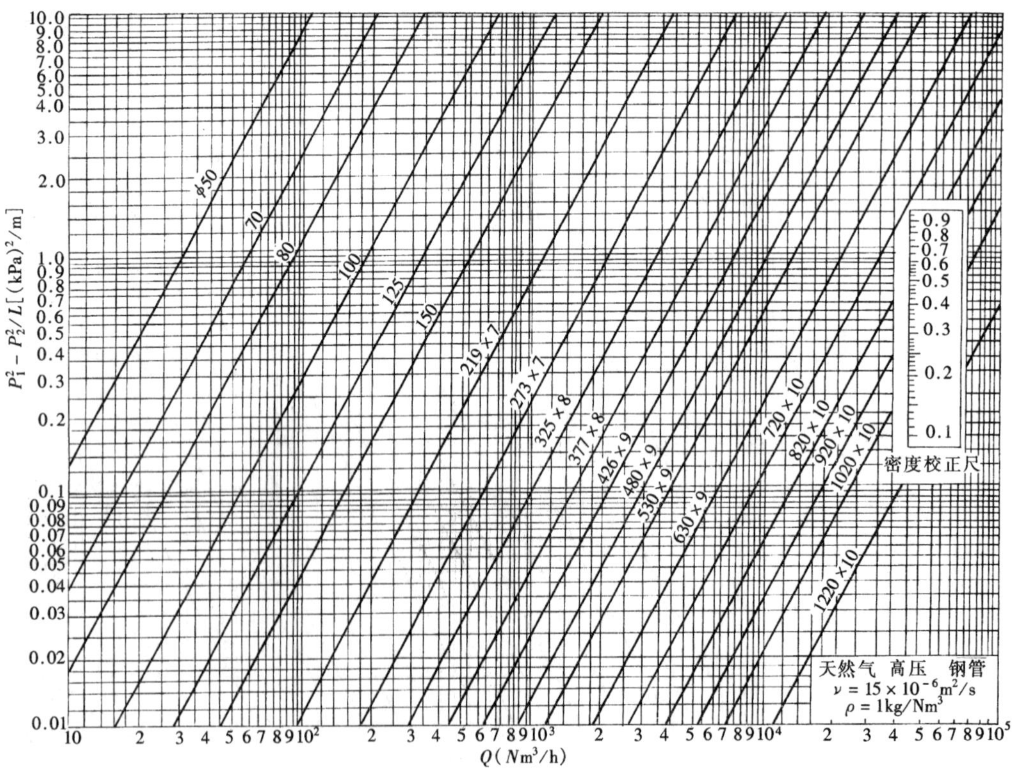

附图 4 燃气管道水力计算图表.（四）

附录3　习用非国际单位制单位与国际单位制的换算关系表

量的名称	非国际单位制单位		国际单位制单位		换算关系	备注
	名称	符号	名称	符号		
力	千克力	kgf	牛顿	N	1kgf=9.806 65N	力的单位一般采用kN，如1000kgf≈10kN，1000kgf·m²≈10kN·m²
力矩	千克力米	kgf·m	牛顿米	N·m	1kgf·m=9.806 65N·m	
力偶矩、转矩	千克力二次方米	kgf·m²	牛顿二次方米	N·m²	1kgf·m²=9.806 65N·m²	
重力密度	千克力每立方米	kgf/m³	牛顿每立方米	N/m³	1kgf·m³=9.806 65N·m³	
压强	千克力每平方米	kgf/m²	帕斯卡	Pa	1kgf·m²=9.806 65Pa	压强的单位一般采用kPa，如150kgf/m²≈1.5kPa
	工程大气压	at	帕斯卡	Pa	1at=9.806 65×10⁴Pa	
	巴	bar	帕斯卡	Pa	1bar=10⁵Pa	
	毫米水柱	mmH_2O		Pa	$1mmH_2O$=9.806 65Pa	
	毫米汞柱	mmHg	帕斯卡	Pa	1mmHg=133.322Pa	
应力、强度	千克力每平方厘米	kgf/cm²	帕斯卡	Pa	1kgf/cm²=9.806 65×10⁴Pa	应力、强度的单位一般采用MPa，如300kgf/cm²≈30MPa，24kgf/mm²≈240MPa
	千克力每平方毫米	kgf/mm²	帕斯卡	Pa	1kgf/mm²=9.806 65×10⁶Pa	
弹性模量、剪切模量	千克力每平方厘米	kgf/cm²	帕斯卡	Pa	1kgf/mm²=9.806 65×10⁴Pa	弹性模量的单位一般采用MPa，如2.1×10⁶kgf/mm²≈2.1×10⁵MPa
(动力)粘度	泊	P	帕斯卡秒	Pa·s	1P=0.1Pa·s	
能量	千克力米	kgf·m	焦耳	J	1kgf·m=9.806 65J	
功率	千克力每秒	kgf·m/s	瓦特	W	1kgf·m/s=9.806 65W	
	(米制)马力		瓦特	W	1(米制)马力=735.499W	
热、热量	国际蒸汽表卡	cal	焦耳	J	1cal=4.1868J	
导热率	国际蒸汽表卡每秒厘米开尔文	cal/s·cm·K	瓦特每米开尔文	W/m·K	1cal/s·cm·K=4.1868×10²W/m·K	
传热系数	国际蒸汽表卡每秒平方厘米开尔文	cal/s·cm²·K	瓦特每平方米开尔文	W/m²·K	1cal/s·cm²·K=4.1868W/m²·K	
比热容、比熵	国际蒸汽表卡每克开尔文	cal/g·K	焦耳每千克开尔文	J/kg·K	1cal/g·K=4.1868×10³J/kg·K	
比内能	国际蒸汽表卡每克	cal/g·K	焦耳每千克	J/kg	1cal/g=4.1868×10³J/kg	

附录4　气体平均定压容积比热 C_p(1大气压，0～t℃，$kJ/m^3 \cdot K$)

t/℃	N_2	O_2	H_2O	CO_2	空气	H_2	CO	SO_2	CH_4	C_2H_2	C_2H_4	C_2H_6	NH_3	H_2S	C_3H_3	C_4H_{10}	C_6H_6
0	1.298	1.306	1.482	1.599	1.302	1.298	1.302	1.779	1.545	1.909	1.888	2.244	1.591	1.557	2.960	3.710	3.266
100	1.302	1.315	1.499	1.700	1.306	1.298	1.302	1.863	1.620	2.072	2.123	2.479	1.645	1.566	3.358	4.233	3.977
200	1.302	1.366	1.516	1.796	1.310	1.302	1.310	1.943	1.758	2.198	2.345	2.763	1.700	1.583	3.760	4.752	4.605
300	1.310	1.357	1.537	1.876	1.319	1.302	1.319	2.010	1.892	2.307	2.550	2.973	1.779	1.608	4.157	5.275	5.192
400	1.319	1.377	1.557	1.943	1.331	1.306	1.331	2.072	2.018	2.374	2.742	3.308	1.838	1.641	4.559	5.795	5.694
500	1.331	1.394	1.583	2.001	1.344	1.306	1.344	2.123	2.135	2.445	2.914	3.492	1.897	1.683	4.957	6.318	6.155
600	1.344	1.411	1.608	2.056	1.357	1.310	1.361	2.169	2.252	2.516	3.056		1.964	1.721	5.359	6.837	6.531
700	1.357	1.428	1.633	2.102	1.369	1.310	1.373	2.206	2.361	2.575	3.190		2.026	1.754	5.757	7.360	6.908
800	1.369	1.440	1.658	2.144	1.382	1.319	1.394	2.240	2.466	2.638	3.349		2.089	1.792	6.159	7.880	7.201
900	1.382	1.457	1.683	2.181	1.394	1.323	1.403	2.273	2.562	2.680	3.446		2.152	1.825	6.557	8.403	7.494
1000	1.394	1.465	1.712	2.219	1.407	1.327	1.415	2.294	2.654	2.742	3.559		2.219	1.859	6.958	8.922	7.787
1100	1.407	1.478	1.738	2.248	1.419	1.336	1.428	2.319									
1200	1.415	1.486	1.763	2.273	1.428	1.344	1.440	2.340									
1300	1.424	1.495	1.788	2.294	1.436	1.352	1.449	2.357									
1400	1.436	1.503	1.809	2.315	1.449	1.361	1.461	2.374									
1500	1.444	1.511	1.834	2.336	1.457	1.365	1.465	2.386									
1600	1.453	1.520	1.855	2.357	1.465	1.373	1.478	2.399									
1700	1.461	1.524	1.876	2.378	1.474	1.382	1.482	2.412									
1800	1.470	1.532	1.897	2.395	1.482	1.390	1.491	2.424									
1900	1.474	1.537	1.918	2.412	1.486	1.398	1.499	2.428									
2000	1.482	1.541	1.934	2.424	1.495	1.407	1.503	2.441									
2100	1.486	1.545	1.951	2.437	1.499												
2200	1.491	1.549	1.968	2.449	1.503												
2300	1.499	1.553	1.985	2.462	1.511												
2400	1.503	1.557	2.001	2.470	1.516												
2500	1.507	1.562	2.018	2.483	1.520												
2600	1.511	1.566	2.031	2.491	1.524												
2700	1.516	1.570	2.043	2.500	1.528												
2800	1.520	1.574	2.056	2.504	1.532												
2900	1.524	1.578	2.068	2.508	1.537												
3000	1.528	1.583	2.081	2.512	1.541												

附录5　城镇燃气的类别及特性指标（15℃，101.325kPa，干）

类　别		华白数 W（MJ/m^3）		燃烧势 CP	
		标准	范　围	标准	范　围
人工煤气	3R	13.71	12.62～14.66	77.7	46.5～85.5
	4R	17.78	16.38～19.03	107.9	64.7～118.7
	5R	21.57	19.81～23.17	93.9	54.4～95.6
	6R	25.69	23.85～27.85	108.3	63.1～111.4
	7R	31.00	28.57～33.12	120.9	71.5～129.0
天然气	3T	13.28	12.22～14.35	22.0	21.0～50.6
	4T	17.13	15.75～18.54	24.9	24.0～57.3
	6T	23.35	21.76～25.01	18.5	17.3～42.7
	10T	41.52	39.06～44.84	33.0	31.0～34.3
	12T	50.73	45.67～54.78	40.3	36.3～69.3
液化石油气	19Y	76.84	72.86～76.84	48.2	48.2～49.4
	22Y	87.53	81.83～87.53	41.6	41.6～44.9
	20Y	79.64	72.86～87.53	46.3	41.6～49.4

注：1. 3T、4T为矿井气，6T为沼气，其燃烧特性接近天然气。

2. 22Y高华白数 W_s 的下限值81.83MJ/m^3 和 CP 的上限值44.9，为体积分数（%）$C_3H_8=55$，$C_4H_{10}=45$ 时的计算值。

参 考 文 献

[1] 中华人民共和国建设部. 城镇燃气设计规范(GB 50028—2006). 北京：中国建筑工业出版社，2006

[2] 中华人民共和国建设部. 城镇燃气输配工程施工及验收规范(CJJ 33—2005). 北京：中国建筑工业出版社，2005

[3] 中华人民共和国建设部. 城镇燃气设施运行、维护和抢修安全技术规程(CJJ 51—2006). 北京：中国建筑工业出版社，2006

[4] 中华人民共和国住房和城乡建设部. 城镇燃气技术规范(GB 50494—2009). 北京：中国建筑工业出版社，2009

[5] 中华人民共和国住房和城乡建设部. 城镇燃气室内工程施工与质量验收规范(CJJ 94—2009). 北京：中国建筑工业出版社，2009

[6] 哈尔滨建筑工程学院，北京建筑工程学院等四校合编. 燃气输配. 第2版. 北京：中国建筑工业出版社，1994

[7] 段常贵主编. 燃气输配. 第4版. 北京：中国建筑工业出版社，2011

[8] 姜正侯. 燃气工程技术手册. 上海：同济大学出版社，1997

[9] 吕佐周. 王光辉. 燃气工程. 北京：冶金工业出版社，1999

[10] 郭全. 燃气壁挂锅炉及其应用技术. 北京：中国计划出版社. 2008

[11] 傅忠诚、艾效逸等. 天然气燃烧与节能环保新技术. 北京：中国建筑工业出版社. 2007

[12] 胡英主编. 物理化学(第5版). 北京：高等教育出版社. 2007

[13] 严铭卿主编. 燃气工程设计手册. 北京：中国建筑工业出版社. 2009

[14] 黄国洪. 燃气工程施工. 北京：中国建筑工业出版社，1999

[15] 万君康、蔡希贤. 技术经济学. 湖北：华中理工大学出版社，1996

[16] (德) Von J. Kowaczeck 著. 燃气工人技术知识. 第3版. 张光利译. 北京：中国建筑工业出版社，1982

[17] 戴慎志. 城市工程系统规划. 北京：中国建筑工业出版社，1999

[18] 同济大学等. 燃气燃烧与应用. 第3版. 北京：中国建筑工业出版社，1988

[19] A. A. 约宁著. 煤气供应. 李猷嘉，王民生译. 北京：中国建筑工业出版社，1986

[20] 席德粹. 刘松林. 城市煤气管网设计与施工. 上海：上海科学技术出版社，1988

[21] 严铭卿. 燃气工程技术手册. 北京：中国建筑工业出版社，2009

[22] 张廷元. 城镇燃气输配及应用工程施工图设计技术措施. 北京：中国建筑工业出版社，2007

[23] 赵坚行. 热动力装置的排气污染与噪声. 北京：科学出版社，1995

[24] 四川石油管理局. 天然气工程手册(上、下). 北京：石油工业出版社，1984

[25] 王庆一. 中国能源. 北京：冶金工业出版社，1988

[26] 方湄瑜. 供燃气(给水)用埋地聚乙烯管道. 北京：中国建筑工业出版社，1997

[27] 秦朝葵，吴念劬，章成骏. 燃气节能技术. 上海：同济大学出版社，1998

[28] 何于涛，魏敦崧，刘敏飞. 天然气空调的技术经济分析. 上海煤气，2001，(2)：14-20

[29] 李士伦，张斌，唐晓东. 西部大开发中的天然气工业. 天然气工业，2001，(1)：1-4

[30] 李宏勋. 国外培育天然气市场的经验及对我国的启示. 天然气工业，2001，(4)：103-106
[31] 中国城市煤气学会，中国城市煤气协会. 第二十届世界燃气会议论文汇编. 天津，1998
[32] Ярослав Янко Математико—статистическиетаблицы，1961
[33] J. R. Cornforth. Combustion engineering and gas utilization. New York ：E & FN Pub，1992
[34] R. I. Williams. Handbook of SCADA systems. England ：Elsevier Advanced Technology，1992
[35] Sanjay Kumar. Gas production engineering. Houston ：Gulf Pub. Co. , 1987
[36] Smith，R. V. Practical natural gas engineering. Tulsa，Okla：PennWell Books，1990
[37] C. George Segeler. fuel gas engineering practices. New York ：Industrial Press，1965